KB114305

나무에서 숲을 보다

THE WOOD FOR THE TREES

Copyright © 2016 by Richard Fortey
All rights reserved
Korean translation copyright © 2018 by SOSO BOOKS
Korean translation rights arranged with HarperCollins Publishers UK.
through EYA(Eric Yang Agency)

이 책의 한국어판 저작권은 EYA(Eric Yang Agency)를 통해
HarperCollins Publishers UK.와 독점 계약한 (주)소소에 있습니다.
저작권법에 의해 한국 내에서 보호를 받는 저작물이므로
무단전재와 무단복제를 금합니다.

리처드 포티의 생태 관찰 기록

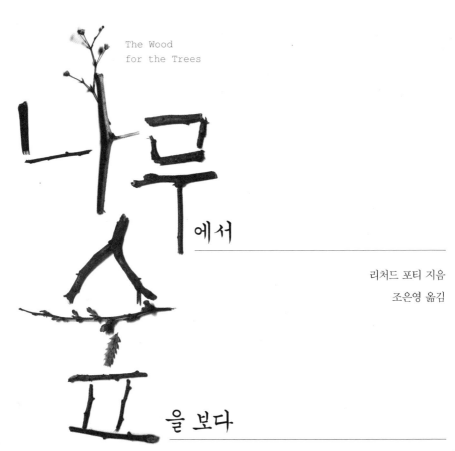

The Wood for the Trees

나무에서 숲을 보다

리처드 포티 지음

조은영 옮김

● 일러두기

1. 이 책에 나오는 동식물과 균류는 통상적인 명칭으로 표기했습니다.
2. 명칭이 여럿인 경우에는 정부 관련 웹사이트에서 사용된 이름을 우선적으로 사용했습니다.
3. 한국어 명칭이 없는 경우에는 영어 명칭으로 표기했습니다.
4. 명칭이 불명확한 동식물과 균류는 라틴어 학명을 달고 이탤릭체로 표기했습니다.
5. 생물의 이름은 모두 붙여 썼습니다.
6. 본문과 별지 컬러 일러스트의 저작권 표기는 별도의 목록으로 정리했습니다.

아이린 스키츠와 스튜어트 스키츠에게

이 책을 바칩니다.

차례

April | 4월

May | 5월

June | 6월

July | 7월

August | 8월

September | 9월

October | 10월

November | 11월

December | 12월

January | 1월

February | 2월

March | 3월

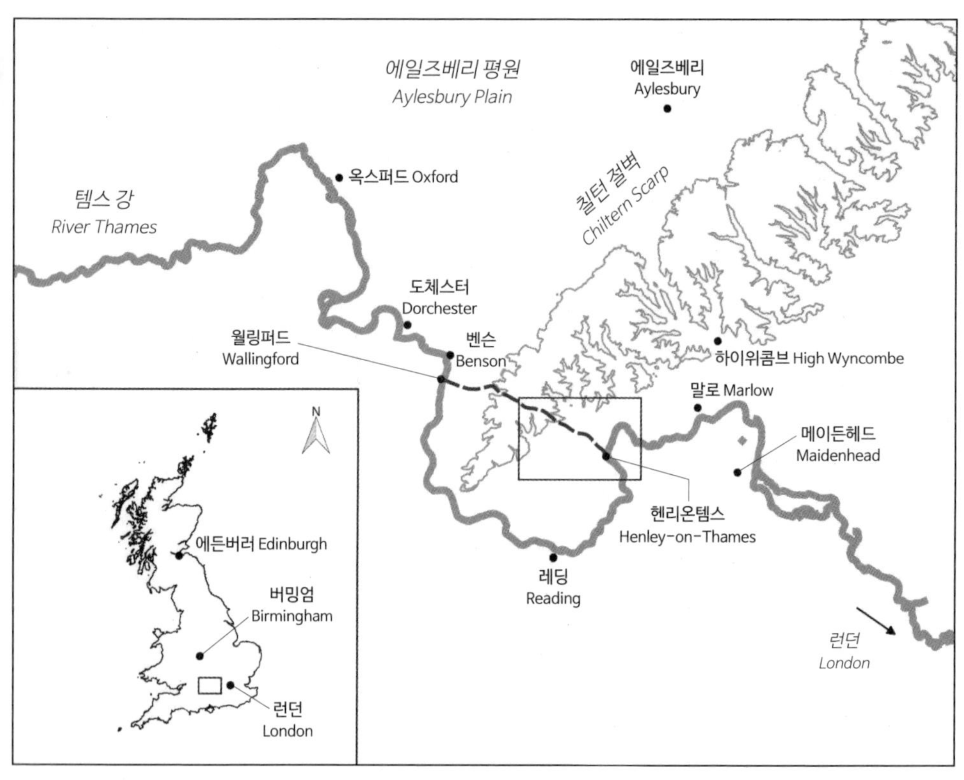
에일즈베리 평원
Aylesbury Plain
에일즈베리
Aylesbury
옥스퍼드 Oxford
템스 강
River Thames
칠턴 절벽
Chiltern Scarp
도체스터
Dorchester
월링퍼드
Wallingford
벤슨
Benson
하이위콤브 High Wyncombe
말로 Marlow
메이든헤드
Maidenhead
헨리온템스
Henley-on-Thames
레딩
Reading
런던
London
N
에든버러 Edinburgh
버밍엄
Birmingham
런던
London

〈지도 1〉

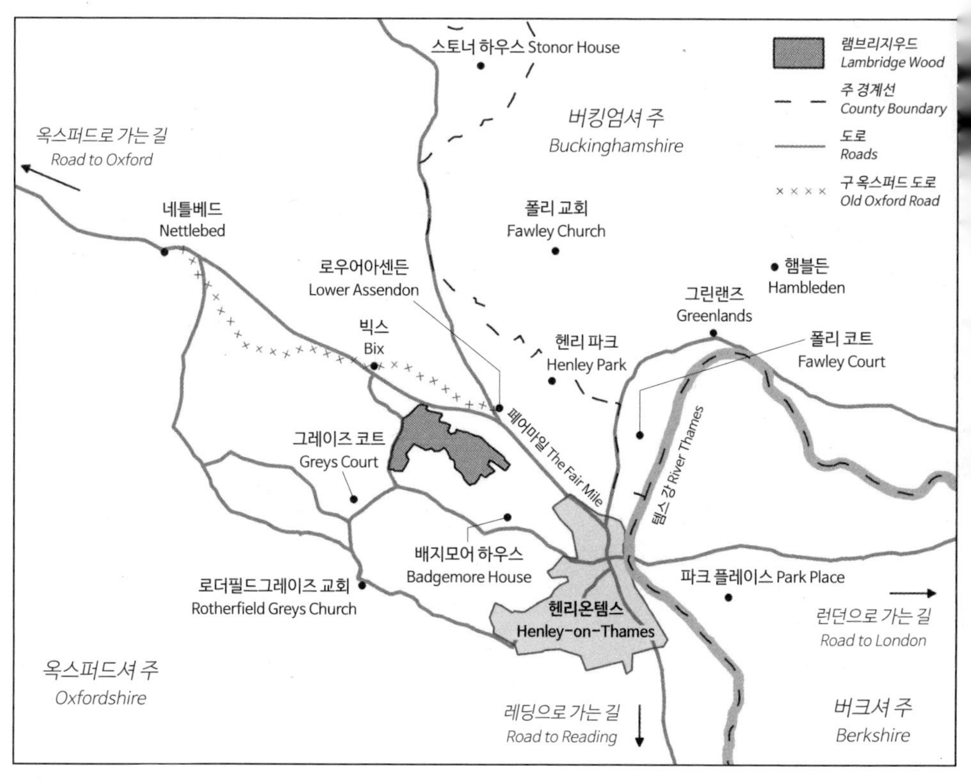

〈지도 2〉

이 책의 무대가 되는 지역의 지도. 숲의 위치를 주요 중심 도로와 함께 표시했다. 헨리온템스에서 빅스를 거쳐 월링퍼드로 가는 구 도로는 〈지도 1〉에서는 줄표(-)로, 〈지도 2〉에서는 '×'로 표시했다.

April

4월

프로젝트를 시작하다

평생 박물관에서 일해온 내게 마침내 건물 밖으로 나가 바깥 공기를 마시며 살아갈 기회가 왔다. 오랜 시간 나는 멸종한 동물의 화석을 다루며 살았다. 그런데 이제 숨어 있던 자연주의자의 본성이 나더러 살아 있는 동식물과 함께하라고 한다. 마침 아내 재키가 칠턴힐스의 작은 땅을 판다는 광고를 보았다. 위풍당당한 나무들이 넓게 펼쳐진 깊은 숲속에 있는 1.6헥타르짜리 너도밤나무-블루벨 숲이었다. 텔레비전 다큐멘터리 시리즈에서 나온 수익금이 그 숲을 구입하기에 꼭 맞았다. 광고를 보고 이곳에 도착해 숲을 돌아보자마자 고향 같은 푸근함이 밀려들었다. 아내와 나는 곧바로 계약서에 서명했다. 2011년 7월 4일, 그림다이크 숲은 우리 것이 되었다.

나는 곧 일지를 쓰기 시작했다. 숲에 사는 동식물을 기록하고, 숲이 풍기는 분위기와 계절에 따른 변화를 보고 느낀 대로 적었다. 그루터기에 걸터앉아 숲을 관찰하고 그 내용을 작은 가죽 수첩에 썼다. 그러다 보니 어느새 일지는 숲의 바이오그래피biography가 되었다. 가장 정확한 의미에서의 '바이오' – 왜냐하면 동물, 식물 등 생명을 가진 것들이 이 숲의 근간을 이루기 때문이다.

오래지 않아 나는 이 이야기가 자연과 인간의 역사를 함께 담은 책이 될 것임을 알았다. 아득히 먼 옛날부터 이 숲은 사람의 손이 빚어왔기 때문이다. 나는 멀리 철기시대부터 오늘날 너도밤나무 가구나 천막용 나무못 제작에 이르기까지 영국 전원田園의 긴 변천사를 공부해야 했다. 이제는 사람들의 기억에서 절반쯤 잊힌 옛 물건들을 이해하고, 절반쯤 기억되는 '다리장이', '쐐기못', '섶나뭇단'과 같은 옛말을 되살리고픈 욕심이 생겼다. 한편 나는 나무를 베어, 한 그루의 나무가 가구로 재탄생하는 여정을 따라가보기로 했다. 스카이차(높은 곳에서 작업할 수 있도록 작업대가 상승·하강하는 설비를 갖춘 차량으로, 고소작업차라고도 한다 – 옮긴이)를 타고 잎사귀가 우거진 숲의 지붕을 뚫고 올라가볼 계획이다. 숲 모서리를 따라 길게 뻗은 그림다이크 배수로에서 태곳적에 만들어진 유구遺構의 고고학 탐사를 시도할 것이다. 그리고 숲이 인간에게 정신적 영감뿐 아니라 신체적 포만감까지 줄 수 있는지도 알아볼 작정이다.

어떻게 동식물이 협력하여 풍요로운 생태계를 형성하는지 탐구하는 가운데 잠자던 과학자의 영혼이 되살아났다. 나는 이끼, 지의류, 풀, 곤충, 그리고 버섯에 이르기까지 모든 것을 채집했다. 너도밤나무, 참나무, 물푸레나무, 주목 등 숲에 있는 나무도 모조리 조사했다. 달빛이 비치는 밤에는 나방을 잡고, 낮에는 포충망을 들고 각다귀를 잡으며 놀았다. 썩은 통나무를 들춰내어 부식 과정을 살피고, 나무딸기 덤불마다 밑을 쑤시고 찌르고 냄새 맡았다. 숲의 지질학을 타일과 유리로 승화시키고 싶었다. 사람들은 대개 경관landscape이 변하지 않는다고 생각한다. 그러나 숲은 나에게 경관이 언제나 변화하는 중이라고 알려주었다. 마침내 그림다이크 숲은 하나의 프로젝트가 되었다.

그림다이크 숲은 옥스퍼드셔 주 남부의 크고 오래된 램브리지우드 한가운데에 자리 잡은 작은 숲이다. 이전 주인이 램브리지우드를 몇 덩어리로 쪼개어 매도함으로써 이익을 남겼고, 그 덕분에 우리처럼 평범한 사람도 살아 숨 쉬는 역사의 일부를 소유하여 보살필 수 있게 되었다.

아내가 '숲 친구들'이라고 부른 이웃 중에는 유명한 하프시코드 연주자, 은퇴한 경영학 교수, 록 밴드 제네시스의 창단 멤버, 식물 삽화가가 된 바이러스 학자, 심리학자가 된 전직 배우, 그리고 의문의 여인이 있다. 우리 숲은 개중 작은 축에 속했다. 숲 친구들 모두 숲의 일부가 되기를 원한 나름의 사연이 있다. 꿈꾸던 일이라, 재테크 목적으로, 아니면 지속 가능한 자원을 찾아 이곳에 왔다. 아마 그중에서 내가 유일한 자연주의자일 것이다. 그러나 이들 모두 숲이 개간되거나 택지로 개발되지 못하게 막아야 한다는 데 뜻을 모았다.

램브리지우드의 오랜 역사와 비교하면, 현재 이 숲의 나무들은 과거 어느 때보다도 할 일이 없다. 숲은 필연적으로 상업과 시장이라는 더 넓은 세계와 밀접하게 연관되므로, 이처럼 숲이 쓸모없게 된 슬픈 사연조차 숲 일대기의 한 장章을 차지한다. 여기서 1.6킬로미터쯤 떨어진 내 고향 헨리온템스Henley-on-Thames(헨리)와 그곳을 흐르는 유명한 템스 강의 역사는 주위를 둘러싼 전원 지대의 역사와 불가분의 관계다. 고대의 장원莊園은 수 세기에 걸쳐 숲의 운명을 결정했다. 나는 숲속 나무들이 지금까지 어떤 역사적 사건을 목격하고, 어떤 밀담을 엿들었으며, 나무 밑에는 누가 숨어 있었고, 밀렵꾼과 부랑자, 시인과 강도들이 이 숲에서 무슨 일을 했을지 상상했다.

프로젝트를 시작하자 흥미로운 일이 일어났다. 수집을 하고 싶어진 것이다. 다른 이들에게는 대수롭지 않겠지만, 나처럼 수십 년간 전시된 수집품을 다루며 살아온 사람에게 이런 욕구는 곧 회춘을 의미한다. 런던 자연사박물관 안에 빼곡히 쌓여 있는 전시품 무더기 속에서의 생활이 지금까지 내면의 소유욕을 억눌러왔다. 그런데 불씨가 되살아났다. 숲에서 발견한 것들을 모아 컬렉션을 만들고 싶었다. 과학자가 표본을 수집하듯 체계적인 방식이 아니라 어린아이가 느끼는 순진무구한 기쁨 같은 것으로. 어쩌면 나는 다시 한 번 소년이 되고 싶었는지도 모르겠다.

18세기 유럽의 귀족들은 대개 호기심 상자라는 걸 소장했다. 그 안에는 대화의 소재가 되거나 골동품 수집가의 흥미를 살 만한 진기한 물건이 가득했다. 나도 호기심 상자를 가지고 나만의 호기심을 자극하는 것으로 채워나가고 싶다. 수집 대상은 한낱 돌멩이일 수도 있고 새의 깃털, 혹은 말린 식물이 될지도 모른다. 물론 18세기 귀족의 눈에는 들지 않을 것들이다.

나는 호기심이야말로 가장 의미 있는 인간의 본성이라고 생각한다. 호기심은 확신의 적이다. 특히 타인에 대해 '나와 달리 사악하고 신앙심이 없는 사람'이라고 단죄하는 확신이야말로 인류의 역사를 더럽힌 전쟁과 종족 학살의 배경이 되었다. 만약 인류에게 딱 한 가지 지령을 내릴 수 있다면, 나는 '호기심을 가져라!'라고 말하고 싶다. 내 수집품은 그림다이크 프로젝트를 집약하는 하나의 방법이 될 것이다. 그 새로운 호기심 가게에는 나의 가죽 수첩이 마지막으로 진열될 것이다.

수집품을 보관할 곳이 필요했다. 재키와 나는 우리 숲에서 자라는 벚나무 한 그루를 잘라 숲에서 찾아낸 뜻밖의 보물들을 담아둘 멋진 장欌으로 탈바꿈시킬 계획을 세웠다. 우리는 필립 쿠멘Philip Koomen에게 이 일을 맡겼다. 칠턴의 이름난 가구장이인 필립은 칠턴 지역에서 생산되는 자재만 사용하는 것으로도 유명하다. 필립의 공방인 휠러스 반은 칠턴힐스에서도 가장 멀리 떨어진 외딴곳에 있다. 직선거리로는 8킬로미터밖에 안 되지만 굽이굽이 돌아가는 옛 도로를 따라 24킬로미터나 가야 한다.

필립의 공방은 고요한 기운이 가득했다. 벽에는 나무의 몸통을 가로로 베어 횡단면이 보이도록 죽 걸어놓았다. 각 수종樹種의 특징이 잘 나타났다. 색감, 질감, 촉감, 그리고 수령樹齡의 조합은 수종을 구분하는 기준이 될 뿐 아니라 각각의 개성을 드러냈다. 똑같은 나무는 하나도 없었다. 어떤 나무는 표면이 거칠고 사납게 소용돌이쳤다. 물푸레나무의 창백한 색감은 호두나무의 다채로움과 크게 대조되었다. 벚나무의 따뜻한 색조는 참나무와 확연히 달랐다.

필립은 목공 재료에 무척 신경 썼다. 그는 인간과 자연의 역사가 얽혀서 생성된 특별한 땅의 기운이 자신이 만든 작품에 진품의 가치를 부여한다고 믿는 사람이었다. 따라서 필립이 우리 숲의 벚나무로 만든 보관함은 그림다이크 숲을 형상화한 것이나 다름없다. 동시에 프로젝트를 진행하면서 내가 모은 기이한 수집품을 보관함으로써 그 안에 그림다이크 숲을 '담게' 될 것이다. 그것은 물건뿐 아니라 기억 또한 담겨 있는 보관함이 될 것이다. 우리는 보관함의 디자인을 놓고 약간의 실랑이를 벌였지만, 결국엔 필립의 판단을 따르게 될 것임을 알고 있다. 한동안 숲에서 마음에 드는 작은 것들을 주울 때마다 인내심을 발휘해야 할 것 같다. 수집품이 마침내 안식처를 찾을 때까지는 상당한 시간이 걸릴 테니까.

이 책은 또 다른 유의 수집품이 될 수 있다. 내 일지에서 발췌한 이야기들은 각 계절을 겪어내는 숲의 일상을 기술한다. 영국 작가 허버트 E. 베이츠Herbert E. Bates(1905~1974)가 1936년에 출간한 『숲속에서Through the Woods』라는 멋진 책처럼, 나는 이 책을 차가운 1월 대신 생기 넘치는 4월의 이야기로 시작한다. 그런데 당시 베이츠 역시 작가이자 삽화가인 클레어 레이턴Clare Leighton(1898~1989)이 계절의 변화에 따라 그녀 자신의 정원을 섬세하게 그려낸 『사계절 생울타리Four Hedges』[1)]를 보고 감탄한 나머지 그녀의 방식을 따랐다고 한다.

친구와 동료들이 찾아와 숲의 자연에서 그들이 찾아낼 수 있는 모든 세세한 것들을 채집하고, 또 동정同定했다. 자연의 역사는 과학, 그리고 대영지大領地, 산림 기술과 무역, 템스 강을 따라 흐르는 사람들의 삶 이야기들까지 이어진다. 숲은 인간의 어리석음과 자연이 내리는 재앙을 겪으며 나무들 너머의 드넓은 세계와 연결되었다. 이 복잡한 이야기 속에 숲이 지금의 모습으로 남게 된 과정이 들어 있다. 이곳을 거쳐간 일련의 사건과 상황이 숲을 다양하고 풍요롭게 만들었다. 나는 자연 세계가 이토록 다양해진 이유를 알아보려고 한다. 나의 조그만 그림다이크 숲을 통해 그것을 이해하려고 한다. 나무만 보고 숲을 보지 못한다는 격언이 있다. 그러나 이 책에서 나는 나무를 통해 숲을 볼 것이다.

4월의 블루벨 바다

어떤 나무는 서로 의지하는 친구처럼 가까이 붙어 자란다. 동료에게서 멀리 떨어져 빈터 한가운데에 홀로 서 있는 나무도 있다. 시인 에드워드 토머스Edward Thomas(1878~1917)는 '수직으로 곧게 뻗은 수많은 너도밤나무 줄기들, 하지만 모두가 그다지 수직인 것도 곧은 것도 아니다'[2)]라고 묘사했다. 나무는 여럿이 모여 아름다운 조화를 이루면서 나름의 개성 또한 충만하다. 힘없는 이웃을 향해 몸을 기울인 나무도 있고, 오래전에 가지가 부러진 채 흉터만 남은 나무도 있다. 이 나무는 하늘을 향해 자리를 차지하고자 놀랍도록 호리호리하게 드높이 자란 모습이 우아하고, 저 나무는 코끼리 다리처럼 굵직한 것이 듬직하기 짝이 없다. 똑같이 생긴 나무는 하나도 없지만, 숲 전체를 놓고 보면 저들끼리 협심하여 탁월한 건축 디자인을 보여주는 듯하다. 남들보다 색이 옅고 매끄러운 너도밤나무 수피樹皮는 부드러운 이른 봄 햇살에 은빛으로 반짝이며 그 구조를 하나로 통합한다. 자연이 설계한 숲속 대성당은 햇빛의 분위기에 따라 미묘하게 이동하는 찬란한 수직의 상부구조로 지탱된다.

너도밤나무 새순이 단단한 봉오리를 뚫고 나오기엔 아직 너무 이른 계절이다. 덕분에 숲은 빛의 세례를 온전히 받고 있다. 몇 줄기 햇살이 지저분하게 널린 낙엽 더미를 비춘다. 작년에 떨어진 짙은 갈색-황금색 낙엽은 고집스러운 모양새로 바삭 말라버렸지만 아직 썩어 없어지지는 않았다. 태양이 내뿜는 올해의 첫 열기가 차가운 볼을 따뜻하게 데우며 계절을 알린다. 너도밤나무 줄기에서 햇빛을 받아 반짝이는 쪽은 정말 뜨거울까? 4월의 봄비를 맞아 회녹색의 거친 나무껍질 아래에서 활기를 되찾은 수액이 올라오고 있음을 그리는 건 어렵지 않다. 햇살이 닿는 얕은 토양에서는 봄꽃이 온기와 빛을 한껏 받아들인다. 꽃의 계절이 돌아왔다.(별지 컬러 일러스트 2 참조)

봄의 장관 속에서 사색에 잠겨 한참 동안 서 있다가 무릎을 꿇고 땅에서 벌어지는 일을 관찰한다. 길가에 하얀 반점으로 얼룩덜룩한 하트 모양의 이파리가 옹기종기 모여 있다. 태양이 레서셀런다인*Ficaria verna*(별지 컬러 일러스트 4 참조)의 작고 빤득거리는 버터옐로butter-yellow 꽃잎을 스쳐간다. 여덟 장의 꽃잎이 동그라미를 그렸다. 어린아이가 자고로 꽃은 이렇게 생긴 것이라며 맨 처음 그린 꽃과 별반 다르지 않다.(레서셀런다인은 미나리아재빗과의 초본으로, 그레이터셀런다인이라 불리는 양귀비과의 애기똥풀과 혼동할 수 있으니 주의해야 한다 - 옮긴이)

제비꽃이 레서셀런다인을 벗 삼아 자란다. 모양이 단순한 셀런다인과 달리 제비꽃은 매우 복잡한 꽃이다. 제비꽃은 다섯 장의 남보라색 꽃잎이 아치 모양으로 굽은, 가녀린 꽃대 끝에 매달려 있다. 입술 모양인 맨 아래 꽃잎에는 섬세하기 이를 데 없는 어두운 선이 안쪽으로 그어져 있다. 꽃의 중심은 노르스름하고 뒤쪽에는 박차拍車 모양의 꿀주머니가 달려 있다. 이런 구조는 꽃가루를 나르는 곤충을 꽃으로 인도하는 로드맵이다. 달콤한 보상이 기대되는 보물 지도처럼.

땅에 깔린 너도밤나무 낙엽 사이로 쌀새속의 우드멜릭*Melica Uniflora*이 귀한 햇살을 나누어 받으려고 하늘을 향해 초록 풀잎을 힘껏 내뻗는다. 숲의 가장자리에는 산미나리의 갈라진 이파리가 산뜻한 초록색 카펫을 깔아놓았다. 정원에서 악명 높은 이 잡초도 야생에서는 마지못해 점잔을 뺀다.

칠턴의 장관을 눈앞에 두고 길가의 들꽃이나 보며 딴짓을 한다고 할지도 모르겠다. 아마도, 메인 요리에 압도되기 전에 애피타이저로 입맛을 돋우고 싶었나 보다. 작은 우드멜릭 풀밭을 벗어나면 마침내 4월의 영국 너도밤나무 숲이 선사하는 영광의 바닷가에 이른다. 블루벨의 바다다. 숲 바닥 전체가 수천수만 송이의 꽃으로 페인트칠한 것 같다. 프랑스 화가 라울 뒤피Raoul Dufy(1877~1953)의 그림 속, 요트가 떠 있는 바다처럼 끊김이 없고 강렬하다. 아니, 블루벨 카펫이라 부르는 게 더 낫겠다. 숲속 대성당의 바닥을 묘사하는 데는 카펫이 더 제격이지 싶다. 어차피 블루벨의 깊고 충만한 푸른색이 바다에는 별로 안 어울렸으니. 블루벨 카펫의 색감은 네덜란드 델프트에서 생산된 유약 바른 도자기의 코발트블루에 가깝다. 이 숲은 거장의 손길이 스친 듯 바닥에 마법의 기운이 자욱하다. 유약을 바른 듯 반짝이는 모습은 몇 주 안에 사라지겠지만 너도밤나무 숲 바닥을 완전히 바꾸어놓는다. 멀리서 보면 푸른 기운이 공기 중으로 증발하여 사라지고 있는 것처럼 몽롱하고 흐릿하게 보인다.

이 아름다운 경치의 주인공인 잉글리시블루벨*Hyacinthoides non-scripta*(별지 컬러 일러스트 3 참조)은 서유럽 고유종이다. 우리는 이곳에서 브리튼 섬 특유의 아름답고 유서 깊은 초봄의 향연을 즐긴다. 우리 숲에는 아직 스페니시블루벨*Hyacinthoides hispanica*이 침입한 흔적은 없다. 스페니시블루벨은 영국 정원에서 흔히 볼 수 있는 종으로, 잉글리시블루벨에 비해 꽃차례가 성기고 더 위로 솟구쳤으며 대개 덜 우아하다. 여러 지역에서 스페니시블루벨은 자생종과 교배하여 잡종을 만든다.

블루벨은 작은 토마토 크기의 하얀 알뿌리에서 올라온다. 창처럼 길고 뾰족한 잎이 아래쪽에서 돌려나며 가운데에서 꽃대 하나가 올라온다. 꽃대의 높이는 손목에서 팔꿈치까지의 길이를 넘지 않는다. 숲 바닥에 색채감을 주려면 수백 송이가 필요하다. 종 모양의 꽃은 총상總狀꽃차례를 따라 한 줄기 우아한 선을 그리며 고개를 숙인 채 매달려 있다. '총상꽃차례'라는 단어가 적합한 전문용어이긴 하지만 왠지 '초인종'이나 '풍경風磬'이라고 부르고 싶다.(총상꽃차례는 영어로 'raceme', 초인종은 'chime'이다. 블루벨 꽃이 종 모양인 것에 착안하여 두 단어의 유사성에 빗대어 말했다 - 옮긴이) 블루벨은 꽃대의 맨 밑에서부터 꽃이 피는데, 섬세한 여섯 개의 꽃잎이 크림색 꽃밥에서 멀어지듯 바깥쪽으로 말려 올라가 예쁘게 치맛단을 펼쳐낸다. 한 포기 블루벨이 꽃차례를 모두 완성하기까지는 시간이 제법 걸린다. 각 꽃은 앞의 꽃이 완전히 핀 후에야 제 차례를 맞기 때문이다. 꽃이 피는 시기는 지역과 기후에 따라 제각각이라 어떤 숲에서는 때 이른 꽃이 피고 어떤 숲에서는 때늦은 꽃이 남아 있다. 그러나 일단 꽃이 만개하면 영광의 시간은 매우 짧다. 그 섬세한 향기는 꽃들이 만발했을 때만 즐길 수 있다.

블루벨은 보통 종자로 번식하지 않고 알뿌리가 여러 개로 갈라지며 서서히 퍼진다. 따라서 이렇게 무리 지어 있다는 건 아주 오래전부터 여기에서 꽃을 피워왔다는 뜻이다. 오늘 나의 눈을 즐겁게 하는 이 꽃들은 수 세기 동안 바로 여기, 숲의 가장자리에서 많은 이들의 찬사를 받아왔다. 크게 한 다발 꺾어가고 싶은 유혹을 느꼈지만, 꽃병 안의 꽃은 곧 생기를 잃을 것이다. 블루벨이 자연의 장엄함을 떨치려면 무수한 동지들과 함께해야 한다. 호랑가시나무 덤불 깊은 곳에서 그윽하게 노래하는 지빠귀 소리가 이곳의 영광에 축복을 더해주었다.

칠턴힐스와 한 점의 평화

우리가 소유한 이 작은 숲은 전형적인 영국의 너도밤나무 숲이다. 이 숲은 블루벨을 선사받았고 수 세대에 걸쳐 나무가 우거졌으며 나무의 물관을 오르내리는 수액만큼이나 서서히 변화해왔다. 그림다이크우드라는 지명은 전 소유주가 램브리지우드를 여러 구획으로 쪼개어 팔 때, 숲을 관통하는 고대 유적의 명칭을 따서 임의로 붙인 것이다. 토지 광고에 적힌 새 이름이 거부할 수 없는 로맨틱한 분위기를 풍기는 바람에 우리가 이렇게 덥석 달려들어 그 일부가 되었다고 할 수도 있다.

그림다이크 숲은 세 모서리의 길이가 거의 같은 삼각형으로, 그중 두 모서리는 사람들이 다니는 공공 통행로를 따라 경계가 표시된다. 우리는 램브리지우드를 관통하는 도로를 따라 차를 타고 삼각형의 동북쪽 모퉁이에서 숲으로 접근한다. 도로를 계속 따라가다 보면 숲에 바로 인접한 헛간이 나온다. 이 개조한 헛간 옆에는 그림 같은 시골집이 있는데, 이 집에 대해서는 나중에 말할 기회가 있을 것이다. 숲 전체가 남쪽을 향해 느낄 듯 말 듯 기울어졌는데, 덕분에 마법처럼 밀어닥치는 겨울 오후의 저무는 햇살을 온전히 받을 수 있다. 약 1.6헥타르의 숲은 결코 크다고 할 수 없지만, 직접 세어본 바 180그루가 넘는 너도밤나무 성목成木과 헤아릴 엄두도 내지 못한 블루벨을 품을 만한 넓이다.

칠턴힐스 고지대에 자리 잡은 램브리지우드는 런던에서 서쪽으로 56킬로미터 떨어져 옥스퍼드셔 주의 남쪽 끝 가까이에 있다. 수도에서 무척 가까운 편인데도 런던에서 열 배는 더 멀리 떨어져 있는 듯, 한없이 외지다는 느낌이 든다. 여기서는 블루벨에 넋이 빠져 있다가 가끔 머리 위에서 히스로 공항으로 향하는 비행기 소음을 듣고서야 내가 대도시에

로버트 프랜시스가 찍은 램브리지우드의 봄 풍경.

서 멀지 않은 곳에 있음을 깨닫는다.

칠턴힐스는 런던의 북서쪽으로 80킬로미터 이상 길게 뻗은 고지대를 형성한다. 칠턴힐스는 백악chalk[3]으로 알려진 새하얀 석회암 노두露頭를 따라 이어진다. 도버의 유명한 백악절벽이 동일한 암석층이다. 영국 동남부에 있는 도버는 유럽 본토에서 가장 가까운 항구도시라 고국으로 돌아오는 수많은 나그네가 멀리서 이 새하얀 절벽을 보고 울컥했다고 한다. 그래서 실은 전 세계에 두루 퍼져 있는 암석인데도 영국 고유의 것인 양 생각되는가 보다.

백악은 주머니칼로 벗겨낼 수 있을 정도로 석회암치고 아주 부드러운 편이다. 그렇더라도 북쪽으로 백악층 아래에 있는 암석이나 런던 방향으로 백악층 위를 덮은 바위보다는 단단하고 균일하기 때문에, 수십만 년에 걸친 풍화와 침식이 부드러운 지층을 양쪽으로 깎아 내려가면서 결국 오늘날 칠턴이 자랑스러운 모습을 드러내게 되었다.

칠턴힐스 언덕의 북쪽 가장자리에 절벽이 있는데, 경사면이 깜짝 놀랄 정도로 가파르다. 옥스퍼드셔 구역의 절벽 정상에 서면 멀리 에일즈베리베일을 가로질러 옥스퍼드를 향하는 절경을 내려다볼 수 있다. 칠턴 절벽은 우리 숲에서 북서쪽으로 겨우 16킬로미터 정도 떨어져 있다. 그 절반쯤 되는 거리에 있는 네틀베드의 윈드밀힐은 해발고도 211미터로, 영국 남부에서 지대가 가장 높은 곳 중 하나다.[4] 칠턴힐스 정상부는 북쪽의 부드러운 평원에 발달한 집약적인 저지대 농경지에 비해 숲이 울창하다. 저지대 농경지는 반듯한 푸른 밭과 쟁기로 갈아놓은 갈색 경작지가 모자이크처럼 배열되어 있다. 구글 어스Google Earth(구글에서 제공하는 위성사진 프로그램 - 옮긴이)나 영국 육지측량지도 모두 비슷한 패턴을 보인다. 고지대에는 오래전에 조성된 특별한 목축 지대가 있는데, 이 지대의 숲은 지금까지 전원생활의 리듬을 유지하는 데 중요한 역할을 해왔다. 숲이 살아남은 이유다.

그림다이크 숲은 각양각색의 나무를 수 킬로미터나 이어 붙여서 만든 커다란 태피스트리(여러 가지 색실로 문양이나 그림을 짜 넣은 천 - 옮긴이)의 아주 작은 조각에 불과하다. 이 태피스트리 위에는 각종 농경지가 사이사이에 끼어 있고, 어떤 곳에는 방목을 위한 넉넉한 공터도 있다. 그러나 그림다이크 숲 주변에는 우거진 잡목림과 덤불숲, 그리고 교목림이 전반적인 경관을 구성한다.

칠턴힐스에 입성하여 처음으로 램브리지우드 숲을 걸을 때, 무궁한 자연의 영역에 발을 디뎠다는 생각에 가슴이 벅차올랐다. 이곳은 도시 생활에 지친 사람들을 위한 해독제 같은 곳이다. 숲은 변심하지 않는다. 숲은 우리의 소소한 고민을 더 폭넓은 관점에서 보게 해준다. 사람의 기운을 되살리고 동식물에게는 천국이며 영혼의 안식을 준다. 이런 관점은 에드워드 토머스가 숲에 완전히 몰입되어 쓴 『사우스 컨트리The South Country』에 깊이 배어 있다. 그리고 약 100년이 지나 로저 디킨Roger

Deakin(1943~2006)이 쓴 『나무가 숲으로 가는 길Wildwood』에도 고스란히 드러난다. 1933년, 농부이자 작가인 아서 G. 스트리트Arthur G. Street(1892~1966)는 중년에 느낀 실망감을 나열한 후 이렇게 적었다.

'위풍당당한 숲의 위엄은 변하지 않는다. 숲속을 이리저리 천천히 거닐었더니 엄청나게 심각했던 고민이 사라지는 듯하다. 숲이 주는 평화와 늘 제자리를 지키는 나무에서 오는 평안은 영혼의 주름살까지 펴주었다.'[5)]

내가 그림다이크 숲이라는 한 점의 평화를 사게 된 열정 뒤에는 분명 이와 비슷한 감정이 작용했을 것이다. 이는 낭만적인, 심지어 낭만파적인 발상이었고 본질적으로는 틀리지 않았다. 그러나 미국 시인 헨리 데이비드 소로Henry David Thoreau(1817~1862)가 수필집 『산책Walking』에서 영국 시인에 대해 평했듯이, '자연에 대한 진심 어린 사랑은 있지만, 정작 자연은 별로 없다'.[6)] 숲은 진실로 내게 많은 즐거움을 주었지만, 그 기쁨은 대부분 숲속에서 자연의 속내를 조사하는 데서 왔다.

이제 나는 자연의 역사가 자연만의 역사가 아니었음을 알게 되었다. 숲은 영원하지 않다. 램브리지우드는 인간이 생산해낸 구조물이다. 우리 조상이 만들었고 그들은 수정을 거듭했다. 흔적도 없이 사라질 운명이었지만 산업의 발달로 가까스로 살아났다. 잊혔는가 싶었는데 다시 기억되었다. 숲속의 동식물은 역사와 함께 최선을 다해 버텼다. 사람들은 식량이나 사료, 연료로서가 아니라면 대체로 이들을 대수롭지 않게 여겼다. 자연사는 인간사의 한 부분을 차지한다. 그리고 그 결과물이 바로 우리 눈앞에 있다. '자연'에 대해 낭만적인 공감을 느끼는 것은 좋다. 그러나 그 공감이 역사라는 단단한 바위에 부딪히면 일말의 희망마저 사그라질 수도 있다.

그래서 이 책은 낭만적이면서 과학적이다. 이 조합이 가능하다면 말이다. 나는 일지에 너도밤나무와 숲속 동식물의 상태, 빛의 움직임, 계절의 흐름, 탐험과 사람들, 그리고 무엇에도 비할 수 없는 발견의 기쁨을 기록했다. 동시에 숲에서 채취한 표본을 실험실로 가져가 현미경 아래에서 절개하고 해부했다. 내가 잘 모르는 작은 동물 – 대개 곤충이지만 – 을 동정할 때는 전문가에게 도움을 청했다. 나는 오래된 기록과 문헌을 통해 과거로의 여행을 떠났다. 많은 시간을 들여 조악한 옛 지도, 증서, 판매 목록 등을 조사해 숲이 수익 창출과 여흥을 위해 어떻게 관리되었는지를 살펴보았다. 그리고 사유지로서, 더 나아가 주州와 국가 경제의 일부로서 어떤 역할을 했는지 알아보았다. 오랜 세월 이 숲과 함께한 사람들과 이야기를 나누었다. 여기에 약간의 지질학, 그리고 맛보기 이상의 고고학 이야기가 등장할 것이다.

내가 과거에 쓴 책들은 모두 거창한 주제를 다루었다. 개인의 관점에서 본 생명의 역사나 세계 지리에 관한 책이었다. 이 책은 정반대다. 나는 이 역사적인 숲의 조그만 조각을 모든 각도에서 바라보았다. 내가 관찰한 것을 모두 합치면 이 숲을 공유하는 동물, 식물, 균류가 이루는 생물의 다양성을 이해하게 될 것이다. 생물다양성은 열대우림이나 산호초에만 해당하는 특성이 아니다. 거의 모든 서식처가 고유한 유기체 집단으로 가득하다. 거기에서 유기체들은 서로 경쟁하고 협력하며 복잡하게 얽혀 있다. 오늘날 남아 있는 것은 기후, 서식처, 공해(또는 무공해), 역사, 농업이 작용한 결과물이다. 내가 쓴 숲의 시는 감수성과, 이 모든 것의 통합 못지않게 세밀한 조사에서 비롯되었다. 그러나 현상이나 사물을 기술記述한다고 바로 그것을 이해하게 되는 것이 아님을 잘 안다. 윌리엄 워즈워스William Wordsworth(1770~1850)가 쓴 최악의 시 「가시나무The Thorn」가 그러한 예다.

다시 왼쪽 3야드(약 2.7미터) 너머로,
절대 마르지 않을 물이 고인
조그만 진흙 연못이 보일 걸세.
이쪽 끝에서 저쪽 끝까지 재보았더니
길이는 4피트(1.2미터), 너비는 3피트(0.9미터)였다네.

램브리지우드, 그리고 다윈 가문과의 인연

워즈워스가 지형을 지나치게 자세히 묘사한 것을 두고 이처럼 심하게 비난했지만 정작 나 역시 그림다이크 숲을 둘러싼 전원 지대를 해부하여 기술해야겠다. 숲의 역사를 이해하는 데 매우 중요하기 때문이다. 그림다이크 숲과 램브리지우드는 이 지역의 높은 산마루에 있다. 북쪽으로는 가파른 경사가 다소 번잡한 도로까지 계속해서 내려가며 이어진다. 헛간 아래 경사지 일부는 나무를 베어냈는데, 지금은 제대로 울타리를 설치한 사슴 사냥터가 들어섰다.

램브리지우드를 지나가는 간선도로는 부분적으로 중앙분리대가 설치되었고, 서쪽으로 칠턴의 전형적인 마른 골짜기까지 이어져 작은 역사 도시이자 내가 살고 있는 헨리온템스와 거기에서 21킬로미터 떨어진 월링퍼드를 연결하는 역할을 한다. 헨리온템스보다 크고 유서 깊은 도시인 월링퍼드는 헨리와 마찬가지로 템스 강에 인접해 있지만, 월링퍼드에서 헨리로 흐르는 강줄기는 두 도시를 가로막는 칠턴힐스의 장벽을 차마 뚫지 못하겠다는 듯이, 북적거리는 큰 도시 레딩을 거쳐 남쪽으로 크게 굽이돌아 흐른다. 강줄기는 마침내 월링퍼드에서 약 11킬로미터 떨어진 고링 마을 부근에서 아름답게 칠턴힐스를 가로지르는데, 이 지역은 범람원 동쪽으로 백악절벽이 가파르게 솟아 있어 협곡을 형성한다. 지리학자들은 이곳을 '고링 협곡'이라는 평범한 이름으로 불렀다. 로버트 기빙스Robert Gibbings(1889~1958)는 이곳과 템스 강 인근의 다른 지역을 가장 매력적으로 표현한 작가다.[7] 나는 그만큼 정확한 자연의 역사와 온갖 인간적 관찰이 어우러진 글을 쓰지는 못할 것이다.

헨리와 월링퍼드 사이를 곧장 가로지르는 길은 강을 끼고 달리는 길보다 훨씬 짧다. 이 사실이 중세 시대에 그림다이크 숲을 포함한 헨리와 인근 지역 개발에 지대한 영향을 미쳤다. 헨리는 런던과 옥스퍼드의 중간에서 물건과 사람을 실어 나르는 핵심적인 역할을 했다. 그 이야기는 템스 강과도 불가분하게 얽혀 있다.

영국의 전원 지대에서 그림다이크 숲의 위치는 다른 방식으로도 결정된다. 고대 잉글랜드에서는 소유권과 책무가 묘한 형태로 짜깁기되었다. 교구敎區와 마을, 그리고 영지領地가 하나의 토지에 대해 서로 다른 근거를 들어 소유권을 주장했다. 그림다이크 숲은 헨리온템스 교구의 가장자리에 있다. 헨리온템스 교구 교회는 약 3킬로미터 떨어진 시의 중심에 있는 세인트 메리 교회다. 세인트 메리 교회는 13세기에 수석燧石과 돌로 지어졌는데, 높이 솟은 탑이 인상적이다.[8]

헨리를 빠져나와 월링퍼드와 옥스퍼드 쪽으로 향하는 도로는 일직선으로 곧게 뻗어 있고, 도로변은 넓은 풀밭과 나무들로 환상적인 경계를 이룬다. 이 도로는 페어마일이라는 그럴듯한 이름으로 불리는데, 교회 교구가 이 방향으로 확장된다. 페어마일 끝에서 길이 두 갈래로 갈라져 작은 도로는 오른쪽으로 또 하나의 골짜기를 따라 스토너까지 이어지고, 주 도로는 네틀베드와 월링퍼드를 향해 오르막을 오른다. 바로 이 분기점에서 왼쪽, 그리고 남쪽으로 하늘과 맞닿은 경사면 맨 꼭대기에 그림다이크 숲이 있다.

페어마일 분기점은 로우어아센든 마을의 끝이기도 하다. 이 마을은 여기에 자주 출몰하는 붉은솔개가 몇 번만 날갯짓하면 도착할 정도로 우리 숲에서 아주 가깝다. 아센든 마을의 굴뚝에서 나는 연기를 숲에서도 맡을 수 있을 정도니까. 아센든에는 언덕만큼이나 오래된 골든볼이라는 맥줏집이 있다. 우리 숲에서 가장 가까운 술집으로, 램브리지우드에서 가파른 비탈길로 걸어 내려가면 바로 나온다. 램브리지우드에서 조금 떨어진 언덕 위에는 커다란 공유지를 둘러싸고 빅스라는 오래된 마을이 있다. 아마도 세상에서 가장 짧은 이름을 가졌을 이 마을은 다른 교구에 속한다.

교구나 마을보다 우리 이야기에 더 중요한 것은 영지다. 그림다이크 숲을 포함하여 램브리지우드는 그 기록이 남아 있는 기간 동안 대부분 그레이 가문의 영지에 속했다. 그레이 가문의 저택인 그레이즈 코트(별지 컬러 일러스트 33 참조)는 놀라운 생존자로, 그림다이크 숲에서 불과 1.6킬로미터 떨어져 있다. 현재는 저택과 토지 모두 영국 내셔널 트러스트National Trust(역사적으로 보존 가치가 있거나 자연경관이 빼어난 곳을 소유·관리하는 영국의 민간단체 - 옮긴이)가 관리한다. 수많은 관광객이 이곳을 찾아오는데, 차를 타고 온 은퇴한 노인들과 나들이객은 이 저택이 외딴곳에 있다고 상상하기 힘들 것이다. 그러나 칠턴힐스에도 접근하기 어려운 야생 그대로인 시절이 있었다. 그때는 범죄자가 잠적하여 들어오고 배교자가 숨었는지도 모른다.

여전히 그레이즈 코트는 런던 인근에서도 도회적인 느낌이 가장 덜한 곳이다. 정원 잔디밭에서는 현대식 도로가 거의 보이지 않는다. 그레이즈 코트 저택에서 보이는 풍경은 양쪽에 울창한 너도밤나무 숲과 군데군데 양떼가 몰려다니는 확 트인 골짜기가 대부분이다. 런던이 또 다른 세계에 속해 있던 시절, 말이 유일한 교통수단이던 때의 풍경과 별반 다르지 않다.

크고 튼튼하게 지어지긴 했어도 그레이즈 코트를 기품 있는 곳으로 묘사하기는 어려울 것 같다. 12세기의 견고한 성곽과 튜더 양식의 저택으로 구성된 이곳은 중세 시대부터 1969년까지 사유지였다. 벽돌로 지은 별채에는 수탉의 눈을 가진, 풍물 장터에나 있을 법한 나무 놀이기구를 닮은 아주 오래된 당나귀 물레방아가 있는데 20세기까지도 백악층 암반 아래 깊은 우물에서 물을 퍼 올렸다. 그레이즈 코트와 같은 곳이 고난의 시기에 위기를 극복하고, 풍요의 시대에 살을 찌우며 역사의 비바람을 견뎌온 과정을 상상하기란 어렵지 않다. 광활한 영지가 필요한 것들을 대주었다. 밀과 보리를 키울 수 있는 넉넉한 경작지, 소와 양떼를 먹일 수 있는 목초지가 있었다. 너도밤나무 숲에서는 땔감과 사냥감을 구했고, 우물에는 맑은 물이 가득했다. 램브리지우드는 영지의 제일 북쪽 가장자리에 있었다. 대저택에 가까운 땅일수록 경작용으로 개간될 가능성이 높기 때문에, 상대적으로 저택에서 멀리 떨어진 램브리지우드는 오랜 기간 살아남았다. 숲은 언제나 제자리에서 유용했다.

대저택이 낳은 위대한 이름들이 묻혀 있는 그레이즈 코트의 교구 교회는 수석으로 지은 작은 건축물로, 로더필드그레이즈의 도로변에 있다. 로더필드그레이즈는 우리 숲에서 골든볼 다음으로 가까운 맥줏집인 몰츠터스암스가 있는 아주 작은 마을이다. 교회와 술집은 남쪽으로 들판을 가로지르는 공공 통행로를 1.6킬로미터 남짓 걸으면 도착할 수 있다. 이 오래된 길에서 아직까지 아무도 만난 적이 없다. 겨우 몇 킬로미터 떨어진 곳에 템스 강을 따라 나 있는 길은 언제나 행인들로 북적이지만, 확트인 칠턴 지대는 여전히 종달새와 여유롭게 산책하는 이들의 공간이다. 맑은 봄날, 낮은 언덕이 감추고 있는 무한한 가능성은 모두 즐거운 것들뿐이다. 낮은 천장에 참나무 대들보가 드러나 있는 몰츠터스암스는 불을 때는 벽난로가 있고, 배경음악은 없고, 손님을 정말 좋아하는 것 같은 주인장이 있는 아늑한 술집이다.

로더필드그레이즈 교회는 전통대로 술집 바로 옆에 있다. 교회 내부는 한때 그레이즈 코트를 소유했던 주인과 안주인의 기념비(별지 컬러 일러스트

32 참조)가 세워진 부속 예배당이 큰 부분을 차지한다. 그중 가장 눈에 띄는 것은 프랜시스 놀리스 경Sir Francis Knollys(1511~1596)과 그의 아내 캐서린의 생기 있고 아름다운 설화석고상과 대리석 무덤이다. 이들의 조각상은 나란히 누워 형식을 갖춘 엄숙한 모습으로 기도를 드리고, 묘지 주위로 일곱 명의 아들과 일곱 명의 딸이 경건하게 줄지어 서 있다. 가장 감동적인 것은, 아주 어릴 때 세상을 떠난 아기의 작은 조각상이 아버지 옆에 나란히 누워 있는 모습이다. 프랜시스 경은 헨리 8세와 엘리자베스 1세를 보필한 궁정의 신하였다. 궁에서 일하지 않는 날에 프랜시스 경이 우리 숲에서 거닐거나 사냥했을지도 모른다는 생각을 하면 기분이 좋다.

교회 중앙 바닥에 동판으로 새겨진 로버트 드 그레이Robert de Grey(1349~1388)의 모습은 저택과 교회 모두 그의 이름을 따서 지었다고 하기엔 겸손하기 그지없다. 사슬갑옷을 입고 옆에는 검을 차고 갑옷용 장갑 낀 손을 모아 기도드리는 이 금속 인간의 모습은 실존했던 인물이라기보다는 일종의 대암호grand cipher(프랑스 왕궁에서 사용한 암호 - 옮긴이)처럼 보인다.

전원 지대에서는 수 세기 동안 영주의 저택과 영지가 가장 중요한 존재였다. 그레이즈 영지와 인근 영지를 소유한 이들이 지역사회를 형성했다. 그들은 똑같이 역병으로 고통받았고, 풍년과 흉년을 함께 겪었다. 영주와 귀족들은 서로 알고 지내면서 공식·비공식적으로 서로 오갔고, 마침내 내 어머니가 '양반놈들county'이라고 부르는 존재가 되었다. 이 영지에는 역사적인 거물이 살던 때도 있었고, 소유주가 누군지 불확실한 적도 있었다. 소작농과 하인, 장인匠人들의 사회적 지위는 점차 변화해갔다. 모든 영지는 그러한 변화를 흡수해야 했고, 그러면서 오늘날까지 왔다.

그림다이크 숲과 그레이즈 코트에서 가장 가까운 영지는 북쪽의 폴리 코트와 헨리 파크다. 그림다이크 숲에서 헨리 파크까지는 비둘기 날갯짓으로 1분이면 날아간다. 동쪽에는 배지모어가 있다. 이제 배지모어의 웅장한 저택은 사라지고, 남은 건 골프장뿐이다. 하지만 북쪽으로 더 올라가면 골짜기 안에 작지만 완벽하게 자리 잡은 대저택이 있다. 그곳에 사는 스토너 가는 무려 800년 넘게 그 저택을 소유한, 대영제국에서 가장 오래된 가문 중 하나다.

램브리지우드를 헨리온템스가 아닌 로더필드그레이즈에 편입시키는 지도가 있다. 지방정부의 기본단위인 지방행정구는 옛 교회 교구의 경계선과 다른 경우가 많다. 각 행정구는 목사가 아닌 의원을 선출하며, 그 경계선은 19세기 말에 지방행정체계를 실용적으로 관리하려는 목적으로 정비되었다. 그림다이크 숲은 교회 교구로는 헨리에 속하지만, 행정구역상 로더필드그레이즈에 속한다. 대저택과의 연관성을 따져보면 램브리지우드는 로더필드그레이즈에 속하는 것이 더 적합하다. 그러나 어느 쪽이든 램브리지우드는 구역의 가장자리에 있으므로 중요하게 생각되지 않고 그냥 지나치기 쉬운 곳이었을 것이다.

여느 숲처럼 우리 숲 역시 십일조를 내지 않아도 된다. 땅에서 벌어들이는 수입의 10퍼센트에 해당하는 추가 조세는 한때 지역 교회를 뒷받침하는 주요 수입원이었다. 1836년에 의회가 제정한 십일조 개정안에 따라 전국적으로 십일조 대상이 파악되었다. 옥스퍼드셔 기록보관소에 있는 1840년 지도[9]에는 램브리지우드에 관한 기록이 상당히 정확하게 남아 있다. 지도에 딸린 장부에 당시 직원이 근사한 흘림체로 '면세'라고 적어놓았다. 나는 종종 미안함의 표시로 로더필드그레이즈 교회의 모금함에 1파운드짜리 동전을 집어넣곤 한다.

램브리지우드는 11세기 초 윌리엄 1세가 실시한 전국적인 토지조사 보고서인 「둠즈데이북Domesday Book」으로까지 거슬러 올라가는 오랜 역사 끝에 1922년, 마침내 그레이즈 영지에서 팔려나갔다. 1922년 7월 26일, 헨리 시청에서 조지 쇼랜드George Shorland에게 팔린 '램브리지 농장과 임야

160에이커(약 65헥타르)'가 상세하게 표시된 지도가 있다. 부유한 농부이자 사업가였던 조지 쇼랜드는 헨리 주변의 땅을 모조리 사들였다. 램브리지우드의 근대기가 시작되었고, 중세 시대부터 이어져온 실타래는 끊어졌다.

나중에 조지 쇼랜드 이후의 램브리지우드 소유주에 대해서도 알아보겠지만, 우선 1969년에 램브리지우드를 소유하게 된 토머스 에라스무스 발로 경Sir Thomas Erasmus Barlow 이야기부터 해보자. 준남작인 토머스 경의 후손들은 최근인 2010년까지도 램브리지우드를 소유했다. 사실 토머스 에라스무스 발로 경의 이름은 나에게 별 의미가 없다. 그는 가문에서 작위를 이어받은 세 번째 준남작이자 뛰어난 해군 지휘관이었다. 요즘 작가들이 거의 모든 사람들에 대해 그러듯이 나는 의례적으로 온라인 검색을 시작하고 발로 가문에 관해 찾을 수 있는 한 과거로 거슬러 올라갔다.

발로 가문의 첫 번째 준남작인 (또 다른) 토머스 경은 의사였는데 환자를 대하는 태도가 훌륭했고 빅토리아 여왕의 주치의였다. 두 번째 준남작인 앨런 발로 경Sir Alan Barlow은 토머스 에라스무스의 아버지인데, 1933년부터 1934년까지 램지 맥도널드Ramsay MacDonald 총리의 선임 보좌관으로 근무하면서 가문의 전통을 이어받아 훌륭한 공무원이 되었다. 바로 거기서 나는 컴퓨터 마우스를 클릭하던 손가락을 멈추었다. 앨런 발로 경이 결혼한 사람이 바로 노라 다윈Nora Darwin(1885~1989)이었던 것이다. 마법과도 같은 이름이 이 숲의 계보에 편입되는 순간이었다. 하나의 실타래가 끊어지면 새로운 실타래가 생겨나는 법이다. 노라가 찰스 다윈Charles Darwin(1809~1882)의 손녀였다는 사실을 알아내는 데는 별다른 노력이 필요하지 않았다. 우리 숲, 그러니까 내 자그마한 자연사 연구의 대상이 얼마 전까지만 해도 역사상 가장 위대한 박물학자의 직계 후손에게 속해 있었다니.

나는 마침 런던 자연사박물관에서 함께 일했던 또 다른 다윈의 직계 후손을 알고 있다. 식물학자인 세라 다윈Sarah Darwin(1964~)이다. 다윈 가문은 신기하리만치 뛰어난 집안이고 그 후손은 가문의 유산을 존중한다. 찰스 다윈의 할아버지인 에라스무스는 세상에 이로운 일만 행한 것 같은 가문을 세웠다. 토머스 에라스무스 발로 경의 가운데 이름은 위대한 조상을 향한 경의의 표시임이 틀림없다.

세라 다윈은 발로 가의 준남작인 제임스 발로 경Sir James Barlow과 알고 지낸다. 두 사람 모두 갈라파고스 보존신탁Galapagos Conservation Trust의 홍보대사다. 갈라파고스 보존신탁은 세계에서 가장 귀한 진화의 실험실이 어처구니없는 개발로 훼손되지 않도록 보호하는 단체다. 2014년 가을, 세라는 나에게 제임스 경과 그의 누이 모니카를 소개해주었다. 나는 두 사람을 그림다이크 숲에서 만났고 그들은 몇 년 만에 램브리지우드를 걸었다. 제임스는 어머니가 찰스 다윈의 무릎 위에 앉아 놀았다고 말씀하신 기억을 떠올렸다. 그러니까 나는 독보적으로 위대한 자연주의자의 가슴에 파묻혀 깔깔대던 누군가를 엄마로 둔 사람과 얘기를 나눈 게 아닌가!

통계적으로 사람들은 몇 세대만 위로 올라가도 어느 정도 서로 연결되어 있다고 한다. 그러나 세라를 제외하고 내 친구나 동료들 중에 찰스 다윈과 직접적인 관계가 있는 사람은 아무도 없다. 이러한 인연을 그림다이크 숲 프로젝트를 위한 축복으로 생각하지 않을 수 없다. 그것도 가장 세속적인 의미에서의 축복.

제임스와 모니카는 램브리지우드를 천천히 거닐며 아버지 토머스에 대해 얘기했다. 토머스 발로 경은 2003년에 세상을 떠날 때까지 꽤나 열성적인 환경보호주의자였다고 했다. 그는 숲의 일부－그림다이크 숲은 아니다－를 직사각형 구획에 따라 벌채한 뒤 낙엽송과 코르시카 소나무 같은 침엽수를 심었다. 이 나무들은 칠턴힐스에서 자생하는 나무가 아니다. 조감도를 보면 이 침엽수들은 들쑥날쑥한 너도밤나무 상층부와 확연히 비교되는 짙은 초록색으로 나타난다. 침엽수를 식재하는 것은 갱도의 버팀목으로 사용할 낙엽송 성목을 확보하기 위해서였지만, 이 과제는 분명히 잘못 구상된 것이었다. 왜냐하면 공교롭게도 발로 경이 숲을 소유하게 된 즈음에 대영제국에서는 채굴 산업이 사양길로 접어들었기 때문이다. 램브리지우드의 몇몇 숲 친구는 다시 활엽수가 자랄 수 있도록 낙엽송을 베어냈다. 그림다이크 숲으로 들어가는 길목에 침엽수를 자르고 남은 목재 자투리가 많이 쌓여 있다. 나는 이 실패한 산림 관리의 결과물을 그대로 두고 부식 과정을 연구하기로 했다.

그 외의 지역에서 램브리지우드 너도밤나무 숲은 주기적인 간벌 외에 따로 손대지 않아 조용히 너도밤나무 숲 본연의 모습을 유지했다. 숲의 관리자는 존 무니John Mooney였는데, 발로 가문 사람들은 그를 「곰돌이 푸」에 나오는 당나귀 이요르 같다고 생각했다. 숲에서 수익을 창출하는 것에 대해 그가 비관적으로 예측했기 때문이다. 그의 연차 결산보고는 언제나 막대한 손실로 마감되었다. 끔찍하게 우울한 보고에도 토머스 발로 경이 바람직한 생태학적 책무에 일차적인 관심을 두었던 것은 참 다행한 일이다.[10] 무니 씨는 철조망 울타리를 자르고 숲에 무단 침입하는 사람들이나 말 타는 사람들, 그리고 밀렵꾼들 때문에 숲이 위협받고 있다고 생각했다. 모든 종류의 사슴들이 거의 후대를 잇지 못했고 그나마 남은 사슴들도 청설모 때문에 몸살을 앓았다. 숲을 대상으로 한 수익 사업마다 '영국농촌보존운동본부Campaign to Protect Rural England'를 빙자한 협잡꾼이나 '잉글리시 네이처' 같은 공식 기관의 지나친 참견으로 실행되지 못했다. 2000년에 무니 씨가 작성한 연차 요약은 다음과 같이 무거운 말로 마무리되었다.

'이처럼 바닥을 치기 전에 이미 지난 25년간 꾸준히 나빠지고 있었

습니다.'

그러다 어느 순간 해리 포터가 구원의 손길을 내밀었다. 2001년부터 조앤 K. 롤링Joan K. Rowling의 어린 마법사 이야기가 영화화되자 수많은 어린이가 영화를 관람했다. 많은 아이들이 자기만의 마법 빗자루를 타고 날아다니며 영화 속 주인공처럼 퀴디치quidditch 경기(소설 속의 가상 스포츠 경기 - 옮긴이)에 참가하고 싶어 안달이었다. 빗자루의 머리 부분은 잔가지를 엮어서 만드는데, 램브리지우드에 자라는 자작나무나 되살아나는 나뭇등걸에서 적당한 크기의 가지와 줄기를 쉽게 잘라낼 수 있었다. 100년 전만 해도 깊은 너도밤나무 숲속에서 빗자루 공예사로 알려진 사람들이 빗자루를 만들어 팔았다. 다시 말해 빗자루 제조는 전통적으로 내려오는 기술이었다.[11] 전례 없는 빗자루 대박이 터졌다. 제임스 발로는 장난감 업체에 댈 물량이 부족할 정도였다고 말했다. 마침내 램브리지우드 전체가 생태학적으로 전혀 부끄럽지 않은 방식으로, 적어도 약간의 돈을 벌게 된 셈이다.

오늘날 그림다이크 숲의 수목 분포는 40년 동안 너도밤나무가 굵고 길게 자란 것 외에는 토머스 경이 숲 전체를 매수했을 당시와 크게 다르지 않다. 무니 씨는 엄청난 폭풍이 전국을 강타한 1987년에도 램브리지우드 숲은 상대적으로 큰 피해를 입지 않고 지나갔다고 기록했다. 물론 이 사실이 그를 기쁘게 하지는 못했지만 말이다.

숲에는 수많은 너도밤나무가 10~20보 간격으로 자라면서 여름철에는 완전히 하늘을 가린다. 물론 숲 곳곳에 빛이 들어오는 작은 빈터가 있고, 특히 숲의 북쪽 가장자리에는 최근에 벌목했음이 분명해 보이는 커다란 공터도 있다. 숲은 너도밤나무가 점령했지만 다른 수종도 기분 좋게 한 자리씩 차지하고 있다. 양벚나무 열여덟 그루가 너도밤나무 높이만큼이나 장엄하게 우뚝 솟아 있다. 노란 나무껍질로 장식된 물푸레나무

세 그루는 위풍당당하게 서서 셀 수도 없이 많은 자손을 생산한다. 느릅나무는 너도밤나무 사이에 조심스럽게 모습을 감추고 있다. 참나무는 숲을 통틀어 겨우 두 그루뿐인데, 한 그루는 건강하게 잘 자라고 다른 하나는 상태가 별로 좋지 않다. 둘 다 키가 큰 교목이다. 우리 숲에서 유일한 침엽수인 주목도 두 그루 있는데, 둘 다 이제 막 생명의 긴 여정을 시작했다. 나는 가시덤불을 헤치며 몇 시간씩 헤맨 끝에야 외로이 서 있는 단풍나무 한 그루와 작은 묘목을 찾았다. 목록에 넣을 수 있는 것만으로도 그저 기뻤다.

이제 하층 식생을 보자. 교목이 드리우는 짙은 그늘에서도 행복하게 자라는 나무들이 있다. 눈에 가장 잘 띄는 것은 진한 녹색 잎이 무성한 호랑가시나무다. 사실 눈에 잘 띄는 정도가 아니라 너무 많다 싶을 정도다. 하지만 이 가시 돋친 상록수가 사람 키의 두 배로 자라 내가 숲에서 제일 좋아하는 곳을 에워싸며 담장을 쳐준 것은 반가운 일이다. 그림다이크 숲의 한가운데는 아니지만 내가 제일 좋아하는 장소는 딩글리델이다. 딩글리델은 그림다이크 숲에서 가장 인상적인 너도밤나무 노목 두 그루를 에워싼다. 이 나무에는 각각 '대왕목', '여왕목'라는 이름이 붙었다. 숲의 다른 나무와 달리 대왕목과 여왕목은 성급하게 허공으로 치닫지 않고 여유 있게 가지를 옆으로 펼치며 자란다. 이들 거목 아래는 오래된 낙엽이 뒤덮은 것 외에는 깨끗하다. 그곳에서 4월의 햇살을 받으며 통나무 위에 앉아 있으면 벽난로 앞에 엎드려 있는 강아지처럼 행복한 기분이 든다. 여기가 내가 일지를 쓰고 베이컨 샌드위치를 먹는 곳이다.

딩글리델 주위로 오래전에 밑동을 쳐낸 개암나무 몇 그루가 있는데, 거의 땅에서부터 새로운 나무줄기가 다발로 올라와 분지하지 않고 수직으로 길게 자랐다. 이 줄기들은 수령이 다양해서 굵기도 제각각이다. 죽은 나뭇가지도 있는데 관심이 필요하다. 큰 공터 가장자리에는 어린 자작나무 몇 그루가 자란다. 나무들은 모두 오랜 친구가 되었다. 내 친구들처럼 이 나무들도 각기 별난 점과 역사, 그리고 여러 결점이 있다. 조만간 이들에 대해 모두 알게 될 것이다.

벚꽃과 발레복

4월이 되면 양벚나무*Prunus avium*(별지 컬러 일러스트 7·8 참조)가 블루벨처럼 동시에 만개한다. 하지만 벚꽃은 숲의 바닥이 아닌 꼭대기에 무대를 설치한다. 위에서 떨어진 꽃가지 하나를 손바닥 위에 올려놓고 들여다보았다. 구릿빛 어린잎 여섯 장이 새순 끝에 매달려 '앞으로 전진!'이라고 외치듯 뾰족한 잎사귀를 열정적으로 펼쳤다. 잎사귀 뒤에는 자연스러운 꽃차례가 나타난다. 회갈색 나뭇가지에 작고 하얀 꽃다발이 열 개 정도 달렸다. 각 다발에는 꽃이 네다섯 송이씩 한데 묶여 있고, 꽃송이는 약 2.5센티미터 길이의 초록색 '성냥개비' 끝에 매달려 있다. 노란 수술 주위로 끝이 살짝 파인 다섯 장의 새하얀 꽃잎이 붙어 있다. 수술은 마치 시침핀을 축소해놓은 것처럼 가는 수술대에 둥근 꽃밥이 달려 있다. 중심에는 별로 크지 않은 암술대와 암술머리가 있다. 다섯 개로 갈라진 적갈색 꽃받침은 마치 한 무리의 발레복처럼 바깥쪽으로 접힌 채 눈앞에서 펼쳐지는 공연에 경의를 표하는 듯하다. 각 꽃다발은 줄기에 바짝 붙어 있는 다섯 개의 포엽에서 나왔다. 그래서 마침내 나뭇가지마다 풍성한 잎사귀로 장식된 벚꽃 부케가 눈높이보다 15미터 이상 높은 곳에서 짧지만 생기 넘치는 백색 꽃의 향연을 펼친다. 곤충들에게는 아직 이른 축제다.

그런데 왜 겹벚꽃 같은 원예 품종이 필요한 걸까? 꽃잎 여러 개가 겹쳐나는 겹벚꽃이 발레복을 훨씬 더 닮았다는 점은 인정하겠다. 하지만 한 겹짜리 벚꽃으로도 충분하지 않은가? 일본인 예술가라면 눈송이 안으로 구겨 넣어진 라이스페이퍼처럼 마냥 연약하고 덧없는 꽃송이에 한 송이건 열 송이건 빠져들었을 것이다. 벌써부터 하늘에서 팔랑팔랑 꽃눈이 내린다. 그러다가 여태 달려 있는 작년 너도밤나무 이파리에 내려앉았다. 한두 시간이 채 지나기 전에 태양은 그 꽃잎을 말라 쪼그라들게 하여 세상에서 잊히게 할 것이다.

봄의 교향악단

갑자기 나비 몇 마리가 나타났다. 위장색으로 모습을 감춘 유령처럼 그늘 안팎을 괴상한 몸짓으로 나풀나풀 날아다니는 암갈색 나비는 얼룩나무나비*Pararge aegeria*(별지 컬러 일러스트 16 참조)다. 그뿐 아니다. 앵초속의 프림로즈처럼 선명하고 신선한 노란색의 유황나비*Gonepteryx rhamni*도 있다. 프림로즈가 없는 숲속의 허전함을 유황나비가 채워주는 것 같다. 봄의 상징과도 같은 이 꽃은 램브리지우드의 척박한 토양 따위에서는 살지 않는다. 다윈이 프림로즈를 연구했기 때문에 나는 아쉬웠다. 동장군에 시달리면서도 살아남은 외로운 공작나비*Aglais io*(별지 컬러 일러스트 17 참조)가 갈가리 찢긴 날개에 커다란 눈을 달고서 공터의 나무딸기 위에 앉아 햇빛을 받으며 산란에 필요한 마지막 에너지를 모으고 있다. 줄흰나비*Pieris napi*가 잠시 내려앉는가 싶더니 어느 틈에 휙 날아가버렸다.

나는 확실히 예전보다 곤충강Class Insecta에 익숙해졌다. 블루벨의 바다 한가운데에 열린 꽃들은 커다란 호박벌에 의해 수분된다. 호박벌은 너무 연약해서 버틸 수 없을 것 같은 꽃송이에 조심스럽게 매달려 있다. 호박벌이 종에 매달린 대형 추 같다는 생각이 들었다. 나는 호박벌 중에서도 꼬리가 흰 놈(흰꼬리호박벌, *Bombus lucorum*)과 붉은 놈(붉은꼬리호박벌, *Bombus lapidarius*)을 구분할 수 있다. 식별하기 쉽도록 솜털이 보송보송한 엉덩이에 특유의 색을 묻히고 다니기 때문이다. 거대한 붉은꼬리호박벌은 새로운 군집을 형성할 수 있는 오래된 쥐구멍을 찾는 데 선수다. 웽웽거리며 벚나무 뿌리 주위를 날아다니다 금세 적당한 장소를 찾아낸다.

블루벨 사이에 쭈그리고 앉아 있는데 '가짜' 호박벌 한 마리가 쌩하고 앞을 지나갔다. 재니등에(빌로오드재니등에, *Bombylius major*)라는 놈인데, 자연계에서 가장 잔인한 협잡꾼 중 하나다. 이놈들은 몸에 털이 부숭부숭한 것이 꼭 벌처럼 생겼지만 벌은커녕 검정파리에 가깝다. 머리끝에 긴 주둥이를 달고 있는 놈이 꿀을 먹으러 쏜살같이 꽃으로 들어갔다가 나오는 것을 보았다. 영락없는 벌새 같다. 하지만 재니등에는 진짜 벌집 주위에 알을 낳는다. 부화한 유충이 벌의 보금자리로 기어들어가 벌의 유충을 먹고 자라는 방식으로 번식한다. 정말이지 곤충판 이아고(셰익스피어의 비극 「오셀로」의 등장인물 - 옮긴이)라 부르지 않을 수 없다. 나는 다윈이 자연계에 속임수가 얼마나 흔해빠진 일인지 기술한 것을 떠올렸다. 다윈 자신은 이처럼 표리부동한 인간이 아니었으리라.

바야흐로 모든 수컷 새가 짝을 찾아 열정을 다해 노래하는 시기다. 수새들은 깃털에 광을 내고 몸치장을 하며 봄맞이 준비를 마쳤다. 새소리에 관한 한 비전문가이지만, 달콤하면서도 날카로운 노래지빠귀*Turdus philomelos* 소리만큼은 절대 놓치지 않는다. 노래지빠귀의 노랫소리는 세 번쯤 반복되는데, 독창성을 뽐내듯 다음 소절은 언제나 다르지만 차례가 오면 틀림없이 반복된다. 작은 굴뚝새의 믿을 수 없을 만큼 우렁찬 목청도 집어낼 수 있다. 굴뚝새의 노래는 마무리 부분에 항상 '탕탕탕' 하고 빠르게 부딪히는 소리가 난다. 유럽울새(꼬까울새)와 대륙검은지빠귀*Turdus merula*의 노래도 우리 집 정원에서 자주 들어 잘 알고 있다. 하지만 헐벗은 나뭇가지에 앉은 잘생긴 등 푸른 새가 노래하는 걸 직접 보지 않았다면 동고비가 보내는 방송인 줄 몰랐을 것이다. 동고비는 단순하면서도 귀청이 찢어질 듯한 '피위-피위-피위' 소리를 낸다. 깃털 색과 노래

실력에 역상관관계라도 있는 걸까? 나이팅게일이나 음악성이 가장 뛰어나다는 휘파람새류는 깃털이 매우 평범하지만 화려한 공작의 요란한 울음소리는 다른 공작새나 영국의 귀족들에게나 매력적일 뿐이다. 이러한 심미적 스펙트럼의 중간쯤에 있는 검정-노랑-초록색의 박새*Parus major*는 숲속 어디서나 높은음의 '티-투' 소리를 반복하며 돌아다닌다. 솔직히 멋들어진 노래는 아니다. 푸른박새*Cyanistes caeruleus*가 후두음의 쉰 소리로 재잘거리는 모습은 작고 통통 튀는 당돌한 이 녀석들에게 아주 잘 어울린다. 방금 푸른박새 여러 마리가 서로에게 휘파람으로 '우리 여기 있어요!'라고 말하며 우거진 나뭇가지 사이를 빠르게 통통 뛰어다녔다.

동고비에겐 미안하지만, 새소리가 모두 어디서 들리는지 도저히 집어내지 못하겠다. 축하 공연이라도 하듯 여기저기서 불쑥불쑥 노랫소리가 터져 나온다. 숲 전체에 '갑자기 노래가 쏟아진다'라는 말이 무슨 뜻인지 마침내 이해가 간다. 멀리서 이따금 딱따구리가 내는 타악기의 울림통 소리가 이 조류 관현악단에 필요한 백비트backbeat를 깔아주었다. 그때 어렴풋이 너도밤나무 뒤로 몸을 숨기는 소심한 나무발바리를 보았다. 나무껍질 틈새에 박혀 있는 곤충을 찾아 나무 위로 재빠르게 기어 올라갔다. 일단 먹잇감을 찾으면 구부러진 부리로 잘 꺼내 먹을 것이다. 아주 은밀하게 움직이는 놈이다.('http://www.british-birdsongs.uk'에서 영국의 새소리를 종별로 들을 수 있다 - 옮긴이)

봄을 축하하는 자리에 어울리지 않는 울음소리가 들렸다. 불규칙적으로 반복되는 씩씩거림에 짜증이 묻어 있다. 위를 보니 말똥가리 한 쌍이 하늘 높이 천천히 선회하며 활공하고 있었다. 아래에서 벌어지는 축하 공연에 초대받지 못하고 입구에서 서성대는 모양새였다. 말똥가리의 울음소리는 짧은 외침에 가깝다. 무척 흥미로운 일을 만난 아이가 내는 소리처럼 들린다. 어제는 말똥가리가 숲속을 통과하는 모습을 보았다.

육중한 몸집으로 나무 사이를 제대로 통과할 수 있을까 싶었는데 침착하게 비행했다. 램브리지우드는 이들의 땅이다. 조심해라, 조그만 쥐들아. 방심하지 마라, 새들아. 너희의 풍년은 말똥가리에게도 풍년이 될 테니.

푸른 블루벨 밭에서 단연코 튀는 청록색이 눈에 들어왔다. 지빠귀가 땅에 낳아놓은 알이었다. 언뜻 보니 알은 완벽 그 자체였다. 여름 지중해의 푸른 바다 위에 검은 점을 몇 개 띄워놓은 것 같았다. 그런데 한쪽에 들쑥날쑥한 구멍이 보였다. 누군가가 점토로 덧댄 지빠귀 둥지에서 알을 꺼내 내용물을 훔쳐 먹은 게 틀림없다. 말똥가리의 소행이라기엔 남기고 간 부분이 너무 많았다. 청설모가 의심된다. 빈 알껍데기를 집어 손바닥 한가운데에 올려놓았다. 비현실적으로 가벼웠다. 내 숲속 수집품 1호가 되기에 부족함이 없다. 소중히 간직해야겠다.

다음에 내 눈은 완벽하게 새하얀 블루벨(별지 컬러 일러스트 3 참조)에 꽂혔다. 수천수만 송이의 블루벨 가운데 딱 한 포기였다. 블루벨이 아니라 화이트벨이라고 불러야 마땅하다. 성 파트리치오 축일에 술에 취하지 않고 멀쩡한 아일랜드 사람을 만나는 것만큼이나 드문 일이지만 어느 것보다도 눈에 띄었다. 군계일학인 이 화이트벨은 몇 미터 밖에서도 찾아낼 수 있을 것이다. 이처럼 예외적인 하얀 꽃은 자연적인 돌연변이의 결과다. 만약 백색 돌연변이가 블루벨의 생존에 보다 성공적이었다면 더 많은 하얀 블루벨이 나왔겠지만, 여기엔 찰스 다윈도 알지 못했던 진화의 분자 메커니즘을 증명하는 살아 있는 증거가 있다. DNA 코드에 단 하나의 조그만 변화가 일어나 파란색 꽃이 하얀색을 뒤집어쓴 것이다.

블루벨은 대부분 알뿌리로 번식하기 때문에 마음만 먹으면 하얀 블루벨을 포기째 우리 집 정원으로 옮긴 다음 잘 키워서 인위적으로 번식시킬 수 있다. '그림다이크'라는 품종 이름도 괜찮을 것 같다. 흰 초롱꽃, 흰 장미, 흰 어니스티*Lunaria annua alba*, 그리고 흰 제라늄까지 수많은 정원의 백색 품종이 이와 같은 방식으로 탄생했다. 양벚나무처럼, 어떤 식물은 흰색으로 태어난다. 다른 식물들은 강제로 흰색이 된다.(에릭 리우Eric Liu가 쓴 『우연한 아시아인』의 '누군가는 백인으로 태어난다. 다른 누군가는 백인성을 쟁취한다. 나머지 누군가는 강제로 백인화된다'라는 문장에서 인용했다 - 옮긴이)

산미나리 수프

산미나리*Aegopodium podagraria* 새싹이 숲 가장자리에서 왕성하게 자라고 있다. 산형과(미나리과)에 속하는 이 식물은 정원의 악명 높은 잡초로, 일단 뿌리를 내리면 초본성 잔디밭에서는 거의 제거하기가 힘들다. 하지만 숲에서는 멀리 퍼지지 못할 뿐만 아니라 예뻐 보이기까지 한다. 가장자리가 얕게 갈라진 잎은 파슬리처럼 생긴 꽃이 피기 훨씬 전에 모습을 드러낸다. 나는 산미나리의 어리고 연한 초록색 잎이 맛있는 산나물이 된다는 걸 알게 되었다. 한 달 후에는 충분히 먹을 만큼 무성해질 것이다. 그러니까 정원의 잡초로만 알려진 산미나리도 쓸모가 있다는 말씀. 식재료!

산미나리 수프를 만드는 방법은 간단하다. 어린 산미나리 잎을 한 봉지 뜯어온다. 워낙 무성해서 비닐봉지를 채우는 건 일도 아니다. 뜯어온 산미나리는 거친 줄기를 잘라내고 대충 숭덩숭덩 썰어놓는다. 양파를 잘게 다진 뒤 갈색으로 변하기 시작할 때까지 버터에 볶아 부드럽게 만든다. 중간 크기의 분감자를 깍두기 모양으로 작게 썰어 산미나리, 볶아놓은 양파와 함께 큰 냄비에 넣는다. 이제 육수를 넉넉히 붓고, 아니면 600밀리리터의 물에 닭 또는 채소 고형 육수를 풀어 끓이면서 여러 가지 허브와 후추를 한 꼬집씩 넣어 맛을 낸다. 일단 끓어오르기 시작하면 불을 낮추고 약한 불에서 감자가 익고 전체가 걸쭉하게 섞일 때까지 뭉근하게 끓인다. 마지막에 크루통(수프나 샐러드에 넣는, 튀긴 빵 조각 - 옮긴이)을 넣거나 크림을 한 바퀴 돌려 마무리한다.

잠깐, 야생 산형과 식물 중에는 독미나리처럼 독성을 지닌 식물이 있으니 주의하자. 깃털 모양으로 생긴 독미나리 잎을 장미 잎 모양의 산미나리로 착각할 일은 없겠지만, 행여 확실하지 않다면 손대지 않는 게 좋다.

May

5월

지킬 박사와 하이드

며칠 동안 내내 비가 내렸다. 하지만 숲의 상층부는 아직 은신처를 제공할 만큼 우거지지 않았다. 대신 흠뻑 젖은 너도밤나무 줄기가 눈에 띄게 초록색으로 바뀌었다. 봄비가 나무껍질에 사는 작은 조류藻類와 우산이끼를 깨운 덕분이다. 이들은 기회가 있을 때마다 열심히 생장한다.

길 가까이에 쓰러진 통나무가 있다. 여러 해 동안 썩어서 대부분이 없어지고, 남은 목질부는 스펀지처럼 물을 빨아들였다. 아마 10년 전에는 다른 나무들과 어깨를 나란히 한 벚나무였으리라. 통나무 한쪽에서 편평하고 넓적한 것이 자란다. 생뚱맞게 샛노랗고 광까지 나는 것이 마치 번들거리는 소의 혀 같다. 이 혀는 무엇을 핥아 먹는지 매일 2.5센티미터씩 자란다. 이 혓바닥의 정체는 덕다리버섯*Laetiporus sulfureus*(별지 컬러 일러스트 38 참조)의 자실체子實體(포자를 만드는 영양체. 보통 버섯에서 우리가 먹는 부분이 자실체다 - 옮긴이)다. 덕다리버섯은 나무를 먹고 사는 균류다.[1)] 나는 여러 수종에서 이 버섯을 보았는데, 양벚나무를 가장 선호하는 것 같다. 덕다리버섯은 시간이 지나면 벽에 달린 둥근 선반처럼 자라는데, 선반 아랫면에 나 있는 수백 개의 작은 구멍(관공)이 수백만 개의 포자를 생산하는 관으로 연결된다. 포자는 미풍에도 부드럽게 공중으로 흩어져 몸을 의탁할 완벽한 나무를 찾아다닌다.

이런 습한 시기는 다육성 생물이 자라기 좋은 조건이다. 쓰러진 통나무의 다른 한쪽에는 장난감 구슬 크기의 밝은 분홍색 공이 서너 개 붙어 있다. 부러진 산호 조각처럼 영국의 봄 숲에는 어울리는 자리가 없는 듯 어색해 보였다. 손가락으로 쿡 찌르면 종기 터지듯 분홍색 즙이 흘러나오는데, 그걸 보면 내 딸이 아주 질색한다. 잘 보면 고차원적인 아름다움이 있다고 설득해도 소용없다.

이 생명체는 변형균류(점균류)인 분홍콩먼지*Lycogala epidendrum*(별지 컬러 일러스트 28 참조)의 자실체다.[2] 명칭에서도 짐작할 수 있듯이 변형균류는 한때 균류로 분류되었지만, 사실 곰팡이도 버섯도 아니다.(균류와 달리 변형균류는 세포벽이 없다 – 옮긴이) 겉으로 보기엔 영락없이 버섯 같지만. 분홍콩먼지의 자실체가 헛간 근처에 있는 목재 더미 여기저기에 10여 개씩 무리 지어 자란다. 분홍콩먼지는 습한 곳을 좋아하는데, 생장기에는 원형질체 또는 변형체라는 수천 개의 핵을 가진 투명한 몸으로 아메바처럼 숲 바닥을 돌아다니며 부식하는 유기물질에서 영양분을 빨아들여 생장한다. 이 단계에서 만약 내 딸이 이들을 섬뜩하고 기이한 존재라고 말한다면, 그처럼 맞는 말도 없을 것이다. 이들은 살금살금 움직이면서 커간다. 그러다 충분히 자라고 나면 – 언제쯤 '충분'해지는지가 재미있는 질문인데 – 하이드 씨로 변하는 지킬 박사보다 더 주도면밀하게 정체를 바꾼다. 땅바닥에서 돌아다니던 분홍콩먼지의 원형질체는 죽은 나무를 타고 올라가 분홍색 공으로 탈바꿈한다. 그러나 아직 변신이 완료된 것은 아니다. 약 1~2주가 지나면 분홍색 공은 눈에 덜 띄는 갈색으로 변한다. 그리고 몇

주 후에는 먼지처럼 보이는 갈색 미세 포자를 대량으로 방출하며 사방으로 흩어진다.

또 다른 것은 나무에서 젤리 성분의 가느다란 손가락 같은 하얀 털실 조각들이 종유석처럼 매달려 있는 것을 발견했다. 역시 변형균류인 산호먼지*Ceratiomyxa fruticulosa*다. 문득, 눈에 보이지 않는 수많은 세포가 축축한 습기를 타고 숲을 탐험하는 모습이 그려진다.

첫 번째 벌목

마침내 태양이 돌아왔다. 따뜻한 바람을 함께 데려왔다. 아직은 힘없는 햇살이 가장 부드러운 색조로 새잎을 틔우는 너도밤나무의 은은한 연둣빛 잎사귀를 비춘다. 바람에 흔들리는 새잎은 빛의 방향에 따라 노란 기운마저 감돈다. 가늘고 뾰족한 잎눈 속에서 겨우내 새잎을 감싸던 작은 갈색 포엽 수백 개가 땅에 떨어져 있다. 이제 그들은 제 할 일을 다 했다.

나는 돋보기로 너도밤나무 잎을 관찰한다. 아기 속눈썹보다 가는 털이 가장자리에 술처럼 달려 있다. 새잎은 화장지처럼 하늘하늘하여 한여름 잎사귀의 억센 기운은 전혀 느껴지지 않는다. 낮은 나뭇가지에 달린 잎은 온몸을 부드럽게 떨며 호랑가시나무의 한결같은 짙은 어둠과 대조되는 빛줄기를 그린다. 마치 물속에 있는 듯, 보이지 않는 물결이 잎들을 휘젓고 있는 것 같다. 태양이 몰래 숲을 통과해 벚나무 줄기까지 다다른 지점에는 매끈한 수피가 은빛으로 빛난다.

사촌 존이 사람들이 다니는 길 위로 위험하게 기울어져 있는 너도밤나무 한 그루를 베고 있다. 사람들은 대부분 토네이도가 왔을 때 숲 근처에 가면 안 된다는 상식 정도는 갖고 있으므로 숲속에서 나뭇가지가 떨어져 일어나는 사고는 매우 드물다. 그러나 너도밤나무는 아무런 이유없이 큰 나뭇가지를 통째로 떨어낼 때가 있다. 이런 걸 과부제조기(원래 고성능 전쟁 무기에 붙은 별명이었지만 사고율이 높은 위험한 활동, 직업, 질병 등을 일컫기도 한다 - 옮긴이)라고 한다.(절대 여성 위로 떨어지지는 않는다) 개를 데리고 산책하는 사람들이 피해를 입어서는 안 된다.

존은 우선 긴 장대에 달린 고지톱으로 곁가지들을 쳐냈다. 그중 하나는 길 위로 구부러져 거의 땅에 닿았다. 다음엔 엔진고지톱으로 좀 더 처리한 후 본격적으로 대형 전기톱을 들고 작업에 들어갔다. 요란한 전기톱 소음은 언제 끝날지 알 수 없는 치과의사의 드릴 소리처럼 견디기 힘들었다. 존은 전문가다. 그는 귀마개를 쓰고 튼튼한 장갑을 끼고 일한다. 지나가는 사람들은 격려의 몸짓과 상냥한 미소를 보낼 수밖에 없다.

나무로서는 그저 한 방향으로 쓰러지는 것이지만, 불의의 사고가 일어나지 않게 하려면 그것을 베는 데 기술이 필요하다. 불쌍한 너도밤나무는 끙끙대다가 폭죽놀이를 할 때처럼 탁탁 소리를 연속해서 내더니 '쿵' 하고 쓰러져버렸다. 둘레가 90센티미터쯤 되는 나무에서 꽤 많은 양의 땔감이 나왔다. 뿌리째 넘어갔어도 나무는 아직 목숨이 붙어 있다. 뻣뻣한 나뭇가지가 부자연스럽게 팔을 뻗고, 가지에 달린 새잎은 마지막으로 바람에 나부낀다. 내일이면 모두 생기를 잃고 늘어질 것이다. 몸통의 중심부는 많이 썩어버려 까맣게 구멍이 뚫려 있었다. 언젠가는 부러졌을 나무. 차라리 미리 베어내길 잘했다. 곰팡이로 인한 손상이 줄기 위까지 진행되어 나무의 중심부에는 기이한 상형문자처럼 보이는 어두운 흔적만 남았다.

존은 나무의 윗부분을 잘라 밴van에 싣고 집으로 가 적당한 크기로 쪼개어 내년치 장작을 마련할 것이다. 쓰러진 나무의 두툼한 아래쪽은 윈치로 들어 올려 똑바로 세운 뒤 투박한 의자로 사용하거나 부식 과정을 천천히 연구할까 한다. 톱질 중에 나온 부스러기들은 숲에 뿌려 다시 흙으로 돌려보낼 것이다. 그리 크지도 않은 나무 한 그루를 베어내는 게 이렇게나 많은 일거리를 만들어낸다는 걸 누가 알까?

봄 숲의 향기 전문가

너도밤나무 가지가 떨어지면서 블루벨 중 일부가 짓눌렸지만, 큰일은 아니다. 어차피 블루벨 들판은 쇠락의 징조가 뚜렷하다. 거대한 꽃의 바다는 하늘빛으로 깊어지고 멀리서 보면 여전히 끊어진 데 없이 완벽하지만, 꽃대 아래쪽의 꽃들은 이미 흐릿하게 바래졌다. 짙은 초록색 잎도 젊음의 생기와 열정을 잃고 아래로 늘어졌다. 그러나 한 꽃이 지면 다른 꽃이 피게 마련이다.

블루벨 바다 가까이 조그만 땅뙈기를 뒤덮은 식물이 있다. 둥글게 돌려난 피침형 잎이 층층이 올라오고 꼭대기에선 꽃대가 올라와 작고 하얀 화관이 다발로 피어났다. 이 식물은 선갈퀴*Galium odoratum*라고 부르는 다년생 초본인데 키는 블루벨보다 크지 않다. 각각의 꽃에는 겨우 네 개의 아주 조그만 꽃잎이 달려 있다. 돋보기로 살펴보니 잎의 가장자리에 미세한 털이 있는데, 손가락으로 가장자리를 조심스럽게 쓸어내리면 느낄 수 있다. 여린 잎은 대개 여덟 장씩 단정하게 돌려난다.

일반명과 학명이 암시하듯 이 작은 식물에서 블루벨 못지않게 사람의 마음을 움직이는 향기가 난다.(선갈퀴의 영어 명칭은 'sweet woodruff'로 달콤하다는 뜻이 있고, 라틴어 학명의 '오도라툼'은 '향기의'라는 뜻이다 – 옮긴이) 선갈퀴의 달콤한 향은 마르면서 더욱 진해진다. 선갈퀴 한 다발을 꺾어 따뜻한 공기가 도는 찬장 위에 올려놓았더니 하루 만에 잘 말랐다. 한때 사람들은 말린 선갈퀴를 침대 시트 사이에 끼워서 침구에 향을 내고, 잠자는 동안 봄 숲을 꿈꿨다. 갓 베어낸 건초에서 나는 향도 선갈퀴처럼 동일한 화학 성분인 쿠마린에서 비롯되지만, 건초에 달콤한 봄풀이 들어 있을 때만이다.

독일에서는 선갈퀴가 봄철 전통 음료와 달콤한 간식을 만드는 재료다. 선갈퀴의 독일명인 발드마이스터는 '숲의 거장'이라는 뜻으로, 이처럼 섬세한 작은 꽃의 이름치고는 너무 거창하다. 아들놈이 선갈퀴의 식물성 성분으로 진에 향을 내보겠다고 했다. 부티크 스피리츠boutique spirits(개인이 소규모로 제조하는 수제 맥주의 일종 - 옮긴이)가 다시 유행하는 움직임이 있다고 한다. 이놈은 언제나 남들보다 한 발 앞서가고 싶어 한다. 전통적으로 진의 향을 내는 데는 노간주나무 열매를 쓰지만, 얼마든지 다른 약초와 향신료를 넣어 온갖 종류의 술을 만들 수 있다. 선갈퀴를 넣어 만든 첫 번째 진은 다소 맛이 강했으나 두 번째 시도에서는 아주 맛 좋은 선갈퀴 진이 탄생했다. 봄 숲이 선사한 풍류가 아닐 수 없다. 그림다이크 진이 미래의 장르 시장을 선도하는 야심을 가져본다.

블루벨과 선갈퀴는 전문가들이다. 모든 구근식물이나 초본식물이 우리 너도밤나무 숲에서 잘 자랄 수 있는 건 아니다. 결국 타이밍이 중요하다. 교목의 상층부에 잎이 자라 숲의 지붕을 덮어버리기 전에 가능한 한 많은 빛을 훔쳐야 한다. 그러려면 봄에 꽃을 피우는 수밖에 없다. 이른 봄의 대변동 시기에 블루벨과 선갈퀴가 제비꽃과 레서셀런다인에 합류한다. 5월의 숲을 생생한 초록색 들판으로 만드는 우드멜릭은 고개를 숙인 채 꽃을 피우다 여름이 끝나기도 전에 시든다. 블루벨은 너도밤나무 잎이 성숙해지기도 전에 광합성을 마무리 짓고 짧지만 아름다웠던 생명의 시기에 모아둔 에너지를 알뿌리에 저장한다. 임무는 완수되었고 땅 위의 모든 것은 이내 시들어버린다.

레서셀런다인[3]의 깜찍한 하트 모양 잎도 짧은 존재의 시간을 즐기다 어느새 누렇게 말라간다. 레서셀런다인 역시 에너지를 땅속의 작은 크림색 저장고에 몰아넣고는 남은 1년의 대부분을 땅속에서 음낭陰囊처럼 생긴 알뿌리 다발로 보낸다. 알뿌리와 비슷한 모양의 주아主芽가 잎겨

드랑이에 생긴 것을 보았는데, 내년이면 그중 하나라도 새로운 식물을 키워낼 것이다. 선갈퀴와 제비꽃 잎은 꽃이 핀 후에도 한참 동안 (볼품없이) 남아 있다. 그러나 선갈퀴의 뿌리는 강한 네트워크를 형성해 심한 가뭄에도 크게 타격을 입지 않고 살아남는다.

숲 주위에서 코를 킁킁거리며 다니다가 두 종의 기분 좋은 봄꽃을 발견했다. 수수한 보랏빛의 우드스피드웰*Veronica montana*은 개불알풀속의 초본으로, 햇살이 여유 있게 비치는 곳을 찾아 얌전히 길가로 기어간다. 미나리아재빗과의 예쁜 골디락스버터컵*Ranunculus auricomus* 역시 같은 조건을 찾아다닌다. 우드스피드웰과 골디락스버터컵 모두 작은 식물학적 지성에 보답하는 절제된 아름다움이 있다.

오랜 시간에 걸쳐 서서히 영역을 넓혀가는 잉글리시블루벨은 역사가 깊은 숲을 상징하는 징표다. 등대풀 종류인 유포르비아 아미그달로이데스*Euphorbia amygdaloides* 역시 위엄 있는 모습으로 같은 이야기를 한다. 나는 이 식물을 네 군데에서 찾았는데, 키가 제법 커서 초본인데도 관목처럼 보일 정도였다. 어린 새싹은 사랑스러운 구릿빛으로 아래를 향해 살짝 처져 있어 선명한 초록색 꽃머리와 크게 대조되었다.

모든 등대풀 종류는 다른 식물에서 찾아볼 수 없는 독특한 꽃을 피운다. 이 꽃은 일반적인 꽃의 구성 요소를 전혀 갖추지 않았다. 꽃잎도 꽃받침도 없고 생식기관은 최소한으로 축소되었다. 흔히 꽃잎으로 착각하는 연노란색 부분은 포엽으로, 최소한의 성적性的 임무만 진행되는 침실을 컵처럼 둘러싸고 있다. 이런 독특한 구조가 모여 꽃머리를 만든다. 레서셀런다인이나 블루벨과 달리 등대풀 종류는 숲에 늦게까지 머물면서 선명했던 봄철의 대비를 서서히 잃으며 위엄 있게 퇴색해간다.

나는 등대풀속 식물들이 영락없는 선인장 모양으로 사막에서 자라는 모습도 보았고, 반대로 해안가를 기어가는 것도 보았다. 우리 집 텃밭에서도 어지간히 잘 자라는 식물이라 그중 하나가 오래된 칠턴 너도밤나무 숲속에서 발견되었다고 놀랄 건 없다. 모든 등대풀 종류는 잎이나 줄기를 꺾으면 끔찍한 독성을 지닌 하얀 즙이 나온다. 한번은 실수로 아주 소량을 눈에 대고 비볐다가 극심한 통증에 무려 두 시간 동안이나 집 안을 뱅뱅 돌며 울었던 적이 있다. 내가 가장 좋아했던 칠턴의 맥줏집인 '독 앤드 배저'가 문을 닫았을 때 이후로 그렇게 고통스러웠던 기억은 없다.

시골에 살게 된 뻔뻔한 작가

작가란 그리 드문 종은 아니다. 독성은 덜할지언정 등대풀 종류처럼 어디서나 불쑥 나타난다. 솔직히 처음엔 칠턴힐스 너도밤나무 숲을 나 혼자 독점했다고 생각했다. 내가 틀렸다. 램브리지우드 헛간 뒤로 산마루 정상의 로우어아센든 마을에서 옥스퍼드 방향으로 헨리온템스를 벗어나는 페어마일 바로 너머에 참나무 대들보로 장식된 튜더 양식의 작은 시골집이 있다. 이 집은 수십 년 동안 한 유명한 작가, 세실 로버츠Cecil Roberts(1892~1976)의 집이었다. 1930년대에 세실 로버츠는 '순례자의 오두막'이라는 뜻의 필그림 코티지를 중심으로 전개되는 세 권의 이야기, 즉 『시골에 살다Gone Rustic』, 『시골에서의 산책Gone Rambling』, 『집을 떠나며Gone Afield』를 출간했다. 현재 나는 세 권 모두 양장본으로 소장하고 있다. 그림다이크 숲을 사지 않았다면 이 작가에 대해 평생 들어볼 일은 없었겠지만.

『시골에 살다』는 적어도 6판까지 인쇄된 베스트셀러였다. 세 권 다 이상적인 시골 생활에 대한 매력적인 이야기를 수다스럽게 써 내려갔고, 또 보란 듯이 유명 인사의 이름이 자주 등장한다. 책의 겉표지에는 시골집의 목조 구조가 돋을새김되어 있다. 세실 로버츠의 세상은 에르퀼 푸아로(애거사 크리스티의 추리소설에 나오는 유명한 탐정 - 옮긴이)가 하우스 파티에 초대받아 갔다가 죽은 채 거실에 쓰러져 있는 집주인을 발견한 사건의 배

숲에서 가장 가까운 아센든 마을의 시골집으로, 반목조 건물이다.
20세기 중반에 작가 세실 로버츠가 살았던 집이다.

경인 작은 시골 마을과 크게 다르지 않다. 이와 동일한 설정이 소설가 에드워드 F. 벤슨Edward F. Benson(1867~1940)의 시리즈물 『맵과 루시아Mapp and Lucia』에도 등장한다. 이 소설에서는 자비로 가정부와 요리사를 고용하고 자신은 수채화를 그리거나 국화 품종을 고르는 데 전념하며 살아가는 서섹스의 고상한 중상류층 주인공이 나온다. 이런 유의 책에서 노동자 계급인 시골 사람들은 다채로운 단역만 맡는 경향이 있다.

『시골에 살다』에서 세실 로버츠가 설명한 바에 따르면 그는 1930년 헨리에서 옥스퍼드로 가는 길에 자동차 바퀴에 구멍이 나는 바람에 우연히 필그림 코티지를 발견한다. 세실 로버츠는 이렇게 썼다. '주위 풍경이 마치 티롤 지방에 온 것처럼 인상적이다. 낙엽송이 가파른 구릉을 뒤덮고, 멀리에 울창한 너도밤나무 숲 사이로 푸른 잔디가 우아하게 깔린 산협山峽이 있다.' 마지막 문장은 아마 스토너로 가는 완만한 골짜기를 말한 것 같다.

필그림 코티지는 아직까지도 20세기 중반의 모습을 상당히 간직하고 있다. 2층 창문에서는 지평선 가까이에 있는 램브리지우드가 보였을 것이다. 그러니까 세실 로버츠는 정말로 우리 이웃이었던 셈이다. 나는 로버츠가 정원을 부산하게 돌아다니며 가정부에게 이스파노-수이자(프랑스의 자동차 및 엔진 제조 회사 - 옮긴이)를 타고 제시간에 도착할 후작 부인을 대접할 차를 준비하라고 지시한 뒤 자신은 글라디올러스에 몰두하는 상상을 한다.

로버츠는 필그림 코티지에 언제나 손님이 끊이지 않았다고 투덜거렸지만 하나같이 대단히 흥미로운 사람들이라 그는 펜을 들어 그들에 관한 이야기를 쓰지 않을 수 없었다. 바쁜 사교 생활을 하는 중에도 그는 다수의 책과 운문을 펴냈다. '순례자의 오두막' 시리즈의 핵심은 로버츠가 성실하게 기술한 이 지역의 역사에 있다. 상당 부분이 이 책과도 관련되어 있고, 특히 이 지역 수공업자들에 관한 이야기는 매우 귀중한 자료다. 로버츠는 이탈리아에 대한 관심도 지대해서 비유할 기회가 있을 때마다 베네치아와 궁전들, 그리고 핀치 콘티니 가문에 관한 이야기로 넘어갔다. 정원 가꾸기나 일광욕에 대해서는 지나칠 정도로 사로잡혀 있었지만 자연사를 향한 로버츠의 관심은 지극히 형식적이었다. 칠턴은 그의 진정한 관심거리가 등장하는 초록색 배경일 뿐이었다. 세실 로버츠의 관심은 한결같이 '사람'이었다.

제2차 세계대전이 발발하자 세실 로버츠의 인생은 완전히 달라졌다. 필그림 코티지 이야기는 미국에서도 꽤나 인기가 많았던 모양이다. 당시 필그림 코티지의 호소력은 100년 전 어느 대저택을 둘러싼 사건을 그린 역사소설에 대한 오늘날의 인기와 사뭇 비슷하다. 로버츠는 미국으로 차출되어 전쟁을 독려하기 위한 순회강연을 했고 결과는 매우 성공적이었다. 당시 〈뉴욕 타임스〉는 다음과 같이 보도했다.

'세계 최고의 정치 선전宣傳을 영국인이 해냈다. 영국의 저명한 작가 세실 로버츠가 미국 전역을 돌며 개최한 강연에서 우리는 가장 효과적인 방식을 목격했다. 그의 강연은 정치 선전의 냄새가 전혀 풍기지 않았지만, 그 누구보다 대영제국에 대한 미국인들의 호감을 불러일으켰다.'[4]

로버츠의 매력은 분명 템스밸리(런던의 서쪽으로, 템스 강을 중심으로 한 영국의 남동부 지역 - 옮긴이)에서 아주 멀리 떨어진 곳에서 발휘되었다.

전쟁이 끝났을 때, 로버츠는 자신의 노력이 공식적으로 충분히 인정받지 못했다고 느꼈다. 그래서 자서전을 다섯 권이나 출판함으로써 수지를 맞추려 했다. 플레이터Plater 씨 부부는 1953년에 로버츠 다음으로 필그림 코티지의 거주자가 되었는데, 그들의 딸 로웨나 에밋Rowena Emmett은 몇 해 동안이나 밝은 표정의 미국인들이 정원 입구에 나타나 사진을 찍게 해달라고 부탁하곤 했다고 말했다. '정말 귀찮았어요.' 로버츠는 필그림 코티지의 명성을 경시하지 않았다. 그는 플레이터 씨에게 편지를 보내 다음과 같이 조언했다. '전 세계의 수천 명이 이 집을 사랑합니다. 그들에게는 곧 영국을 상징하는 집이기 때문이지요.'

세실 로버츠를 처음 만났을 때 로웨나는 어린 여학생이었는데 그에게서 왠지 모를 거리감을 느꼈다고 했다. 나중에야 로웨나는 로버츠의 말투와 몸짓이 동성애자의 것이었다는 사실을 깨달았다고 말했다. 『시골에서의 산책』을 오늘날의 시각으로 읽어보면 저자의 성적 취향이 여실히 드러난다. 가슴을 드러낸 이탈리아 톱장이를 향한 그의 찬사를 들어보자.

'피부는 베네치아의 태양 아래 따뜻한 마호가니색으로 그을렸고, 부드러운 새틴 천 아래로 근육이 은밀한 힘과 함께 흘러내리며 백 가지 빛의 색조와 모습을 드러냈다.'

매우 애매모호한 시라 하지 않을 수 없다.

세실 로버츠가 그처럼 '덜' 관대한 시대에 골든볼에서 마을 사람들의 입에 어떤 식으로 오르내렸을지 무척 궁금하다. 어쩌면 사람들은 단순히 로버츠가 런던에서 온 사람이라 그렇다고 생각했을지도 모른다. 로버츠는 순수한 마음으로 시간과 돈을 써가며 마을 사람들을 도왔고, 거의 언제나 그들에 대해 호의적인 입장에서 글을 썼다. 찰스 크리위Charles Crewe는 로버츠의 정원사였는데, 램브리지우드의 끄트머리에 기본적인 시설조차 갖추지 못한 축축한 집에서 살았다. 로버츠는 찰스 크리위를 비롯한 정원사들의 노고를 알아주었다. 로버츠는 확고한 반파시스트였다. 노팅엄 태생인 그의 출신이 귀족과는 거리가 멀다는 사실을 알고 나는 놀랐다. 로버츠는 펜으로 먹고사는 글쟁이였고 다작으로 자수성가했다. 유명인과의 친분을 들먹거리는 습성은 다시 태어난 자신의 계급을 확인하려는 적극적인 시도였다고 이해한다. 로버츠의 특별하고 재밌는 노처녀 친구 위시트Whissitt는 프랑스어로 이렇게 외쳤을 것이다.

"세상에나! 당신 너무 뻔뻔한 거 알아요?"

헤럴드 J. 매싱엄Harold J. Massingham(1888~1952)은 보다 신랄한 작가였다. 1940년에 출간한 『칠턴의 전원Chiltern Country』은 칠턴힐스를 명쾌한 언어로 묘사한다. 자연에 대한 그의 관찰과 느낌은 아주 훌륭하다. 매싱엄의 작품은 대부분 런던 외곽으로 무분별하게 퍼진 평범하기 짝이 없는 빌라에 대한 분노에서 비롯되었다. 그는 '진정한 영국, 인체와 다르지 않은 유기적인 시스템 안에서 언덕과 계곡, 강과 시내, 경작지, 도로와 건물, 토박이들, 그리고 그 모두를 등에 업어 품고 있는 바위가 서로 복잡하게 얽혀 있는 그 영국'[5]이 사라지고 있음을 애통해했다. 수 세기를 버텨온 시골의 오두막과 오랫동안 그와 생사고락을 함께한 가치 있는 영혼들이 아무 나무나 심어놓은 평범한 빨간 벽돌집에 의해 잠식되었다. 필요한 자원이라기보다 보기 좋은 경치를 위해 너도밤나무가 선호되었다. 매싱엄의 눈에 리크먼즈워스 너머의 땅은 이미 돌이킬 수 없이 변했고 하이위콤브 주변도 운을 다했다. 전철 노선 중 하나인 메트로폴리탄 라인이 런던에서 전원 지대로 확산되는 것은 혐오스러운 건물들을 싹틔우는 사악한 곰팡이의 소행과 같았다. 교외 거주자, '그들이 손대는 것마다 그 자리에서 정체성이 소멸했다'. 매싱엄의 전원주의는 시인 존 베처먼John Betjeman(1906~1984)과 정반대되는 입장이다. 베처먼은 자신이 메트로랜드(런던의 지하철 권역 - 옮긴이)라고 부른, 건강하고 젊은 여성과 깨끗하고 고상한 연립주택의 땅에 호의적인 시선을 보냈다.

매싱엄의 투쟁적 태도는 상당히 매력적이다. 할 수만 있다면 기꺼이 계몽주의 시대를 거슬러 중세 후기 어디쯤인가로 돌아갔을 것이다. 매싱엄은 우리 지방에 관하여, 그리고 특히 '칠턴의 심장'인 스토너 파크를 위해 가장 유려한 글을 남겼다. 스토너 파크에는 여전히 야생의 기운이 남아 있고, 경치도 흉물스러운 것들로 절망스럽게 타락하지 않았다. 매싱엄이 그림다이크 숲을 찾아왔다는 증거는 없지만, 여기에서도 만족스러운 대지의 기운을 느꼈기를 바란다. 매싱엄은 예로부터 내려온 숲을 쪼개어 팔아치움으로써 1,000년을 건재해온 대저택의 위엄을 손상한 행위를 틀림없이 반대했을 것이다. 나로서는 숲 전체를 살 능력이 없었다는 말 외에는 달리 변명할 길이 없다. 칠턴힐스에는 자신이 소유한 땅의 보물 같은 가치를 인정하지 못하는 부유한 사람이 많다. 그런 면에서 내 작은 땅은 훨씬 더 사랑받고 있다.

세실 로버츠가 로우어아센든의 정원에서 한가로운 시간을 보내기 100년 전에는 존 스튜어트 밀John Stuart Mill(1806~1873)이 훨씬 과학적인 열정으로 칠턴의 전원 지대를 탐험했다. 철학자이자 정치이론가인 밀은 그에 버금가게 헌신적인 식물학자였다. 노루발류*Pyrola* 같은 희귀식물을 보자마자 동정할 수 있는 사람은 많지 않다. 밀은 그중 한 명이었다. 밀은 어릴 적부터 제러미 벤담의 조카인 조지 벤담George Bentham(1800~1884)과 친하게 지냈는데, 조지 벤담은 빅토리아 시대의 가장 위대한 식물학자가 되었다. 밀은 알려지지 않은 식물상을 찾아 프랑스로 원정을 떠나기도 했다. 런던 켄싱턴스퀘어에 있는 밀의 집은 사실상 식물 표본관이나 다름없었다.

유명한 사상가, 시인, 수학자들이 자신의 전문 분야에서뿐만 아니라 자연사의 미세한 부분을 탐구하면서 커다란 즐거움을 얻는다는 사실에 의아해하는 비자연주의자들이 있다. 블라디미르 나보코프Vladimir Nabokov(1899~1977)는 소설을 쓸 때만큼이나 연푸른부전나비를 진지하게 대했지만, 어떤 비평가들은 이 사실을 예술가의 인생에서 기이한 사족쯤으로 여겼다. 나비 따위에 쓸데없이 시간을 허비하지 말고 소설 한두 편을 더 쓰는 게 낫다는 것이다. 나비종 간의 가장 미묘한 차이를 찾아내는 분류학적 안목이 인간의 동기 가운데 기만과 회피를 집어내는 눈과 다르지 않다는 것을 왜 알지 못할까? 정확히 관찰하는 능력은 특별한 재능이다. 이 재능을 두 발 달린 짐승에게만 제한적으로 사용할 필요는 없지 않은가.

1828년 존 스튜어트 밀이 도보 여행 중에 옥스퍼드셔의 우리 땅을 지나갔다.[6] 당시 넓은 들판에는 잡초 중에서도 가장 흔하다는 서양말냉이*Iberis amara*의 흰 꽃이 잔뜩 피어 있었다. 그러나 서양말냉이는 이제 귀한 식물이다. 우리 숲에서 14킬로미터 떨어진 스윈콤다운의 너른 땅까지 가야 서양말냉이를 볼 수 있다. 토끼귀시호*Bupleurum rotundifolium*에 관한 밀의 기록은 옥스퍼드셔에서의 마지막 기록인지도 모른다. 토끼귀시호는 브리튼 섬에서 멸종이 임박했고, 밀도 당시에 이미 토끼귀시호의 희귀성을 언급했다. 7월 5일, 밀은 네틀베드에서 헨리로 접근했다. 우리 숲 말이다. 밀이 쓴 다음의 글을 읽고 내가 얼마나 즐거웠을지 상상해보길 바란다.

이 숲이야말로 이 나라의 위대한 아름다움이다. 이 나무들은 한낱 잡목이 아니라 진짜 나무다. 땔감용으로 쉬이 베어내지 않고 목재용으로 자라게 둔 것이다. 그렇다고 아주 오래 내버려두지는 않을 것이고, 어차피 그리 오래된 나무도 없지만, 그래도 아주 크고 튼실한 나무가 많았다. …… 우리는 네틀베드의 화이트하트에서 밤을 보냈고, 다음 날 저녁에 언덕을 따라 헨리 방향으로 옥스퍼드 로드까지 내려가면서 근사한 너도밤나무 숲을 지났다. 전체적으로 헨리에서 네틀베드로 올라가는 길은 근방에서 보았던 어떤 풍경보다도 아름다웠다.

존 스튜어트 밀이 '정확히' 우리 숲을 지나는 오솔길을 걸었다고 말할 수는 없다. 헨리에서 네틀베드로 향하는 우거진 오르막길이 다른 데 있었을 것 같지는 않지만 말이다. 밀이 찬미한 아름다움은 조금도 과장되지 않았다. 밀이 묘사한 숲은 오늘날 이곳 칠턴힐스의 모퉁이에서도 변함없이 울창하다. 다 자란 목재용 나무가 있는, 바로 그 장엄한 숲이다. 그러나 교구의 경계선을 표시하는 랜드마크로, 혹은 대정원에서나 살아남았을 법한 진짜 오래된 거목은 없다. 아내와 나는 네틀베드에서 길을 따라 가지를 바짝 쳐낸 일군의 너도밤나무를 보았는데, 적어도 400년은 된 것 같은 이 나무들은 울퉁불퉁하고 비틀린 혹투성이에 속이 움푹 파여 있었다. 이런 곳이 지역에 몇 군데 있다. 잠깐만 한번 생각해보자. 램브리지우드는 200년 전만 해도 일거리가 넘치는 숲이었다. 너도밤나무 숲은 목재로 키운 것이지 그저 고목이 되도록 내버려둔 게 아니다. 그러나 영원한 것은 없다. 이 숲도 언젠가 다른 용도로 사용될지 모른다.

존 스튜어트 밀이 조지 그로트George Grote(1794~1871)와 함께 이 숲을 걸었는지도 증명할 수 없지만 그랬다고 믿고 싶다. 두 사람은 1820년대 초부터 이미 친구였다. 밀은 그로트의 글을 숭배했지만 동시에 논평하기도 했다. 특히 그로트가 쓴 기념비적인 열두 권짜리 그리스 역사서에 대해서는 더욱 그러했다.[7] 이 작품은 에드워드 기번Edward Gibbon(1737~1794)의 대작『로마 제국 쇠망사』만큼 사랑받지는 못했지만 비슷한 영향력을 행사한 야심작이었다. 밀과 그로트 모두 다작多作 작가로서 자유주의와 개혁주의적 관점을 폭넓게 공유했고 공리주의를 신봉했다.

은행업에 종사한 그로트 가문의 저택은 그레이즈 코트의 동쪽에 인접한 배지모어 하우스였다. 헨리 방향으로 램브리지우드의 경계 지역 중 일부가 배지모어 영지에 속했다. 조지 그로트의 아버지는 전원생활을 즐기는 편이었고, 종종 말을 타고 램브리지우드를 통과해 빅스로 향했다. 아직 은행가였던 시절 젊은 조지와 아내는 부모님 집에서 열흘 정도 보내기 위해 런던에서부터 64킬로미터를 여행하곤 했다. 한번은 그로트 부인이 말 한 마리가 끄는 마차를 직접 몰고, 남편인 조지는 따로 말을 타고 네 시간을 달려 도착하기도 했다.[8] 조지 그로트는 배지모어를 무척 좋아했지만, 철도 시대 이전에는 배지모어에서 런던까지가 출퇴근하기 어려운 거리였다. 1831년, 시골 저택을 포기해야 한다는 것이 명확해졌고 조지는 개혁주의 정치에 더욱 전념하기 위해 대도시로 떠났다. 우리는 램브리지우드를 둘러싼 모든 저택이 한 번쯤은 영국의 수도와 정치적으로 연관된 적이 있음을 알게 될 것이다.

현대 작가의 경우, 리처드 메이비Richard Mabey의 칠턴 전원에 대한 회고록[9]은 램브리지우드에서 그리 멀지 않은 지역을 중심으로 쓰였다. 반면에 이언 매큐언Ian McEwan은 2007년에 소설『체실 비치에서On Chesil Beach』에서 칠턴 백악 지대를 걸어가는 긴 산책을 묘사했다. 남부 잉글랜드의 이 지역은 무척추동물 못지않게 작가들이 들끓는 곳이었다.

숲속의 이방인, 아니 이방석

숲을 밟으면 바스락거린다. 나무딸기 줄기와 작년에 떨어진 낙엽 아래에는 바위밖에 없는 것 같다. 지표면의 지질을 조사하려고 땅을 팠는데 삽이 들어가질 않았다. 어지간히 단단한 돌이 박혔는지 날이 뒤틀리기까지 했다. 암석용 망치를 사용해 다시 시도해야 했다.

망치의 발톱으로 수석 덩어리를 들어 올렸다. 내 주먹보다 큰 것도 있었다. 돌덩어리는 길게 빨아들이는 소리를 내며 마지못해 축축한 땅에서 끌려나왔다. 구멍 안으로 망치를 내리치니 금속과 수석이 만나는 부분에서 불꽃이 튀고 잠시 화약 냄새가 났다. 수석식 소총을 사용하던 시대에 익숙했을 냄새다. 수석, 즉 부싯돌은 총을 쏘기 직전에 화약을 점화하는 데 쓰였다. 땅에서 캔 수석은 붉은 황토색 점토 속에 파묻혀 있는데, 이 흙을 손바닥 사이에 넣고 굴리면 쉽게 공 모양으로 빚을 수 있다. 물론 손가락에도 잔뜩 들러붙는다. 돌멩이에 붙은 흙을 깨끗이 씻어내니 대개는 겉이 하얬다. 그런데 망치로 크기가 제법 큰 수석을 깨보았더니 안쪽이 깜짝 놀랄 정도로 검고 얼룩덜룩했다. 수석은 단단한 경질 암석이지만 동시에 쉽게 쪼개지는 메짐성이 큰 암석이다. 그림다이크 숲의 대부분은 사실상 수석이 깔려 있고, 칠턴힐스의 백악은 흔적도 보이지 않는다.

페어마일을 지나 언덕 아래에는 지표면 밑에 모조리 백악층이 깔려 있다. 한번은 2차선 도로 보수 중에 흰색 바위가 대량으로 쏟아져 나왔는데, 나는 한쪽으로 치워져 있는 그 바위 더미에서 벤트리쿨리테스속*Ventriculites*의 전형적인 원뿔형 원시 해면동물의 화석을 발견했다. 램브리지우드 안에서도 헨리 방향으로 더 내려가면 '요정의 구멍'이라 불리는 의문의 발굴지가 있는데, 가장 오래된 지도에도 표시된 이곳에는 분명히 흰 석회암층을 파 내려간 흔적이 있다. 언덕 전체를 이루는 바위, 매싱엄이 말한 '밑에서 모두를 지탱해주는 바위'가 바로 백악층이다. 그

위에 그림다이크 숲처럼 경질의 수석이 따로 판상의 층을 이루기도 하지만, 언덕 전체를 뒤덮지는 못한다. 수석(이 책에 나오는 '수석'은 석영의 일종으로, 흔히 말하는 관상용 수석과 다르다 - 옮긴이)은 근본적으로 백악층 내에 실리카(이산화규소) 성분의 내골격을 가진 해면으로부터 형성되었다. 먼저 실리카 성분이 용해된 후, 원래의 액체성 백악이 서서히 굳으며 오늘날에 남아 있는 바위로 변하는 과정에서 수석층에 재침전되었다. 지대가 높은 그림다이크 숲 밑에 자리 잡은 것이 무엇이든 분명 백악층의 맨 위에도 깔려 있을 것이다. 그러나 그림다이크 숲의 땅은 대개 백악층에서 나온 수석으로 이루어졌으며, 모두 끈적끈적한 진흙 덩어리에 갇혀 있다. 이러한 침전물을 수석점토층clay-with-flints이라고 부르며 수석이 지배적인 숲에서 나타난다.

수석점토층은 칠턴힐스의 여러 구역에서 백악층을 뒤덮는다.[10] 이는 수천 년에 걸쳐 백악층이 천천히 용해하고 풍상을 겪어 생성된 산물로, 다른 것들이 전부 제거되고 맨 마지막에 남은 것이다. 백악은 빗물에 힘없이 녹아버린다. 칠턴에서 퍼 올린 지하수를 끓이면 주전자 안에 석회 침전물이 남는 이유다. 오랜 시간이 흐르면 백악층은 자연적으로 사라지고 원래 흩어져 있던 수석이 응집한다. 수석은 불용성이다. 사실 이런 형태의 실리카는 잘 분해되지도 않는다. 강바닥을 구르거나 정원에 묻힌 채 몇백 년이 지나도 멀쩡한 형태를 유지한다. 아마 칠턴 그 자체보다도 오래 남아 있을 것이다.

백악층을 뒤덮은 수석점토층의 높이를 측정하려고 피크퍼스레인(272~276쪽의 '노상강도와 턴파이크' 참조)을 따라 페어마일 끝에서 램브리지우드 쪽으로 천천히 걸으며 토양 아래로 감출 수 없는 우윳빛이 나올 때까지 숲의 비탈면을 파 내려갔다. 동시에 나는 으아리속 노인의수염*Clematis vitalba*의 흔적도 확인했다. 노인의수염은 영국에 분포하는 식물 중에서 덩굴식물에 가장 가까운 종으로, 수석점토층을 견디지 못하기 때문에 백악층 위에서만 자란다. 야생 마조람majoram이라고도 알려진 오레가노*Origanum vulgare* 역시 수석점토층에서는 살 수 없다. 식물의 뿌리는 미식가의 정교한 혀에 버금갈 정도로 화학물질을 기가 막히게 감지한다. 이 두 지표식물 모두 피크퍼스레인 아래쪽에서는 무성하게 자라다가 위쪽으로 올라갈수록 자취를 감추었다.

백악의 흔적이 완전히 사라질 무렵 나는 수석점토층의 두께를 대충 6미터 정도로 결론지었다. 이 정도면 고지대의 얇은 토양층을 산비탈이나 골짜기 바닥의 염기성 토양과 비교해 중성 또는 산성으로 만들기에 충분했다. 그런데 사실 나는 조금 슬펐다. 잎의 뒷면에 광택이 나는 커다랗고 단순한 아리아마가목*Sorbus aria*과 기분 좋은 노란색 꽃이 피는 서양고추나물St John's wort, 그리고 많은 난초류를 포함해 유별나게 백악층을 좋아하는 화려한 식물이 많기 때문이다. 하지만 그냥 받아들이는 수밖에 없다. 땅이 원래 그렇게 생긴 걸 가지고 자연과 다툴 수는 없는 노릇이니. 이제는 왜 그림다이크 숲속 오솔길이 비가 많이 내린 후 진창으로 변하는지 알겠다. 진흙층은 물이 잘 빠지지 않아 쉽게 웅덩이를 만든다. 그래서 어떤 곳은 늘 질척거린다.

그림다이크 숲으로 돌아온 후 나는 단단한 바위땅을 파느라 애쓰는 대신 딱정벌레 함정을 설치하기 위해 만들었던 구멍을 사용하기로 했다. 야밤에 돌아다니는 놈들을 잡기 위해 구멍 속에 치명적인 데톨(클로로자일레놀. 방부제나 살균보존제로 쓰이는 화학물질 - 옮긴이) 용액을 반쯤 채운 컵을 묻은 적이 있다. 그런데 뒷정리를 하다가 너도밤나무 옆 땅바닥에 굴러다니는 돌을 보고 깜짝 놀랐다. 크기와 모양 모두 거위 알처럼 생긴 보라색 자갈이었는데, 분명 수석은 아니었다. 돋보기로 보자마자 경질 사암임을 확인했다. 마침 주위에 똑같은 거푸집으로 찍어낸 듯한 적갈색 자갈들이 눈에 띄었다. 하나같이 모서리가 둥글어서 손에 올려놓고 관찰하기에 아주 적합한 표본이었다. 모두 타지에서 흘러들어온 이방'석石'이었다. 칠턴힐스나 에일즈베리베일, 또는 그보다 먼 옥스퍼드 너머에서도 이런 돌을 만들 수 있는 암석층이 딱히 생각나지 않았다. 돌은 예쁜 타원형이 될 때까지 모가 난 부분이 떨어져나가고 둥글게 다듬어졌다. 유속이 빠른 강에서 오랫동안 머문 결과 형성된 형태임이 틀림없다. 침식 과정에서 조금씩 모양이 갖춰지고 아주 오랜 시간에 걸쳐 반복적으로 연마되어 광택이 났다. 그런데 어떻게 이런 돌이 너도밤나무 숲 한가운데에 나타난 걸까?

이방인이 또 있었다. 모양이나 크기가 비둘기 알 같은 하얀 자갈이었다. 이것은 또 다른 형태의 실리카로, 수석과 비슷하지만 조밀하고 소용돌이무늬가 있는 유백색이었다. 정맥석영Vein quartz이 틀림없다고 혼자 내기를 걸었다. 화강암 내부의 정맥에서 유래했거나, 혹은 다른 암석이 균열하는 과정에서 여기까지 온 게 아닐까 싶다. 아무튼 주변에는 그런 정맥석영의 출처가 될 만한 게 없다. 수석점토층 꼭대기에 흩뿌려진 이 돌들은 멀리에서부터 떠돌아다니다 여기까지 굴러들어온 암석 방랑자들이다.

나는 좀 더 파헤치기로 했다. 런던 자연사박물관의 솜씨 좋은 동료가 미스터리한 내 자갈의 단면을 잘라주었다. 현미경으로 들여다보면 이 돌이 무엇으로 만들어졌는지 확인할 수 있을 뿐만 아니라 출생의 비밀까지 밝힐 수 있을 것이다. 다이아몬드 톱으로 암석 표본의 단면을 자른 후 얇은 조각을 유리 슬라이드에 올려 두께를 압축하고 빛을 쬐어 암석을 구성하는 미네랄을 통과시켰다. 이제 암석용 전문 현미경으로 정체를 확인할 준비가 끝났다. 학부 시절 나는 케임브리지 대학교의 먼지투성이 실험실에서 현미경 사용법을 배웠다. 현미경에 눈을 대고 내려다보니 아득한 옛 기억이 되살아났다.

전형적인 정맥석영이었다. 현미경 아래에서 회색 또는 노르스름한 결정이 미세한 공기 방울과 함께 불규칙한 모자이크로 짜깁기되었다. 이런 암석의 기원은 여러 지질학적 지역에서 찾을 수 있다. 그러나 표본 중 하나는 비슷해 보이는 둥근 정맥석영 몇 조각이 사암 덩어리 안에 푸딩 속 자두처럼 박혀 있었다. 아마 동일한 사암층에서 석영이 유래했고, 그중 일부만 더 거친, 그러니까 지질학 용어로 역암이 된 것 같다. 이 자갈은 훨씬 오래된 출처에서 사암으로 편입된 게 틀림없다. 사암 자체도 신기하고 독특하다. 각각의 모래 알갱이는 해변에서 흔히 보는 모래와 비슷한 크기였고, 현미경으로 보았을 때 윤곽이 둥글고 깨끗했다. 그런데 이 알갱이들은 암적색 시멘트로 단단히 뭉쳐 있었다. 철이 틀림없다. 이 미네랄 때문에 돌이 진한 붉은색으로 보이는 것이다.

이 사암의 정체는 쉽게 알 수 있고 그 기원도 밝힐 수 있다. 이 자갈은

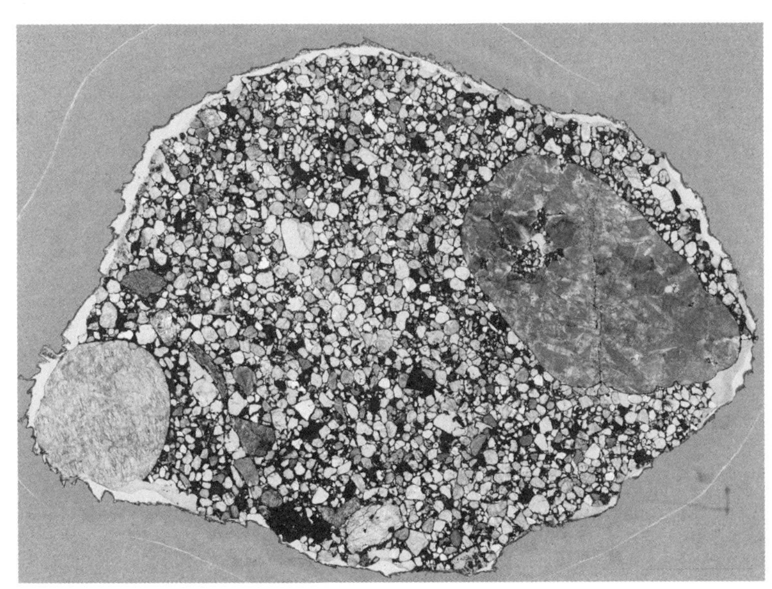

'숲속의 이방인'인 역암 자갈의 단면.

약 2억 3,500만 년 전, 트라이아스기에 만들어진 것이 분명하다. 그리고 영국 미들랜즈에서 왔을 것이다.[11] 이 자갈의 옛 이름은 독일에서 기원한 번터 사암[12]으로, 브리튼 섬이 덥고 건조하고, 유럽의 지질이 완전히 다른 형태였던 때로 거슬러 올라간다. 쉽게 부술 수 없는 유백색 석영 자갈의 경우, 그중 일부는 번터 사암으로 편입되기 훨씬 전에 아주 오래된 바위가 침식되면서 만들어졌다. 어쩌면 10억 년이 넘을지도 모른다. 지구 역사를 4분의 1이나 겪어낸 자갈이 그림다이크 숲 너도밤나무 뿌리 아래에 얽혀 있는 것이다. 말할 것도 없이 이 돌멩이들은 물을 타고 이곳 칠턴까지 흘러왔다.

이 돌멩이들을 북서쪽으로 130킬로미터나 옮겨온 힘센 강물은 현재 이 숲의 동쪽으로 3킬로미터 떨어진 곳에서 유유히 흐르는 템스 강의 조상이다.[13] 홍적세의 빙하기(258만 8,000~1만 1,700년 전)에 북쪽의 두터운 대륙빙하가 번갈아 증감을 반복하면서 어떤 때는 유럽의 큰 강줄기가 모두 방향을 틀었고, 또 어떤 시기에는 엄청난 양의 자갈을 뿌려놓기도 했다. 지금과 다른 길로 흘렀던 고대의 템스 강은 과거에 형성된 하안단구에 이 복잡한 역사의 기록을 남겨두었다. 이 흔적은 칠턴과 런던 분지 곳곳에 흩어져 있다. 가장 오래된 단구段丘가 바로 우리 숲에서 가까운 네틀베드에 있다. 숲에서 발견한 이국적인 자갈은 스토크로우 역층이라고 부르는 어린 단구에서 자주 발견되는 것으로 알려져 있다.

스토크로우 역층은 숲의 서쪽으로 약 6.5킬로미터 떨어진 곳에 있는 칠턴 고원의 스토크로우라는 마을에서 이름을 빌렸다. 마을의 광장 한편에는 세실 로버츠가 전형적인 영국 마을이라고 묘사했을 동네 분위기와 전혀 어울리지 않는 인도풍의 구조물이 있다. 마하라자의 우물이다. 이 우물은 역층을 뚫고 백악층 밑으로 112미터를 손으로 파 내려갔다. 모든 비용은 인도의 베나레스, 오늘날 바라나시의 군주 마하라자가 부담했고 우물을 덮는 이국적이고 우아한 장식이 달린 천막도 함께 세웠다. 이 우물은 1831년에 스토크로우의 대지주인 에드워드 리드Edward Reade(1807~1886)가 인도의 아짐허 지방에 판 우물에 대한 보답이다. 마하라자는 리드가 칠턴힐스 꼭대기에 있는 자신의 고향에 물이 제대로 공급되지 않는다고 말했던 것을 기억했다. 마하라자의 우물이라는 놀라운 선물은 1864년에 공식적으로 사용되기 시작하여 70년간 충실히 임무를 수행했다.

필 기바드Phil Gibbard 교수는 미들랜드 '연결 고리'가 약 45만 년 전까지 100만 년도 넘게 열려 있었다고 내게 설명했다. 홍적세의 거대한 대륙 빙하가 숲이 있는 남쪽까지 도달한 적은 없지만, 매우 근본적인 영향을 끼쳤다. 얼음처럼 찬 기후가 칠턴의 대지를 조각했다. 땅을 모조리 깎아내리는 바람에 이후의 역사는 백지상태에서 시작해야 했다. 바로 여기가 내 자연사의 기준선이 된다.

나는 나무가 쓸려나간 풍경을 상상했다. 언덕의 비탈은 벌거벗었고 가장 질긴 잡초만 북쪽의 만년 빙하에서 몰려오는 매서운 추위를 견뎌냈다. 칠턴 전원 지역은 가파른 골짜기로 갈라졌기 때문에 세실 로버츠가 스토너까지 올라가는 계곡을 '산협'으로 묘사한 것은 그 특징을 적절히 표현한 셈이다. 해마다 얼음이 녹아내릴 때 새로운 힘으로 흐르는 차가운 여름 하천이 부드러운 백악을 힘차게 깎아내렸다. 그러나 당시엔 백악이 아직 꽁꽁 얼어 있었기 때문에 떨어지는 물을 흡수하지 못했다. 강바닥에는 수석 자갈이 가득하다. 예전에 북극 가까이에서 짧은 여름을 보낸 적이 있는데, 거기서 하천의 돌이 서로를 조금씩 밀어내며 움직이는 것을 보았다. 돌이 부딪히며 울리는 소리 때문에 잠을 설쳤던 기억이 난다. 빙하시대의 유산이 대지에 남긴 흔적은 여전하다. 가파르게 깎아지른 칠턴의 산비탈뿐만 아니라 골짜기의 바닥에도 고대의 물줄기가 남기고 간 자갈이 여태껏 깔려 있다.

빙하기가 선사한 여러 이름이 있다. 예를 들어 로키레인은 그레이즈 영지의 남서쪽으로 흐르는 골짜기 이름이다. 그러다 약 1만 1,000년 전부터 기후가 온화해졌고 언덕에 나무가 들어서기 시작했다. 작은 버드나무와 단단한 침엽수를 선두로 자작나무, 소나무, 사시나무, 다음으로 참나무, 물푸레나무, 보리수나무, 느릅나무, 개암나무, 너도밤나무와 같은 활엽수가 등장해 최초의 원시림을 만들었다. 올리버 랙햄Oliver Rackham(1939~2015)[14]에 따르면 이런 초기 산림에는 오늘날처럼 너도밤나무가 아닌 틸리아 코르다타*Tilia cordata*라는 피나무속의 교목이 우위를 점했다. 예전만큼은 아니지만 이 나무들은 여전히 칠턴힐스의 몇몇 지역에서 존재를 크게 드러내지 않고 숨어 있다. 다만 그림다이크 숲에는 없다.

약 6,000년 전 석기시대에 인간은 이미 처녀림을 베기 시작했다. 그 이전에는 너무 나이 들거나 사고가 났을 때만 숲의 나무들이 쓰러졌다. 한때 '산협'을 깎아내던 계곡물은 이제 해동된 백악층으로 스며들어 페어마일에서 스토너 파크까지 이어지는 지형처럼 가파르고 마른 골짜기를 유산으로 남겼다. 그렇다고 계곡이 완전히 말라버린 건 아니다. 유난히 눈비가 많이 내린 겨울이 지나면 지하수면이 상승하고 지표면 밖으로 물이 스며 나와 아센든 천과 같은 개천이 생긴다. 도로를 따라 흐르는 물 때문에 자전거를 타고 다니는 사람들이 이리저리 방향을 틀거나, 산책하는 사람들이 물에 젖은 래브라도 리트리버를 책망하곤 한다.

나는 기념품으로 가져온 암적색 사암 자갈과 석영 돌멩이를 들어 5월의 햇살에 비춰보았다. 이 조각에서 많은 것을 읽을 수 있다. 셰익스피어의 희곡 「좋으실 대로」에 나오는 몇 구절을 떠올려본다.

그리하여 여기 우리의 삶은,

번잡한 이 세상을 벗어나
나무에서 언어를,
달리는 시냇물에서 책을,
돌들에서 설교를,
그리고 모든 것으로부터 선함을 본다.

어쩌면 그냥 지나쳤을지도 모르는 이 놀라운 돌멩이의 설교는 나의 다음 수집품으로 추가되었다.

노처녀와 제라늄

1787년, 스테이플턴 가의 미망인 메리 스테이플턴이 '미망인의 거처'(영국에서 전통적으로 영지의 주인이 죽었을 때 안주인이 머무는 집 - 옮긴이)로서 그레이즈 코트에 입성한 이후 램브리지우드를 소유한 이 영지를 80년간 다스린 것은 여성이었다. 1835년에 메리 스테이플턴이 90세의 나이로 세상을 떠나고 메리의 딸 마리아와 캐서린이 28년 후 여동생 캐서린이 죽을 때까지 이 대저택에 머물렀다. 이들 자매 역시 장수했다.

조지 그로트, 그리고 존 스튜어트 밀을 포함한 이웃들은 런던 지성계의 들끓는 듯한 움직임에 온통 관심이 쏠려 있었지만 이 여성들은 달랐다. 오히려 교회가 이들을 온전히 끌어들여 로더필드그레이즈 교구의 불행한 이들을 도덕적·종교적으로 교육하는 자선단체 활동에 뛰어들도록 했다. 자매의 품위를 지켜준 것은 독신 생활이기도 했지만, 임대 수입이었다. 오래된 저택에서 지내는 시간은 조용히 흘러갔다.

미망인 메리의 아들인 제임스가 젊은 시절 그레이즈 코트에 살았고, 옥스퍼드의 크라이스트처치 출신인 친구 찰스 커크패트릭 샤프Charles Kirkpatrick Sharpe(1781~1851)가 종종 제임스와 함께 머물렀다. 샤프는 호덤 캐슬에 있는 어머니에게 자신이 보고 느낀 점을 '샤프'라는 자신의 성姓답게 솔직하고 날카롭게 적어 보냈다.[15] 1801년 1월 12일, 샤프는 그레이즈 코트에서 보낸 크리스마스에 대해 '이렇게 슬플 수가, 드디어 시작되었습니다. 늘 그랬듯이, 파티는 웃음으로 시작해 눈물로 끝날 겁니다'라고 묘사했다. 샤프는 지방의 소도시에서 즐긴 여흥을 다음과 같이 설명했다.

> 크리스마스 다음 날 밤에 저는 스테이플턴 양과 그녀의 오빠와 함께 신바람이 나서 헨리에서 열린 무도회에 갔습니다. 이래저래 아주 즐거운 시간이었죠. 지역 유지들, 이웃 농부의 자녀들, 곧게 뻗은 쥐꼬리 같은 머리에 어떻게 벗을까 싶을 정도로 꽉 들러붙은 하얀 장갑을 손에 낀 어릿광대들, 셔틀콕처럼 머리에 길고 빳빳한 깃털을 꽂고 싸구려 유리 목걸이와 가짜 금붙이를 주렁주렁 매단 여자 광대들이 무도회에 왔습니다. 하나같이 사악한 일이라도 꾸미려는 듯 몰래 무도회장으로 들어와 즐거운 듯 긴 의자에 엉덩이를 붙였습니다. 하지만 춤이 그들을 가장 풀어지게 했지요. 요정들은 암소를 걷어차는 흉내를 내고, 사랑에 빠진 청년들은 그들의 마차를 끄는 말들이 뽐내며 걸을 때처럼 무도회장을 활보했습니다. 즐겁고 또 즐거웠습니다. 12시에 차를 내오자 모두 순식간에 실크 장갑과 새하얀 장갑을 벗었는데, 날소고기 같은 사랑스러운 팔뚝과 크고 억센 주먹이 드러났습니다. 부채를 부치고 대나무 의자에 앉아 흔들대는 것보다 대걸레 자루를 휘두르고 쇠스랑을 움켜잡는 데 이골이 난 손과 팔이었어요.

상류층의 은근한 우월 의식을 상쇄시킬 정도로 정확한 관찰이다. 월터 스콧Walter Scott(1771~1832)은 샤프에 대해 '재치가 넘치고, 고전에 매우 박식하다'라고 평했다. 불쌍한 스테이플턴 자매 역시 스콧의 날카로운 눈에서 벗어나지 못했다. 1년 후 스콧은 이렇게 썼다.

> 나는 제임스 스테이플턴을 찾아가 1주일 동안 그와 함께 하품만 했다. 그레이즈 코트 사람들은 정말 따분하기 짝이 없다. 수수한 옷차림의 원시적인 여성들이 수많은 (에덴동산의) 이브처럼 온실에서 시답잖은 일로 법석대는 것 외에 종일 아무 일도 하지 않는다. 이 여인들의 유혹에 넘어갈 위험은 절대 없을 것이다. 이들의 얼굴을 보면 남성은 말할 것도 없고 악마까지 두려움에 떨 테니까.

스테이플턴 자매의 초상화는 1789년에 토머스 비치Thomas Beach(1738~1806)가 그린 게 유일한데, 이 초상화를 보면 스콧의 혹평이 지나치다는 생각이 든다. 바스에 있는 홀번 박물관에는 두 명의 소녀가 양치기처럼 다소 눈에 띄는 복장을 한 그림이 걸려 있다. 무언가 아쉬운 듯 생각에 잠긴 표정이긴 하지만 기분 좋게 강인한 모습이다. 어쩌면 스테이플턴 자매는 그레이즈 코트에서의 길고도 고상한 유폐 생활을 예견했는지도 모른다.

1922년 7월 29일 〈헨리 스탠더드〉에 실린 어느 노인의 회고록에서 스테이플턴 자매의 노년기를 살짝 엿볼 수 있다. 젊은 시절 그는 '붉은 재킷과 부츠를 신은 마부가 나이 든 그레이즈 코트 아가씨들을 사륜 역마차에 모시고 거의 매일 헨리로 가는 광경'을 자주 보았다. 그들은 분명 영주로서의 모습을 유지하고 있었다.

온실 원예에 대한 스테이플턴 자매의 집착은 찰스 커크패트릭 샤프에 의해 목격된 바와 같이, 아마도 사실일 것이다. 스테이플턴은 1837년에 헨리 원예전시회에서 '온실화 부케'로 대상을 받았다.[16] 그레이즈 코트 저택 안에 있는, 벽돌과 수석 담장으로 둘러싸인 텃밭에는 아직까지도 스테이플턴 자매가 살던 시절에 사용된 목조 온실이 남아 있다.

캐서린 스테이플턴은 특히 제라늄 전문가였다. 캐서린의 전문성은 1826년에 그녀의 이름을 딴 '미스스테이플턴'(별지 컬러 일러스트 34 참조)이라는 재배 품종이 만들어지는 영광을 통해 인정받았다. 미스스테이플턴은 여전히 전문 육종 센터 등에서 구할 수 있다. 미스스테이플턴은 매혹적이고 선명한 붉은색 꽃을 피우는데, 기부로 갈수록 색이 옅어지고 꽃잎마다 검은 반점이 하나씩 박혀 있다.[17] 우리 집 창가에도 미스스테이플턴 화분이 하나 놓여 있다.

식물에 대한 그녀의 각별한 애정을 생각한다면, 캐서린은 분명 자기 영지의 숲을 자주 산책했으리라. 그리고 틀림없이 그림다이크 숲을 포함한 램브리지우드에서 그렇게 좋아하던 제라늄 중에 유일하게 이 숲에서 자라는 러브풍로초*Geranium robertianum*를 발견했을 것이다. 러브풍로초는 길가에 흔히 자라는 잡초로, 로베르티아눔*robertianum*이라는 학명은 '로버트의 풀'이라는 뜻이다. 캐서린도 나처럼 허리를 굽혀서 이 작고 붉은 꽃을 들여다보며 흥미를 유발하는 자극적인 향기를 맡고 갈라진 잎에서 분비되는 끈적거림도 느꼈을 것이다. 러브풍로초의 잎은 종종 핏기가 돌고, 이상한 기둥 같은 뿌리가 눈에 띈다. 캐서린 역시 이 꽃의 이름이 17세기 프랑스 식물세밀화의 개척자인 니콜라스 로버트Nicolas Robert(1614~1685)의 이름에서 따온 줄 알았을 것이다. 시대가 여성에게 강요하는 규범을 지키느라 그녀가 집으로 황급히 발길을 돌릴 때까지 나는 캐서린과 서로의 열정에 대해 담소를 나누는 장면을 상상해본다.

고사리가 불어대는 파티 나팔

고사리의 시작은 미묘하다. 블루벨 잎이 점균류처럼 시들어갈 무렵,

양치류가 새잎을 밀어낸다. 숲의 큰 공터에서 자라는 나무딸기는 잎이 돋아나오는 게 눈에 보일 정도다. 나무딸기의 모든 새순은 시인 딜런 토머스Dylan Thomas(1914~1953)가 말한 '녹색 도화선導火線'처럼 부드럽고 솜털이 보송보송하다. 새순 하나를 따서 입에 넣고 살짝 씹어보니 맛이 고소하니 좋았다. 오늘 처음 펼친 잎의 뒷면에 잎맥을 따라 뒤로 굽은 가시가 열을 지어 돋아났는데 제법 딱딱하다. 얼마 지나지 않아 누군가의 얼굴에 생채기를 낼 것이다. 나무딸기 덤불은 통과하기도 힘들고 위험하다. 봄에 새롭게 생장할 때마다 이들이 꾸미는 꼼꼼한 음모는 더욱 치밀해진다.

나무딸기가 우거진 한가운데에 수컷고사리라고 불리는 유럽산관중*Dryopteris filix-mas*의 말라비틀어진 갈색 낙엽이 떨어져 있다. 그리고 그 중심에서 새로운 생명이 기운차게 생장한다. 이들의 부활은 한 달 전에 어두운 실타래에서 시작했다. 조만간 모두 자리를 박차고 일어나 바이올린의 머리 장식 같은 새순을 키워낼 것이다. 고사리 새순은 파티 때 아이들이 시끄럽게 불어대는 코끼리나팔 같기도 하다. 곧 새순은 저절로 풀어지는 나선형 장치처럼 봄 햇살을 향해 스스로 똬리를 풀어낼 것이다. 지금도 어떤 고사리 잎은 복잡한 종이접기 작품을 해체하듯 몸을 열어 해마다 보이는 우아한 날개를 펼친다. 고사리 새순은 먹을 수 있는 것으로 알려져 있는데, 사슴들이 제철 간식으로 맛본 흔적이 보인다.

놀랍게도 수컷고사리 군락은 나무딸기를 제압한다. 고사리 잎이 완전히 진한 초록색으로 무장하면 이들이 공룡시대 이전부터 지금까지 살아남는 데 일조한 독소가 채워질 것이다. 그리고 잎의 뒷면에서 작은 C자 모양의 홀씨주머니(포자낭)에 들어 있는 홀씨(포자)가 익어갈 것이다.

건조한 너도밤나무 아래에서 자라는 고사리는 나무딸기 덤불에서 자라는 고사리보다 쉽게 손이 닿는다. 이 섬세한 고사리는 관중속의 방패고사리*Dryopteris dilatata*인데, 기부 쪽이 넓은 삼각형이고 잎은 세밀하게 갈라져 있다. 다른 식물들이 선불리 발을 딛지 못하는 험한 장소에서 자라기엔 너무 연약해 보이는 식물이다. 새순까지 자신감이 없어 보인다. 생장하는 잎의 자루는 쌀겨 같은 얇은 갈색 포를 입고 있다.

고사리 주변으로 온통 암갈색의 쌀겨 조각이 한가득 흩어져 있다. 고사리의 것은 아니다. 기능을 상실한 수술들이 숲 꼭대기에서 땅으로 떨어져 내린 것이다. 손톱보다 작고 자줏빛이 도는 이 황갈색 뭉치는 누구의 이목도 끌지 않는 너도밤나무 꽃의 잔해다. 너도밤나무 잎은 아직 새것이지만 꽃은 어느새 내 머리보다 한참 위에서 한 해의 임무를 마쳤다. 가장 위대한 나무가 가장 볼품없는 꽃을 가졌다.

수컷고사리(유럽산관중)의 새순.

너도밤나무 술로 즐기는 봄의 풍류

너도밤나무 잎이 맛 좋은 술의 재료가 된다는 게 믿기지 않겠지만, 나는 몇 해째 해마다 너도밤나무 잎으로 술을 빚는다. 이 술을 마시면 다들 그 맛에 놀란다. 너도밤나무 누아요Noyeau(브랜디를 복숭아나 살구씨 등으로 맛을 돋운 혼합주 - 옮긴이)는 새순이 돋는 5월 초순에 만든다. 잎은 아직 연두색이고 감촉이 부드러워 궐련처럼 돌돌 말 수 있다. 잎이 질길수록 술맛이 씁쓸해진다. 되도록 새순을 감쌌던 갈색 포는 제거하고 잎만 사용하는데, 비닐봉지에 가볍게 채우는 데도 생각보다 시간이 오래 걸린다.

집으로 돌아가 술을 담글 병에 잎을 절반 이상 꽉꽉 눌러 채운다. 그러고는 병의 4분의 3 정도가 채워질 때까지 진이나 보드카를 붓고 뚜껑을 덮는다. 나는 보통 이국적인 향료가 들어간 고급술 대신 마트 선반에서 '젊은이와 알코올 중독자용'이라고 표시된 저렴한 술을 집어온다. 이제 항아리를 밀봉하고 너도밤나무 향이 잘 배어들게 한 달간 내버려둔다. 한 달 뒤 뚜껑을 열고 술을 체에 부어 잎을 걸러내는데, 이상한 것들이 떠다니지 않도록 제대로 걸러야 한다. 700밀리리터짜리 진 한 병당 들어가는 재료는 설탕 200그램, 브랜디 200밀리리터, 물 250밀리리터다. 설탕에 물을 붓고 녹을 때까지 끓인 후 완전히 식혀서 시럽을 만든다. 그런 다음에 시럽과 브랜디를 너도밤나무 농축액에 부어 섞은 뒤 다시 병에 담는다. 이때 바닐라 열매 꼬투리 반 개 정도를 넣으면 더 좋다. 크리스마스 무렵이 되면 술은 아주 사랑스러운 황금색으로 변할 것이다. 이 술을 마시고 브랜디와 바닐라 맛밖에 안 난다고 한다면 어차피 매사에 부정적인 사람일 것이다.

들리지 않는 소리로 박쥐 이름 맞히기

클레어 앤드루스Claire Andrews가 숲에 박쥐 모니터를 설치했다. 지상에서 3미터쯤 되는 높이에 녹음기를 끈으로 묶어놓았다. 하나는 공터 옆 참나무에, 다른 하나는 딩글리델 근처의 커다란 너도밤나무에 매달았다. 녹음기는 위장색이어서 눈에 잘 띄지 않는다. 나무의 허벅지 위로 조신하게 끌어올린 가터벨트(스타킹이나 양말이 흘러내리지 않도록 잡아주는 밴드 - 옮긴이)처럼 보인다고나 할까. 다음 주가 되면 박쥐가 서로를 부르는 소리와 먹이를 감지하기 위해 사용하는 초음파 반향정위(발사한 초음파가 되돌아오는 것을 감지해 물체의 위치를 측정하는 능력 - 옮긴이)를 확인할 수 있을 것이다.

어린 시절에는 박쥐가 끽끽대는 소리까지 듣곤 했는데, 이젠 나이를 먹어 슬프게도 어렴풋한 울부짖음은 잘 들리지 않는다. 하지만 공터에서 어둑해지는 하늘 위로 사냥하러 가는 박쥐의 춤추는 검은 그림자를 잠깐 본 적이 있다. 독일인들이 박쥐를 '펄럭이는 쥐'라는 뜻으로 플레더마우스Fledermaus라고 부르는 것이 얼마나 적절한 표현인지. 박쥐가 창공을 가로질러 퍼덕거리며 돌진하는 모습을 정확히 포착했다.

비행 중인 박쥐를 보고 어떤 종인지 동정하는 것은 불가능하다. 우리가 설치한 녹음기는 이 종잡을 수 없는 날개 달린 포유류의 고주파 울음소리를 잡아내도록 설정되었다. 박쥐가 먹이, 특히 나방을 발견하고 돌진할 때 끽끽거리는 소리는 종마다 주파수가 다르다. 배가 수중 음파 탐지 시스템으로 깜깜한 해저의 모습을 시각화하는 것처럼, 박쥐 역시 메아리를 이용해 주변 환경의 지도를 그린다. 박쥐의 감각기관은 장애물을 피하도록 정교하게 조율되어 있기 때문에 숲속의 비틀어진 비행경로도 문제없다.

숲에 흔한 야행성 나방을 비롯해 박쥐의 먹이 종은 적이 다가오는 소리를 '듣도록' 적응한 기관을 진화시켰다. 예를 들면 추격을 감지하자마자 비행 궤도에서 이탈해 급강하하는 동작으로 도망치는 것이다. 진화는 일종의 군비경쟁처럼 진행되어 포식자의 공격 방식이 정교해질수록

피식자는 더욱 섬세한 방어선을 구축한다.

토끼박쥐*Plecotus auritus*(별지 컬러 일러스트 23 참조)의 귀는 엽기적으로 보이지만 아주 뛰어난 청각기관이다. 이 박쥐는 먹잇감을 속이기 위해 진폭이 낮고 짧은소리로 '속삭인다'. 그리고 청각이 유별나게 발달한 커다란 귀로 곤충이 내는 아주 미세한 소리도 포착한다. 한적한 낮이면 토끼박쥐는 보금자리에 3단 우산처럼 날개를 접고 거꾸로 매달려 있다. 클레어는 너도밤나무에서 벌써 여러 개의 박쥐 구멍을 찾아냈다. 다른 데서도 나무껍질이 느슨하게 벗겨져 있다면 박쥐에게 적당한 은신처가 될 수 있다. 이제 장치를 설치했으니 내버려두고 기다리면 된다.

1주일 이상이 지난 후, 우리는 녹음기에서 디지털 칩을 꺼내어 클레어의 컴퓨터에 꽂았다. 밤에 숲속의 공터에서 일어나는 박쥐의 역사가 정확한 시각과 함께 화면에 차트로 나타났다. 공터에 설치한 녹음기에서 일몰 17분 전인 8시 26분에 정확히 45킬로헤르츠에서 일련의 울음소리가 기록되었다. 이탤릭체로 쓴 글자 획처럼 차트에 알파벳 'J'를 거꾸로 돌린 모양이 연속적으로 나타났다. "예상했던 놈이에요"라고 클레어가 말했다. 유럽집박쥐*Pipistrellus pipistrellus*다. 8시 39분에 또 다른 짧은 울음소리가 비슷한 모양으로 나타났지만, 아까와 달리 이번에는 주파수가 55킬로헤르츠였다. "저건 소프라노집박쥐*Pipistrellus pygmaeus*네요. 이 박쥐는 고주파 음역에서 소리를 내요."

클레어는 소프라노집박쥐가 비교적 최근인 1999년에 유럽집박쥐에서 별개의 종으로 분리되었다고 설명했다. 좀 이상했다. 어떻게 영국에서 최근까지 인지되지 못한 포유류가 있을까? 다른 박쥐종은 이미 2세기 전부터 알려졌는데 말이다. 이제야 각기 다른 번식과 먹이 전략을 구사한다고 밝혀졌지만, 이 조그만 유럽집박쥐와 소프라노집박쥐는 서로 너무나 비슷한 갈색 박쥐여서 같은 종으로 생각되어왔던 것이다.

거짓말탐지기에서처럼 실제 박쥐의 목소리는 들을 수가 없다. 그러나 인위적으로 컴퓨터의 출력 주파수를 낮추면 박쥐가 부르는 소리를 '듣고' 음의 고저도 구분할 수 있다.

9시 39분에 새로운 패턴이 화면에 잡혔다. 윗수염박쥐속*Myotis*인데 소리만으로 정확한 종을 식별하기는 힘들다. 클레어는 이 손님이 윗수염박쥐*Myotis mystacinus* 아니면 브랜츠박쥐*Myotis brandtii*일 거라고 확신했다. 정확하게 종을 동정하려면 덫을 놓아야 하는데, 난 그렇게까지 할 생각은 없다. 10시 2분에는 소프라노박쥐가 돌아와 다른 아리아를 불렀다. 화면에는 마치 수학의 코사인 곡선처럼 그려졌다. 이 음성은 다분히 사회성을 띠는 소리로, 무리와 신호를 주고받는 청각의 명함과 같다. 출력 주파수를 낮춰 화면의 곡선을 소리로 바꾸니 반복적으로 찍찍거리는 소리가 들렸다. 10시 12분에는 영국에서 가장 큰 박쥐 중 하나인 작은멧박쥐*Nyctalis noctula*의 고유한 패턴이 화면에 등장했다.

너도밤나무 숲 깊숙이 설치한 두 번째 녹음기에서는 유럽집박쥐와 소프라노집박쥐 소리가 주로 들렸다. 그런데 윗수염박쥐속 박쥐도 등장했다. 특유의 낮은 진폭은 토끼박쥐를 식별할 수 있는 특징이다. 가장 섬세하게 적응한 이 사냥꾼은 11시 16분에 눈도장을 찍고 숲을 지나갔다. 클레어는 이곳에 토끼박쥐류가 나타날 거라고 이미 예상했다. 외모는 이국적이지만, 그렇다고 희귀한 종은 아니다. 이 화려한 박쥐가 그림다이크 숲 가장자리의 램브리지우드 헛간에 보금자리를 두고 있음은 충분히 예상할 수 있는 일이다. 그런데 같은 서식처가 토끼박쥐보다 훨씬 더 몸집이 크고 희귀한 박쥐에게도 적합했던 모양이다. 이 박쥐의 신호는 다음 날 저녁 8시 40분에 나타났다. 문둥이박쥐*Eptesicus serotinus*였다. 문둥이박쥐는 너도밤나무 아래에 무리 지어 거주하는 거대한 야행성 딱정벌레를 초토화할 역량이 충분한 종이다.

녹음기로 찾아낸 손님들을 모두 정리해보니 총 여섯 종이 그림다이크 숲의 단골이었다. 이는 일반적으로 환경이 좋다는 신호임이 틀림없다. 물론 일곱 번째 종이 있을지도 모른다. 클레어가 아주 짧긴 하지만, 나방을 사냥하는 바르바스텔레박쥐*Barbastella barbastella*일 가능성이 있는 신호를 발견했기 때문이다. 들창코인 바르바스텔레박쥐는 보호종으로, 영국에서도 가장 희귀한 박쥐 중 하나다. 바르바스텔레박쥐가 우리 숲에 머물고 있다면 정말 좋겠다. 나는 박물학자들이 경험하는 '희귀함에 이끌리는 감정'을 잘 알고 있다. 흔치 않은 것을 찾아내는 건 언제나 정말로 짜릿하다. 내 열정을 잘 간직하며 지켜보아야겠다. 다른 모니터를 설치하고 장기간 녹음하여 명확한 증거를 얻을 때까지 우리 숲에서 바르바스텔레박쥐의 존재는 아직 '미확인'이다.

June

6월

나방의 이름에 얽힌 사연

어느 따뜻한 저녁, 앤드류와 클레어 패드모어Padmore 부부가 나방 포획틀을 가지고 숲에 왔다. 소형 자가발전기를 돌리니 단platform 한가운데에 설치된 등이 켜졌다. 빛에 이끌린 나방들이 그 아래 달걀판을 가득 깔아놓은 통 안으로 굴러떨어질 것이다. 저무는 햇살이 아직 밝아 우리는 넓은 공터 가장자리의 너도밤나무 밑에 앉아 어두워지기를 기다렸다. 숲 속에서 작은 동물이 지나가는 소리가 들렸다. 그림다이크 주변 어딘가에서 돌아다니는 오소리일 테지. 밤이 우리를 에워쌌다.(별지 컬러 일러스트 12 참조) 인공조명을 받은 너도밤나무 줄기가 멀리서 그 너머의 암흑세계로 으스스하게 사라졌다.

맨 처음에 아름다운 초록자나방*Colostygia pectinataria*이 어둠 속에서 나오더니 포획틀 주위에서 필사적으로 퍼덕거렸다. 바닥으로 풀썩 떨어지더니 다시 날아올라 주위를 맴돌다가 마침내 병에 갇혔다. 우리는 초록자나방의 삼각형 날개와 초록색 격자무늬를 감상했다.

이번엔 어디서 왔는지 털이 부숭부숭한 나방이 도착했다. 다리는 색이 연하고 털이 많이 달렸는데 휴식을 취할 때는 앞으로 죽 내밀었다. 앤드류는 정교한 갈색 참빗 같은 더듬이를 지닌 이 나방을 어리사과독나방 *Calliteara pudibunda*(별지 컬러 일러스트 11 참조)이라고 동정했다. 어리사과독나방은 마치 넋을 잃은 것처럼 뒷날개를 앞날개 밑으로 집어넣고 얌전히 앉아 있었다. 날개는 이 세상 것이 아닌 듯 복잡한 무늬에 물결치는 회갈색 반점이 박혀 있었다. 이 특별한 나방은 성체가 된 뒤로 전혀 먹지 않고 오로지 번식만 생각한다. 다음으로 작고 어두운 나방이 찾아왔다. 넛트리독나방*Colocasia coryli*이다. "번데기에서 갓 탈피한 놈들이라 그런지 모두 건강하네요"라고 앤드류가 말했다.

나방이 달고 있는 깃털 모양의 더듬이로 나방과 나비를 구분할 수 있다. 나비의 더듬이는 상대적으로 가늘고 길며 끝이 뭉뚝하다. 우리가 잡은 나방의 더듬이는 지금도 정신없이 주위를 더듬고 쓸면서 열심히 작업 중이다. 나방의 더듬이는 아주 예민한 화학물질 감지기인데 밤공기를 타고 오는 메시지의 냄새를 기가 막히게 맡는다. 유충에게 먹이기 적당한 새잎의 냄새나 자신의 짝에게로 이끌어주는 매혹적인 페로몬 향이 그것이다. 나방은 후각의 세계에 살기 때문에, 사실 빛은 거의 불필요하다. 나는 오로지 나방들만 읽을 수 있는 분자 메시지가 짙게 깔린, 미아즈마(옛날 사람들이 병을 옮긴다고 생각한 나쁜 공기나 기운 - 옮긴이) 같은 밤공기에 대한 환상을 가지고 있다. 그런데 나방도 방향을 찾을 때 달빛을 이용한다. 우리가 설치한 등불을 달빛으로 착각하는 바람에 방향 찾기에 혼선이 생겨 결국 포획틀 안에 갇히게 되는 것이다.

나방뿐이 아니다. 뚱뚱하고 육즙이 많은 듯한 멜론타왕풍뎅이*Melontha melontha* 두 마리가 기어 나온 걸 보니 나방만 밤마실을 나온 게 아닌 것 같다. 갈색을 띤 큰 딱정벌레가 등불 앞에서 허우적대고 있는 모양새가 제

것이 아닌 날개를 달고 있는 바퀴벌레처럼 보인다. 이들의 고집스러움에는 왠지 모를 혐오감이 느껴진다. 딱정벌레 유충은 식물의 뿌리를 손상시키지만 잎을 먹는 성충은 큰 해를 끼치지 않는데도 말이다.

이제 어둠에 완전히 적응되었다. 숲 지붕에 얽힌 나뭇가지들 사이로 하늘이 보였다. 하늘은 멀리 물러난 숲보다 어둡지 않았다. 별이 총총 박힌, 형언할 수 없이 깊고 깊은 푸른색이었다. 고개를 드니 등불이 가로로 늘어선 너도밤나무 가지를 비추고 있었다. 아래로는 나뭇가지가 잎을 드리우고, 위로는 켜켜이 지붕을 쌓아올리며 서서히 멀어졌다. 채집 장소는 일종의 공연장이 되었다. 너도밤나무 줄기는 무대의 기둥이 되어 나뭇잎 커튼을 내렸다. 퍼덕거리며 무대에 입장한 작은 박쥐 두 마리가 바로 조명에 붙잡혔다. 놈들이 무대 안팎을 마구 들락거렸다. 애써 유인한 나방들을 먹어치울까 걱정되었다.

유황나방*Opisthograptis luteolata*이 도착했다. 나방에 관해 초보자인 나도 유황나방 정도는 알아볼 수 있다. 앞날개 가장자리에 붉은 기가 도는 것을 빼면 날개 전체가 밝은 노란색이기 때문이다. 이처럼 눈에 확 띄는 유황나방과 대조적으로 작은 나뭇잎만 한 갈색물결가지나방*Menophra abruptaria*은 자기를 완벽하게 위장하는데, 마치 살아 있는 나무껍질처럼 보인다. 그래서 낮에 쉴 때도 눈에 잘 띄지 않는다. 새로운 방문객이 속속 도착했다. 불빛이 정체를 알 수 없는 작은 곤충들을 무대로 계속 끌어들였다. 이들 모두 숲속에서 비밀스럽게 살아간다. 그 비밀이 무엇인지 알면 얼마나 좋을까. 멀리서 올빼미 우는 소리가 들린다. 오늘따라 나와 함께 마음을 나누려는지 그리 사납게 들리지는 않는다.

앤드류는 숲에 자주 찾아올 계획이다. 태양광 전지 모델로 교체하여 숲속 깊숙이 숨겨둔 그의 미끼는 더 많은 나방을 유혹할 것이다. 우리는 온순한 나방들에게 아무런 해도 끼치지 않고 사진만 한 장씩 찍고 놓아

줄 생각이다. 채집된 나방이 이미 150종을 넘었다. 계절이 바뀌면 또 새로운 나방들이 날개를 펼칠 것이다. 이 채집은 11월 즈음에 끝날 것 같다.

나방의 이름에는 재미있는 시적 감흥이 있다. 비유와 암시와 색채로 가득한 난해한 언어들이다. 숲에는 자나방만 대여섯 종이 있다. 게다가 다양한 종류의 퍼그나방, 러스틱나방, 가시나방, 박쥐나방, 풋맨나방, 오크뷰티 등이 있다. 한자나방*Cilix glaucata*, 애기린재주나방류의 맵시나방*Ptilodon capucina*, 깃털고딕나방 *Tholera decimalis*에 누가 감히 토를 달까? 끝검은물결자나방*Venusia blomeri*, 쥐빛밤나방*Apamea sordens*, 붉은정맥나방*Timandra comae*, 모카나방*Cyclophora annularia*은 또 어떤가?

이 나방들이 모두 그림다이크 숲에 살고 있다. 나방의 이름이 단순하게나마 나방의 생김새를 말해주기도 한다. 붉은정맥나방(별지 컬러 일러스트 13 참조)의 날개에는 한가운데를 가로지르는 붉은 선이 선명하게 나 있는데, 깊은 자상을 입고 피투성이가 된 것처럼 보인다. 한자나방은 날개에 특유의 상형문자가 새겨져 있는데, 휴식을 취할 때는 문자보다 새의 배설물을 더 닮아 있다. 시골주름나방*Luperina testacea*은 털이 보송보송하고 날개에는 매우 복잡한 황갈색-회색 얼룩이 있다. 그러나 아직까지 이 나방이 허우적대는 모습을 본 적은 없다.(이 종의 영어 명칭인 'Flounced Rustic'에서 'flounced'는 허우적댄다는 뜻이 있다 - 옮긴이) 모카나방은 전국적으로 희귀한 담황색-갈색 나방으로, 아마도 과학의 초창기에 곤충학자에게 커피 한잔이 생각나게 했던 모양이다. 모든 이름에는 나름의 매력이 있다. 무늬뾰족날개나방 *Thyatira batis*의 영어 명칭인 '복사꽃나방'의 유래에 대해서는 아무도 이의를 제기하지 못할 것이다. 이 나방의 앞날개에는 진화의 요정이 그저 재미로 심어놓은 듯 커다란 분홍 꽃이 몇 송이 피어 있다.

어떤 나방들은 딱 한 번 잡힌 이후로 모습을 드러내지 않는다. 아마 우리 숲에서 발견되지 않는 식물을 먹고 살면서 초원이나 정원을 이곳저

곳 헤매다 우연히 들른 유랑객일 것이다. 박각시나방류Sphingidae를 좀 더 찾고 싶었지만, 그림다이크 숲에는 박각시나방의 유충을 키울 수 있는 사시나무류나 서양메꽃속*Convolvulus* 식물이 없다.

반면 가장 자주 잡히는 놈들은 당연히 램브리지우드에서 쉽게 구할 수 있는 먹이를 먹는 나방들이다. 이들이야말로 이곳 생태계의 주요 구성원이다. 비교할 수 없을 정도로 아름다운 무늬뾰족날개나방은 그림다이크 숲에서 가장 흔한 관목인 나무딸기류를 먹고 산다. 가장 자주 등장한 나방은 총 111번이나 덫에 걸린 애기얼룩가지나방*Abraxas sylvata*인데 매우 크고 아름다우며 흰색 바탕에 갈색-주황색, 회색과 검은색 무늬로 얼룩덜룩하다. 애기얼룩가지나방의 먹이 종은 스코틀랜드느릅나무인데, 그림다이크 숲의 몇 군데에 이 나무가 자라고 있다. 앤드류는 여기에 느릅나무가 이렇게 많을 줄 몰랐다고 했다. 그도 그럴 것이 요즘은 느릅나무류를 쉽게 볼 수 없기 때문이다.

은무늬박쥐나방*Phymatopus hecta*은 치명적인 독소가 혼합된 고사리를 먹고 사는 몇 안 되는 곤충으로, 애벌레가 좋아하는 먹이를 찾으러 멀리까지 날아가지 않아도 된다. 쌍줄수염나방*Hypena proboscidalis*은 주둥이 부분이 매우 뾰족하고 삼각형의 종이비행기처럼 생겼는데, 쐐기풀 외에는 별달리 필요한 게 없다. 버드나무미인*Peribatodes rhomboidaria*은 이름과 상관없이 질긴 담쟁이만 먹는다. 이 나방의 날개는 담황색 바탕에 갈색과 흑색 반점이 놀랍도록 정교하게 그려진 작품으로, 문자 그대로 수수께끼 같은 느낌이다. 날개의 색이 너무 아리송해서 나방 전문가도 쉽게 발견하기 힘들다고 한다. 솔검은가지나방*Deileptenia ribeata*(별지 컬러 일러스트 15 참조)도 위장술이 뛰어나며 주목의 바늘잎만 먹고 산다.

이제 나는 재주나방*Stauropus fagi* 40마리의 목록을 정리해야 한다. 엄지손가락만 한 이 나방은 색이 둔탁하고 통통하며 털이 많다. 라틴어 학명이 암시하듯, 재주나방은 너도밤나무속*Fagus* 식물을 좋아한다. 그림다이크 숲에는 시선이 닿는 어디에나 너도밤나무가 있다.

재주나방을 보면 흥미로운 질문이 떠오른다. 이 숲에 인시류(나비와 나방)가 이렇게 풍부한데 왜 애벌레는 보이지 않을까? 나는 그림다이크 숲을 소유한 이래로 나방의 애벌레를 본 적이 거의 없다. 아무래도 나방의 생활사 중 '식탐'이 절정을 이루는 유충의 단계가 쉽게 눈에 띄어서는 안 되는 특별한 이유가 있나 보다. 애벌레들은 먹이를 찾아 헤매는 새들의 날카로운 부리를 피하기 위한 나름대로의 묘책이 있다. 초록색 몸으로 초록색 잎에 붙어 있기, 나뭇가지 흉내 내기, 나뭇잎을 돌돌 말아 자기만의 셀프서비스 식당 만들기 등이 그러한 속임수에 속한다. 독성이 강한 놈들만 선명한 노랑-검정색 줄무늬를 과감하게 드러내며 자신의 존재를 알린다.

개암나무 가지에서 (유황나방이었는지도 모르지만) 자나방과의 애벌레를 발견했다. 몸통 앞뒤에만 다리가 달린 전형적인 자벌레로, 몸을 아치형으로 구부린 뒤 뒷다리를 앞으로 끌어당기면서 전진한다. '발맞춰 행진'이라는 (기하학적) 표현이 틀린 말이 아니다. 내가 얼굴을 들이대자 자벌레가 놀랐는지 발걸음을 멈추었다. 그러더니 몸의 한쪽 끝을 공중에 들어 올려 작은 나뭇가지로 변신했다. 그것으로도 부족한지 방어피음countershading이라는 은피술까지 선보인다. 다시 말해 햇빛에 노출되는 등 쪽은 어두운 색, 그늘진 배 쪽은 밝은색을 띠는 현상이다. 대개 빛이 위에서 내리쬐면 빛을 받는 면이 상대적으로 밝게 빛나면서 쉽게 눈에 띄는데, 자벌레는 빛에 직접 노출되는 등이 어둡기 때문에 밝기가 보완되고 대비의 강도가 낮아져 몸이 배경에 묻히게 된다. 텔레비전 청소 세제 광고에서 말하는 것처럼, "정말 효과가 있네요!"

너도밤나무 상층부에 사는 재주나방은 영국의 소설가 존 르 카레John

le Carré(1931~)를 아연실색케 한 사기꾼이다. 알에서 부화한 유충은 처음에 개미 흉내를 낸다. 막대기 같은 다리가 물결치듯 움직이고, 건드리면 상처 입은 개미처럼 몸부림친다. 어린 애벌레는 지나치게 접근하는 다른 애벌레 경쟁자를 몰아내어 산란 영역을 방어한다고 보고된 바 있다. 재주나방의 애벌레는 자라면서 탐욕스럽게 잎을 먹어치우고 기괴한 자연의 괴물로 변신한다. 머리가 커지고 몸통의 가장 뒤쪽에 있는 네 쌍의 다리는 뭉뚝해지면서 물체의 표면을 움켜잡을 수 있게 되고 머리 쪽에 있는 다리는 부자연스럽게 가늘고 길게 자란다. 등에는 울뚝불뚝한 혹이 돋고, 꼬리는 물이 찬 방광처럼 부풀어 올라 뒤로 젖힐 수 있으며, 꼬리 끝에는 길고 뾰족한 가시를 매달고 있다. 애벌레는 전체적으로 분홍빛이 도는 갈색으로 변하고, 다 자라면 길이가 약 70밀리미터에 달하기 때문에 멋모르고 다가온 행인들을 깜짝 놀라게 할 수 있다. 특히 애벌레가 머리를 들어 올리고 꼬리를 뒤로 젖혀 위협하는 자세를 취할 때는 삶은 바닷가재 같다고들 한다. 제법 위협적이다.(재주나방의 영어 명칭이 '랍스터나방'이다 - 옮긴이)

나는 우리 숲에 사는 150종의 나방이 모두 이처럼 복잡한 사연을 가지고 있는지 궁금하다. 너도밤나무 잎으로 뒤덮인 숲의 상층부는 생명의 이야기들이 가득 울려 퍼지고 있다. 그 아래의 나무딸기 덤불 속은 속임수와 역할 놀이로 붐빈다. 모든 나무의 갈라진 수피 안쪽은 더욱 어두운 이야기들이 숨겨져 있다.

너도밤나무의 나이 헤아리기

6월이 되면 너도밤나무 임관林冠이 빛을 모조리 가져간다. 이파리들은 이웃의 동선까지 예측하면서 어떻게든 하늘로 통하는 공간을 차지하려 애쓴다. 키가 큰 나무는 30미터도 넘게 자란다. 땅에서는 나무줄기밖에 안 보이지만, 하늘에서는 모두가 왕관처럼 보인다. 유럽너도밤나무*Fagus sylvatica*는 언제나 작업 대상이다. 가구를 만들고, 불을 지피고, 땔감이 된다. 존 에블린John Evelyn(1620~1706)의 『실바Sylva』는 1664년 왕립학회에서 출간한 첫 번째 출판물이자 임업의 근간이 되는 책이다. 이 책에서 그는 너도밤나무에 대해 다음과 같이 말했다.

'이 나무는 자갈투성이 황무지에서도 엄청난 거목으로 자랄 것이다. 언덕의 내리막, 비탈길, 정상뿐 아니라 백악질의 산에서도 마찬가지다.'

그리고 에블린은 오래된 시구를 인용했다.

사람들은 너도밤나무로 옷장과 침대와 의자를 만들었지.
사람들은 너도밤나무로 도마와 접시와 그릇도 만들었지.

300년 전에 너도밤나무로 집을 짓지는 않았을지 몰라도 그 밖의 모든 것을 너도밤나무로 만들었다. 너도밤나무 숲의 관리와 운영은 수 세기 동안 램브리지우드 이야기의 상당 부분을 차지한다.

1748년에 핀란드 사람 피터 칼름Peter Kalm(1716~1779)은 칼 린네Carl Linnaeus(1707~1778), 그러니까 너도밤나무의 학명을 지은 위대한 스웨덴 식물학자의 제자로서 영국의 임야를 돌아다니며 정보를 수집했다.[1] 피터 칼름은 버킹엄셔 경계를 지나 우리 숲에서 조금 떨어진 리틀개드스덴에서 램브리지우드를 관찰했다. '이 너도밤나무들은 아래쪽 수 미터 정도는 가지가 전혀 달리지 않았고 매우 부드럽다'라고 쓴 걸로 보아 칼름이 관찰한 너도밤나무가 실제로 우리 숲의 나무였는지도 모르겠다. 벌목꾼들은 청설모(당시에는 붉은청설모)나 식탁에 올릴 새끼 새 요리를 위해 떼까마귀의 둥지를 찾아 나무에 올랐다. 사다리를 사용하는 경우는 거의 없었다. 대신 대형 청설모라도 된 듯 발에 소름 끼치도록 날카로운 아이젠을 묶고 나무에 올랐다.

칼름은 벌목된 나무의 각 부분이 어떤 가치가 있는지 기록했다. 버려지는 부분은 거의 없었다. 농부들은 흔히 돼지를 두고 꽥꽥거리는 비명 빼고 버릴 게 없다고 한다. 나무껍질 외에 버릴 게 없는 너도밤나무는 나무꾼에게 농부의 돼지나 마찬가지다. '부드러운 목질부는 팔거나 잘라서 널빤지를 만들었다. 혹이 있거나 울퉁불퉁한 줄기는 땔감용으로 잘라 끈으로 묶어 쌓아놓았다. 너도밤나무를…… 벨 때는 되도록 지면에서 가깝게 잘랐다. 그리고 2~3년 후에는 남아 있는 밑동을 뿌리까지 완전히 파내어 조각낸 뒤 직사각형으로 늘어놓아 말렸다. …… 뿌리를 파낼 때는 특히 신중하게 작업하여 땅속의 뿌리에서 섬유질을 많이 캐냈다. 잔뿌리는 대체로 깃털 펜 굵기에 길이가 15센티미터를 넘지 않았다. 말린 뿌리는 몇 킬로미터 반경 내에 사는 사람들에게 연료용으로 팔았다.' 말린 잔가지나 잔뿌리는 빵을 구울 때 화덕의 연료로 사용되었다.

너도밤나무를 오늘날의 공장식 사육 대상으로 취급하는 관찰자도 있었다. 1803년, 선구적인 조경가 험프리 렙턴Humphrey Repton(1752~1818)은 이렇게 언급했다.

'이 나무들은 분명 심미적 관점에서가 아니라 수익을 창출하는 대상으로 여겨진다.'

험프리 렙턴은 큰 공원에 심을 나무로 수관樹冠(나뭇가지와 잎이 무성한 나무의 윗부분 - 옮긴이)이 완전한 나무를 선호했는데, 순전히 감상하기 위해서였다. 랩턴이 남은 뿌리까지 파내려고 몸을 애써 구부리지는 않았을 것이다.

또한 칼름은 다음과 같이 계산했다.

'너도밤나무 줄기의 굵기는 54번째 수액 고리에서 측정되었다. 지름은 60센티미터에 불과했다. 나무 중심에서 가장 가까운 수액 고리가 가

장 좁고 작았다. 나무는 여기서부터 바깥쪽으로 멀어지는 방향으로 생장했다.'

칼름이 관찰한 바를 보면 과학자의 명확한 사고가 작동하고 있음을 알 수 있다. 칼름은 나무줄기의 횡단면을 아주 잘 묘사했다. 그가 말한 '수액 고리'란 수피 안쪽으로 매년 새로운 목질부가 자라는 기록이다. 고리가 54개라는 건 54년을 의미한다. 즉 나무의 나이다. 그림다이크 숲도 바로 이런 연대표가 필요하다.

이웃하는 숲에 최근에 벌목된 나무가 있다. 그림다이크 숲 입구에 무더기로 쌓아놓은 통나무의 깔끔한 단면을 보면 연대를 추정할 수 있다. 너도밤나무의 나이는 생각만큼 간단히 측정할 수 있는 게 아니었다. 그림다이크 숲에서 자라는 너도밤나무는 나무줄기가 휘지 않고 곧게 뻗어서 단면이 고른 원형이라는 장점이 있다. 하지만 땅에 가까울수록 나무줄기는 나무가 넘어지지 않도록 지지하기 위해 굵어지므로 윤곽이 불

너도밤나무 목재 더미. 나이테가 보인다.

규칙하고 지름도 일정하지 않다. 그래서 허리 높이 또는 그 윗부분에서 수령을 측정하는 것이 가장 적절하다. 나무는 몸통이 위로 올라갈수록 서서히 좁아지므로 같은 나무라도 측정한 높이에 따라 단면의 지름이 달라진다. 나무 중심에 가까운 '가장 좁고 가장 작은' 테는 읽기가 그리 만만치 않다. 또 기껏해야 몇 밀리미터의 목질이 더해진 게 전부인 해도 있었다.

너도밤나무의 나이테에서 재밌는 사실을 찾아낼 수 있지 않을까 해서 벌목된 나무의 심재心材 조각을 집에 가져왔다. 그리고 몇 시간 동안 고운 사포로 표면을 공들여 문질렀다. 그랬더니 산만하게 보이던 불규칙한 것들이 사라지고 윤기가 돌면서 초기의 나이테가 진하고 선명하게 드러났다. 흐릿했던 진단용 엄지손가락 지문이 서서히 또렷해지는 것 같았다. 마침내 35밀리미터 직경에서 나이테를 27개까지 셌을 때 나무는 거의 분홍-갈색으로 빛났다. 이 나무는 처음에 한동안 아주 서서히 자라다가 이후에 엄청나게 생장 속도를 높인 것으로 보인다.

하지만 다 자란 부분이라고 나이테가 항상 선명하지는 않다. 나무에게도 풍년과 흉년이 있다. 1974년과 1975년 여름은 가뭄이 무척 심했다. 그래서 나이테도 최소로 자랐다. 경험이 풍부한 연륜연대학자(나무의 나이테로 과거의 기후변화와 자연환경을 연구하는 사람 - 옮긴이)는 나이테만 보고도 수 세기 전 기후변화의 기록을 '읽을' 수 있다. 물론 나는 아직 그 경지에 이르지 못했다. 그러나 오래된 나무들은 매년 반지름 3~4밀리미터의 나이테를 덧붙인다. 그 정도는 나도 아주 쉽게 셀 수 있다.

마침내 나는 과학적 양심과 합의했다. 몇몇은 80개 안팎, 많게는 85개의 나이테를 가진 것으로 확정했다. 아내 재키가 편파적이지 않은 독립적인 눈으로 공정하게 다시 세어보았고 비슷한 결과를 얻었다. 이 수치는 몸통의 지름이 27~50센티미터에 이르는 나무에서 측정한 것이다. 지름이 43센티미터인 또 다른 나무는 나이테가 60개에 못 미쳤다. 나이테 80개짜리 통나무가 실은 아주 인상적으로 굵은 밑동을 가진 나무의 높은 나무줄기에서 왔을 가능성도 배제할 순 없다. 그러나 내가 말할 수 있는 사실은, 램브리지우드의 수많은 너도밤나무는 1930년 즈음 묘목에서 성장했고 이제는 훌륭한 거목이 되었다는 점이다.

지름은 쉽게 둘레로 환산할 수 있다. 우리 숲의 나무들은 내가 줄자로 어깨높이에서 직접 둘레를 쟀다. 현재 우리 숲에서 자라는 너도밤나무들은 이웃 숲에서 벌목된 나무들과 비슷한 크기다. 이는 줄자를 사용하지 않고도 쉽게 증명할 수 있는데, 히피식 측정법인 '끌어안기'를 하면 된다. 지름이 50센티미터 정도 되는 나무라면 팔로 나무를 얼싸안고 반대쪽에서 두 손을 맞잡으면 된다. 너무 커서 안을 수 없는 아름드리나무도 상당히 많았다. 이런 나무들도 위로 올라가면 지름이 줄어들어 안아줄 만하다.

그림다이크 숲의 대왕목, 여왕목, 그리고 내가 코끼리나무라고 이름 붙인 나무들은 둘레가 250센티미터에 가까웠다. 틀림없이 80년보다는 훨씬 오래되었을 것이다. 매년 나이테가 3~4밀리미터 간격으로 생긴다고 가정하면, 수령이 140~180년으로 나오는데 지나친 추정은 아닌 것 같다. 이 정도의 수령을 가진 나무들이 그림다이크 숲에만 10여 그루가 흩어져 자라고 있다. 이 나무들의 수피는 어린나무의 매끄러움을 잃고 세로로 튼 살처럼 흉터가 남았다. 이보다 더 고령인 나무는 확실히 없는 것으로 보아, 이 거목들이 홀로 살아남아 뿌린 씨에서 어린 동료들이 태어났다는 결론을 내릴 수 있다.

약 80년 전에 대규모 벌목이 진행된 게 틀림없다. 그리고 토머스 발로 경이 숲을 인수할 때까지 20년 동안 지속적인 간벌이 있었다. 그러나 발로 경에게 소유권이 넘어간 뒤로는 숲에 손을 대지 않았다. 한번에 껴

안기 힘든 굵은 나무들도 처음부터 이 숲에 있었던 게 아니라 너도밤나무 벌목 초기에 먼저 있던 나무가 잘려나간 후 다시 자란 것이다. 숲 전체를 물갈이하고, 솎아내고, 톱질하고, 다시 살아난 게 분명하다. 그 역사가 나이테에 고스란히 적혀 있다. 이곳은 1828년에 존 스튜어트 밀이 걸었던 숲이다. 변한 건 나무밖에 없다.

바람으로 꽃가루를 수분하는 여느 나무처럼 너도밤나무 꽃도 별로 특별하지 않다. 나는 이미 5월에 수꽃에서 떨어진 갈색 수술 다발을 보았다. 수꽃과 별개인 암꽃은 가지 위에 앉아 세 면을 가진 너도밤나무 열매로 익어가고 있다. 마침내 열매는 10월이 되면 땅에 떨어질 것이다. 너도밤나무의 나뭇가지 그림 중에서 가장 아름답고 정확한 것은 세라 심블릿Sarah Simblet(1972~)이 『뉴 실바The New Sylva』에서 그린 세밀화다.[2] 세라 심블릿의 세밀화는 존 에블린의 원저 『실바』에 바치는 매우 화려하고 사치스럽기까지 한 헌사이며 『옥스퍼드 영어사전』에 삽입될 만큼 훌륭하다.

작년에 떨어진 너도밤나무 열매는 이미 4월에 발아했다. 종자에서 발아한 연두색 떡잎(자엽)을 보면 다른 나무의 모종과 쉽게 구분할 수 있다. 너도밤나무 떡잎(별지 컬러 일러스트 5 참조)은 5센티미터 너비의 탁구채 두 개가 나란히 붙어 있는 모양이다. 숲의 하늘이 푸른 잎으로 뒤덮이기 전에는 희망으로 가득 찬 너도밤나무 모종들이 낙엽 더미 여기저기서 싹을 틔우고 올라온다. 그때만 해도 빛은 충분하다. 부드러운 본잎이 두 개의 떡잎 사이에서 모습을 드러내고 본격적으로 잎을 내놓기 시작한다. 이제 6월이 되면 이 어린 식물들은 대부분 비운의 결말을 맞이한다. 성장을 뒷받침해줄 빛이 부족해서다. 높이 솟은 교목의 잎들이 하늘의 지붕이 되어 모든 빛을 남김없이 빨아들이기 때문이다. 이 아기들은 노랗게 변하면서 시들어간다. 공터 가까이에 싹을 틔운 모종만 거목으로 성장하는 첫 번째 발판을 가까스로 마련한다. 이 공터야말로 내 키보다 크지 않은 너도밤나무 10여 그루가 하늘의 틈을 처음으로 메우는 자가 되려고 치열하게 다투는 투쟁의 장이다. 어느 시점이 되면 나는 승자만 남겨두고 나머지는 솎아낼 것이다. 그러지 않으면 살아남은 나무들도 복닥거리는 삶에 시달리며 꼬챙이처럼 자라고 말 것이다.

몹쓸 청설모

폭격이 시작되었을 때, 나는 사촌 존이 남겨두고 간 너도밤나무 둥치에 앉아 사색에 잠겨 있었다. 처음엔 어리둥절했다. 하늘에서 쏟아지는 딱딱한 조각에 머리를 맞았다. 나는 땅에 떨어진 폭탄 조각 하나를 주웠다. 두께가 6밀리미터도 넘는 너도밤나무 껍질이었다. 그러니까 너도밤나무 껍질로 폭탄 세례를 맞은 것이다. 손가락을 펼쳐 눈을 가리고 얼굴을 들어 맹습의 원천을 찾았다. 머리 위로 12미터쯤 되는 높이에 근처 나무에서 가로로 뻗어 나온 가지가 있는데, 그 위에서 회색 솜털이 보송한 짐승 한 마리가 재빨리 움직이는 것을 포착했다. 청설모 한 마리가 가지 끝에서 정체를 드러냈다. 요놈은 자신의 안위 따위는 안중에도 없이 오직 점심에만 정신이 팔려 있었다. 분명 너도밤나무 껍질을 먹는 건 아니었다. 그러기는커녕 나한테 던지고 있었으니 말이다. 아무래도 나무껍질 안쪽에 흐르는 달달한 봄의 수액을 찾고 있던 모양이다. 몰츠터스암스 맥줏집의 인기 메뉴처럼 액상 점심을 드시는 중이다.

청설모는 나무껍질을 벗기고 그 안을 깨끗이도 핥아 먹었다. 분명 나무를 훼손하는 행위다. 그제야 주위를 둘러보니 근처에 제법 큰 너도밤나무 줄기 역시 껍질이 까지고 상처가 나 있었다. 수피가 벗겨진 안쪽으로 변재(수피에 가까운 목질부로, 색이 엷고 목질이 성기고 무르다 - 옮긴이)가 드러난 부분이 노랗고 부자연스럽게 밝았다. 주변의 다른 나무들도 하나같이 비슷했다. 대체로 뿌리에서 가까운 부분이었다. 내가 없는 사이 청설모들이 야외에서 어지간히 즐거운 소풍을 즐겼나 보다.

이처럼 나무 위에 앉아 식사하는 청설모의 습성은 부러진 나뭇가지의 특징을 정확히 설명해준다. 땅에 떨어진 나뭇가지는 위쪽 껍질이 벗겨졌는데, 최근에 난 상처보다 눈에 덜 띄는 게 아무래도 시간이 지나면서 색이 옅어졌기 때문인 것 같다. 가지의 아래쪽 수피는 위치상 청설모가 쉽게 먹기 힘든 구조라 비교적 피해가 적었다. 그래서 땅에서 위를 올려다보았을 때 높이 있는 가지가 별 탈 없어 보였던 것이다. 실제로는 많은 나뭇가지가 상처를 입었고 때가 오기도 전에 부러져 땅에 떨어질 것이다.

또다시 떨어지는 조각들이 귀를 스치며 버석거렸다. 저 위에서 킥킥대는 소리가 들리는 것 같았다. 다시 너도밤나무의 상처를 조사해보니 과거의 흉터가 한두 군데가 아니다. 큰 나무들은 목숨을 부지할 만큼 나무껍질이 남아 있지만 어린나무들은 상태가 좋지 않았다. 청설모들이 내 팔뚝보다 두꺼운 줄기마다 비슷한 방식으로 파헤쳐놓았다. 수령이 40년은 되었을 법한 중간 크기의 몇몇 나무는 줄기가 기괴한 모습으로 뒤틀렸다. 상층부의 가지는 타래송곳처럼 꼬이거나 수염이 달렸고 부러진 사지처럼 손 허리 자세였다. 전에는 왜 그런지 전혀 몰랐다. 청설모 때문에 생긴 상처가 나무의 성장을 저해하고 기형으로 만들었다. "이 몹쓸 놈들 같으니라고!" 나는 구시렁거렸다. 그러나 이 동물이 1,000년이나 칠턴힐스에서 버텨온 너도밤나무가 되살아나는 데 심각한 영향을 주었다고 할 수는 없다.

숲 어딘가에 늘 회색청설모가 있다. 이놈들은 가지를 따라 곡예라도 하듯 잽싸게 달리고 나뭇가지 사이를 누빈다. 숲의 지붕은 이들의 영역이다. 나무의 높은 곳에 엉성한 둥지를 지어놓고 한 해에 두 마리씩 새끼를 낳아 키운다. 꼬리에는 털이 풍성하다. 이 짐승은 북아메리카 대륙에서 건너온 침입자, 동부회색청설모*Sciurus carolinensis*다. 19세기에 관상용으로 몇몇 영국 영지에 방생된 후 그곳에서 무리를 늘려나갔다. 회색청설모는 영국 내 대부분의 지역에서 붉은청설모(유라시아붉은청설모, *Sciurus vulgaris*)를 몰아냈을 뿐만 아니라 스코틀랜드 북쪽까지 영역을 넓혔다. 회색청설모는 대담하고 빨리 번식하며 원기 왕성하다. 이 회색청설모들은 치명적인 폭스바이러스를 옮기는데, 이들의 사촌인 붉은청설모는 이 바이러스에 면역력이 없다.

이들 침입자에 대한 염려는 어제오늘의 일이 아니다. 1942년 전쟁 당시 신문 〈서레이 미러〉는 '총이나 덫, 모든 방법을 총동원해서라도 이 해로운 짐승을 박멸해야 한다. 국익을 위한 일이다'라고 부르짖었다. 히틀러 따위는 신경 쓰지 마라. 나무 타는 이 설치류 때문에 나라가 망할지도 모르니. 내가 어렸을 때, 회색청설모 꼬리 하나에 6펜스짜리 은화(1971년까

풍채 좋은 너도밤나무 밑동에 회색청설모가 입힌 상처가 나 있다.

지 사용된 영국의 동전 - 옮긴이) 한 닢이 포상금으로 걸려 있었다. 하지만 이와 같은 경고와 유인책 모두 아무런 효과가 없었다. 이 까불거리는 회색청설모는 이후로도 날렵하게 춤을 추며 숲을 활보했다.

붉은청설모는 침엽수림에 적응했고 회색청설모는 그 밖의 서식처에서 우세하다는 주장이 있지만, 사실 난 회색청설모가 장악한 침엽수림도 여럿 알고 있다. 나는 마음속에서 베아트릭스 포터Beatrix Potter의 매력적인 『다람쥐 넛킨 이야기Tale of Squirrel Nutkin』를 쫓아내려고 무던히 애를 썼다. 왜냐하면 포터의 그림은 붉은청설모를 매우 효과적으로 선전했기 때문이다. 생태학자들 중에는 영국의 수많은 야생 동식물이 사실은 외부에서 들여왔다는 점을 들어 '토종'이라는 개념을 탐탁지 않게 여기는 사람도 있다. '토종 전용'이라는 표지판을 붙이고 인류 타락 이전의 에덴동산을 복원하겠다는 발상이 어리석다는 점에서는 이들이 옳은지도 모른다. 하지만 이 논쟁에서 나는 어쩔 수 없이 내 소중한 너도밤나무의 편을 들어야 한다. 붉은청설모가 나무를 훼손했다는 기록도 없지 않지만, 회색 침입자만큼 광범위하게 피해를 주는 것 같지는 않다. 과거에 이 지역에서 너도밤나무 숲이 오랫동안 번성했다는 사실은 붉은청설모가 그저 조금 성가신 존재일 뿐이었음을 말해준다. 어쩌면 개체 수를 억제하는 방편으로 한때 청설모 고기가 인기 폭발했는지도 모른다. 피해는 대부분 너도밤나무 열매가 풍년인 이듬해에 많은 청설모가 따뜻한 겨울을 이기고 나왔을 때 발생했다. 개체 수 과잉이 문제의 일부라는 뜻이다. 우리 '숲 친구들' 중 한 명은 회색청설모를 보는 족족 쏘아 죽였다. 반면에 어떤 친구는 때가 되면 자연이 알아서 수를 교정하리라고 믿고 기다린다.

나는 빛바랜 청설모 두개골을 발견해 수집품에 추가했다. 사망 원인은 불분명하다. 나는 그저 다음 세기에도 여기에 크고 건강한 너도밤나무 숲이 존재할 거라 믿고 싶을 뿐이다. 결국에는 청설모의 털 색깔과 상관없이 지구온난화가 숲의 사활에 더 중요한 요인이 될 테지만. 『뉴 실바』는 여름철에 가뭄이 심해지면 너도밤나무는 '북쪽 산비탈의 습기 많은 토양을 제외하고 칠턴힐스에서 사라질지도 모른다'고 경고한다. 살아남으려면 숲은 북쪽으로 이동해야 한다. 이 불량배 회색청설모와 함께 말이다. 이들은 숲을 파괴하는 인간 범죄의 동조자가 될 것이다. 몸서리가 쳐진다.

유령, 그리고 삼각관계

너도밤나무가 숲의 지붕을 뒤덮고 햇빛을 독차지하면 숲의 바닥은 어두워진다. 블루벨이 사라진 후 희미하고 기름진 흔적만 죽은 잎의 유령처럼 남았다. 잠깐이지만 밝은 풀밭을 만들었던 풀은 이제 더 이상 눈부시지 않다. 고개를 끄덕이는 우드멜릭은 올해의 종자를 마련하고 나면 곧 시야에서 사라질 것이다. 크고 우아한 나도겨이삭*Milium effusum*이 몇 줄기 성긴 꽃이삭을 들어 올려 작은 가지 끝에 구슬처럼 매달린 초록빛 꽃을 잠깐 보여주고 말았다.

길가에는 고집 센 사초들만 남았다. 성기고 짙은 초록색 잎다발은 계절이 바뀌어도 남아 있을 것이다. 숲 너머로 블루벨이 보일 조짐이 조금이라도 있다면 이 풀이 눈에 들어오지 않았겠지만. 봄철 나무사초*Carex sylvatica*에는 노란 수술이 켜켜이 박힌 작은 막대가 예쁘게 매달렸다. 잎이 넓은 가는이삭나무사초*Carex strigosa*는 나무사초의 동반자로, 식물 애호가들에게는 이례적인 식물이다. 꽃대가 너무 조심스레 나와서 한 손에는 돋보기, 다른 손에는 도감을 들고서야 겨우 종을 동정할 수 있었다. 트랙터의 바퀴 자국에서도 열정적으로 자라긴 하지만, 좀처럼 보기 드문 종이다. 거리사초*Carex remota*는 그림다이크 숲의 사초 중에서도 잎이 가장 가늘다. 질척한 땅에 드러나지 않게 숨은데다 초록색 열매가 잎몸의

니나 크라우제비츠가 그린 숲속의 사초과 3종의 세밀화.

기부에 박혀 있어 언뜻 보면 잔디나 다름없다. 사초는 보이는 것과 달리 성질이 억세지만, 이들조차 가장 큰 너도밤나무 아래에서는 자라지 못한다. 그 밑에서는 아무것도 자랄 수 없다. 깊숙한 낙엽층은 생명이 있는 것들에게 적대적이다. 유령에게나 어울리는 장소다.

영국에서 가장 희귀한 식물이 바로 그 유령이다. 유령란*Epipogium aphyllum*[3)]은 귀신처럼 사라졌다가 엉뚱한 숲에서 마법을 부리듯 나타난다. 멸종했다는 선언이 무색하게 다시 모습을 드러내어 소름 돋게 한다. 그것도 몇십 년이나 지나서 말이다. 이 유령은 식물학자들이 애타게 찾는 존재인데, 이 유령을 재발견하기 위해 집요하게 쫓아다니는 식물 사냥꾼들도 있다. 그런데 이 유령이 예기치 않게 램브리지우드에 귀한 행차를 했다. 약 90년 전에 헨리 출신의 에일린 홀리라는 젊은 여성이 아무것도 자라지 않는 깊은 나뭇잎 더미에서 유령란을 발견했다. 유령란은 1923년부터 1926년까지 나타났다. 많은 글을 남긴 식물 일기 작가 엘리너 바셀Eleanor Vachell(1879~1948)의 생생한 목격담 덕분에 유령란 발견의 드라마는 의심할 여지가 없게 되었다. 그 이야기는 유령에 대한 유령의 보고였지만.

> 1926년 5월 28일. 전화벨이 울렸다. 프랜시스 드루스 씨는 대영박물관의 윌모트 씨로부터 메시지를 받았다. 옥스퍼드셔에서 한 소녀가 유령란을 발견했고 조지 클래리지 드루스George Claridge Druce(1850~1932) 박사와 웨지우드 부인이 그것을 보았다고 했다. 윌모트 씨가 숲의 이름을 알아내고, 모든 정보를 확보했다!!! 흥분되기 그지없었다. 드루스 씨는 엘시 놀링Elsie Knowling에게 전화를 걸어 함께 가자고 청했다. 엘리너 바셀과 드루스 씨는 서둘러 택시를 타고 대영박물관으로 가서 윌모트 씨로부터 자세한 이야기를 들었다. 이들은 단 한 포기의 유령란이 발견되었다는 숲으로 가서 윌모트 씨에게서 빌린 지도에 표시된 지점을 열심히 뒤졌다. 양방향으로 넓게 수색했지만 유령란을 찾지는 못했다. …… 당황한 세 사람은 엘리너 바셀의 제안에 따라 최초의 발견자를 찾으러 마을로 돌아갔고 수소문한 끝에 어느 근사한 집으로 향했다. 그곳은 아이 부인의 집이었는데, 다행히 그녀는 집에 있었다. 엘리너 바셀은 대변인 역할을 했다. 친절한 아이 부인은 유령란 그림을 건넨 후 유령란을 발견한 소녀가 살고 있는 집 주소를 알려주었다. 세 사람은 한 번 더 움직였다. 마침 소녀도 집에 있었는데, 집 안으로 들어가보니 꽃병에 또 다른 유령란이 꽂혀 있는 게 아닌가! 드루스 씨는 소녀에게 꽃을 달라고 간청했지만 소녀는 들은 척도 하지 않았다. 그러나 곧 드루스 박사와 웨지우드

부인에게 보여주었던 장소를 알려주겠다고 약속했다. 두 점의 표본을 채집한 장소였다. 일행은 곧바로 출발하여 그 장소에 정확히 도착했지만 유령란의 흔적은 없었다!

1926년 6월 2일. 하루의 시간이 남았다. 유령란 사냥에 나서지 않을 이유가 없다. 숲에 도착한 엘리너 바셀은 표본을 채취한 장소로 기어가 조심스럽게 무릎을 꿇고 손가락으로 흙을 살살 걷어냈다. 그랬더니 작은 괴경 뿌리가 달린 난의 줄기가 드러나는 게 아닌가! 틀림없이 드루스 박사가 채집한 표본의 줄기였다. 드루스 씨를 위해 조심스럽게 길이를 측정한 뒤 이들은 흙을 채우고 나뭇가지와 부엽토로 작은 구멍을 덮었다. 그러고는 비밀을 간직한 채 득의만면하여 집으로 내달렸다. 그 비밀은 드루스 씨와 윌모트 씨 외에 누구하고도 공유하지 않겠다고 굳게 약속한 터였다.*[4]

이것이 바로 그 줄기를 자르는 것만으로도 대단한 기쁨을 선사한, 식물판 도깨비불이 가지고 있는 매력이다. 꽃이 직접 유령 같은 증기로 공격을 유도하는지도 모르겠다. 유령란은 나름 예쁜 식물이다. 유럽의 난초치고 꽤 큰 꽃이 여러 송이 달리며 꽃에는 귀여운 분홍색 박차와 노란색 꽃받침이 있다. 좋은 향이 나는 것으로 보아 아마 충매화 또는 충매식물일 것이다. 그러나 유령란에는 이파리가 없다. 초록색이라곤 도통 찾아볼 수 없고 꽃대와 괴경성 뿌리가 전부다. 빅터 S. 서머헤이즈Victor S. Summerhayes(1897~1973)가 『브리튼 섬의 야생란Wild Orchids of Britain』[5]에서 이 뿌리를 '산호 같은 뿌리줄기'로 표현한 이후 '박차 달린 산호 뿌리'라고도 불리게 되었다. 학명인 '아필룸*aphyllum*'조차 '잎이 없다'라는 의미다. 유

*인용한 두 개의 글에 나오는 '드루스 씨'와 '드루스 박사'는 서로 다른 인물이다 – 옮긴이

령란 꽃이 너도밤나무 잎을 배경으로 너무나 완벽하게 어우러지기 때문에 쉽게 인지하지 못하는 것도 당연하다. 그야말로 변장의 귀재다.

유령란은 필수 단백질과 당분을 제조하는 엽록소가 없으므로 식물로서의 존재가 불가능한 상태다. 살아가는 데 빛이 필요하지 않기 때문에 다른 식물들이 뿌리를 내릴 수 없는 가장 깊은 그늘에서도 자랄 수 있다. 내가 소장한 오래된 서머헤이즈의 책에서 저자는 유령란이 토양의 '부엽토로부터 이미 제조된 영양분'을 직접 얻기 때문이라는 결론을 내린다. 부엽토는 부패한 동식물의 요소로 이루어져 있다. 다시 말하면 유령란이 엽록소 없는 버섯처럼 자란다는 것이다. 앞으로 살펴보겠지만, 버섯이 실제로 부패 과정 중 일부를 담당하기는 하지만 이들의 이야기는 그보다 훨씬 더 의미심장하게 진행된다.

엘리너 바셀이 방문한 이후로 유령란은 램브리지우드에서 사라졌다. 뿌리줄기를 일으키는 것으로는 소용이 없었나 보다. 인근에 살던 조애너 캐리Joanna Cary는 어린 시절 램브리지를 자주 돌아다녔는데, 1950년대에 숲속 깊은 곳에서 각반을 찬 우스꽝스러운 남자들과 함께 길을 건너는 게 싫어서 피한 적이 있다고 했다. 캐리는 그 남자들을 노출증 환자로 여겼는데 설상가상으로 정체를 알 수 없는 무언가를 땅에 묻고 있었다고 했다. 내 짐작에는 서머헤이즈 씨와 나름 실력 있는 유령 사냥꾼들이다.

이 지역의 식물 애호가인 베라 폴Vera Paul은 1963년까지 30년이 넘도록 이따금 여기서 불과 3킬로미터쯤 떨어진 숲속에서 유령 사냥꾼의 맥을 이어갔다. 나는 갈로우스트리커먼에 있는 베라 폴의 옛집에서 벽에 걸린 이 유명한 식물의 그림을 본 적이 있다. 최근에는 20년 동안 자취를 감춘 유령란이 집요하기로 유명한 추적자 재닝크 씨Mr Jannink에 의해 재발견되었다. 재닝크 씨는 2009년 칠턴힐스에서 아주 멀리 떨어진 웨일스와의 경계 지역에서 조그만 유령란 한 포기를 찾아냈다.[6] 그곳은 오래전에 유령란이 발견된 곳 중 하나다. 유령란이 영국에서 멸종한 게 아니었다. 하지만 지금까지 읽은 어떤 문헌에서도 이처럼 미세한 종자를 가진 식물이 이토록 극적으로 동에 번쩍 서에 번쩍 하는 이유를 설명하지 못했다. 분명히 음산한 무언가가 있는 게다.

제2의 유령이 램브리지우드에 나타났다. 아무도 실제로 본 적이 없지만, 그 존재를 '느낀' 사람은 분명히 있다. 앞서 의뭉스러운 신사들을 피해 다녔다는 조애너 캐리는 이후 '살인 오두막' 역시 기피했다. 지금이야 우리 숲 끄트머리에 자리한 헛간 옆의 예쁜 시골집으로 알려져 있지만, 살인 사건이 일어났던 집이라는 소문이 몇십 년 동안 나돌았다. 당시 〈헨리 스탠더드〉는 '1893년 12월 8일 금요일은 헨리 역사에서 비극의 날로 기억될 것이다'라고 보도했다. 시골 농가를 맡아서 돌보던 30세 가정부 케이트 던지Kate Dungey의 시체가 현관에서 몇 미터 떨어진 숲에서 발견되었다. 사체에는 '왼쪽 목에 끔찍한 자상이 있었고 두부에도 여러 군데에 상처가 나 있었다'.

당시에는 무척 충격적인 뉴스였다. 이 살인 사건과 관련된 섬뜩한 이야기들이 뉴질랜드까지 크게 보도되었다. 이 사건은 대중에게 강한 인상을 주기에 적합한 요소를 모두 갖추고 있었다. '사체가 발견된 장소는 가장 외지고 인적이 드문 곳으로, 도움을 청하는 목소리가 누구에게도 들릴 수 없는 곳'이라고 〈헨리 스탠더드〉가 보도했다. '어둡고 끔찍한 저녁이었다.' 던지는 '몸매가 좋고 검은 머리에 예쁘다는 평판'을 듣는 흥미로운 희생자였다. 게다가 피해자는 청과상이자 집주인인 매시 씨 아이들의 가정교사를 맡은 적도 있었다. 던지는 귀부인의 요건을 갖추고 있었다. '헨리 사람들 모두가 던지를 알고 있었고 그녀에 대한 평판도 좋았다'

라고 신문은 보도했다. '집 안에 들어와 아무것도 건드리지 않았고, 심지어 방 안 의자에 놓여 있던 시계조차 가져가지 않았다'는데, 과연 강도에 의한 우발적인 살인이라고 말할 수 있을까? 현관 앞에는 몸싸움을 한 흔적과 혈흔이 남아 있었다. 아마도 이 불쌍한 여인이 범인에게서 도망치다가 살해당했을 것이다. 사체 옆에서 발견된 굵은 벚나무 곤봉도 사건과 관련되어 있을 테지만, 몸에 난 깊은 자상은 훨씬 더 날카로운 흉기에 의한 것이었다.

그다음 달에 새로운 증거가 나왔다. 던지가 마을의 유부남에게 연정을 품고 있었다는 소문도 나돌았지만, 자세한 것은 드러나지 않았다. 1894년 1월 3일, 월터 라달Walter Rathall이 용의자로 체포되었다. 매시 씨 농장의 일꾼이었던 월터 라달은 방탕하고 불규칙하게 살았으며, 때로는 부랑자보다 더한 행태를 보였다. 1월 13일자 〈잭슨 옥스퍼드 저널〉은 지난해에 월터 라달이 여름 내내 숲, 그러니까 우리 숲에서 지냈다고 보도했다. 신문은 또한 케이트 던지가 월터 라달에게 돈을 빌려주었고 그녀가 한 푼도 돌려받지 못했으며, '던지의 개입으로 라달이 해고당했고 둘이 여러 차례 말다툼을 했다'고 기술했다. 동기가 명백한데도 경찰이 찾아낸 정황 증거만으로 라달에게 유죄 판결을 내리기엔 부족했다. 라달은 무죄로 풀려났고, 이 의문의 살인 사건은 아직까지 해결되지 않았다.

'살인 오두막'의 현 소유주인 헤이든 존스Hayden Jones가 나에게 유령 이야기를 들려주었다. 살인 사건이 일어나고 100년째 되는 날, 이 집에 또 다른 '암흑의 무서운 저녁'이 찾아왔다. 그의 집에는 아무런 문제가 없었다. 사람들이 '살인 오두막'에 모여 '불쌍한 케이트'를 기리며 건배를 했다. 그런데 모두 잔을 든 순간 갑자기 집 안의 등이 일시에 훅 하고 꺼졌다는 것이다. 마침 헤이든은 일전에 찜찜한 일이 있었다고 했다. 그의 사유지로 처음 보는 벌목꾼들이 들어왔는데 존스는 고개를 저으며 점잖게 내보냈다. 그런데 그 벌목꾼들이 이 땅에 '혼령'이 존재한다고 말했다는 것이다. 합리적인 이성을 가진 사람이라면 당연히 말도 안 되는 소리라며 코웃음이나 치고 말 것이다. 사실 나도 던지의 이야기를 들은 그해에 어느 흐리고 바람 부는 날, 저녁 늦게까지 숲속에 머물다가 멀리서 정체를 알 수 없는 짧은 울음소리를 들은 적이 있다. 처음엔 늑장 부린 붉은솔개나 겁에 질린 대륙검은지빠귀라고 생각했다. 호랑가시나무 덤불 뒤에서도 오도독거리는 소리가 들렸는데, 청설모 때문에 약해진 작은 가지가 떨어지면서 난 소리일 뿐이라고 생각했다. 분명히 그랬을 것이다. 잠 못 이루는 살인자의 혼령은 이곳을 돌아다니지 않는다. 갑작스럽게 오한이 들더라도 무시하자. 바보처럼 굴지 말자.

유령란에 얽힌 우여곡절을 듣고 6월의 그림다이크 숲을 샅샅이 뒤져보기로 했다. 이 작은 한 뼘의 땅에서 무엇을 기대할 수 있을까마는 그래도 너도밤나무로 빼곡히 들어선 도랑마다 꼼꼼하게 들여다보았다. 하나라도 놓치지 않으리라. 나는 식물학을 전공한 좀비처럼 터덜터덜 위로 아래로, 다시 위로 아래로 30분을 걸었다. 일순간 심장이 멈추었다. 땅에서 노랗게 올라온 줄기에 꽃이 달려 있었다. 잎도, 그 어떤 초록색도 보이지 않았다. 이게 난인가? 줄기 끝은 양치기의 지팡이처럼 구부러졌고 노란 꽃 대여섯 송이가 달린 것이 블루벨의 꽃차례와 비슷했다. 하지만 이 꽃은 통발 모양이었다. 이렇게 생긴 난초는 알려진 바가 없다. 당연히 유령도 아니었다. 그래도 낯선 환영을 본 것처럼 전율이 일었다. 『적색 데이터 목록』[7]은 브리튼 섬에서 가장 귀하고 희귀한 식물 종을 기록한 목록이다. 그중 하나가 우리 숲에 있다니!

나는 이 식물을 윌리엄 케블 마틴William Keble Martin 목사가 쓴 필수 소장품 『신 영국 식물도감The New Concise British Flora』에 실린 그림으로만 보왔다. 더 오래된 도감에도 야생화 목록이 있는데 나는 어릴 때부터 직접 본 적이 있는 꽃에는 확인 표시를 해왔다. 이 식물은 끝까지 표시되지 않고 남아 있었다. 이 식물은 이름 없는 잡초가 아니다. 엽록소가 없는 소름 돋는 망령이자 다소 믿기 힘든 유령식물류에 속하는 또 다른 특별한 식물이다. '네덜란드인의담뱃대'라고 부르고, 원한다면 '노란새둥지'라고 불러도 좋다. 식물분류학자들 사이에서는 모노트로파 히포피티스*Monotropa hypopitys*라는 학명으로 불리는 구상난풀(별지 컬러 일러스트 10 참조)이다. 담뱃대를 입에 문 네덜란드 사람을 본 적은 없지만 그가 제일 좋아하는 파이프 담배의 모양은 어떠한지 짐작된다.

나는 무릎을 꿇고 앉아 새로 발견한 식물의 줄기 아래를 감싸는 느슨한 잎을 몇 개 털어냈다. 드문드문 비늘 같은 포엽이 있는 게 마치 살짝 데친 아스파라거스 같았다. 구상난풀은 깊은 그늘에서 자라는 유일한 식물로, 땅속에서 곧장 올라온다. 땅을 파보면 엘리너 바셀이 유령란에서 찾았던 것처럼 부풀어 오른 뿌리가 있을 거라는 데 청설모 꼬리 100개를 걸겠다. 굳이 파볼 생각은 없지만. 작은 딱정벌레 한 마리가 꽃에서 나왔다. 아마도 꽃을 수정시키고 나오는 길이리라. 나는 이후 몇 주간 이 작은 꽃들을 주시했다. 꽃은 오래도록 남아 있었다. 구상난풀은 씨를 뿌리는데 별다른 어려움을 겪지 않았다.

수정난풀속*Monotropa*은 최근에야 관심의 대상이 되었다. 내가 가진 옛날에 출간된 케블 마틴 도감과 그 이후의 여러 도감에서 수정난풀속은 수정난풀과Monotropaceae의 유일한 속으로 독립되어 있었다. 어떤 전문가도 이 괴이한 반그늘의 역설을 식물 진화의 거대한 틀에 끼워 맞추지 못했던 모양이다. 북아메리카에서도 구상난풀과 근연 관계인 식물이 있는데 초자연적으로 창백한 이 식물은 네덜란드인이 아니라 '인디언의 담뱃대'라 불리고, 때로 '시체식물'이라고도 불리는 수정난풀*Monotropa* *uniflora*이다. 아무래도 이 장에서는 무덤의 기운에서 벗어날 수 없을 것 같다.

생물의 가계를 결정하는 분자생물학 분석 기술이 널리 사용된 지 얼마 되지 않아 수정난풀속의 이 두 종이 훨씬 큰 분류군인 진달랫과Ericacease에 속한다는 것이 밝혀졌다. 헤더과 혹은 블루베리과로도 알려진 이 분류군은 전 세계적으로 약 4,000종이 퍼져 있다. 구상난풀은 실질적으로 꽃을 제외한 모든 지상부를 소실한 헤더*Calluna vulgaris*라고 할 수 있다. 이 분류군에 대해 다시 공부하다 보니 수정난풀속의 꽃이 정말로 딸기나무*Arbutus unedo*, 블루베리, 벨헤더*Erica cinerea*처럼 이미 잘 알려진 꽃과 비슷하다는 것을 깨달았다.(한국의 산앵도나무나 정금나무와 꽃이 비슷하다 - 옮긴이) 그러고 보면 과학이란 상식의 보강이라는 측면이 있다.

유령 퍼즐의 뿌리는 정말로 뿌리에 있다. 난초든 담뱃대든 이 유령 같은 식물은 모두 뿌리가 비슷하다. 괴경이고 부풀어 있다. 엽록소 소실과 너도밤나무 그늘 밑에서 번식하는 능력은 땅속에서 비밀스럽게 감춰온 특별한 적응의 결과다. 구상난풀과 유령란 모두 스스로 영양분을 제조하지 않는다는 측면에서 서머헤이즈는 본질적으로 옳았다. 그러나 이 식물이 그가 '부생생물saprophyte'이라고 부른, 주위의 썩어가는 낙엽에서 필요한 것들을 얻는다는 가정은 틀렸다. 단순히 사체를 먹어치운다고 하기엔 이들의 생이 훨씬 복잡하고 경이롭다.

수정난풀속과 유령란속 모두 균류에 편승하는 기생식물이다. 구상난풀은 비듬테두리송이*Tricholoma cingulatum*[8]라는 평범해 보이는 버섯에 기생한다. 이 버섯은 회색 갓에 흰색 주름이 있긴 하지만 똑같이 익숙한 선을 따라 구성되어 있다는 점에서, 가게에서 파는 일반적인 버섯과 다르다. 이 핏기 없는 기생식물은 필요한 모든 것을 숙주인 균류로부터 훔치는 데 익숙해져서 혼자서는 필수품을 제조하려는 시도조차 하지 않는다. 지상에서는 꽃과 종자 외에 다른 것은 필요하지 않다. 식민지 노예를 착취해 먹고살았던 리젠시 댄디Regency dandy(18~19세기 영국의 상류 사교계를 중심으로 활동한 멋쟁이 신사 - 옮긴이)처럼, 이 생물체는 겉으로 보이는 것만 신경 쓸 뿐 고된 일은 하지 않는다. 그 독특한 뿌리가 진실을 말한다. 뿌리 안은 균류로 가득하다. 이제 분자생물학자들은 현대적인 DNA 분석 기술로 수천 개의 가능성 중에서 정확히 어떤 균류인지 동정할 수 있다. 내가 맨 처음 식물학을 전공하는 젊은이로 과학을 시작했을 때는 불가능했지만, 지금은 DNA 분석이 실험실에서 일상이 되었다.

그런데 이야기는 여기서 끝나지 않는다. 균류 그 자체도 깊은 숲속에서 너도밤나무와 밀접한 관계를 맺고 살아간다. 균류의 뿌리는 균사체라고 부르는 실 덩어리다. 이 실들은 영양분을 찾아 축축한 토양 속을 헤맨다. 균사체는 썩은 잎 뭉치를 재가공하는 데 탁월한 재주가 있다. 균사체야말로 큰일을 도맡은 균류의 일꾼이다. 반면 우리에게 익숙한 버섯의 자실체는 오직 미세한 포자를 퍼뜨리기 위해 존재하는 생활 주기의 정점이다. 다른 여러 균류처럼, 송이류도 너도밤나무 뿌리에 수년간 몸담으며 동업한다. 균사는 생장하는 너도밤나무 뿌리 끝을 손가락이 꽉 끼는 아동용 장갑처럼 완전히 뒤덮는다. 주위 환경에서 인산염 같은 중요한 식량을 구해오는 균류의 재능은 나무가 건강하게 성장하는 데 필수적이다. 균류로 코팅된 잔뿌리들은 귀중한 화합물을 찾아나선다. 균류의 옷을 입은 뿌리를 균근菌根(균류와 고등식물 뿌리의 공생체. 균뿌리라고도 한다 - 옮긴이)이라고 부르는데, '균류성 뿌리'를 부르는 고전적인 방식이다. 균근은 상호 동반적 관계를 유지하는데, 나무 역시 자기가 가장 잘하는 일을 통해 균류가 혼자서 만들 수 없는 당과 다른 광합성 생산물을 공급하기 때문이다. 이것은 공생共生, 즉 긴밀한 관계를 맺고 함께 자라는 과정이다. 환상의 코미디 콤비라도 혼자서 던지는 농담은 사람들의 호응을 얻어내지 못하는 것처럼 말이다.

그리하여 구상난풀은 기막힌 삼각관계의 정점에 있다. 너도밤나무는 햇빛과 비를 재료로 작업한다. 그리고 뿌리에 사는 균류(버섯) 파트너가 이국적인 필수 영양분을 탐색할 수 있는 수단을 제공한다. 수정난풀 속 식물은 바로 이 균류에 기생한다. 그래서 너도밤나무의 광합성으로부터 한 다리 건너 간접적인 혜택을 받아 과감히 초록색 옷을 벗어버린다. 나머지 부족한 부분은 균류가 채워준다. 빛에 구속되지 않는 이 기생식물은 다른 누구도 뿌리를 내릴 수 없는 깊고 그늘진 빈터에서 안전하게 꽃을 피워낸다.[9] 더구나 매년 꽃을 피울 필요도 없다. 나무나 균류의 상황이 좋지 않다면 해를 거르고 나뭇잎 더미 밑에 뿌리나 뿌리줄기 형태로 머물면서 훗날을 도모한다. 이제는 유령처럼 보이는 변덕스러운 출몰에 대해 이해할 수 있다. 사실 유령은 늘 그 자리에 있었는지도 모른다.

숲의 지붕을 뚫고 올라가다

숲의 상층부에 접근하기 위해 스카이차(별지 컬러 일러스트 26 참조)를 불렀다. 차량 기사인 셰인은 귀를 화려하게 뚫은 젊은이였다. 셰인은 스카이차를 트럭 뒤에 싣고 에식스에서 이곳까지 먼 길을 왔다. 스카이차는 특별한 차량이다. 셰인은 우선 나무 사이로 작업대를 쏘아 올릴 수 있는 지점까지 무한궤도 바퀴를 굴려 시끄럽게 나아갔다. 그런 다음에 작업대를 지지할 수 있도록 거미 다리처럼 길고 평평한 네 개의 다리를 몸체 바깥쪽으로 뻗어 단단한 땅 위에 고정했다. 나는 첫 번째 탑승자다. 안전띠를 매고 셰인과 함께 작은 난간이 있는 작업대 위에 조심스럽게 올라섰다.

스카이차는 단순해 보이는 기계이지만 접힌 지지대를 펴면 30미터 이상 늘어난다. 작업대는 나뭇가지에 걸리지 않도록 셰인이 조종기를 움직이는 대로 돌아갔다. 작업대가 상승하자 신선한 잎으로 장식된 커튼을 통과하는 기분이 들었다. 우리는 빠르게 올라갔고 가끔 잎사귀가 얼굴을 스쳤다. 그러다 순식간에 숲의 지붕을 뚫고 나왔다. 땅에서 적어도 25미터는 올라온 것 같다. 나는 너무 신이 나서 무서운 줄도 몰랐다. 사방으로 나무 꼭대기가 부풀어 있었다. 거칠게 몰아치는 파도와 나뭇잎이 부서지는 바다가 있고 그 위로는 온통 하늘이었다. 공터를 제외하고 온 땅이 가려진 한여름 숲 위를 활공하는 붉은솔개의 눈에 보이는 광경이 바로 이것이겠지.

수관이 더 높이 솟은 너도밤나무들이 보였다. 그중 하나가 숲 한복판에 있는 노거수老巨樹일 것이다. 높이가 30미터는 족히 되지 싶다. 어떤 나무에는 가을이면 무르익을 연노랑 도토리깍정이가 주렁주렁 달렸다. 나는 빛을 향한 경쟁에서 이웃에 뒤지지 않는 벚나무 한 그루도 발견했다. 북쪽으로 램브리지우드의 가장자리에 늘어선 나무들은 바닥까지 죽 늘어진 나뭇가지에 초록색 폭포처럼 나뭇잎을 매달고 있었다. 아름드리 물푸레나무는 더욱 우아했다. 온화한 숨결로 나무를 그린 장 바티스트 카미유 코로Jean Baptiste Camille Corot(1796~1875)의 기품 있는 그림이 떠올랐다.

내게는 숲 전체가 광합성에 필요한 햇빛을 포획하려고 나뭇잎을 엮어 만든 캔버스 천으로 덮어놓은 천막 같았다. 나무줄기는 천막 전체를 지탱하는 거대한 기둥이고 천막 안에는 내가 발견한 동식물 모두가 몸을 의탁한다. 이 전망 좋은 곳에서 페어마일은 구릉진 경관 중 하나의 골짜기에 불과했다. 페어마일 너머로 헨리 파크, 그리고 한없이 부드러운 안개 속으로 사라질 때까지 눈에 거슬리는 건물도 없이 첩첩이 이어지는 언덕이 보였다. 템스 강 골짜기에 들어선 헨리의 풍경은 18세기에도 그리 다르지 않았으리라. 램브리지우드 저지대의 침엽수 조림지만 어둡고 칙칙하여 조화롭지 못했다.

동고비나 박새처럼 작은 새들이 높은 가지 위를 여기저기 뛰어다닐 거라고 예상했는데 숲 꼭대기에 의외로 새가 많지 않아 놀랐다. 텔레비전 다큐멘터리에서 보여주는, 풍부한 생명으로 가득 찬 열대우림을 기대했던 것 같다. 온대 지방은 아무래도 다르겠지.

나 혼자 이곳을 독차지할 수는 없다. 자연사박물관에서 온 곤충학자 팀이 나무 꼭대기에 서식하는 곤충을 잡고 싶어 안달이다. 셰인의 스카이차는 차례로 방문객을 올려주었다. 이들은 각자 제일 좋아하는 곤충을 향해 미세한 포충망을 휘둘렀다. 쌍시류 연구자는 파리를 뒤쫓았고, 딱정벌레 연구자는 딱정벌레를 추적하고, 막시류 연구자는 말벌의 친척뻘 되는 작은 곤충을 찾았다. 능숙한 곤충 수집가는 망을 10여 차례 휘둘러 몇 주간 작업할 분량을 확보했다. 이 표본으로 날개의 시맥翅脈(날개맥)이나 다리의 털을 조사하여 정확히 동정할 것이다.

이날 아침 일찍 우리는 장작더미 주변에서 게으르게 윙윙거리는 말벌을 보았다. 영국에서 가장 큰 유럽말벌*Vespa crabro*이다. 곤충학자들은 평범한 영혼을 가진 사람과 달리 이 독기 어린 생명체에 대한 경계심이 크지 않다. 먼저 건드리지 않으면 공격하지 않는다는 걸 알기 때문이다.

두 번째 장소에서는 참나무 꼭대기에서 더 많은 종을 채집했다. 그 중에는 도토리 안에서 생장하는 대단히 큰 유럽도토리바구미*Curculio venosus*가 있었다. 사람들은 둥글게 모여 코끼리 코만큼이나 괴상하게 튀어나온 바구미의 주둥이를 보고 신기해 마지않았다. 채집물은 병에 넣은 뒤 박물관으로 가져가 정확하게 동정할 것이다. 그러나 유럽참나무호리비단벌레*Agrilus angustulus*는 곧바로 딱정벌레 전문가들의 가슴을 뛰게 했다. 초록색을 띤 이 작고 화려한 무지갯빛 비단벌레는 열대우림에서 더 흔한 비단벌렛과에 속하기 때문이다. 노란새둥지(구상난풀)처럼 현재 영국 분류군에서 보호할 가치가 있는 야생동물로 기록된, 전국적으로 희귀한 종이다.

나 혼자였다면 이런 흥미로운 것들을 알아보기는커녕 찾아내지도 못했을 것이다. 이들을 숲속의 주인공으로 내 목록에 추가할 수 있게 도와주는 전문가들이 있다는 사실이 기쁘고 고맙다. 수많은 표본들이 금고지기들과 함께 금고로 들어갔다. 그 전문가들은 나중에 나에게 그 결과를 보고할 것이다.[10)]

쐐기풀에게 복수하다 – 비료 만들기

유령 오두막에서 가장 가까운 그림다이크 숲의 한쪽 모퉁이에는 따가운 쐐기풀이 자란다. 그렇다면 그곳의 지반이 손상되었을 가능성이 높은데, 그런 곳에서 쐐기풀이 잘 자라기 때문이다. 쐐기풀은 매혹적인 작은 쐐기풀나방*Anthophila fabriciana* 같은 종을 비롯해 여러 종에게 식량을 제공한다. 우리 숲의 쐐기풀은 유난히 아프게 찌르기 때문에 조금 성가시기도 하다. 늦은 6월이면 쐐기풀은 완전히 자란다. 쐐기풀에게 제대로 복수할 방법이 있다면, 비료로 만들어버리는 것이다. 쐐기풀은 식물의 생장에 필요한 온갖 종류의 영양소를 가지고 있기 때문이다.

쐐기풀을 잡아 뜯으려면 튼튼하고 두꺼운 장갑을 껴야 한다. 뜯어낸 쐐기풀을 뚜껑이 꽉 닫히는 휴지통에 채워 넣었다. 잎과 줄기를 둘둘 말아 통에 넣고 위에서 꽉꽉 눌렀다. 그러고는 물을 끝까지 붓고(빗물도 괜찮다) 뚜껑을 덮었다. 쐐기풀을 꽉 눌러두면 더 잘 썩는다기에 철망을 얹고 커다란 수석 몇 개를 올려놓았다. 당연히 숲에서 주운 돌이다. 그런 다음 정원 한 귀퉁이에 놔두고 잊어버렸는데, 한 달이 지나자 내가 없는 사이에 모두 잘 발효했다. 때가 되면 쐐기풀 액에서 정말 역겨운 냄새가 난다. 나는 코에 빨래집게를 꽂고 퇴비 더미에서 질척거리는 쐐기풀 줄기를 꺼내 버렸다. 이제 남은 액체는 적어도 다섯 배로 희석해 토마토나 콩 등에 뿌리면 된다. 값비싼 비료만큼이나 효과가 좋다.

July

7월

섬뜩했던 우중 산책

비가 그치질 않는다. 흠뻑 젖은 숲은 어둡고 침울하다. 새들도 노래를 멈추었다. 당황스러울 정도로 낙관적인 지빠귀만 간절한 염원을 담아 만트라(기도나 명상할 때 외는 주문 - 옮긴이)를 한 차례에 다섯 번씩 반복해서 중얼거렸다. 축축함을 사랑하는 균류도 왠지 모르게 기운이 없어 보인다. 여전히 눈에 띄는 꽃이라곤 '마법사의 나이트쉐이드'로 불리는 말털이슬*Circaea lutetiana*뿐이다. 한때 블루벨이 만발한 자리에서 두 개의 꽃잎이 달린 작은 분홍 꽃의 꽃대가 수줍게 올라온다. 마법사는 누구였을까? 왜 이 작은 식물을 나이트쉐이드로 삼았을까? 봄철의 생기는 다 어디로 흩어진 걸까? 모든 것이 불길해 보인다. 이런 날에는 빛이 거의 숲을 뚫고 들어오지 못한다. 위를 올려다보면 나뭇잎으로 뒤덮인 지붕에서 형체를 알 수 없는 무한함이 느껴진다. 보이는 것이라곤 흐린 하늘과의 접점밖에 없어서 그런가 보다. 머리 위에서 만물이 합쳐진다. 높게 낀 박무薄霧일 수도, 빛의 속임수일 수도 있다. 뭐라고 말해야 할지 모르겠다. 뿌연 습기 속에서 세상의 경계가 모호해진다.

빗줄기는 너도밤나무를 통해 세상에 진정한 수직은 없음을 증명한다. 나무에 떨어진 빗물은 언제나 실개천처럼 흘러내리는데, 곧장 땅으로 떨어지지 않고 어떤 나무든 즐겨 가는 방향을 타고 흐른다. 빗물이 흐르는 자리는 색이 짙어지고 수백만 미생물이 주도권을 잡는다. 얼마나 많은 아메바와 짚신벌레가 이 질척거림 속에서 단세포 인생을 즐길지 생각해본다. 발 달린 미생물들이 미끈거리는 영토를 장악하는 시기다.

빗방울이 연합하여 공격적인 공군 폭격기처럼 내달린다. 나뭇잎은 나처럼 잎사귀 아래에서 비를 피하고자 몸을 움츠리는 생명체를 거들떠보지 않은 지 오래다. 작은 빗방울이 한데 모여 거대한 물방울이 되었다. 그리고 내 목덜미에 직접 내리꽂혔다. 부자연스럽게 큰 물줄기가 이 쓸모없는 방수 재킷을 뚫고 들어왔다. 땅에서는 축축한 얼룩이 바지에 스며서 올라오고 위에서는 빗물이 셔츠 깃에서 아래로 퍼졌다.

길을 따라 물이 고이는 바람에 큰 공터를 가로질러야 했다. 나무들이 최대한 몸을 기울인 탓인지 공터가 더 작아 보였다. 비 때문에 시야가 흐리다. 둥글게 굽은 나무딸기의 사나운 줄기에 바짓단이 걸렸다. 걸려 넘어지게 하려는 수작임이 틀림없다. 넘어지면서 수석에 손까지 베였다. 내 소중한 숲이 갑자기 사악한 본성을 드러내는 걸까. 제대로 채비하지 않은 나그네가 쉽게 길을 잃는 까닭이 있구나. 나도 모르게 갑작스레 몸서리가 쳐졌다. 왜 광활한 숲이 한때 버려진 땅으로 취급되었는지 알겠다. 믿지 못할 도깨비들이 사는 불친절한 황무지. 셰익스피어는 「베로나의 두 신사」에서 그러한 숲을 다음과 같이 묘사했다.

인간이란 습관 들이기 나름인가 보다!
이 그늘진 사막, 인적 없는 숲

여기서 견디는 것이 떠들썩한 마을보다 나으리.

사막. 버려진 곳, 또는 적막한 곳. 조용한 명상이나 영혼의 회복을 위한 곳이 아님은 분명하다. 셰익스피어 시대는 이미 영국에서 늑대가 멸종한 후다. 그래서 독일의 시골에서 그토록 많은 민간설화에 영감을 준 공포와 두려움이 이곳에선 더 이상 협박거리가 아니다. 그러나 빽빽한 숲은 여전히 위험한 그림자로 가득하다. 실제로 노상강도와 필사적인 탈주범 때문에 숲이 위험했던 때도 있었다.

오늘 아침은 나무도 달라 보인다. 저게 정말 그 코끼리나무였던가? 어제는 분명 저렇게까지 커 보이지 않았는데. 지금은 왠지 으스스하니 기분 나쁘다. 저쪽에 있는 호랑가시나무 덤불은 너무 시커메서 자연의 휘장에 구멍이 뚫린 것 같다. 나는 늙은 나무딸기 덩굴이 손목을 긁는 바람에 생긴 상처의 피를 핥았다. 피의 짠맛에 빗물의 맹맹함이 섞여 맛이 이상했다. 정말 이상한 하루다. 어두운 과거를 캐기 좋을 것 같다.

여기에 나 혼자인 줄 알았더니 아니었다. 개를 데리고 혼자 산책하는 사람이 다가왔다. 납작한 모자에 실용적인 바버 재킷으로 제대로 무장한 남자였다. 남자는 휘파람으로 연신 개를 불러대며 고개를 숙이고 그림다이크를 따라 유난히 황급하게 발걸음을 옮겼다. 남자의 얼굴은 보지 못했다. 우리는 서로 인사도 주고받지 않았다.

악마의 유적과 보물 금화

그림다이크 숲의 남서쪽 경계는 몇 미터 높이의 둑으로 지어져 있다. 우리 쪽에서 보면 더 가파르지만 경사가 그리 심하지는 않다. 이 둑을 따라 경계를 표시하는 고랑, 아니면 배수로라고 불러도 될 만한 10보 너비의 땅이 움푹 파여 있다. 커다란 너도밤나무가 그 안에서 자란 것으로 보아 확실히 최근에 생긴 건 아니다. 반대쪽에는 수석이 지표면을 뚫고 나와 있는데, 땅을 파내는 과정에서 드러난 기반암인 듯하다. 내 눈에는 특별히 고고학적 의미가 있는 지형으로 보이지 않았다. 숲의 다른 곳에도 이와 크게 다르지 않은 구덩이나 둔덕이 여기저기 있었다. 하지만 이 배수로는 우리 숲 밖을 넘어서 연장되었다. 계속 따라가보니 램브리지우드의 대부분을 통과했고, 너도밤나무 숲과 호랑가시나무 정글을 지나 그레이즈 코트 방향으로 상당히 똑바로 이어졌다. 어떤 곳은 땅이 더 확실하게 파였고, 반면 흔적조차 알아보기 힘든 곳도 있었다. 이것이 바로 그림다이크Grim's Dyke로, 아주 오래된 고지도에까지 (대개 두 줄로) 표시되어 있다.

옛 문헌에는 그림다이크가 'Grime's' 또는 'Grymes'로도 표기되어 있는데, 어떤 문서 기록보다도 앞서 만들어진 지형물임을 알 수 있다. 그림다이크는 또한 이 숲에 이름을 주었다. 나는 구매자의 감성을 자극하는 장사치의 속셈이 다분한 이름이었다고 의심하지만, 어쨌거나 효과는 있었다.

너필드에서 몇 킬로미터 떨어져 칠턴 절벽의 정상에 가까운, 대단히 깊은 지면의 틈에도 같은 이름이 붙었다. 이 틈은 언덕 비탈을 따라 곧장 아래로 내려가 에일즈베리 평원을 끝까지 가로질러 몽주웰의 템스 강까지 이어진다. 지나간 시대에 대한 정당한 인정이라도 요구하듯 농경지를 거침없이 가로지른다. 누가 건설했는지 모르지만 엄청난 작업이었을 것이다. 칠턴힐스에서 더 북쪽으로 가면 비슷한 지형이 여럿 있는데 모두 동일한 옛 이름으로 불린다. 사실 그림다이크라는 명칭은 적어도 10개 주에서 등장한다. 너필드의 교회 기록에 따르면 이런 제방은 중세 시대 초기에 익숙한 랜드마크였다. 너필드와 그레이즈 코트 사이에 띄엄띄엄 나타나는 고랑도 같은 구조로 평범하게 이어진다. 이 조각들을 모두 합치면 전원 지대를 가로지르며 우리 숲까지 연장되는 기다란 선을 그린다. 나는 봄에 이 제방을 따라 너필드 너머로 길가에 블루벨이 피어 있는 오래된 오솔길을 걸었다. 역사 깊은 전원 지대에 어울리는 풍경이었다.

노퍽에는 무려 5,000년 전에 신석기인들이 석기 제작에 필요한 천연 재료를 찾기 위해 채굴했던 그림스 그레이브스Grimes Graves라는 수석 광산이 있다. 여기에도 '그림'이 등장한다. 이 이름은 초기 앵글로색슨 시대에서 유래했다. '그림'은 북유럽 신화에 나오는 이교도 신인 워덴 또는 오딘의 수많은 이름 중 하나다. 그림니르Grimnir는 모습을 바꾸는 자, 두건을 쓴 자, 영혼을 내세로 이끄는 자, 어두운 곳에 자주 출몰하는 자였다. 나는 문득 비 오는 날에 개를 데리고 숲속을 서둘러 지나간 남자를 떠올렸다. 그가 진짜 하려던 일이 무엇이었을까? 내가 정말 그 사람을 보기는 한 걸까? 혹시 호랑가시나무 덤불이 만든 환영은 아니었을까?

우리의 색슨 조상은 로마인이 남긴 유산에 대해서는 잘 알고 있었지만, 전원을 가르는 이 깊은 배수로이자 이상한 단구는 그보다 훨씬 전에 지형에 새겨진 의문의 흔적이었다. 미신을 믿는 농부들은 자신이 사는 지역의 사소한 특징에도 숨겨진 의미가 있다고 생각한다. 이런 괴이한 작품을 신과 연결하는 것보다 더 자연스러운 반응이 또 있을까?[1)] 어찌 보면 '그림'이라는 섬뜩한 명칭은 배수로든 수석 광산이든 당연한 선택이었다. 결국 후대에 와서 악마는 순수한 자연 지형물에까지 자신의 이름을 갖다 붙였다. 이를테면 다트무어의 '악마의 토르Devil's Tor'나 서레이의 '악마의 사발Devil's Punch Bowl'처럼. 사람들은 불가해한 사물에 이름을 붙일 때 악마적인 것에 끌리게 마련이다. 이름만으로 더 이상 설명할 필요가 없도록.

그림다이크를 파고 관리한 사람들은 나름의 고유한 신과 공포심을 가진 평범한 사람들이었을 것이다. 분명히 이 제방은 색슨 시대 사람들의 눈에도 태곳적 유물로 비쳤을 것이다. 리처드 브래들리Richard Bradley는 옥스퍼드셔에 있는 모든 '그림다이크'가 반드시 단일 시스템의 일부라고 할 수는 없다고 지적했다. 하지만 그도 그림다이크의 연대에 대해서는 다른 학자들의 주장에 동의하며 다음과 같이 담담하게 말했다. '우리는 이제 이 제방이 로마 이전의 철기시대 후반에 만들어졌다는 사실을 받아들일 증거가 있다고 인정한다.'[2] 그림다이크가 만들어진 연대에 대한 리처드의 주장을 확증하는 증거가 최근에 밝혀졌다. 그러니까 이 작은 숲 한쪽에 2,000년 이상 된 고고학 유적이 있는 것이다! 개를 데리고 있던 그 남자는 정말로 유령의 환영이었을까?

그림다이크의 흔적은 헨리 쪽으로 내려가는 언덕 경사면의 훨씬 아래쪽에서 사라졌다. 그러나 실제로는 계속 이어졌을 가능성이 높다. 왜냐하면 『빅토리아 카운티 역사Victoria County History』를 보면, 옥스퍼드셔 기록보관소의 14세기 문서에 오래된 제방에 대한 문헌이 나와 있기 때문이다. 당시에는 그림다이크가 북쪽으로 필리스(과거에는 '펠레이츠'로 불렸다) 코트라는 오래된 저택의 자연적인 경계선으로 사용되었다. 제방은 마침내 헨리 북쪽에 있는 현재의 뉴스트리트(실제로는 아주 오래된 길거리지만)를 따라 템스 강에 이른다.

이보다 최근에 나온 증거도 있다. '그림다이크는 17세기 초에 뉴스트리트의 진입로를 마주하고 노스스트리트에 있는 양조장 뒤편으로 펼쳐진 초원에서 똑똑히 보였다'라는 주장이다.[3] 현재는 그 땅 위에 건물이 세워졌다. 모든 증거를 모아보면 그림다이크는 헨리에서 몽주웰까지 남쪽으로 크게 굽이치는 템스 강의 강줄기를 따라 펼쳐진 땅을 가로질러 칠턴힐스 절벽을 지나 16킬로미터 이상 이어지는 제방이었음을 알 수 있다. 오랫동안 경작지로 사용된 일부 지역에서는 흔적이 소실되었다. 농경 활동이 시간의 메시지를 서서히 지워버린 셈이다.

그림다이크의 용도는 무엇이었을까? 나는 탐정 노릇을 하러 그림다이크 숲으로 되돌아왔다. 이곳엔 서쪽 면이 더 높은 수석 둔덕으로 이루어진 약 8미터 길이의 도랑밖에 없어서 실제로 그리 길지는 않다. 주위의 수석은 도랑을 파낼 때 땅속에서 나온 게 틀림없다. 그림다이크의 움푹 파인 땅은 2,000년에 걸쳐 다시 메꿔졌지만, 암석 지반 덕분에 그 형태가 유지된 것으로 보인다. 군사적 목적의 방벽이라기엔 제방이 너무 작고 모양도 맞지 않다. 방어용 구조물이라면 대개 잠재적인 적을 마주하는 가파른 장벽을 세우게 마련이다. 고고학자 질 아이어스Jill Eyers가 자원자로 구성된 팀을 데려와 혹시 남아 있을지도 모르는 증거를 발굴하기 위해 그림다이크 주위를 파냈지만 그들의 곡괭이와 삽은 아무것도 캐내지 못했다. 동전이나 흔한 토기 조각 하나 나오지 않았다.

그림다이크가 전쟁 중의 최후 방어선이 아니었던 건 분명하다. 적을 막는 장벽이라기보다는 칠턴 절벽 아래로 이어지는 배수로 같다. 다른 이들과 마찬가지로 나 역시 그림다이크는 일종의 표시, 그중에서도 영역을 표시하는 경계선이었다는 결론을 내렸다. 이전의 역사학자들은 그림다이크가 로마 시대의 사관이 기록했던 두 부족, 즉 동쪽의 카투벨라우니족Catuvellauni과 서쪽의 아트레바테스족Atrebates 사이의 경계를 표시했다고 생각했다. 근대의 저술가들은 좀 더 신중한 태도를 취했는데, 최근에는 가축을 기르는 개활지의 울타리 대용이었다고 해석하는 경우도 있다. 그러나 이 권위 있는 전문가들도 기원전 최후의 1,000년 이전에 지어진 철기시대의 언덕요새와 그림다이크가 연관되어 있다는 데는 모두 동의했다.

언덕요새는 칠턴 절벽의 높은 가장자리를 따라 상당히 규칙적으로 분포했다. 요새는 중앙 구역을 중심으로 동심원을 그리는 성벽으로 명확하게 표시된다. 대개 중앙 구역으로 들어가는 입구는 하나이고 수비가 가능하다. 안으로 들어가면 둥근 오두막을 세우는 데 사용한 말뚝의 구멍이 곳곳에 나 있는데, 모종삽으로 끈기 있게 파내면 나온다. 언덕요새를 구축할 당시에는 북쪽으로 시야가 멀리까지 트이는 아무것도 없이 광활한 지역을 골랐겠지만, 이제는 칠턴 언덕 정상에 우거진 숲이 원시시대의 요새를 메우고 깊은 숲속에 격리했다. 이 책을 쓰는 동안에도 발굴이 계속되었다. 칠턴 절벽의 경사면에서 멀리 떨어진, 헨리에서 강 하류로 약 5킬로미터 지점에 있는 메드메넘에서 템스 강을 건너는 지점을 지키는 비슷한 구조물이 발굴되었다.

언덕요새는 교역과도 관련되어 있다. 어퍼이크닐드가도는 고대 브리튼 섬에서 가장 중요한 경로 중 하나로, 칠턴힐스가 북쪽으로 평야와 만나는 지점의 산기슭을 따라 이어진다. 이에 관해서는 헤럴드 J. 매싱엄의 묘사보다 더 나은 것을 찾지 못했다. '노퍽에서 데번까지 가는 구 도로. 녹색 사암의 상층부가 백악층과 만나는 지점에서 나무의 아래쪽이자 샘물의 위쪽으로 덥수룩한 산줄기의 발목을 따라 기어간다.' 로마 제국에서 온 가죽이며 목재, 철광석, 그 밖의 이국적인 물건들이 자연이 파낸 지형을 따라 세워진 무역로에서 거래되었다. 그림다이크는 몽주웰의 템스 지역과 강으로 가는 중에 어퍼이크닐드가도를 가로질렀다. 지역 전체가 소를 기르는 사람, 농부, 양치기, 장사꾼, 군인, 주술사로 떠들썩했다. 당시엔 인구가 증가하고 있었다. 칠턴의 언덕요새는 이크닐드가도에서 벌어지는 모든 일을 지켜보고 틀림없이 한몫 챙기거나 거래에 관여했을 것이다. 하지만 그림다이크가 요새의 연장선에 놓여 있지는 않았다. 오히려 요새와는 별개로 경계선이라고 예상되는 경로를 따라 이어졌다. 어쩌면 요새의 주인인 족장의 세력권을 표시했는지도 모른다. 어찌 되었건 작업에 필요한 노동력을 통제할 수 있는 권력이 있는 사람임은 틀림없다. 아마 인간이 최초로 철권을 휘두른 시기였을 것이다.

역사를 거쳐 이제 다시 숲으로 돌아온다. 그림다이크가 과거에 영토의 경계를 표시하는 목적으로 건설되었다면, 거기엔 숲이 없었어야 한다! 어떤 종류의 경계선이든 깊은 너도밤나무 숲에 묻어둔다는 건 말도 안 되니까. 경계선이라면 대개 개방된 공간에 드러나 있어야 한다. 언덕 요새와 주변 지역을 벌채하던 때는 굶주리는 사람의 수가 늘어나면서 모든 종류의 농경이 성장하던 시기였다. 산림 개간은 일반적이었다. 그러다 철기시대 후반이 되면서 오랜 추위 끝에 날씨가 따뜻해졌고 농업 생산력을 높여주었다. 나무가 울창하고 물이 잘 빠지지 않는 평원보다는 지대가 높은 땅을 개간하기가 더 수월했을 것이다. 날카로운 철기가 이 작업에 크게 일조했음은 말할 필요도 없다. 질 아이어스는 우리 숲의 그림다이크에서 과거에 경작했을 가능성이 있는 식물의 꽃가루를 발견했다. 결국 로마인 침략 이전의 수 세기가 우리 숲 역사의 기준이 된다. 그때는 이 땅에 숲이 없었다. 그렇다면 그림다이크 숲이 아니라 그림다이크 평원이라는 이름이 더 적절했을 것이다.

나는 이곳에서 작업 중인 일꾼들의 모습을 그려보았다. 소박한 가죽 조끼와 바지를 입고 고랑을 파는 사람들. 백악층 위로 쇠가 부딪히며 '쨍' 하고 갈라지는 소리가 공중에 퍼진다. 여인 몇 명이 아마천으로 단순하게 지은 시프트 원피스를 입고 들판에 흩어진 양떼를 몰고 온다. 어둠이 아닌 빛으로 가득 찬 정경이다. 이들이 말하는 언어는 내가 웨일스 산맥에서 일할 때 들은 언어와 반쯤 비슷하다. 브르통어(브르타뉴어)나 게일어는 아닌 후두음이 나는 고대 버전의 켈트어다. 나는 잠시 강한 친밀감을 느꼈다. 몇 해 전 옥스퍼드 대학교 실험실에서 내 Y염색체 DNA를 분석한 적이 있는데, 분석 결과 나의 부계 조상이 켈트인이라는 사실이 확인되었다.[4] 나는 바이킹이나 색슨, 로마인이 아니었다. 그림다이크를 파던 일꾼과 같은 종족이었다.

이러한 추측은 램브리지우드 가까이에 묻혀 있던 순수한 금, 반짝이는 보물 이야기로 연결된다. 2003~2004년에 한 탐정이 금속 탐지기로 그림다이크의 서쪽 들판에서 금화 32개를 발견했다. 옥스퍼드셔에서 발견된 것들 중 최고의 보물이었다. 금화는 구멍 뚫린 수석 덩어리 안에 감춰져 있었다. 안전하게 보관하려고 숨겼거나, 아니면 신에게 바치는 선물이었는지도 모른다. 금화는 철기시대 후기가 끝나갈 무렵인 기원전 50년경에 주조되었다. 수석과 금화 모두 헨리의 '조정박물관River and Rowing Museum'에 전시되었다. 금은 변질되지 않는다. 그래서 이 귀중한 원반은 처음 세상에 나온 날처럼 밝게 빛난다. 금화는 미국의 25센트짜리 동전 크기이고 '꼬리가 세 개 달린' 아름다운 말 그림이 마차 바퀴 옆에 새겨져 있다. 뒷면에는 아무런 표시도 없다.

이런 형태의 주화는 아트레바테스 부족의 것으로 알려졌고, 실제로 그들이 살던 지역에서 발견되었다. 아마 실체스터에서 주조되었을 것이다. 실체스터는 숲의 남쪽으로 24킬로미터 정도 떨어진 철기시대의 주요 도시로, 로마 시대에는 칼리바 아트리바툼Calleva Atrebatum이라고 불렸다. 화폐 연구가들은 기원전 120년에 고대 브리튼 섬에서 자체적으로 동전을 생산하기 전까지 이 켈트족의 동전을 도나우 강에서 프랑스 북부까지 확인할 수 있었다. 동전의 형태는 기원전 300년 이전의 마케도니아 양식을 거듭해서 복제한 것으로, 기원전 352년 올림픽에서 마케도니아 왕국의 필리포스 2세가 승리할 당시에 탔던 이륜 전차를 그렸다. 램브리지우드의 가장자리에 칠턴힐스가 서구 문명의 요람 중 하나와 결혼한 황금 징표가 묻혀 있었던 것이다.

한 가지 고백하자면, 보물 금화 이야기를 들은 뒤 나는 그럴듯한 구멍이 뚫린 수석만 보면 마구 흔들어댔다. (지금까지는) 보물을 발견하는 데 실패했지만, 대신 신기하리만치 완벽한 구형의 수석 덩어리 몇 점을 발견했다. 이처럼 흥미롭게 생긴 돌은 오랫동안 사람들의 이목을 끌었다. 『옥스퍼드셔 자연사Natural History of Oxfordshire』(1677년)에서 로버트 플롯Robert Plot(1640~1696)은 이렇게 썼다.

'여기서 뭉우리돌에 대해 언급해야겠다. …… 이 돌은 안에 하얀색 흙을 포함하고 있으므로 지오드(정동석晶洞石), 또는 잉태석이라고 불러야 한다. …… 이 돌의 바깥 껍질은 종종 단단한 백악층에 있는데…… 그래서 백악이 가장 풍부하게 존재하는 칠턴의 거주자들이 이 돌을 발견했을 때 그들은 이 돌을 백악란chalk egg이라고 불렀다.'

그중 오직 한 사람만 운 좋게 '황금'알을 찾은 것이다.

구형의 돌에 대해서는 기원을 설명할 수 있다. 이 돌은 공 모양의 원시 해면동물 화석*Porosphaera globularis* 주위에 형성된 수석으로, 원래는 백악층에서 유래했다. 다른 수석처럼 이 돌은 한때 부드러운 석회암에 갇혀 있다가 석회암이 침식되면서 살아남아 쟁기질에 차여 세상에 나오거나, 내가 우리 숲에서 찾은 것처럼 지표면에 흩어졌다. 플롯이 '잉태석'이라고 부른 돌 안의 하얀색 흙은 흔히 수석 안에 파묻힌 해면동물 화석의 잔해인데, 풍화가 진행되면서 속이 완전히 도려내져 사람들이 금화를 은닉하기에 적당한 장소가 된다. 철기시대에 누군가가 이 불멸의 금고를 주워 보물을 집어넣은 게 틀림없다. 그런 보물을 찾아냈으면 하는 갈망과 환상을 달래며 나는 세 점의 작은 백악란을 수집품에 추가하는 것으로 만족해야 했다.

우리 숲에 그보다 더 이전 시대의 증거는 없다. 8,000년 이상 거슬러 올라간 원시림 시대와 그 이후 말이다. 나는 이 숲의 수석점토층 표면에 언제 처음으로 인간의 발자국이 찍혔는지 알지 못한다. 페어마일 너머에 있는 백악층에서 새로운 수석 덩어리를 캔 적이 있는데, 속살이 어둡고 균일하여 가장자리가 날카로운 석기를 제작하기에 매우 적합했다.

프랑스의 레제이지에서 발굴된 오록스 그림.

하지만 램브리지우드를 횡단하면서 중석기시대나 신석기시대의 도구는 하나도 발견하지 못했다.[5] 철기시대 훨씬 이전에 인류가 우리 지역의 자원을 이용했음을 보여주는 증거는 칠턴힐스 주변에서 충분히 알려졌다. 중석기시대의 도구는 아센든밸리 바로 위쪽의 스토너 인근에서 발견되었다. 여기에서 북동쪽으로 32킬로미터 정도 떨어진 체스햄 유적지에서는 붉은사슴과 멧돼지, 그리고 오록스*Bos primigenius*로 알려진, 지금은 멸종한 (현재 가축화된 소의 조상 격인) 야생 소뼈와 함께 석기시대에 일반적인 도구들이 대량으로 출토되었다. 이것만으로도 가죽옷을 걸친 사냥꾼들이 조심성 많은 야수로 가득한 울창한 숲, 그러니까 우리 숲을 누비며 사냥하는 모습을 상상할 수 있다. 반면 이 사냥꾼들은 늑대와 곰을 두려워했을 것이다. 먹이를 따라 기회주의적으로 이동하면서 살았고, 다른 곳으로 이동하기 전에 한동안 풍부한 수석층 위에 머물렀을 것이다. 실수로 떨어뜨린 화살, 무두질에 쓰이는 망가진 긁개가 이들이 남긴 유일한 흔적이었다. 이들의 순간적인 착오가 파괴할 수 없는 수석층 덕분에 영원히 보존되었다. 옛것의 또 다른 상징인 철기시대의 검은 녹투성이가 되어 알아볼 수도 없게 되었는데 말이다.

영구적인 정착은 기원전 4000~3500년 신석기시대에 농경과 함께 시작되었다. 가축으로 길들인 동물을 키우고 에머밀 같은 곡물을 재배하기 위해 원시림을 개간해야 했다. 새로운 생계 수단이 새로운 기술을 자극했다. 겨울용 식량을 저장하고 일상적인 요리에 사용했던 토기는 고고학자에게 밥줄을 제공하는 도구와 그릇 조각을 남기기 시작했다. 중요한 인물은 부장품과 함께 고분에 묻혔다.

고분은 영국의 전원 지대 곳곳에 흩어져 있다. 수백 년에 걸친 쟁기질 때문에 많은 고분이 사라졌지만, 건조한 여름철이면 종종 옥수수 밭 한가운데에서 고분의 윤곽이 억눌린 기억처럼 드러난다. 백악층이 기저를 이루는 지역은 우선적으로 개간되었지만, 그렇다고 스톤헨지나 에이브버리 유적이 세워진 것은 아니다. 이들 유적처럼 거대한 의례의 중심지는 바위투성이의 상대적으로 험준한 칠턴 지방보다 남쪽과 서쪽으로 윌트셔 주의 광활한 백악 평원 위에 세워졌다. 우리 지역에서 유일하게 발견된 중요 유적지는 던스터블 주위의 언덕 북쪽 구역에 있다.

그런데 어퍼이크닐드가도는 특히 무역이 발달하면서 이미 중요한 경로가 되었다. 그렇다면 우리 땅을 지나간 사람들도 있었을 것이다. 저 멀리 스코틀랜드에서 거래된 녹암 까뀌(한 손으로 나무를 찍어 깎는 연장 - 옮긴이)가 인근에서 발견되었다. 그림다이크가 물을 만나는 지점에서 바로 북쪽에 있는 윌링퍼드 부근에 신석기인들이 정착해 살았다는 증거가 있다. 나는 이들이 아름답고 속이 검어 날카로운 날을 제작하기에 더없이 좋은 수석을 채집하기 위해 언덕으로 진출했다고 확신한다. '최첨단 기술Cutting-edge technology'이라는 말은 이처럼 초기 인류의 역사에서 이미 적절한 표현이었다. 나는 사냥하는 무리를 떠올린다. 새로운 수석 무기를 장착하고 사냥감을 찾아 언덕으로 향하는 사냥꾼들, 사슴을 쓰러뜨릴 때의 전율, 집으로 돌아온 사냥꾼들을 향한 환대.

기원전 2500년경 청동이 부싯돌(수석)의 자리를 이어받으면서 숲이 더 개간되었다. 존 에반스John Evans는 칠턴 북부 지역의 유적지에서 캐낸 작은 달팽이가 시간이 지남에 따라 숲에서 초원으로 적응해가는 특징을 보였다고 증명했다.[6] 그들이 남긴 껍데기가 자세한 이야기를 풀어놓았다. 이와 같은 변화는 소와 양이 이후 수천 년간 그들을 먹여 살린 산비탈에서 처음으로 풀을 뜯었음을 보여준다.

철기시대 이전의 경관에 대한 일반적인 역사가 밝혀지더라도 우리의 작은 숲이 그 이야기에서 차지할 자리는 없을 것이다. 그러나 옛 속담이 말하듯, '증거가 없는 것이 없다는 증거는 아니다'. 램브리지우드에서 신석기시대의 수석 도구가 발견되지 않았다고 해서 사냥꾼들이 이곳을 꺼렸다고 단정할 수는 없다는 뜻이다. 청동기시대의 아름다운 검이 헨리 온템스 부근의 강에서 출토되어 조정박물관에 전시되었다. 고대의 용사가 그 검을 들고 우리 숲을 헤치고 다녔을 수는 있으나 숲에 직접적인 자취를 남기지는 않았다.

중석기시대부터 우리 땅에 내내 사람이 살았다는 것은 확실하다. 그들이 이동한 주요 경로가 북쪽으로 멀지 않은 칠턴 절벽의 발아래에 있었다는 것도 밝혀졌다. 또한 로마인이 침공하기 전에 이미 대규모로 개간되었다는 것도 알려져 있다. 우리 숲이 인간의 손이 아닌 스스로에게 전적으로 맡겨진 적은 한 번도 없을 것이다. 우리는 고대의 원시림이 정확히 언제 완전히 제거되었는지 알지 못한다. 심지어 원시림이 어떻게 생겼는지도 모른다. 올리버 랙햄은 기원전 800년에 영국의 경관 중 80퍼센트가 나무로 뒤덮여 있었다고 추정했고, 이에 따라 대체로 나중에 개간되었다는 가설에 힘이 실린다. 우리 숲 인근에 청동기시대의 고분이 없다는 사실 역시 철기시대에 개간되었음을 시사하지만(숲속에 고분을 세웠을 리는 없으므로 - 옮긴이) 이것 역시 증거는 없다. 확실히 말할 수 있는 것은, 그 이후에 우리 땅에서 숲이 복원되고 꾸준히 지속됨으로써 경작과 목축으로부터 그림다이크를 보호하여 오늘날까지 보존되도록 했다는 것이다. 그 밖의 지역에서는 농업 활동을 위해 땅을 일구고 파헤침으로써 서서히 경관의 기억상실을 유도했다. 오래된 숲은 훨씬 더 장기적으로 기억을 보존하는 장소다.

바람 잘 날 없는 주목

같은 숲에서도 어떤 나무는 다른 나무보다 더 오랜 과거의 기억을 품는다. 그중에서 가장 오랫동안 인고의 세월을 버티는 나무가 주목이다. 세계에서 가장 나이가 많은 주목은 터키에서 발견되었는데 3,000살이 넘는다고 추정된다.[7] 그 정도라면 우리 숲에서 그림다이크에 첫 삽을 뜬 시기보다 훨씬 이전으로 거슬러 올라갈 수 있다. 영국에서 가장 오래된 주목의 나이에 대해서는 논란이 있지만, 웨일스 동부 포위스의 세인트 시노그 교회에 있는 어마어마하게 큰 주목이 터키의 주목과 견줄 만하다고 말한다.

주목은 수수께끼 같은 시대를 이어주는 살아 있는 접착제다. 워틀링턴힐에서 이크닐드가도 바로 위쪽으로 베테랑 주목들이 오래된 길 위에 줄지어 있다. 골이 파인 나무줄기가 환상적인 모습으로 구부러지고 뒤틀렸다. 말라빠진 가지가 땅에 늘어져 뿌리를 내리기까지 했다. 나무의 요정 드라이어드가 괴상하게 뚫려 있는 나무 틈새마다 얼굴을 내밀고 사람들을 몰래 훔쳐보는 것 같다.

그림다이크 숲에 있는 작은 서양주목*Taxus baccata* 두 그루는 이제 막급할 것 없는 대서사시의 첫 줄을 썼다. 나무갓(수관)에는 가지마다 잘생긴 구과毬果가 달렸다. 잔가지가 갈라진 잎에는 납작하고 질긴 암녹색 침엽이 나선형으로 달려 있다. 내 팔로 몸통을 에워쌀 수 있을 만큼 작은 이 나무들은 멀리서 보면 믿기지 않을 정도로 색이 짙어서 검은색이나 다름없다. 특히 너도밤나무 잎이 밝게 빛나며 희뿌연 배경을 비출 때면 더욱 그렇다.

주목은 그늘도 개의치 않는다. 그늘을 즐기는 것을 넘어 그늘의 일부로 보인다. 주목은 하층 식생으로 살아갈 수 있는 물질대사 기술을 습득했다. 숲에 빛이 넘쳐나는 겨울, 식물계의 나머지 구성원들이 계절을 대비하는 겨우내 주목의 잎은 광합성을 멈추지 않는다. 주목은 다른 이들이 자는 동안에 힘을 비축한다. 주목은 어릴 적에 가장 빨리 성장하다가 모데라토(보통 빠르기) 단계로 접어들고, 이후에 마에스토소(장엄하게)로 느려지다가 마침내 몰토렌토(대단히 느리게)에 정착하면서 나이테가 1년에 1밀리미터도 채 늘어나지 않는 경지에 이른다. 나는 우리 숲의 주목이 약 80년 전의 대규모 벌채 이후 종자에서부터 스스로를 일으켜왔다고 짐작한다. 이 나무들이 갈 길은 여전히 멀다. 숲에서 가장 나이 많은 너도밤나무가 쓰러지는 날에도 주목은 아마 중년의 나이에도 이르지 못했을 것이다.

주목은 맹독성 침엽수다. 때로 소들이 늦은 봄 가지 끝에 자란 신선한 초록 잎을 조금씩 뜯어 먹다가 죽는다. 이러한 사실은 주목이 종자를 어떻게 퍼뜨리는지에 대한 의문을 불러일으켰다. 주목의 종자 역시 독성이 있기 때문이다. 유일하게 독성이 없는 부분은 열매다. 다육질인 주목의 열매는 오렌지 씨 크기의 선명한 진홍색으로 가을에 특히 눈에 잘 띈다. 주목의 열매는 독특하게 변형된 구과, 정확한 용어로 가종피假種皮라고 부른다. 이 가종피가 종자 하나를 둘러싼다. 주목의 수꽃은 암꽃과는 다른 나무에 피고 잘 보이지 않는다.

주목의 가종피는 맛이 좋다고 알려져 있지만 그걸 증명하는 건 내 몫이 아니다. 지빠귀들은 가종피를 먹으며 종자도 함께 먹는다. 하지만 종자는 소화되지 않은 채 소화관을 통과해 나와 새로운 곳에서 발아할 준비를 한다. 오소리 역시 같은 방식을 구사하는 것으로 여겨진다. 하지만 사람이 이 유혹적인 진홍색 사탕을 한 줌이라도 먹는다면 살아남지 못할 것이다.

많은 독성 식물처럼, 그리고 아주 드물게 구멍 난 수석처럼, 주목 역시 비밀스러운 보물을 감추고 있다. 이 나무는 각종 암세포의 생장을 늦추거나 막는 데 매우 탁월한 약물인 탁산taxane의 원재료다. 주목에서 추출한 이 물질은 화학적 항암 요법 중에서도 가장 많이 처방된다. 과거에는 항암제를 만들기 위해 엄청난 양의 주목 껍질이 채취되었지만 다행히 활성 화합물을 인공적으로 합성하게 되면서 지난 20년 동안 야생 주목의 수요가 줄어들었다.

이 놀라운 나무의 생존을 위협한 것은 과거에도 크게 다르지 않았다. 14~16세기에 영국 장궁長弓은 가장 효과적인 무기였다. 장궁을 제작할 때는 주목의 두 목질부를 함께 사용했다. 궁수에 가까운 쪽은 활을 잡아당길 때 압축되는 부분으로, 주목의 심재(나무의 중심 목질부로, 단단하여 나무의 줄기를 지탱한다 - 옮긴이)를 사용한다. 반대로 화살의 등 쪽은 활을 쏠 때 늘어나는 부분으로, 주목의 변재를 쓴다. 주목만이 이러한 보기 드문 능력을 소유했다.(주목의 심재는 압축에 강하고 변재는 인장에 강한 특성이 있다 - 옮긴이) 그래서 잘만 쏜다면 화살이 사슬갑옷을 뚫을 수도 있다. 웨일스의 궁수는 완전무장한 적군의 갑옷과 다리, 안장, 타고 있는 말까지 단번에 꿰뚫을 수 있었다고 전해진다. 클린트 이스트우드가 영화 「더티 해리」 시리즈에서 44구경 매그넘으로 달성한 업적의 중세 후기 버전이다. 중세 궁수의 이야기는 실제라는 점을 제외하면 말이다. 조궁장造弓匠은 정교한 기술을 보유한 장인으로 탄력성과 기체역학, 인간 근육계의 한계까지 꿰뚫는 지식을 바탕으로 이 병기를 만들었다. 화살을 만드는 장인 역시 오리 깃털로 비행경로를 조정하는 노련한 전문가였을 것이다.

1415년 10월 25일, 북프랑스에서 2만~3만 명에 이르는 프랑스군이 5,000명의 숙련된 영국 장궁병에게 대패했다. 프랑스군은 백갑장百甲匠이 만든 최고의 갑옷으로 무장했지만, 영국 장궁병은 고작 병사 900명의 엄호만 받고 있었다. 아쟁쿠르 전투는 백년전쟁에서 영국군이 승리한 주요 전투 중 하나다. 영국에서 주목의 수요가 줄어들지 않고 큰 사업이 된 것도 당연하다. 곧 인근 지역에서 목재를 조달하는 것으로 수요를 충당할 수 없게 되었다. 교회 경내에서 자라는 고색창연한 주목이 살아남은 것만 해도 다행이다. 교회 안의 주목은 신성하여 침범할 수 없었기 때문이다.

1473년 에드워드 4세는 주목을 수입하라고 명령했다. 이후 한 세기가 넘도록 주목은 유럽 전역에서 런던으로 보내졌다. 1512년부터 1592년까지 크리스토프 퓨러&레너드 스톡해머라는 오스트리아 목재 회사는 160만 개의 주목 목재를 수출했는데, 이는 수많은 목재 회사 중 하나일 뿐이었다. 가장 늦게 자라는 나무와 가장 빨리 성장하는 수요의 조합은 지속되기 어려웠다. 바이에른과 오스트리아의 숲은 자연 복원이 어려울 정도로 헐벗었다. 심지어 카르파티아 산맥의 주목까지 탐욕스러운 장궁 제작을 위해 모조리 베어졌다. 그러나 이렇게 계속 내버려둘 수는 없었다. 여전히 활이 훨씬 효과적인 무기임에도 불구하고, 1595년 10월 26일에 엘리자베스 1세 여왕은 모든 장궁을 총으로 대체한다는 칙령을 내렸다. 남아 있는 소수의 야생 주목은 불멸을 향한 느린 여정을 재개할 수 있었다. 우리 숲의 작은 주목 앞에는 천년의 세월이 남아 있다.

사슴과 개

나는 매우 괴이한 울음소리를 들었다. 주인을 잃은 개가 겁에 질려 울부짖는 소리 같았다. 그러나 길 잃은 개라고 하기엔 울음이 계속 이어지지 않고 침묵의 이분음표로 나뉘었다. 까마귀의 쉰 소리도 섞인 듯했지만 새는 아니었다. 붉은솔개의 고음이 오늘 내가 들은 새소리의 전부였다. 그때 온화한 갈색을 띤 문착사슴(아기 사슴, *Muntiacus reevesi*)이 큰 나무딸기 덤불을 조심스럽게 넘어가는 모습이 보였다. 울음소리는 적극적일지 몰라도 부끄럼을 잘 타기 때문에 사람을 보자마자 어느 틈에 사라지는 동물이다. 그래서 나는 눈에 띄지 않으려고 애썼다. 망원경으로 크고 예민한 귀 옆에 곧추선 한 쌍의 앙증맞은 작은 뿔을 관찰했다. 위턱에서 아래로 빠져나온 한 쌍의 날카로운 엄니가 간신히 보였다. 이 짐승의 전체적인 모양새는 다소 방어적이다. 둥근 엉덩이 때문에 몸을 움츠린 듯 엉거주춤해 보여서 그럴 것이다. 미안하지만 그 점에서는 개와 비슷하기도 하다. 그것도 행복하지 않은 개.

어린 문착사슴은 우아하게 개암나무 잎을 뜯었다. 꽤 까다롭게 고르더니 조심스럽게 씹어 먹었다. 텔레파시가 작동했는지 금세 내 존재를 알아채고 말았다. 순간 꼬리 아래의 하얀 엉덩이가 번쩍하더니 사라졌다. 램브리지우드에 얼마나 많은 문착사슴이 사는지 모르지만 적어도 두 마리는 확실하다. 이후에 두 방향에서 동시에 울부짖는 소리를 들었기 때문이다.

주목의 잎을 먹는 야생 포유류는 없다. 그 외의 모든 숲속 식물은 사슴의 간식거리다. 홀로 다니는 문착사슴은 나와 가장 자주 마주치는 종류이다. 나는 두 번 정도 한 무리의 유럽노루가 숲속을 일제히 뛰어다니는 광경을 보고 놀란 적이 있다. 노루가 인기척을 확인하느라 몸을 돌렸을 때 코의 멋진 까만 얼룩과 순수한 큰 눈망울을 보았는데, 정말 아름다웠다. 수컷의 뿔은 가지가 우아하게 갈라져 있었다. 그들의 궁둥이에 대고는 사과할 게 없다. 순간적으로 나는 야생 사냥감의 뒤를 쫓는 신석기 시대의 사냥꾼이 된 것 같았다. 노루는 원시림의 주요 거주자로 곰, 늑대, 오록스가 절멸했거나 사라진 잡목림 또는 임야 사이를 여전히 활보한다. 이들에게는 3,000년 전보다 차라리 지금이 더 안전하다. 하지만 나를 보는 그들의 눈빛은 태곳적 그대로이고 유전자에 저장된 경계 어린 시선은 자연 안에서 제 역할을 수행했다. 내게는 이 숲에서 총을 쏠 권리가 있다는 사실을 말한 적이 없는데도 말이다. 물론 내가 북반구에서 가장 형편없는 사수라고 덧붙이지도 않았다. 어쨌거나 나는 석기시대의 그 흔한 석기 하나 없는 사람이니까.

다마사슴 역시 우리 숲을 지나간다. 그들이 떨어내고 간 뿔을 보고 알았다. 다마사슴의 뿔은 노루의 뿔보다 크고, 끝은 나팔 모양이며, 기부에는 두드러진 가지가 있다. 뿔이 너무 커서 수집할 수는 없었다. 그림다이크 숲에서 발정기인 사슴이 있다는 직접적인 증거를 찾은 적은 없지만, 사슴이 뿔 표면을 죽은 가지에 대고 문질러 벨벳을 벗겨낸 자국은 보았다. 제2대 요크 공작이자 아쟁쿠르 전투의 영웅인 에드워드(1373~1415)가 사냥을 주제로 쓴 『사냥의 고수The Master of Game』(1406~1413년)에서 이러한 사슴의 의식에 대해 다음과 같이 묘사했다. '마리아 막달레나 축일(7월 22일) 무렵에 이들은 뿔을 나무에 대고 비벼서 피부를 벗겨낸 뒤 단단하고 튼튼하게 광을 낸다.' 수사슴과 주목의 역사에 똑같이 정통했던 사람이라 하지 않을 수 없다.

우리 숲에 있는 세 종의 사슴은 이곳의 경관에서 각기 다른 자리를 차지한다. 유럽노루는 아주 오래전부터 거주한 터줏대감이다. 다마사슴은 노르만족이 스포츠와 식용을 목적으로 도입했다. 오래전에 로마인들이 들여왔다는 주장도 있다. 문착사슴은 중국에서 건너온 신참으로, 20세기 초반에 워번 사파리 공원 등에서 탈출했다. 회색청설모 이야기와 조금 비슷하다. 한 동료가 문착사슴의 독특한 이빨은 이 사슴이 과거 중신세의 화석종과 가깝다는 증거라고 말했다. 그렇다면 어떤 면에서 문착사슴이 제일 오래된 거주자일 수도 있다.

세 종 모두 우리 숲을 뜯어 먹는 데는 일가견이 있다. 이들은 개암나무 잎사귀를 비롯하여 신선한 잎을 좋아한다. 문착사슴은 램브리지우드의 다른 지역에서 희귀한 난초의 꽃대를 먹어치우는 주범이다. 숲에서 꽃 피는 식물을 보호하는 데 관심이 있다면, 우선 사슴부터 차단해야 한다. 하지만 이 작은 나무숲에 울타리까지 치고 싶지는 않다. 박물학자와 생태학자(농부까지 포함할 수는 없지만) 모두 들과 숲에 자유롭게 돌아다니는 야생 사슴이 너무 많다는 데는 동의하지만, 대처 방법을 합의한 바는 없다. 다만 대부분의 사람들이 늑대를 재도입하는 것에 대해서는 선을 분명히 긋는다.

영국에서 사슴의 운명은 시대에 따라 달라졌다. 노르만 정복(1066년) 이후 사슴 사냥터와 왕실림은 왕실과 귀족의 상징이 되었다. 파리의 국립 중세 미술관인 클리뉘 박물관에 있는 태피스트리는 흩어진 별처럼 펼쳐진 꽃밭을 밟는 귀족의 암수 사슴을 표현했다. 사슴 사냥은 단순한 스포츠를 넘어선 왕권의 구현이었다. 윌리엄 루퍼스William Rufus(1056~1100, 윌리엄 2세. 노르만 왕조의 제2대 왕 - 옮긴이)는 산림법을 위반한 사람에게 끔찍한 형벌을 가했다. 사슴을 밀렵하는 행위는 위험한 모험이 되었다. 그림다이크 숲에서 북쪽으로 5킬로미터 떨어진 스토너 파크는 여전히 사슴 사냥터로 둘러싸여 있다. 한 가문이 한 지역에 800년 동안이나 머물렀다는 사실에 경의를 표하게 된다. 이제는 더 이상 활과 화살로 사슴을 사냥하지 않는다. 대신 필요할 때 적절한 현대적 수단으로 사슴을 추려낸다. 그레이즈 코트 저택에서도 사슴 사냥터는 중세 전성기에 중요한 일부였다.

수 세기 동안 사슴 고기는 가장 귀한 고기였다.

최근 연구에 따르면 몇몇 살아남은 고대의 대정원은 일종의 개방된 숲, 그러니까 울창한 원시림이라기보다 사바나 초원에 가까웠다. 그런 숲은 한때 유럽 북서부 지역에 널리 퍼져 있었다.[8)] 사슴 사냥터는 질투하는 이웃에게 성공과 지위를 뽐내고 과시하는 데 필요한 요소였다. 개인의 사유지는 나무들이 산재한 거친 목초지로서 순전히 실용적인 기능을 하는 곳이라기보다 심미적으로 디자인된 경관을 펼치는 곳으로 변해갔다. 그리고 그림같이 정교하게 설계된 18~19세기 조경에서도 우아한 사슴은 매력적인 요소였다. 그림다이크 숲에서 페어마일 반대편으로 몇백 미터 떨어진 헨리 파크는 오늘날과 마찬가지로 당시에도 스토너 하우스와 크게 다르지 않았다. 소들은 조경 설계에 매력적인 꾸밈음이 되었지만 사람들은 여전히 잘생긴 수사슴을 더 선호했다.

사슴 고기는 밥상 위에 올라오는 기본적인 식재료였는데, 왕족에게는 다리와 등심 부위만 올렸다. 1816년 웰링턴 공작 아서 웰즐리가 가장 좋아하는 음식은 사슴의 목 부위였다.[9)] 질 좋은 사슴 고기를 버리는 것은 상상조차 할 수 없는 일이었다. 오늘날 과속 차량에 치인 사슴은 칠턴힐스에서도 흔히 목격되지만 아무도 차를 세우고 사체를 가져가지 않는다. 까치들만 신난다. 한때는 한 가정의 1주일치 식량이었던 먹거리가 이제는 도로 한편에서 썩어간다. 사슴이 너무 많다. 그리고 아무도 신경 쓰지 않는다.

사슴은 묘목이 싹을 틔우고 제대로 자리를 잡기 전에 가지 끝의 어린잎을 뜯어 먹어 숲에 피해를 준다. 사슴의 약탈 때문에 숲의 자연 갱생이 어렵다고 투덜대는 숲 주인을 만난 적도 있다. 그런데 왜 그림다이크 숲은 최악의 상황에서 예외가 되었을까? 우리 숲에는 한자리 차지해보려고 겨루는 물푸레나무 묘목만도 열 그루가 넘고 수많은 어린 너도밤나무, 심지어 작은 벚나무도 있는데 말이다. 나는 솔직히 사슴보다 청설모가 주는 피해가 더 염려될 정도였다. 그러다 7월의 어느 날, 숲에 갔다가 그 이유를 알았다. 노루 네 마리가 램브리지우드 구역에서 언덕 아래로 황급히 도주 중이었다. 몇 분 뒤, 개를 전문적으로 산책시키는 사람이 산책로에서 모습을 드러냈는데, 목줄을 맨 개를 잔뜩 데리고 있었고 그 뒤로 나이 든 리트리버가 느릿느릿 걸어왔다. 길을 지나는 도중에 여러 마리가 너도밤나무에 대고 다리 한 짝을 들어 올렸다. 사슴이 이 개들을 늑대로 착각하는 한, 이들의 신석기적 도주 반응은 즉시 발효될 것이다.

그림다이크 숲은 세 개의 공공 통행로가 주위를 둘러싸고 있다. 더구나 이 길은 헨리온템스에서 쉽게 접근할 수 있으므로 개를 산책시키는 사람들이 주기적으로 드나든다. 그렇다면 이 길에서는 언제나 개 냄새가 날 것이다. 이쪽으로 온 사슴은 코를 씰룩거리며 경계 태세에 돌입한다. 덕분에 우리 숲의 어리고 갱생하는 나무들이 살아남았다. 청설모들도 똑같이 개를 무서워하면 좋겠지만, 재주도 없이 열정만 앞선 강아지들이 덤벼들어도 청설모는 태연히 나무 위로 올라가버리면 그만이다. 청설모를 잡는 실력은 없어도 개들은 내 친구다.

처음 숲을 샀을 때는 개들에게 별로 고마운 마음이 들지 않았다. 내가 개를 좋아하는 사람이긴 해도 개 주인까지 사랑해야 할 의무는 없다. 한번은 셰퍼드 한 마리가 다가와 위협적으로 짖어대고 이빨을 드러내며 굳이 동물행동학자의 해석이 필요 없는 행동을 했다. "개가 모자 쓴 사람을 싫어해요." 개 주인인 중년 여성이 힐난조로 말했다. 또 한번은 호랑가시나무 밑에서 버섯을 찾는다고 길에서 조금 벗어나 있었는데, 잡종견 두 마리가 노루도 즉사시킬 듯한 기세로 나를 공격했다. 고무장화를 신은 커플이 건방진 투로 말했다. "얘들은 바구니를 들고 다니는 사람을 안 좋아해요." 마지못해 개를 불러들이더니 한마디 더 덧붙였다. "덤불 아래에서는 더 그렇고요."

햇빛 아래에서

비가 그치고 바람이 솔솔 부는 화창한 날씨가 되니 참 좋다. 이제 숲 속에 하늘이 드러난 땅은 밝게 빛나고, 빽빽한 너도밤나무 그늘 밑 수석층 토양은 어둡다. 높이 달린 너도밤나무 잎사귀가 바람에 흔들리면 주위엔 온통 그림자가 춤을 추며 여기저기서 속삭이고 살랑댄다. 공터 주위의 개암나무 새잎이 감사히 손을 내밀어 빛을 받는다. 한 달 전만 해도 청설모로 인한 상처가 도드라지더니 서서히 회색으로 퇴색되는 걸 봐서 기쁘다. 멀리서 보면 벚나무 줄기는 나무 중에서 가장 검고 곧지만, 태양 아래에서는 매끄러운 수피가 반짝반짝한다. 태양이 같은 붓질로 너도밤나무 줄기에 황금빛으로 눈부신 얼룩을 그려놓았다. 낮게 달린 너도밤나무 가지는 물속에 잠긴 해초가 해류에 앞뒤로 흔들리듯 바람에 천천히 물결친다.

좀새풀*Deschampsia caespitosa*은 숲에서 가장 마지막으로 꽃이 피는 풀이다. 강렬한 햇빛에 깃털 모양으로 퍼지는 불꽃놀이처럼 은빛으로 빛나는 90센티미터 높이의 가는 꽃대가 올라온다. 잎이 더 무성한 숲개밀*Brachypodium sylvaticum*은 너무 무리하게 꽃을 피웠는지 짧은 꽃차례가 아래로 축 늘어졌다. 태양은 크게 한자리 차지한 나무딸기에 하얀 꽃을 피운다. 갈색으로 시들어가는 수술에 둘러싸인 채 초록색의 올된 열매가 조밀하게 맺힌 곳도 있다. 무려 400가지가 넘는 나무딸기의 미세종 중에 이 나무딸기가 어떤 종인지 절대 알 수 없다. 어떤 꽃 도감을 봐도 마찬가지다. 하지만 분류학적 정체성과 상관없이, 사람의 눈에는 평범하기 짝이 없는 하얀 꽃이 곤충에게는 아주 특별히 매력적으로 보이는가 보다. 적어도 네 종류의 꽃등에가 돌진했다가 멈추기를 반복한다. 어떤 놈은 말벌을 흉내 내고, 또 어떤 놈은 벌인 척한다. 아무리 그래봐야 두 쌍이 아닌 한 쌍의 날개를 단 이 곤충들은 그럴싸하게 차려입은 파리일 뿐이다.

산네발나비*Polygonia c-album*(별지 컬러 일러스트 19 참조)는 움직임을 멈추고 물결치는 날개 가장자리를 드러내기 전까지 영락없이 주황색 섬광으로 보인다. 붉은제독나비*Vanessa atalanta*가 하얀 꽃송이 앞에서 조심스럽게 빨대를 펼칠 때면 권위 있는 보랏빛 줄무늬가 번쩍거린다. 온몸이 묵직한 갈색의 가락지나비*Aphantopus hyperantus*가 펄럭펄럭 날갯짓하다 날개를 접고 앉았다. 날개 아랫면 가운데 밝은 점이 찍힌 하얀 눈동자가 여러 개 드러났다. 줄흰나비*Pieris napi*는 애벌레가 우리 집 양배추를 망쳐놓은 다른 흰나비보다 훨씬 점잖게 행동한다. 매우 현명한 나비라 하지 않을 수 없다. 다음엔 산네발나비보다 훨씬 큰 은줄표범나비*Argynnis paphia*(별지 컬러 일러스트 18 참조) 한 마리가 공중에서 활공하다시피 들어오더니 사뿐히 내려앉았다. 웬 횡재인가 싶다. 마네킹처럼 꽃머리 주위를 빙빙 돌며 주황색 바탕에 온통 줄무늬와 반점투성이인 날개를 자랑한다. 나비는 잠시 더 머물겠지만, 나는 다음 박물학자에게 탄성을 넘기고 자리를 떴다.

바람이 벚나무 위에서 체리를 한 무더기 떨어뜨렸다. 모두 한데 매달려 있었는데, 아기천사의 통통한 볼 같은 체리의 붉은 공은 재배 품종에 비해 크기가 절반도 안 되었다. 나는 조심스럽게 하나 맛보았다. 과육이 부드럽고 맛은 새콤달콤했는데, 시장에서 파는 개량종의 입맛 다시게 하는 달콤함과 달리 뒷맛이 은은했다. 허연 씨에 과육이 지저분하게 들러붙어 있는 체리들이 땅바닥에 여기저기 흩어져 있었다. 어느 새가 진수성찬 앞에서 걸신들린 듯이 먹고 내놓은 배설물인 것 같다. 어떤 새였을까? 저렇게 많은 체리를 소화할 모이주머니를 장착한 새는 덩치 큰 까마귀밖에 없다.

비가 내린 지 얼마 안 되었는데 덥고 건조한 날씨 때문에 너도밤나무 낙엽이 바작바작하고 생명체가 깃들기 힘든 쓰레기가 되었다. 최근까지도 스펀지처럼 파릇하고 폭신하던 이끼는 수분을 아끼느라 스스로 몸이 오그라들었다. 습한 곳에서 잘 자라는 미생물들은 가뭄을 버티기 위해 휴면포자로 변형될 것이다. 이런 날씨에 소형 포유류는 깊은 굴속이나 습한 통나무 밑에 쪼그리고 숨어 있다가 해가 질 무렵에나 나온다. 지금 작은 새소리가 들린다. 잎이 바스락대는 소리 말고 주의를 끄는 건 아무것도 없다. 히스로 공항으로 가는 길을 찾는 제트비행기의 애절한 신음만 하늘에 깔린다. 침엽수 목재 더미에서 버섯을 찾다가 썩어가는 판자 밑에서 은신 중인 갈색 두꺼비를 발견했다. 두꺼비는 금욕주의자처럼 무관심하게 대응했다. 나는 웅얼거리듯 사과하며 그의 은신처를 제자리에 돌려놓았다.

야생 체리 잼

이미 까마귀가 차지했다면 야생 체리를 넉넉히 수확하기가 쉽지 않지만, 이처럼 바람이 한바탕 불고 나면 땅 위로 잔뜩 떨어진 작은 체리 다발이 나더러 뭘 좀 만들어보라고 조른다. 과육이 완전히 붉게 익을 필요는 없다. 유혹적인 살구색 정도면 완벽하다. 체리 씨에는 아몬드처럼 씁쓸한 시안화합물이 소량 들어 있는데, 해로울 정도라는 증거는 찾지 못했다. 체리 씨는 잼을 굳히는 데 필요한 펙틴을 제공하기 때문에 씨를 제거하는 경우 펙틴이 들어 있는 잼용 설탕을 사용해야 한다. 그게 좀 더 안심되는 방법이긴 하다.

망치로 체리를 가볍게 두드려 씨를 제거하는데, 씨까지 사용하려면 씨만 따로 모슬린 베보자기에 넣고 묶는다. 어떤 조리법에서는 씨를 부수고 알맹이만 꺼내 과육과 함께 넣으라는데, 그건 정말 성가시다. 재료의 양은 체리를 얼마나 수확하느냐에 따라 다르지만, 적어도 설탕이 체리 무게의 75퍼센트는 되어야 한다. 씨를 뺀 체리를 냄비에 넣고(씨를 사용할 경우 베보자기에 담은 채로 넣을 것) 레몬즙을 넉넉히 짜서 넣는다. 그런 다음 과육이 아주 부드러워질 때까지 익힌다. 이제 설탕을 넣고 요리책에서 통상 말하는 팔팔 끓을 때까지 끓이는데, 10분 정도 지나면 응고되기 시작한다. 잼이 제대로 굳지 않더라도 아이스크림 위에 뿌려 먹으면 되니까 걱정하지 마시압.

August

8월

우리 숲에는 왜 달팽이가 많지 않을까?

처음엔 바람이 나뭇잎을 휘감아 광란의 돌풍으로 몰고 갔다. 부서지는 파도 소리와 함께 물이 범람하여 숲을 집어삼킬 것만 같았다. 잠시 눈을 감자 커다란 바다가 보였다. 바람이 일으키는 파동은 숲의 지붕을 가로지르는 대형 파도가 되었다. 나뭇잎을 빨아들이는 바람이 해변에 밀려와 조약돌을 덮치는 파도를 그대로 흉내 냈다. 나뭇잎의 소란스러운 몸짓은 다음 파동에 섞여 흔적도 없이 사라졌다. 돌풍 속에서 들리는 붉은솔개의 울음소리는 갈매기 소리와 매우 흡사했다. 바로 머리 위에서 친 듯한 번쩍이는 번개의 엄청난 굉음에 뒤이어 북쪽 어디에선가 우르릉거리는 천둥소리가 들렸다. 폭풍이 너무 가까이 있어 비가 쏟아지기 시작할 때 급하게 차로 돌아왔다. 차 안에 앉아 있는 편이 안전하다. 다행히 오래 기다리지 않아도 되었다.

폭풍은 도착할 때만큼이나 빨리 지나갔다. 선명한 햇빛이 순식간에 나무 사이를 끝까지 통과했다. 미풍이 나뭇잎을 간지럽히자 예상할 수 없는 어색한 몸짓으로 가물거리는 불꽃처럼 그림자가 춤을 추었다. 호랑가시나무의 어둠을 배경으로 초록과 황금색밖에 없는 만화경 속 장면이 연출되었다. 나무 꼭대기는 강한 빛으로 어른거린다. 마법의 숲에 대한 셰익스피어의 묘사는 전혀 과장된 것이 아니다. 「한여름 밤의 꿈」에 나오는 콩꽃, 거미줄 요정이나 요정 친구들이 이 숲에서 잠시 동안 물리법칙을 정지시켰는지도 모르겠다.

조랑말을 탄 소녀가 길을 따라 지나간다. 소녀와 조랑말은 그늘을 통과하는 괴기한 어둠의 유령처럼 우쭐대며 걷는데 잘 보이지 않는다. 신기할 정도로 커다랗고 반짝이는 빗방울이 진주처럼 나뭇가지에 매달려 있다. 갓 만들어진 웅덩이에 잔물결이 일며 모든 장면을 흐트러뜨렸다.

비 때문에 숲의 그늘지고 축축한 은신처에 머물던 커다란 민달팽이들이 밖으로 나왔다. 그중 가장 큰 것이 흑민달팽이*Arion ater*인데 내 가운뎃손가락보다 길고 통통하다. 흑민달팽이와 같은 종이면서 주황색인 변종(별지 컬러 일러스트 41 참조)은 점액질 코팅이 매끄러운 육질과 함께 햇살에 번들거리는 게 아주 해로워 보였다. 나는 민달팽이 한 마리를 뒤집어 불수의적인 수축 반응을 관찰했다. 몸이 순식간에 원래 길이의 반으로 수축했다. 민달팽이는 몸 전체가 근육질인 단백질 덩어리인데도 지독하게 맛이 없어서 어떤 포식자도 감히 간식거리로 삼지 못한다. 뒤집었던 몸을 제자리로 돌리자마자 몇 초 만에 두 쌍의 촉수가 올라왔다. 그중 더 길고 위쪽에 있는 시각 촉수가 아직 정신을 못 차린 이 연체동물을 재빨리 제 방향으로 이끌었다. 반면 아래쪽의 감각 촉수는 곧 점심으로 먹을 버섯이나 썩어가는 식물의 냄새를 맡을 것이다. 놈은 곧 과감하게 길을 나섰다.

흑민달팽이보다 크고 날씬한 회색 민달팽이를 찾았다. 앞쪽에는 도드라지는 검은 반점이, 뒤쪽에는 반점을 그리다 실수한 듯 길게 이어진 검은색 세로줄 무늬가 있다. 큰민달팽이(표범민달팽이, *Limax maximus*)라는 놈인데, 포식자는 아니다. 하지만 이름과 달리 표면의 반점을 바꿀 수 있고, 최소한 그 색깔이 매우 다양하다. 한번은 썩어가는 통나무 아래에 모여 있는 큰민달팽이의 동그란 알을 보았는데, 반투명한 캐비어와 비슷했다. 민달팽이가 구애하는 춤을 본 적이 있는데, 한 쌍의 민달팽이가 점액질을 바르고 잔가지에 매달려 민망할 정도로 끈적거렸다. 모두가 그 광경을 에로틱하다고 생각하지는 않을 것이다.(민달팽이는 암수한몸이지만 두 마리가 짝짓기를 해 서로 정자를 교환해야 한다 – 옮긴이)

이처럼 집 없이 부랑하는 연체동물을 보면 사촌인 달팽이가 떠오른다. 아니, 정확히 말하면 그림다이크 숲에 달팽이가 없다는 사실에 생각이 미친다. 세상에, 버터에 재워놓을 식용달팽이 한 마리를 못 찾겠다니! 심지어 헨리의 로열 레가타Royal Regatta(헨리에서 열리는 대규모 조정 대회 – 옮긴이) 공식 재킷처럼 선명한 줄무늬를 가진 가장 흔하고 다양한 숲달팽이*Cepaea nemoralis*조차 어쩌다 한 번 숲 가장자리에 나타날 뿐이다. 한번은 작정하고 달팽이 사냥에 나섰는데, 아주 작은 종 하나를 발견한 게 전부였다. 이 숲에서 유일하게 흔한 달팽이는 썩은 통나무 밑에 사는 원반달팽이*Discus rotundatus*다. 일반명이든 라틴어 학명이든 원반달팽이의 이름은 외관을 매우 잘 묘사했다. 돋보기 아래에서 보면 생장선을 따라 예쁘게 골이 파여 있고 규칙적인 갈색 줄무늬가 있는 원반처럼 보인다. 유리호박달팽이*Oxychilus cellarius*는 별로 크지 않은데 껍질이 너무 얇아서 투명해 보인다. 털복숭이달팽이*Trochulus hispidus*는 멋진 솜털 장식을 달고 있다. 그림다이크 숲의 달팽이는 총 여덟 종에 불과하다.(별지 컬러 일러스트 25 참조)

숲에서 그리 멀지 않은 내 정원에는 통통하고 흔한 정원달팽이*Cornu aspersum*들이 심어놓은 채소를 줄지어 뜯어 먹는다. 달팽이의 습격을 받지 않고 온전히 크는 옥잠화*Hosta*가 없을 정도다. 이 지역의 지질을 이해하기 전까지 나는 이 설명할 수 없는 차이에 당황스러웠다. 몸집이 큰 달팽이는 껍데기를 만드는 데 탄산칼슘(석회암이나 백악)이 필요하다. 껍데기가 두꺼울수록 석회도 많이 필요하다. 그런데 그림다이크 숲의 얇은 수석점토층은 모든 석회를 걸러낸다. 그래서 이곳에서는 껍질이 얇은 아주 작은 달팽이만 집을 지을 때 필요한 모르타르를 구할 수 있다. 물론 부드럽고 맛없는 민달팽이와는 무관한 일이다. 이놈들은 껍데기를 만들 필요가 없기 때문이다.

나는 이 가설을 검증하려고 헨리에서 가까운 강 하류에 있는 버킹엄셔 주의 햄블든밸리를 찾아갔다. 이곳은 백악의 풍경이 아름다운 곳으로, 페전트힐에 있는 산책로는 바람이 잘 통하는 숲 지대로 이어진다. 길가에서 우리 숲에서는 볼 수 없는 '노인의수염', '개의수은*Mercurialis perennis*', 그리고 매력적인 이름을 가진 '쟁기장이의스파이크나드*Inula conyzae*'를 보고 (너도밤나무와 물푸레나무도 많긴 하지만) 이곳의 토양이 우리 숲과는 확실히 다르다는 것을 알았다. 솔직히 이 숲이 부러웠고 이 비탈진 땅이 정말 좋았다. 이곳에서 커다랗고 빈 달팽이 껍데기들을 찾았는데, 모두 우리 숲에는 없는 종이었다. 이 달팽이들은 집을 짓는 데 필요한 재료를 어렵지 않게 찾을 수 있는 게 분명하다. 두꺼운 껍데기에 화려한 장식까지 겸비한 작은 탑 모양의 집을 지은 둥근입달팽이*Pomatias elegans*도 있었다. 탄산칼슘이 얼마나 넉넉했는지 이 달팽이는 입구를 덮는 보호용 문까지 만들었다. 그림다이크 숲에 달팽이 집이 귀한 이유는 미스터리라고 부를 수도 없는 문제였다. 석회질이야말로 누가 어디에 사는지를 결정하는 숨은 조절 장치였다. 그림다이크 숲은 그저 큰 달팽이가 살 수 있을 만큼 석회가 풍부하지 않을 뿐이다.

뿔 달린 남신

친숙함은 업신여김이 아닌 차이를 낳는다.('친숙함이 업신여김을 낳는다'라는 속담이 있다 - 옮긴이) 천둥과 번개가 지나간 뒤 모든 게 신선해졌다. 나는 '뭐 새로운 게 없나?' 하고 일종의 의식처럼 눈동자를 왼쪽에서 오른쪽으로 리듬에 맞춰 굴리며 걷기를 좋아한다. 느린 산책 중에 숲은 어제 보았던 그 풍경 그대로인 적이 없고 언제나 새롭게 눈에 띄는 것이 있다.

숲의 남동쪽 모퉁이에서 자라는 우리 숲에서 가장 큰 너도밤나무 중 하나가 완만한 비탈면에 이끼에 둘러싸여 있다. 오늘 이 이끼 정원에는 말뚝버섯*Phallus impudicus*(별지 컬러 일러스트 37 참조)이 처음 올라왔다. 1주일 전까지도 보지 못했던 버섯이다. 원반달팽이처럼 말뚝버섯의 라틴어 학명도 이 생명체에 대한 정확한 관찰에 바탕을 둔다.

이 버섯은 둥근 주머니에서 솟아나는데, 그 주머니를 가히 '음낭(고환)'이라고 묘사할 만하다. 이 주머니 위에는 (넉넉히 쳐서) 평균 크기의 발기한 음경이 서 있고, 심지어 초록색 점액질로 장식된 '귀두'가 덮고 있다. 남근이라는 의미의 '팔루스'는 학명의 앞부분일 뿐이다. 뒷부분의 '임푸디쿠스'는 라틴어로 '악취가 나는'이라는 뜻이다. 그러니까 지금 내 앞에 있는 것은 바로 '냄새가 지독한 남근男根'인 것이다. 그런데 놀랍게도 실제로 냄새가 났다. 상한 고기나 버려진 동물의 내장이 완전히 썩었을 때 나는 고약한 냄새였다. 말뚝버섯은 자연이 만든 참으로 흥미로운 작품이다. 그리고 이것은 균류다.

무릎을 꿇은 채 나는 다른 말뚝버섯을 찾았다. 이끼 속을 파고드는 생장의 초기 단계인 말뚝버섯을 발견했다. 달걀처럼 하얗고 둥글 뿐 아니라 크기도 특별히 야심 찬 암탉이 낳았을 법한 정도였다. 손을 대보았더니 상당히 단단했다. 하얀 껍질은 돼지 껍질처럼 신축성 있는 느낌이 들었다. 이끼를 들춰보았더니 지표면을 따라 수평으로 이어지는 두껍고 다소 탄력적인 하얀 실이 붙어 있었다. 이것이야말로 균류가 벌이는 사업의 목적으로, 주변에서 썩어가는 나무와 잎을 먹고 사는 미세한 실그물과 자실체를 연결하는 균사체다. 따라서 말뚝버섯은 알에서 '일어선'(발기했다고 말하고 싶은 유혹을 느꼈지만) 버섯인 셈이다. 말뚝버섯의 허연 자루는 생장이 빠르고 끝에는 피라미드형 모자를 쓰고 있으며 초록색 액체를 잔뜩 바르고 있다.

그러고 보니 이 초록색 물질을 열심히 잡숫는 두세 마리의 살찐 파리가 눈에 띄었다. 파리는 주둥이로 점액질을 빨아 먹고 있었는데, 마치 만화에 나오는 대식가가 수프를 게걸스럽게 들이켜는 것처럼 보였다. 그렇다면 고약한 냄새의 이유가 설명된다. 이 파리들은 썩은 고기를 좋아하는 놈들로, 부패하고 상한 음식을 전문으로 처리한다. 이 초록 점액질은 파리에게 바치는 고기반찬이자 음료수다. 파리는 이 버섯에서 썩어가는 설치류의 냄새를 맡는다. 버섯은 파리를 속여 미세한 포자를 먹게 하고 파리는 배설물을 통해 포자를 숲 전체에 널리 퍼뜨릴 것이다.

일단 한번 냄새를 맡으면 악취가 진동하는 말뚝버섯의 향은 쉽게 잊히지 않는다. 나는 사세버럴 시트웰Sacheverell Sitwell(1897~1988)이 '마녀들의 집회에 참석한 뿔 달린 남신'이라고 표현한 냄새를 맡고 여러 번 이 버섯을 찾아냈다. 신기하게 알일 때는 냄새가 안 난다. 아기 자실체는 알 속에 견과류처럼 쭈그리고 앉아 연한 색깔의 젤리로 둘러싸여 있다. 말뚝버섯의 바삭한 눈은 생으로도 먹을 수 있다고 한다. '버섯과 함께하는 여행'에서 프로그램의 인솔자가 전성기에 있는 성숙한 말뚝버섯을 찾아낸 후 알을 파내어 배아를 벗기고 입안에 쏙 집어넣는 장면은 진정 인상 깊은 것이 아닐 수 없다.

그림다이크 숲의 기원을 찾아서

앞에서 나는 철기시대 후기까지도 그림다이크 숲은 존재하지 않았다는 가설을 설명했다. 이제 나는 숲의 창시자가 언제 오늘날 그림다이크를 뒤덮은 숲의 경관을 일구기 시작했는지 밝혀내야겠다.

나는 서기 43년 로마인이 영국을 정복하면서 비로소 영국인이 문명을 접하게 되었다는, 전통적으로 무지한 사고방식을 주입받고 자랐다. 로마인에 대한 내 선입견은 학교 시험 때문에 카이사르의 『갈리아 원정기Gallic Wars』 제3권을 공부한 것과, 할리우드 영화 속 토가(고대 로마 시민이 입었던 헐렁한 겉옷 - 옮긴이)를 입은 주인공들, 특히 미남 배우 찰턴 헤스턴이 다른 잘생긴 로마인에게 "만세!" 하며 외치는 장면에 깊이 영향 받았음을 인정한다.

칠턴 지역에 모여 살았던 초기 부족에 관해 알려진 바로는, 이들이 오래전부터 유럽 본토에 깊이 뿌리박힌 복잡한 무역 관계 등 진보한 사회의 특성을 공유했다고 한다. 정복자 로마인들이 누구보다 군사적으로 우월했고 고도로 조직화했다는 점은 대다수 역사학자가 인정한다. 도싯의 메이든 캐슬처럼 중요한 철기시대의 보루가 진압된 적이 있었다는 사실은 전쟁 병기가 몸에 박힌 채 숨진 영국인들의 유골을 발견함으로써 명백히 증명되었다. 칠턴힐스의 우리 켈트인은 로마인에게 정복되기 전에 압제자에 맞서 필사적으로 시간을 끌었을 것이다. 전망을 가리는 나무가 없이 시야가 확보되어 언덕 너머의 적을 확실히 파악할 수 있는 지역을 족장이 쉽게 양보했을 리가 없다.

수년에 걸쳐 꾸준히 로마화가 진행된 다른 지역에서는 과도기가 순조로웠다. 전반적으로 로만-브리튼인(로마 지배하의 브리튼인 - 옮긴이)은 정복됨과 동시에 변질되었고, 서기 112년 하드리아누스 방벽 건설 당시에 이 과정은 절정에 이르렀다. 그 무렵 칠턴 절벽 기슭의 고대 어퍼이크닐드가도와 평행한 저지대에 새로운 로마 직선 도로가 건설되었고 그 길을 따라 빌라가 함께 지어졌다. 서기 2세기에 빌라는 칠턴힐스 전역과 템스 강이 교차하는 특별한 지역 곳곳에 있었다. 이들 빌라 중 두 채가 그림다이크 숲으로부터 아주 가까이에서 발굴되었다. 빅스에 있는 빌라는 1.6킬로미터 미만의 거리이고,[1] 다른 하나는 남쪽으로 겨우 3킬로미터 떨어진, 이제는 하프스덴 마을로 불리는 지역이다. 최근에 금속 탐지기를 사용해 하프스덴과 빅스 사이에서 로마 시대의 보석 몇 점을 발견한 사례도 있다.

상류층의 고급 빌라와 같은 커다랗고 복잡한 건물은 유덴에서 재발굴되었다. 유덴은 그림다이크 숲에서 동쪽으로 약 5킬로미터 떨어진 곳으로, 내가 달팽이 산책을 나섰던 곳에서 멀지 않다. 템스 강을 가로지르는 과거의 여울에 자리 잡은 이곳은 명백히 전략적으로 매우 중요한 장소다. 이곳에서 출토된 풍부한 고고학 증거들은 로마인이 300년에 걸쳐 이곳을 점령했음을 보여준다. 이곳에서 '주산기周産期' 유해가 대량으로 발굴된 것은 매우 의문스럽고 충격적이다. 주산기란 출산 전후를 일컫는 말로, 임신 38~40주 이후에 죽은 태아와 영아의 유해가 발견되었다는 뜻이다. 전형적인 영아 살해다.[2] 이 끔찍한 기록에 대해서 죽은 아기들이 비번인 군인들에게 제공되었던 사창가에서 태어난 자손, 즉 원치 않은 아기였다는 해석이 있다. 이집트의 스카라베 부적처럼 해외에서 로마 제국을 위해 봉사했던 군인의 존재를 입증하는 다른 증거도 유덴에서 나왔다.

마침내 역사의 암호는 풀렸지만, 로만-브리튼 시대에 칠턴힐스의 램브리지우드 지역은 더 이상 원시림의 일부가 아니었음은 분명하다. 하프스덴에 살았던 사람들이 빅스에 있는 가까운 이웃을 알지 못했다는 것은 상상도 할 수 없다. 이 사람들이 서로 왕래하며 소문과 물건을 주고받았을 거라는 상상은 단순한 추측만은 아니다. 현대를 살아가는 우리 역시 일요일 오후마다 같은 활동을 하기 때문이다.

골짜기에 있는 하프스텐의 로마 건물은 아마도 새로 숲을 개간한 후 지었을 것이다. 나는 빅스의 고지대가 철기시대부터 개방된 상태였다고 생각하고 싶지만, 우리 인간의 또 다른 특성인 나태함 외에 이러한 가정을 특별히 뒷받침할 근거는 없다. 빌라가 농장보다 먼저 지어졌다는 널리 알려진 견해가 옳다면, 그 아래 경관은 숲보다 들판으로 구성되었을 테고 이후에도 비슷하게 사용되었을 것이다. 내 추측을 요약하면, 그림다이크 숲은 로만-브리튼 시대에 형성된 것이 아니다.

제국은 쇠퇴한다. 하지만 급격하게 기우는 경우는 드물다. 서기 410년, 칠턴에서 로마 시대가 끝났지만 크게 달라진 것은 없었다. 브리튼인들은 문명화된 로마의 생활양식이 갖고 있는 모든 과시적 요소를 바로 내려놓지 않았고, 650년이 지나 중세 사회에 '암흑기'라는 딱지가 붙을 때까지 끌고 갔다. 그러나 5세기 말, 6세기 초에 로마의 옛 질서는 완전히 소멸했다. 번영의 시대가 끝나자 인구도 감소했다. 언제나 고고학자에게 최고의 증거품인 주화조차 물물교환과 절도 때문에 한동안 사용되지 않았다. 2세기에 로마에서 기독교가 전파되었지만, 이제 침입자들이 독일에서 영국해협을 건너 이주해오면서 다신교를 되가져왔다.

이들 침입자 중에서 칠턴힐스 주위에 최초로 정착한 사람들은 5세기 초 세인트올번스(베룰라미움 Verulamium)에 중심을 둔 로마 속주의 잔재를 수비하기 위해 북유럽에서 데려온 용병이었다. 이후에 에일즈베리베일과 템스 강을 따라 색슨 마을이 형성되었다는 고고학 증거가 있다. 이 초기 혼란의 시대에 색슨족이 150년 동안이나 칠턴 고지대를 멀리하는 바람에 칠턴 언덕은 소위 '브리튼인 보호지역'[3]이 되었다. 우리 숲은 침입자에 저항하는 브리튼인들(켈트족)의 땅이었다. 여러 역사학자가 이 보루는 세인트올번스에 남아 있는 최후의 로마 제국과 같은 일종의 중앙집권적 정치조직을 필요로 했을 것으로 생각했지만, 실은 전입자들이 이 지역을 힘센 지방 군벌의 지배하에 그냥 내버려두었을 가능성이 높다.

나는 절벽 꼭대기에서 적지를 정탐하기 위해 램브리지로 몰래 잠입한 전사를 상상한다. 옛날 로마 시절에 대한 그의 생각은 여러 세대 동안 극한의 상황이 이어지면서 오래전에 굴절되었다. 아직도 모닥불 주위에 둘러앉아 황금시대를 떠올리는가? 아니면 수 세기에 걸친 쟁기질이 고분을 지워버린 것처럼, 살아남기 위한 원초적인 요구가 모두가 공유하던 전통을 없앤 것일까? 서기 571년 이후, 다른 잔존한 브리튼 지역과의 접촉은 조직화한 색슨의 공격으로 단절되었다. 칠턴 고지대는 소수민의 거주지가 되었다. 언덕 너머의 평원과 골짜기에서는 사람들이 새로운 언어와 생활양식을 흡수했다. 영어가 진화하고 있었다. 언덕 위의 브리튼 사람들은 그리 오래 버티지 못했다.

서기 약 650년 이후부터 드디어 칠턴힐스에 색슨족이 정착하기 시작했다. 또다시 200년이 지나는 동안 오늘날까지 유지된 전원 지대의 모습이 형성되었다. 여기야말로 램브리지우드의 시작점이다. 영국 국립도서관이 소장한 『부족지Tribal Hideage』(7~9세기에 35개 앵글로색슨 부족의 목록을 편찬한 책 - 옮긴이)라는 7세기 후반 문서에 처음으로 '칠턴Ciltern saetna'이라는 단어가 사용되었고, 따라서 백악 고지대의 정체성도 이 시기로 추적될 수 있다. 영국이 다시 재정비되고 있었다.

램브리지우드는 머시아 왕국과 웨섹스 왕국이라는 신흥 세력권이 맞닿는 지점에 있었다. 두 왕국이 맞붙은 벤싱턴 전투는 서쪽으로 조금 떨어진 칠턴힐스의 발치에서 벌어졌는데, 앵글로색슨 시대에는 이곳이 옥스퍼드보다 더 중요한 국경 지역이었다. 『앵글로색슨 연대기The Anglo-Saxon Chronicle』에 따르면 쿠스울프Cuthwulf는 571년에 브리튼인에게서 이 지역을 빼앗았다. 오늘날 벤슨(벤싱턴)에는 공군기지가 있어서 여전히 전사들이 머물지만, 이제는 주로 영국에 한파가 닥칠 때 최저기온을 기록하는 장소로 각인되어 있다.

앵글로색슨 시대에 벤슨과 템스밸리 인근 지역은 세속의 권력에도, 그리고 영적 갱생을 위해 일하는 사람들에게도 중심 무대였다. 강 위쪽으로 몇 킬로미터 떨어진 도체스터온템스에서는 성 비리노St Birinus(600~650)가 웨섹스의 이교도를 기독교로 개종하기 시작했다. 성 비리노 수도원은 수백 년 동안 유명한 성지 순례지였지만, 안타깝게도 성 비리노의 것으로 알려진 유물은 가짜일 가능성이 높다.

머시아 왕국의 오파Offa 왕은 779년에 벤싱턴 근방에서 웨섹스의 시네울프Cynewulf 왕에게 대패했다. 벤싱턴 전투 결과 상류층에서 변화가 일어났고 사회 밑바닥 계층에서도 남아 있던 브리튼인들이 노예로 전락하거나 숲에서 돼지치기 따위로 고용되었을 가능성이 높다. 이 중기 앵글로색슨 시대야말로 칠턴 숲이 야생을 되찾은 시기다. 칠턴힐스에 갇혀 지내는 동안 브리튼 사람들은 로마 시대와, 심지어 철기시대에 사용된 초기 농경 형태를 그대로 고수하며 버텨냈을 것이다. 그러나 이들이 마침내 칠턴 피난처에서 풀려나 다른 곳에서 착취당하는 동안 당장에 유용하지 않은 고지대의 일부가 잡목이 무성한 땅으로 되돌아갔고 마침내 숲이 되었다.

놀고 있는 땅에는 잡목이 매우 빨리 자란다. 가시자두(스피노자자두나무), 산사나무류, 나무딸기를 제멋대로 자라게 내버려두었더니 불과 10년 만에 들판이 잡목림으로 변하는 것을 관찰한 적이 있다. 우리 숲에서 자라는 나무들로 미루어보면 숲의 상층부가 복원되는 데 80년쯤 걸렸을 것이다. 이쯤 되면 그늘진 숲의 바닥에서는 특별히 적응된 식물상을 제외한 나머지는 자연적으로 제거된다. 그림다이크 숲의 직계 조상이 색슨 문명의 언저리에 나타나 역사 속에 궤적을 그리기 시작했다. 우리 숲은 위대한 앵글로색슨 서사시 「베오울프Beowulf」만큼이나, 혹은 그보다 더 오래되었으니, 예술의 지속성을 나무의 생으로 추적해볼 수 있음을 증명한다. 무한히 반복하여 다시 태어나는 숲은 시간을 초월한 문학과 어깨를 나란히 한다.

색슨 영주들은 전원 지역을 분할하여 자신의 사유지를 정비했고, 그 형태가 오늘날까지도 이어진다. 서기 571년 이후 왕이 벤싱턴을 접수하여 커다란 왕의 영지를 구성했다. 이 왕실 부지는 귀족들의 파티에 필요한 물자를 대기에 충분한 땅이었다. 색슨 시대 후기에 벤싱턴은 램브리지우드 지역은 물론이고 훨씬 이후에 헨리온템스가 된 템스 강 유역을 아우르는 상당히 넓은 지역이었다. 그림다이크의 오래된 제방을 이미 땅 위에 그어진 경계선으로 편리하게 사용했을지도 모른다. 우리 숲은 왕실 부지의 작은 조각에 불과했다. 왕족의 유흥을 위해 사냥에 필요한 탈것과 연회용 물품들, 여흥을 즐기며 잠잘 곳 등을 제공해야 했다. 왕실 부지 안에 사람이 거주했다는 것도 증명되었다. 빅스의 매장터에서 두 구의 유해가 발굴되었는데, 손에는 동전을 움켜쥐고 있었다. 그 동전은 아마도 더 나은 세상으로 떠나는 여비였을 것이다. 동전은 머시아 왕국의 버그리드Burgred 왕(재위 852~874년) 시대에 만들어진 것이다. 화폐 연구가들에 따르면 학문과 역사가 조합된 이 놀라운 동전은 서기 약 865년에 화폐주조가 히울프가 특별히 만들었다.

색슨 시대에 주(셔shire)는 중요한 행정구역이었다. 오늘날 요크셔 주와 랭커셔 주에 살고 있는 주민 사이의 입씨름을 들어보면 주와 각 지방의 자존심이 어떤 식으로 결합했는지 바로 알 수 있다. 행정상의 편의가 다양한 부족의 충성심으로 승화했다. 우리의 본능적인 충성심은 색슨 시대에 뿌리를 두었는지도 모른다. 각 주는 주 장관sheriff이 운영했는데, 이는 현대의 행정 체계와도 크게 다르지 않다.

오늘날 좀 더 낯선 개념은 '헌드레드hundred'다. 주의 하위 행정구역인 헌드레드는 100가족을 먹여 살리는 데 필요한 자원이라는 관념에 기반을 둔다. 한 가구를 나타내는 단위로는 '하이드hide'라는 용어가 중세 시대까지 사용되었다.

옥스퍼드셔에서 칠턴 지역의 헌드레드는 여러 지역으로 분할되었다. 헨리온템스와 램브리지우드는 빈필드 헌드레드에 속한다. 빈필드 헌드레드에 인접한 다른 헌드레드는 템스 강이 고링 협곡을 지나면서 남쪽으로 크게 굽이돌아 에워싸는 방대한 지역의 일부로, 서기 996년 헌장에 '빈싱턴Bynsington'으로 표기된 왕실 소유지, 벤슨의 방대한 토지를 세분한 것이다.[4] 남부의 칠턴 지역 헌드레드들은 강변 인접 지역을 포함한다는 독특한 특징이 있으며 템스 강 주변의 풍부한 범람원, 백악 사면, 칠턴 고원의 개간지를 포함한 임야 등 고유한 농업 및 목축업의 잠재력이 있는 토지로 짜였다. 이 땅은 농업공동체에 필요한 거의 모든 것을 제공하고 다양한 지형을 아우르는 장방형의 지조地條(중세 유럽에서 장원의 경작지를 분할하는 최소 기본단위 - 옮긴이)로 구성되었다.

앵글로색슨 잉글랜드가 기독교로 개종한 후 교회의 관리 구역인 교구 역시 비슷한 경계선을 따라 템스 강의 물길을 중심으로 헌드레드를 방사상으로 세분하여 설정되었다.[5] 칠턴 절벽에 직각으로 나 있는 북쪽 구역도 마찬가지였다. 각 교구에는 유용한 자연환경을 포함하여 자급자족이 보장되는 땅이 제공되었다. 비옥한 땅에서는 밀과 보리가 자랐는데, 그것들은 지붕을 이는 재료로도 이용했다. 개방된 백악층 언덕과 개간된 지역에서는 가축을 키웠다. 숲은 돼지를 살찌우는 도토리와 연료뿐 아니라 오두막과 건물, 그릇과 수저를 만드는 재료를 책임졌다. 우리는 이처럼 혼합된 농경 형태가 1,000년 이상 지속되는 과정과 그 유산이 여전히 오늘날의 전원 지대에 영향을 미치고 있음을 보게 될 것이다. 영국

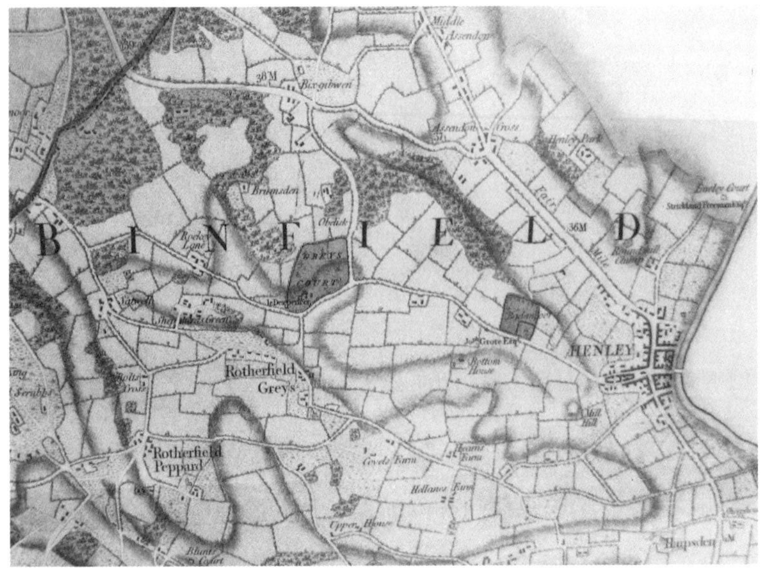

리처드 데이비스가 그린 옥스퍼드셔의 상세 지도.(1797년)
빈필드 헌드레드가 표시되어 있다.

남부 칠턴힐스의 경관은 그렇게 화석화되었는데, 발굴지나 고문서에서 배우는 것만큼이나 이곳의 나무와 생울타리, 들판의 경계와 교회의 배치를 통해 과거를 읽을 수 있다. 어쩌면 이곳은 나 같은 고생물학자가 인류 역사의 예측불허함을 받아들이기에 적당한 장소인지도 모르겠다.

앵글로색슨 세기는 우리 땅에 이름을 주었다. 지명은 언어의 '화석'이다. 그림다이크 숲이 속한 옛 교구는 로더필드그레이즈다. '로더'는 앵글로색슨어로 황소라는 뜻이다. '필드'는 흔히 개간된 땅을 일컫는다. 따라서 로더필드는 소가 풀을 뜯는 드넓은 땅에 붙여질 법한 이름이다. '그레이즈'는 노르만 정복 후에 이 지역 장원의 영주였던 로버트 드 그레이의 소유임을 나타내기 위해 덧붙여졌다. 칠턴힐스의 전형적인 길고 메마른 골짜기는 접미사 '-덴' 또는 '-든'으로 표기되었다. 대표적인 예가 페어마일의 끝자락에 있는 아센든으로, 과거에 세실 로버츠가 다양한 철자로 기록한 곳이다. 로마 시대의 빌라가 발굴된 하프스덴 역시 그림다이크 숲 남쪽의 비슷하게 생긴 골짜기에 자리 잡았다. 햄블든은 숲의 북쪽에 있다.

이 이름들은 단순히 장소를 나타내는 표기 이상의 의미가 있다. '로더'라는 꼬리표는 색슨 시대에 황소가 농사에 사용되었음을 알려준다. 한 쌍의 힘센 짐승이 쟁기를 끌어 씨뿌리기에 알맞도록 밭을 일구는 데 이용되었다. 로더필드라는 이름만으로도 농사꾼이 일하는 장면을 떠올릴 수 있다. 이 농부는 시프트를 입고 겨울 햇살 아래서 느릿느릿 움직이는 황소를 휘파람으로 독려하며 0.4~0.8헥타르의 수석점토층 토양을 가로지르는 외날 쟁기를 조종한다.

칠턴 절벽 바로 너머에는 스윈콤이라는 작지만 완벽하게 보존된 중세 시대의 작은 마을이 있다. 이 마을의 이름은 색슨 왕조 후기 월링퍼드의 영주 위고드가 가파른 골짜기에서 멧돼지('스와인swine'은 멧돼지를 뜻한다 - 옮긴이)를 사냥했다는 사실을 영원히 기록한다.(스윈콤이라는 이름의 뒷부분인 '-콤'은 켈트어로 골짜기라는 뜻이며 훨씬 오래전에 기원한 말이다)[6] 그런데 지역명을 해석할 때 주의할 점이 있다. 시대가 바뀌면서 땅의 용도가 달라진다는 사실이다. 스윈콤에서는 멧돼지가 사라진 지 오래다. 아센든밸리 너머에 있는 투빌은 '건조하고 개방된 시골 땅'이라는 말에서 유래했지만, 현재는 대체로 숲이 자리한다. 커다란 공용지 주변으로 여전히 군데군데 오래된 시골집이 남아 있는 것을 보면 아주 옛날에는 정말로 넓게 트인 땅이었을 수도 있다.

옥스퍼드셔 주에는 바이킹에서 유래한 이름이 없다. 바이킹 어원은 요크셔 주와 오랫동안 데인 법의 지배를 받은 영국의 동부에서 흔히 발견된다. 웨섹스 왕국의 알프레드 대왕은 9세기에 바이킹의 약탈을 막으려고 템스 강에 인접한 월링퍼드에 요새 도시burgh를 세우고 무장했다. 이

지역이 군사기지였음을 드러내는 커다란 해자垓子가 아직 그 자리에 남아 있다. 이 해자는 그림다이크 숲에서 가장 가까운 칠턴 절벽 정상에서도 볼 수 있다. 해자를 파는 데 1만 인시人時(한 사람이 한 시간 동안 하는 일의 양을 나타내는 단위 - 옮긴이)가 필요했을 것으로 추정되는데, 실로 대단한 업적이 아닐 수 없다.

1002년에 애설레드 2세King Aethelred는 옥스퍼드에서 모든 데인족(바이킹)을 학살하라는 명령을 내렸다. 성 브라이스 축일 대학살이라고 불리는 사건이다. 11세기 초에 스베인 튜구스케그Sweyn Forkbeard가 이끄는 노르드인이 월링퍼드에 보복 습격을 감행했을 때, 그의 무시무시한 병사들이 템스 강을 따라 상류로 노를 저으며 우리 숲에서 멀지 않은 언덕을 지났음이 틀림없다. 이제 그 언덕에는 참나무, 너도밤나무, 물푸레나무와 피나무가 자란다. 침입자들이 이 울창한 미지의 고지대를 지나며 로마인의 창백한 유령과 '마녀들의 집회에 참석한 뿔 달린 남신'을 숲속에 남겨두고 갔는지는 모를 일이다.

시간마저 거스르는 불멸의 숲

초기 시대의 바이킹은 커다란 물푸레나무인 위그드라실yggdrasil[7])을 세계수로 숭배하는 다신교도였다. 신들이 세계수 아래에 모였다. 나뭇가지는 하늘에 닿을 정도로 길고 땅에서는 세 개의 거대한 뿌리가 뻗어 나와 깊은 지혜의 우물, 모든 물의 원천인 생명의 샘, 그리고 노른(북유럽 신화에 나오는 운명의 여신 - 옮긴이)이 인간의 운명을 결정하는 곳까지 이르렀다.

인간은 본능적으로 나무를 상징으로 받아들인다. 거의 모든 종교에서 생명의 나무는 가계를 나타내는 공통적인 은유로 사용된다. 나무는 암흑의 하계로 뿌리를 내리고, 천상의 낙원으로 나뭇가지를 올린다. '이새의 나무'는 그리스도의 족보를 인증한다. 선악과가 달린 나무는 세상에 원죄와 구원의 희망을 동시에 가져왔다. 나무는 언제나 사건의 핵심에 있다. 예술에서도 나무는 단순화된 상징으로 장식되거나 쿰 페르시아 양탄자에서처럼 복잡한 형상으로 표현된다. 쿰 양탄자에 새겨진 나무는 작은 가지 하나하나가 진홍색 자두와 감으로 과일 케이크 못지않게 장식되어 있다.

과학 역시 나무가 가지는 비유와 약칭의 매력에서 벗어나지 못한다. DNA에 암호화된 메시지를 해독하는 최신 컴퓨터 프로그램은 새로운 진화 관계를 나타내기 위해 도식적으로 나무(계통수)를 출력한다. 이 나무에 달린 숫자와 이름은 역사를 밝히는 중세 계보의 문장紋章과도 같다. 아프리카에서 인류학자들이 발견한 모든 흥미로운 화석들은 한결같이 인류 계통수를 재조명했다는 말로 묘사된다. 비록 그 계통수의 초안이 내가 살아온 동안에만도 십수 번 이상 바뀌긴 했지만. 나무는 인간에게 질서와 혼란, 계몽과 오도, 기쁨과 실망을 주면서 인간의 정신이 가득 찬 숲에서 영원히 번성한다.

우리 숲에서 자라는 구주물푸레나무*Fraxinus excelsior*는 나무 중에서도 가장 바람처럼 가벼워, 깊고 어두운 위그드라실과는 다르다. 이 나무의 상층부는 봄철에 가장 늦게 피어난다. 그리고 나뭇가지가 완전히 옷을 입은 후에도 갈라진 이파리 사이로 너도밤나무나 참나무보다 많은 빛이 들어와 자애로운 수호 아래 나무 주위로 꽃들이 만발한다. 나는 구주물푸레나무의 학명인 엑셀시오르*excelsior*라는 말을 참 좋아한다. '계속해서 위쪽으로!'라는 뜻이다. 이웃과 경쟁하는 상황이 되면 무작정 위로 올라가버리는 나무에게 아주 잘 어울리는 이름이다. 물푸레나무는 너도밤나무보다 확고한 수직 본능을 가진 것처럼 보인다.

노르스름한 물푸레나무의 수피는 나무가 성장하면서 세로로 갈라져 기괴하게 주름진 파충류의 피부와 유독 닮는다. 물푸레나무 가지는 죽은 후에도 한동안 수피를 떨구지 않아 언제나 곳곳에 '알프레드 대왕의 케이크'라고 불리는 골프공 크기의 검은 콩버섯*Daldinia concentrica* 덩어리가 박혀 있다. 알프레드 대왕이 윌링퍼드에서 바이킹을 막아낸 사실보다 더 잘 알려진, 케이크를 태운 일화가 떠오른다.(시골집에 숨어 바이킹을 상대할 전략을 짜느라 골몰한 알프레드 대왕이 아낙의 당부를 잊고 케이크를 태워버려 혼쭐이 났다는 일화다 - 옮긴이)

물푸레나무는 겨울에 더 쉽게 찾을 수 있다. 복잡한 가지가 달린 캔들라브라 촛대처럼 나뭇가지의 말단이 아래로 내려왔다가 이내 위로 곡선을 그리며 올라간다. 갈라진 말발굽처럼 선명한 검은색 상처로 우둘투둘한 잔가지는 동면하는 다른 나무와 전혀 닮지 않았다. 그림다이크 숲에서 물푸레나무 꽃은 5월에 잎이 나기 전에 진다. 수꽃은 한 묶음의 진홍색 구레나룻 같은 수술 다발에 지나지 않고, 같은 가지에 있는 암꽃은 더 길고 초록색이지만 그다지 눈에 들어오지 않는다. 서리에 민감한 잎눈의 끝에서 마침내 새순이 나올 때면 때늦은 추위가 찾아올 위험도 모

빨리 자라는 물푸레나무(왼쪽)와 벚나무(오른쪽)의 수피.

두 사라진 후다. 버드나무 이파리같이 생긴 잎 네다섯 쌍이 잎자루에 마주나고 그 끝에는 언제나 이파리 하나가 달려 있다.

8월에는 열매가 익기 시작한다. 지금은 초록색이지만 곧 연한 갈색으로 탈색하여 성냥개비 길이의 '열쇠' 꾸러미를 만들 것이다. 날개 달린 각 '열쇠' 기부에 붙어 있는 종자는 가을에 줄에서 풀려나 작은 헬리콥터처럼 빙글빙글 돌아가며 부모에게서 멀리 떨어진 새로운 장소로 흩어진다. 어린 물푸레나무가 주위에 밀집된 것을 보면 꽤 효과적인 번식 전략임을 알 수 있다. 언젠가는 솎아내야겠지. 이 묘목들은 모두 숲의 지붕을 차지하기 위해 경쟁 중인 물푸레나무 거목 네 그루가 뿌린 씨앗에서 자랐다.

존 에블린은 『실바』에서 물푸레나무의 가치를 이렇게 평가했다. '참나무 다음으로 유용하고 수익성이 높으므로 현명한 장원의 영주라면 영지 8헥타르마다 0.4헥타르는 물푸레나무를 심어야 한다. 앞으로 물푸레나무는 땅 자체보다 훨씬 더 가치 있을 것이기 때문이다.' 색슨족의 농부와 봉건제도의 숲 관리인 역시 물푸레나무 목재의 가치를 제대로 알았을 것이다. 물푸레나무 목재는 단단하고 탄성이 있어 갈퀴나 서레, 또는 마차의 차축처럼 압력을 많이 받는 도구에 적합하다. 어린 시절 정원에 있었던 갈퀴, 삽, 괭이 같은 원예용 도구는 모두 물푸레나무 손잡이에 셰필드 강철 날을 조합해서 만든 것들이었다. 오늘날 DIY 대형 마트에서 파는, 번쩍거리는 싸구려 모조 날과는 비교조차 되지 않는다. 어찌나 튼튼한지 한없이 파고들어간 장미 뿌리나 꿈쩍도 하지 않는 서양고추냉이의 도발에도 부러지지 않았다. 나는 옛날 제품과 비슷한 정원 도구를 찾아 벼룩시장을 기웃거려야 했다.

물푸레나무로 전통적인 윈저 의자의 다리, 다리 지지대, 등받이의 둥근 아치와 갈빗살 등 모든 곡선 부위를 만들었다. 윈저 의자는 진정한 내구성을 가진 튼튼한 구조물이다. 우리 집에 있는 윈저 의자만 해도 느릅나무 시트와 더불어 한 세기 동안 사람들의 하체를 견뎌냈다. 특히 성대한 일요일 점심식사 이후에는 훨씬 더 무거운 체중을 버텨야 했다.

물푸레나무는 최고의 땔나무이기도 하다. 물푸레나무 장작은 깨끗하게 쪼개질 뿐 아니라 군말 없이 조용히 탄다. 익명의 시인이 쓴 시를 보자.

1년을 말린 장작이라면,
너도밤나무 장작불이 밝고 선명하다.
늙고 마른 장작이라면,
참나무 장작이 꾸준히 타오른다.
그러나 물푸레나무는 생나무든 말라 있든
언제나 여왕에게 어울리는 불을 피운다.

이 땔나무 경쟁에 나는 우리 숲에서 자라는 양벚나무를 포함시켜야겠다. 막 자른 것은 습기가 너무 많아 적합하지 않지만, 1년 정도 말리고 나면 은은하게 풍기는 달콤한 향과 함께 벽난로에서 아주 즐겁게 탄다. 가끔 집을 불태우려고 작정한 듯 내뿜는 불덩어리를 제외한다면. 하지만 이 경쟁은 여전히 물푸레나무의 여유로운 승리로 끝난다.

물푸레나무를 위그드라실처럼 불멸의 나무로 만드는 방법이 있다. 왜림작업이다. 물푸레나무의 줄기를 통째로 베어내면 잘라낸 밑동에서 움이 트고 새로 나무줄기가 자라기 때문에 무한히 재생시킬 수 있다. 밑동을 쳐내려면 몸통이 통째로 제거된 트라우마를 뿌리가 견딜 수 있도록 나무가 어느 정도 성숙해야 하는데, 물푸레나무는 이 과정에서 잘 살아남는다. 줄기를 잘라낸 후 남겨진 밑동 주위로 다음 해에 맹아(움싹)가 나오면 늙은 뿌리와 연결되어 새로운 생장을 촉진하고 활기찬 어린줄기로 재탄생한다. 이 과정을 반복하면 맹아림(왜림)이 형성된다. 나는 이스트앵글리아에서 무려 800년 된 맹아림을 본 적이 있다.

나무가 견딜 수 있는 한, 줄기를 잘라 갈퀴의 손잡이나 바퀴의 차축 등에 필요한 목재를 수확한다. 물푸레나무가 가장 왕성하게 성장하는 것은 첫 60년이므로 수확 시기의 대략적인 상한선을 결정할 수 있다. 보통 20년 정도가 일반적이다. 벌목꾼이 어린나무를 도태시키는 적당한 시기를 판단하고, 나무를 죽이지 않고 베어내는 기술을 갖고 있는 한, 목재를 지속적으로 수확할 수 있다. 모든 것이 제대로 행해진다면 자연의 재생력은 시간마저 거역한다.

개암나무는 우리 숲에서 유일하게 왜림작업을 한 나무다. 우리 숲에는 물푸레나무가 몇 그루뿐이기 때문에 물푸레나무로 옛날 기술을 시험하는 위험을 감수할 수는 없다. 그림다이크 숲에 있는 서양개암나무*Corylus avellana* 또한 재생력이 뛰어나다고 알려졌다. 그림다이크 숲에는 다 자란 개암나무가 예닐곱 그루 정도 있는데 그동안 모두 방치되었다. 개암나무는 주위의 너도밤나무가 주기적으로 벌목된 뒤 빛을 선사받아 하층 수목으로 재성장한다. 눈으로만 보아서는 확신할 수 없지만 우리 숲의 늙은 개암나무는 어떤 너도밤나무보다도 그 자리에서 오래 살아왔을 것이다. 하나의 기부에서 다양한 굵기의 곧은 나무줄기가 밀집하게 다발을 이룬 상태로 8미터 정도까지 자랐다. 가장 굵은 줄기는 두 손으로 에워쌀 수 없을 정도다. 나무의 수피는 얇고 옅은 갈색으로 반짝이며 자연스럽게 광이 나지만, 실제는 미세한 윤기에 불과하다. 가장 큰 나무줄기의 절단면에서 나이테를 헤아려보니 35~50개였다. 이 나무들은 대부분 주위를 둘러싼 너도밤나무를 따라가고 있다. 여느 나무들처럼 이들도 빛을 향해 손을 뻗는다. 이 숲은 이미 수십 년 전에 왜림작업을 했어야 했다. 그러나 지금도 늦지 않았다.

나는 지난겨울에 우리 개암나무들 중에서 가장 건강한 놈을 골라 줄기를 베어냈다. 사슴은 새롭게 자라는 개암나무의 신선한 싹을 거부하지 못한다는 얘기를 들은 기억이 났다. 그래서 되도록 지면에 가깝게 밑동을 치는 게 재성장에 유리한 줄 알면서도 어쩔 수 없이 허리 정도의 높이에서 줄기를 베었다. 작은 줄기를 잘라내는 것은 다 자란 너도밤나무를 벌목하는 일보다 쉬웠다. 잘라낸 어린 개암나무의 기둥은 길고 곧아서 콩이 타고 올라가는 훌륭한 지지대가 되었다. 시골에서는 전통적으로 이 기둥을 울타리를 엮을 때 버팀목으로 쓰거나 생울타리의 기둥, 혹은 지붕을 잇는 데 사용했다. 개암나무 윗가지는 일반적으로 시골집에서 참나무 들보로 만든 틀 사이에 채워 넣는 초벽(윗가지를 엮고 흙을 발라 만든 벽 - 옮긴이)의 격자를 지지하는 데 쓰였다. 마지막으로 개암 열매는 욕심쟁이 청설모보다 먼저 수확할 수만 있으면 매우 훌륭한 작물이다. 요약하면, 개암나무는 겉으로는 보잘것없어 보이지만 아무리 따져보아도 여러모로 유용한 나무다. 『뉴 실바』에 따르면 개암나무는 230종의 무척추동물을 먹여 살린다. 따라서 어떤 숲에서나 생물다양성을 증진시키는 주요 자산이 된다.

개암나무의 줄기를 베어버린 후 남은 밑동이 한동안 완전히 죽은 것처럼 보였기 때문에, 첫 왜림작업인데 너무 가혹하게 잘라낸 건 아닌지 염려되었다. 여러 달 동안 그 벌거벗은 밑동에 전혀 생기가 돌지 않았다. 나는 밑동을 친 줄기에서 잘라낸 잔가지를 엮어 일종의 가림막을 만들고 노루가 새싹을 먹어치우지 못하게 했다. 마침내 작고 불그스레한 혹이 반짝이는 나무껍질을 뚫고 나왔다. 분출이라고 표현하는 게 맞을지도 모르겠다. 이 혹은 곧 새싹으로 탈피했다. 새싹이 올라오면서 잎자루를 따라 붉은 털이 풍성하게 솟았다. 숲에 있는 나무 중에 이런 잔가지는 본 적이 없다. 드디어 거치鋸齒가 고르지 않고 끝은 뾰족한, 커다란 이파리가 완전히 펼쳐졌다. 우리 숲에서 볼 수 있는 나뭇잎 중에서 비율이 가장 제멋대로였다. 8월인 지금, 강인한 새싹이 빛을 향해 밀고 나올 것이다. 그리고 왜림작업의 또 다른 수확물이 기다리고 있다. 다행히 사슴에게 뜯어먹힐까 염려하지 않아도 될 것 같다.

몸과 마음이 균형 잡힌 사람처럼, 가장 쓸 만한 숲은 다양한 필요를 충족시키는 다양한 미덕을 지닌다. 이는 숲의 주인이 의도적으로 계획하고 관리한 결과는 아니다. 그보다는 다양한 범위의 수요가 숲에서 얻을 수 있는 것을 최대한 활용하는 쪽으로 자연스럽게 방향을 이끌었다고 보는 게 옳다. 왜림작업의 생산물은 분명 유용하다. 그러나 제대로 성장한 큰 나무 역시 목재 공급과 거래 품목으로 반드시 필요하다. 궁극적인 최선의 결과물은 교목과 왜림이 어우러진 중림中林이다. 이는 원한다면 시차를 두고 수확할 수 있고 아무것도 버릴 게 없는 오래된 조합이다. 그림다이크 숲에서 여전히 어깨를 나란히 하고 자라는 나무들은 이러한 숲의 과거를 기억하고 있다. 개암나무는 15년마다 수확할 수 있고, 개암나무 위쪽으로 홀로 웃자라는 큰 나무는 수종에 따라 좀 더 드물게 벌목될 것이다. 참나무는 생장 속도가 빠른 너도밤나무나 물푸레나무보다 수확 빈도가 낮다. 또한 다 자란 나무는 돼지치기에 이상적인 너도밤나무 열매나 도토리를 매년 제공하는데, 이런 양돈용 열매의 권리는 별도로 계약하고 거래했다. 숲이 벌목되면 빛이 쇄도하고, 곧이어 야생화들이 나타난다. 야생화는 수많은 곤충을 초대하고, 곤충은 야생 조류들의 미끼가 되어 숲에 새소리가 울려 퍼진다. 풍요로운 생태계의 회전목마가 수백 년 동안 돌아갔다. 그런데 20세기 들어 음울한 소나무와 낙엽송이 '환금작물'로 도입된 것이 시간에 대한 모욕으로 느껴지는 것은 왜일까.

벽돌과 수석

로니 반 리스윅Lonny van Ryswyck이 숲에 삽과 양동이와 튼튼한 비닐봉지를 가지고 왔다. 우리는 큰 공터 가장자리에 적당한 장소를 찾았다. 공터 주변의 나무딸기는 눈엣가시 같은 존재다. 단단히 자리 잡은 목질부에서 새로운 줄기가 나와 위아래로 굽어가며 뿌리를 내리고, 마침내 저층에서 서로 맞물려 연약한 초본들을 그늘지게 한다. 나무딸기 줄기는 길이가 수 미터까지 이어지고 가시로 무장한다. 이 침입자들을 뿌리째 뽑으라고 나 자신을 다그쳤다. 다행히 새 나무딸기 덩굴은 쉽게 끌려 올라왔다. 땅에 닿았던 부분에는 어디나 새하얗게 뿌리가 내리고 있었다. 이곳은 곧 깨끗이 정리되었다.

로니는 주황-갈색의 수석점토층을 파내어 아주 찐득한 물질을 잔뜩 퍼 올렸다. 그녀는 이 점토가 정말 아름답다고 했다. 로니는 이 점토를 비닐봉지에 넣어 네덜란드로 가져가 타일로 구울 것이다. 로니의 공방은 그녀의 고향인 네덜란드 해안 간척지의 점토로 작업한다. 그녀가 용광로에서 구운 타일은 점토를 가져온 농장별로 고유한 특징을 나타내는 미세한 차이가 있다. 지역마다 재료에 들어 있는 물질의 세부적인 화학조성에 따라 어떤 것은 진빨강이나 주황, 다른 것은 초록색이나 회색빛이 돈다. 이렇게 로니는 독특한 타일 벽으로 지역의 경관을 요약해왔다. 옥스퍼드의 우리 작은 땅에서 가져간 점토는 그림다이크 숲 토양의 고유한 정체성을 드러내줄 것이다. 로니가 구운 작고 붉은 타일이 도착하면 수집품 중에서도 눈에 가장 잘 띄는 자리에 진열할 것이다.

우리 지역에는 오랜 벽돌 제조 전통이 있다. 그레이즈 코트 방향으로 램브리지우드를 지나자마자 나오는 브릭필드 농장이라는 이름만 봐도 알 수 있다. 아주 오래전에는 벽돌이 표준화되지 않았다. 오늘날의 벽돌보다 더 작고 깔끔한 벽돌로 그레이즈 코트의 별채를 지었다. 한때 칠

1 3월의 숲속. 너도밤나무가 잎을 펼치기 전이라 하늘이 완전히 보인다.

2 탈바꿈. 4월의 숲속은 새로 나온 잎이 햇살을 쬐고, 멀리 숲의 바닥에는 블루벨 카펫이 깔려 있다.

3 잉글리시블루벨이 가득 메운 가운데 눈에 띄는 희귀한 흰 블루벨. 자연적으로 나타난 돌연변이 식물이다. 여러 원예 품종이 이처럼 흔치 않은 체세포 돌연변이에 의해 만들어졌다.

4 숲의 지붕이 닫히기 전에 햇살을 누리기 위해 레서셀런다인이 초봄에 모습을 드러냈다. 한여름이 되면 이 작은 식물은 사라질 것이다.

5 너도밤나무 모종이 숲 바닥에서 싹을 틔웠다. 떡잎은 다 자란 나뭇잎과 현저히 다르다. 오른쪽 옆은 빈 깍정이다.

6 봄에 핀 호랑가시나무 암꽃. 눈에 잘 띄지 않는다. 중심에 이제 막 열매를 맺기 시작했다. 수꽃은 다른 나무에서 꽃을 피웠다.

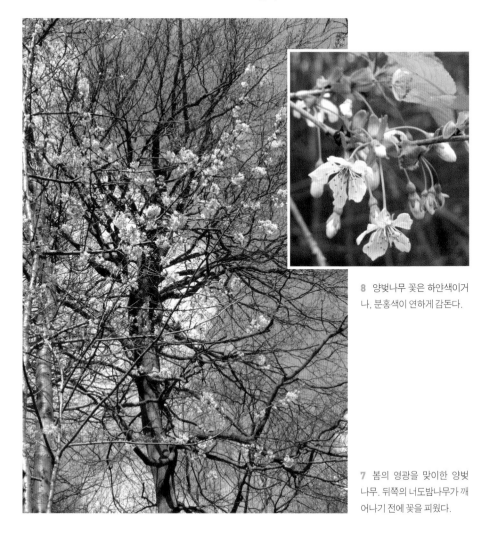

8 양벚나무 꽃은 하얀색이거나, 분홍색이 연하게 감돈다.

7 봄의 영광을 맞이한 양벚나무. 뒤쪽의 너도밤나무가 깨어나기 전에 꽃을 피웠다.

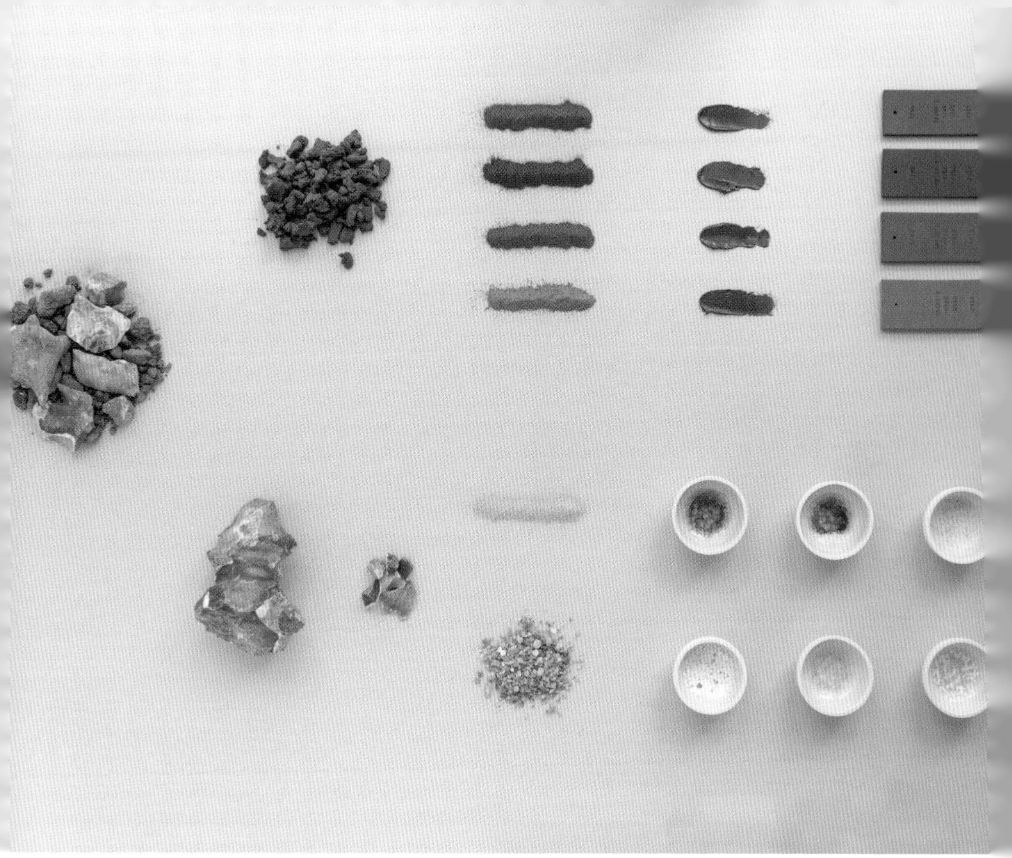

9 로니 반 리스윅이 숲에서 구한 천연 재료로 실험한 결과물. 위쪽은 진흙과 여러 색소를 사용해 만든, 은은한 색조를 띤 타일들이다. 아래쪽은 다양한 순도의 수석을 가열해 만든 독특한 색조의 유리로, 초록색 주괴가 포함되었다.

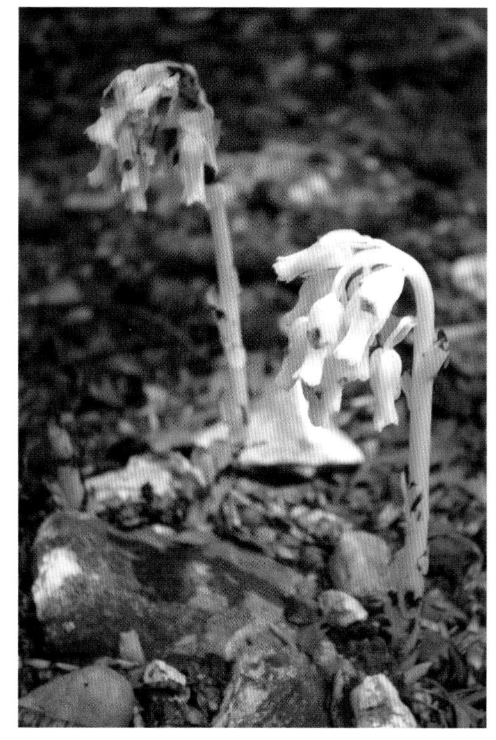

10 엽록소가 없는 식물. 구상난풀의 꽃은 땅에서 곧장 올라온다. 이 놀라운 식물과 균류, 그리고 너도밤나무 뿌리의 특별한 관계가 새로운 연구 영역을 자극했다.

숲속의 나방 채집

11 한여름 밤, 앤드류 패드모어와 함께 나방 포획틀에 이끌린 나방을 무려 150종이나 찾아냈다. 사진을 찍은 뒤 나방들을 모두 풀어주었다. 사진 속의 어리사과독나방은 특징적인 털 달린 다리를 내밀고 휴식을 취한다.

12 필자가 앤드류의 도움을 받아 나방 포획틀 불빛에 의지해 나방 도감을 보며 씨름 중이다. 이 곤충의 정교한 디자인은 끝없이 다양하다.

13 붉은정맥나방이라는 이름은 설명이 필요 없다. 정교한 깃털이 달린 안테나는 나방의 주요 감각 장치다. 붉은정맥나방의 애벌레는 풀을 먹고 산다.

14 보라끝가지나방은 땅딸막한 종으로, 날개의 가장자리가 톱니 모양이다. 애벌레는 너도밤나무 잎을 좋아하는 종들 중 하나다.

15 솔검은가지나방은 보호색을 띠는데, 낮에는 나무껍질에 붙어 있어서 보이지 않는다. 유충은 주목을 먹고 산다.

16 햇빛에 이끌려 공터로 나온 나비들이 일광욕을 하고 있다. 사진은 나무딸기 위에 앉은 얼룩나무나비다.

17 공작나비를 건드리면 두드러진 '눈'을 번쩍인다. 그러나 그 아래는 은밀한 색을 띠고 있다.

18 은줄표범나비가 나무딸기의 꿀을 한껏 빨아 먹고 있다. 은줄표범나비는 크고 흔치 않은 나비로, 나비 퍼레이드의 선두 주자다.

19 지칠 줄 모르는 산네발나비는 뒷날개의 가장자리가 너덜거려서 숲속의 다른 나비들과 쉽게 구별된다.

20 붉은솔개는 숲 위의 하늘을 지키는 감시병이다. 눈에 보이지 않는데도 가끔 고양이 울음 같은 붉은솔개의 울음소리가 들리곤 한다.

21 야생밭쥐는 포획틀에 갇힌 뒤에도 우리의 관심에 아랑곳하지 않다가 종종걸음을 치며 야생으로 돌아갔다.

22 가장 희귀한 포유류인 유럽겨울잠쥐는 대부분의 시간을 무기력한 상태로 보내다가 열매와 꽃으로 잔치를 벌일 때가 되어서야 깨어난다.

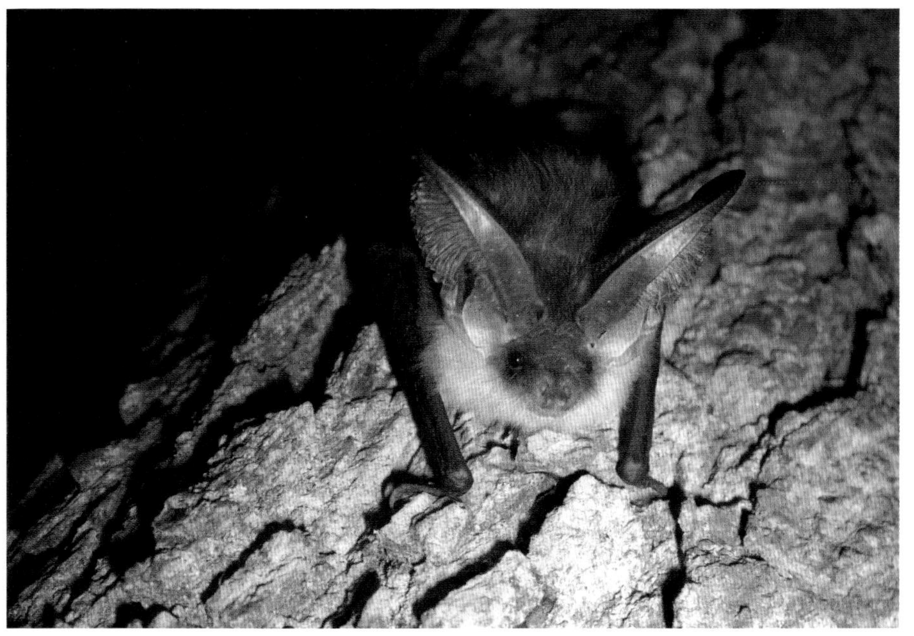

23 토끼박쥐는 밤에 숲으로 모여드는 많은 나방을 전문적으로 사냥하는 포식자다.

24 낙엽층을 열심히 뒤진 결과, 이 집요한 균류학자에게 충분한 보상으로 작은 송로버섯이 주어졌다.

25 우리 숲에서 발견한 달팽이 집들. 모두 작고 껍질이 얇다. 이 서식지에는 껍질을 만드는 데 필요한 석회가 부족하다는 사실을 보여준다.

26 스카이차가 필자를 들어 올려 너도밤나무 숲 지붕까지 데리고 간다. 옆으로 펼친 다리가 마치 거미와 비슷하다.

27 이 커다란 검은색 육상 거미 코에로테스 테레스트리스는 영국 남부에서만 모습을 드러낸다. 우리 숲의 통나무 더미 밑에서 발견되었다.

28 점균류인 분홍콩먼지는 축축하고 썩은 나무 위에 분홍색 공 모양의 주머니를 만든다. 이 단계에서 주머니의 안쪽은 크림처럼 부드럽다.

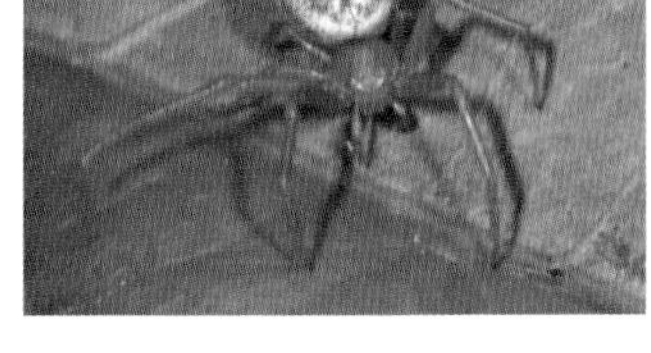

29 녹색게거미가 호랑가시나무 잎에 잠복해 있다. 나뭇잎의 초록색이 이 작은 포식자를 적절히 숨겨준다.

30 희귀한 각다귀인 크테노포라는 독특한 더듬이 덕분에 다른 친척들과 구분된다.

턴 백악층을 파낸 우물에서 물을 퍼 올리던 당나귀 바퀴가 설치된 곳이다. 벽돌의 색은 짙고 따뜻하며 거의 진홍빛이 돌았다. 중세 시대에는 물품을 거래할 때 가장 결정적인 비용이 운송비였다. 운송비를 절감하기 위해 가능한 한 해당 지역에서 원재료를 구했을 것이다. 이 지역에는 벽돌 재료에 적합한 양질의 점토가 있었다. 램브리지우드 채석장에서 채취한 모래를 석회와 섞고 이 숲에서 벤 나무의 숯으로 이 지역 백악층에서 구워 회반죽 재료를 제공했다. 벽돌을 만드는 데 필요한 모든 재료가 그레이즈 영지 안에서 순조롭게 공급되었다. 존 힐John Hill은 램브리지우드의 남서쪽으로 조금 떨어진 곳에서 오래된 벽돌 공장의 원형 터를 발견했다.

우리 숲에서 5킬로미터도 채 되지 않는 네틀베드의 고지대 도로 바로 위쪽에서 벽돌 제조업이 시작되었다. 수백 년간 이어진 벽돌 공예의 흔적이라곤 오늘날 주거지역에 불편하게 자리 잡은 벽돌 가마뿐이다. 네틀베드 벽돌은 로마인이 영국을 떠난 이후 험버 강 이남에서 최초로 만들어진 것이다. 중세 시대에 네틀베드 장원의 영주는 스토너 가였다. 가문에 전해오는 문서에 따르면 1415년에 토머스 스토너Thomas Stonor가 스토너 파크에 영주의 저택을 증축했다고 한다. 1416~1417년에 토머스는 저택 안에 예배당을 짓기 위해 20만 개 이상의 벽돌을 구입하고 플랑드르(벨기에 북쪽 지방) 사람들을 고용했다. 이 장인들이 대륙에서부터 필요한 기술을 들여와 네틀베드 부근에 벽돌 제조공으로 정착했다. 토머스는 마이클 워릭Michael Warwick에게 벽돌 값으로 40파운드를 지급했다. 그런데 스토너까지 불과 5킬로미터를 운반하는 데 15파운드를 추가로 지불해야 했다. 약 250년 뒤, 만물박사 로버트 플롯은 네틀베드에서 생산된 벽돌의 높은 강도에 관해 언급하면서 이 지역 점토의 고유한 특질 덕분이라고 평가했다. 왜림작업을 거쳐 생산된 우리 숲의 땔나무가 그 벽돌 가마의

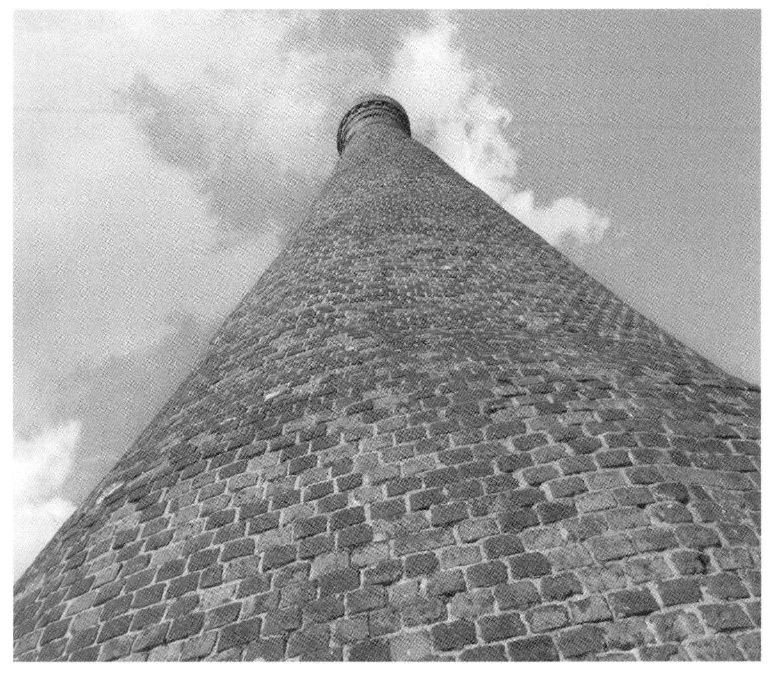

네틀베드의 벽돌 가마.

화로에서 내내 불을 지폈음은 의심의 여지가 없다.

18세기 들어 벽돌의 크기가 대략 표준화되면서 이 지역의 주택들이 고유한 특색을 띠게 되었다. '네틀베드 블루'의 옆면은 따뜻한 붉은색이고 양 끝은 청회색이다. 벽돌의 서로 다른 면을 번갈아 사용해 벽면에 체크무늬 효과를 주는 인테리어가 유행했다. 이런 식으로 꾸민 집들이 월링퍼드와 헨리온템스 곳곳에서 눈에 띈다. 네틀베드 벽돌은 옥스퍼드셔의 이 작은 도시들에 지어진 여러 전통적인 주택에 유쾌한, 그러나 야단스럽지 않은 이 지역만의 정체성을 부여했다.

우연히 이름이 일치하는 신기한 일도 있다. 네틀베드의 대저택인 조이스 그로브에는 20세기 초에 로버트 플레밍Robert Fleming이라는 은행가가 살았다. 그는 벽돌과 아무런 상관이 없었지만 벽돌 공장만큼이나 오래

Renowned throughout the country for the excellence of its Ware, with which will be sold

THE VALUABLE MANORIAL RIGHTS

Of the Vendor in respect of the Manor of Nettlebed so far as they apply to the Parish of Nettlebed, including

The highly important Clay and Sand Rights over Nettlebed Common,

TOGETHER WITH

The WEST KILN & the upper POT KILN,

As hereinafter described,

THE REVERSION TO NETTLEBED WINDMILL

Stated to occupy the highest point south of the Trent, and containing within its bounds

An Inexhaustible Reserve of Clay,

A PORTION OF NETTLEBED COMMON WOOD,

And other adjoining and desirable Property as more particularly set forth on the Sale Plan and Schedule the whole forming

A MOST VALUABLE UNDERTAKING

Capable of great development as a commercial enterprise.

premises attached to this important lot occupy a commanding position in the Village of Nettlebe immediately facing the Common, and include

A NEWLY-BUILT RESIDENCE,

***THE OLD MANOR HOUSE,* containing Dining and Drawing Rooms, 5 Bedrooms and good O**

점토와 모래 사용 권리에 대한 판매 공지.(네틀베드)

지속된 상표인 제임스 본드의 창시자 이안 플레밍Ian Fleming의 할아버지였다. 더구나 '플랑드르 본드'는 네틀베드 블루를 사용하는 사람들이 선호하는 벽돌 배열 양식이었다.[8] 1894년 스토너 가의 토지를 처분하려고 만든 판매 카탈로그에는 네틀베드를 '무궁무진한 점토를 보유한 곳'으로 기술했다. 그러나 점토의 고갈 여부와 상관없이 1930년대 이후로 네틀베드에서 벽돌 생산이 중단되었다. 예전에 점토를 채취하던 갱은 이제 2차 산림으로 완전히 복원되었다. 현재는 피터버러 부근의 방대한 점토 채굴갱에서 채취한 점토로 벽돌을 만든다.

이 지역에서 가장 쉽게 구할 수 있고 어디에나 흔한 건축 석재는 수석이다. 수석은 사실상 부서지지 않고 매우 강하지만, 모르타르(회반죽)에 잘 붙지 않는다는 단점이 있다. 수석은 플롯 박사가 기술한 백악란처럼 입체적이지 않다. 대충 모양을 만들거나 망치로 깰 수는 있지만 무척 손이 많이 가는 일이다. 백악층 지대에서 흔한 건축양식은 수석의 단점을 벽돌의 장점으로 보완하는 것인데 벽돌로는 모퉁이를 만들거나 문과 창의 틀을 짜고, 다양한 형태의 수석을 모르타르 안에 굳혀 벽 주위나 벽과 벽 사이에 채워 넣는다. 백악층에서 갓 캐낸 수석이 가장 질이 좋지만, 밭에서 쟁기로 파낸 적당한 수준의 수석으로도 충분하다. 벽돌과 수석으로 지은 전통적인 시골집은 칠턴 전원 지대에서 흔한 편인데, 대개 웅장하다기보다 아기자기한 맛이 있고 젠트리(상류층)가 아닌 농장 노동자의 집인 경우가 많았다. 색슨인이 쉽게 알아볼 초가지붕은 한때 흔했지만 화재 가능성이 높고, 게다가 보험료까지 높아서 이제는 귀해졌다.

수석은 성곽의 벽을 쌓을 때 더 큰 몫을 해냈다. 그림다이크 숲의 영지인 그레이즈 코트의 가장 오래된 성벽이 그러하다. 임무를 수행하려면 성벽이 매우 두꺼워야 하므로 다량의 수석을 주위의 다른 석재와 함께 모르타르 안에서 퍼즐처럼 끼워 맞추었다. 중세 시대에는 수석으로 교회를 짓는 것이 일반적이었지만, 그런 경우에도 외곽은 벽돌보다 석재가 사용되었다.

스윈콤에서 위고드가 야생 멧돼지를 사냥한, 비밀스러운 골짜기에 틀어박혀 있는 아주 작고 오래된 성 보톨프 교회도 수석으로 지었지만 모퉁이와 출입구 주변은 석회암으로 되어 있다. 이 튼튼한 석회암 덩어리는 이 지역 산물이 아니라 노르망디에서 왔는데, 이를테면 바스 지역에서 수입하는 것보다 앵글로노르만 왕국의 북쪽에 있는 캉에서 가져오는 게 더 수월했다. 아마도 스윈콤이 1404년까지 노르망디의 중요한 벡 수도원의 일부였기 때문일 것이다. 이후로도 옥스퍼드셔의 이 지역에서는 유사한 양식으로 고대 교회를 건축한 것으로 보인다. 석회암 세례반과 성수반 모두 마찬가지다. 그러나 벽을 만드는 재료는 길 아래와 들판에서 쉽게 구할 수 있는 수석을 사용했다. 이 수석은 얼룩덜룩하고 오래

성 보톨프 교회에 있는 무릎 받침대.(위고드의 사냥터)

된 회색 참나무 수피처럼 거칠었다. 결과적으로 건물이 자리 잡은 경관에 놀랍도록 잘 어울리는 건축물이 탄생했다.

성 보톨프 교회의 기원은 훨씬 오래전으로 거슬러갈 수도 있다. 벽 아래쪽으로 수석의 배열 양식이 색슨인의 손길을 암시하는 헤링본(V자형 형태가 계속 연결된 무늬 - 옮긴이) 스타일이기 때문이다. 로더필드그레이즈를 포함한 벤싱턴에 있는 모든 교구는 색슨족을 기원으로 한다. 노르만인들은 기존의 목조 교회나 소박한 수석 건축물을 헐고 새로 지었다. 그러나 숲을 이용한 방식과 마찬가지로 이 지역의 '화석 경관'에서는 거의 모든 것이 색슨 시대로 거슬러 올라간다. 황소와 멧돼지의 땅에서 1,000년은 금방이다.

석기시대 체험하기

제임스 딜리James Dilley가 중석기시대의 수석을 찾아 숲에 왔다. 하지만 도구의 흔적을 전혀 찾을 수 없었다. 대신 그는 채석 솜씨를 뽐낼 수 있는 양질의 수석을 찾았다. 숲에 있는 수석은 대부분 겉에 흰색이나 갈색의 껍질을 가지고 있다. 중요한 것은 내부다. 어둡고 균일할수록 더 값지다. 수석은 단단하지만 동시에 잘 쪼개진다. 적절한 지점을 정확히 내리치면 파단면이 굽은 조각으로 쪼개진다. 두꺼운 유리 조각을 깨뜨려본 적이 있다면 이 조개껍질 모양의 단면이 어떠할지 떠올릴 수 있을 것이다.(깨진 바둑돌 단면을 생각하면 된다 – 옮긴이) 수석은 본질적으로 석영유리다. 수석을 다룰 때는 눈 보호 장구를 갖추고 조심해야 한다. 또 날카로운 조각이 엉뚱한 방향으로 튀는 것을 대비해 허벅지에 두꺼운 천을 대는 것이 좋다.

숲에 수석을 내리치기에 적당한 돌이 가까이 있었다. 바닥 여기저기에 널려 있는 둥근 적갈색 사암의 하나다. 잘생긴 수석을 찾아 돌로 세게 내리치니 한두 조각이 떨어져 나온다. 같은 방향으로 반복해서 내리치면 긁개로 사용할 만한 긴 조각이 나오기도 한다. 대개 쪼개진 수석 조각의 가장자리는 이미 날카롭다. 생각보다 석기를 만들기가 쉽다. 하지만 예리한 도구로 만들려면 시간과 기술이 필요하다. 이를테면 날을 따라 작은 조각들을 섬세하게 떼어내려면 더 작은 돌을 사용해야 한다. 그런 식으로 양쪽 날을 다듬어 칼을 만든다. 제임스는 사슴의 뿔로 곤봉을 만들었는데, 쪼개진 수석 날을 고르는 데 놀라울 정도로 효과적이었다. 뿔은 수석보다 훨씬 부드럽지만 뾰족한 타악기처럼 수석의 메짐성(취성)을 이용하여 작업할 수 있다. 누구라도 이렇게 몇 시간씩 앉아 돌을 깨고 있으면 '석기시대' 기술자들에 대한 경외심이 절로 생길 거라고 장담한다.

September

9월

황금, 그리고 완벽한 설계

황금빛 광채 한 줄기가 그림다이크에 밀려든다. 나무줄기가 마치 기둥과 창살처럼 일렬로 늘어선 가운데 9월의 햇살이 낮은 각도로 쏟아진다. 나뭇잎은 여전히 숲 지붕을 뒤덮고 있다. 그래서 햇살은 땅으로 둘러싸인 연못 주위로만 넉넉히 떨어진다. 허공에 자욱한 안개는 가을이 기다린다는 신호다. 호랑가시나무 덤불의 어둠 속에서도 멀찍이 보이는 광경은 지하 세계에서나 보일 법한 황금 천국이다. 거기서 나는 나만의 황금을 찾았다. 철기시대의 보물은 아니지만 그에 못지않게 반짝이는 보석이다. 꾀꼬리버섯*Cantharellus cibarius*! 이 버섯은 숲 한복판을 통과하는 햇살을 한껏 가두어놓은 것처럼 빛났다. 깔때기 모양의 작고 밝은 노란색 버섯이 약 3미터를 가로질러 너도밤나무 낙엽을 뚫고 나왔다. 꾀꼬리버섯의 노란색은 달걀노른자 아니면 사프란의 수술처럼 선명하다. 작년에 떨어진 칙칙한 낙엽 사이에서도 의심스러울 만큼 정열적으로 피어난다. 순간 나는 버섯이 길가를 장식하도록 놔둘 것인지, 아니면 파내어 황금 전리품으로 간직할 것인지 선택의 갈림길에서 괴로웠다. 곰곰이 생각해보니 이들은 이미 수백만의 포자를 털어내지 않았는가. 번식의 임무는 끝났다. 상은 내가 차지해도 무방할 것 같다. 버섯은 곧바로 바구니 안으로 들어갔다.

저녁 해가 빠르게 저문다. 하지만 남은 햇살이 램브리지우드 헛간 근처에 이웃이 쌓아둔 너도밤나무 통나무에서 돋아난 흰색의 끈적긴뿌리버섯*Oudemansiella mucida*을 여전히 비춘다. 꾀꼬리버섯이 비현실적인 노란색이라면, 이 버섯 역시 실제라고 하기엔 너무 밝게 빛난다. 도자기버섯이라는 이름이 암시하듯 저세상에서 만든 도자기 복제품인 것 같다. 버섯의 갓에서 흘러내리는 끈적끈적한 점액질은 지는 태양의 마지막 광선을 받아 반짝거린다. 끈적긴뿌리버섯은 갓 아랫면의 주름과 자루를 장식하는 자루테까지 구석구석 모두 오싹할 정도로 하얀색이다. 글루텐을 씻어내면 갓을 먹을 수 있다지만 별로 먹어보고 싶지는 않다.

이 버섯에 관한 연구가 생각난다. 끈적긴뿌리버섯은 죽은 너도밤나무 줄기에서 자라는데 스트로빌루린strobilurin이라는 화학물질을 분비해 자신의 영역을 수비한다고 한다. 균류 경쟁자를 물리치는 분자 수준의 전쟁이다. 스트로빌루린은 환경친화적인 곰팡이 제거제로서 놀라운 효과가 입증되어 작물에 해를 끼치는 곰팡이를 처리하는 곳 어디서나 사용된다. 이것이 햇빛에 숨은 황금 보상이다.

자동차 전조등이 비추는 환한 불빛 아래에서 나는 또 다른 숲의 선물을 발견했다. 바지에 들러붙은 말털이슬 씨앗 10여 개가 작은 초록 벌레처럼 보인다. 나무딸기 밑에서 홀대를 받으면서도 기어오르고, 블루벨이 짧은 영광을 누렸던 곳에서 그림다이크 숲 야생화 중 가장 볼품없이 피어난 이 실박한 종은 7월에 개화를 마쳤다. 짝지어 나오는 작은 씨앗은 그 삶의 마지막 단계에 있다. 리처드 메이비Richard Mabey[1)]는 라틴어 학명인

키르카에아 루테티아나*Circaea lutetiana*를 번역한 '마법사의 나이트쉐이드'라는 말털이슬의 근사한 이름이 그리스 마녀 키르케Circe와 연관되어 있다고 설명했다. 16세기 파리의 식물학자들은 이 식물이 율리시스의 선원들을 돼지로 바꾼 마녀의 물약에 쓰인 재료였다고 의견을 모았다. 학명의 '루테티아'는 파리의 옛 이름으로, 결국 이 식물은 '파리 사람이 쓴 키르케의 물약'이 된다. 이처럼 보잘것없는 초본에 붙은 이름치고 참으로 화려하다. 참고로, 이 식물에는 독성이 없다.

그러나 적어도 말털이슬의 종자는 마술사가 그리 수치스럽게 생각할 정도는 아니다. 종자를 확대해보니 초록색의 부푼 곤봉에 작고 하얀 털이 잔뜩 달렸고 털끝은 갈고리 모양이다. 잘난 것 없는 꽃이 임무를 마치면 종자는 핀처럼 생긴 가느다란 대 끝에 대롱대롱 매달려 있다가 지나가는 아무 동물이나 붙잡아 탄다. 말털이슬 종자에게 내 양말과 바지는 새로운 땅으로 이동하는 교통수단이다.

나는 말털이슬 종자의 완벽한 디자인에 감탄했다. 아주 작은 부분까지 세심하게 신경 쓴 놀라운 작품이다. 이 모든 것을 계획한 '설계자'가 있다고 굳게 믿는 사람들에게 동조하고 싶은 마음마저 들었으니까. 세상의 모든 것이 이처럼 미세한 수준에서 작동한다. 곰팡이는 심지어 분자 수준에서 경쟁한다. 이는 인간의 이해를 초월한 정교한 협업이 아닐까? 아니면 신성한 계획일까? 하지만 나는 이러한 '설명'조차 사기꾼 마녀의 주문임을 안다. 숲은 각 생물이 적응한 대로 복잡하게 엮어낸 한 폭의 직물이다. 모든 생명체가 가지는 고유한 특징은 전부 자연선택에 의해 검증되었다. 말털이슬의 종자가 이처럼 완벽하게 '설계된' 갈고리를 만들지 못했다면, 종자를 퍼뜨리는 데 덜 성공적이었을 것이다. 화학물질의 보호를 받지 못하는 끈적긴뿌리버섯은 개체군에서 선택적으로 도태될 것이다. 마녀는 자연을 이해하는 경이와 즐거움이 무엇인지 알려주는 매우 합리적인 수단을 남겼는지도 모르겠다. 과학자로서 자연을 분석하는 과정이 자연의 경이로움에 누가 되는 것은 아니다. 분석 결과 추가되는 모든 세부적인 항목은 위대한 서사시에 덧붙이는 또 한 줄의 시구일 뿐이다. 이 시는 영원히 완성될 수 없다. 그 세세한 사항들은 절대 지루하지 않다.

나는 차 안으로 들어가기 전에 말털이슬 종자를 조심스럽게 털어 버렸다. 이대로 내 정원으로 가 뿌리를 내린다면 치명적인 잡초가 될 테니까.

저택과 도시

우리 숲은 1066년 노르만 정복 이후 곧바로 로더필드 장원의 일부가 되었다. 노르만 정복 20년 뒤에 작성된 토지대장 「둠즈데이북」에는 로더필드가 앵케틸 드 그레이Anketil de Grey 소유로 기록되었고, 이후 드 그레이 후손들이 300년 이상 저택을 유지하며 자신의 이름을 교구에 추가했다. 다른 명망 있는 가문인 피파드Pippard 가는 훨씬 서쪽에서 비슷한 방식으로 영지를 관리했다. 이런 연유로 오늘날 지도에 로더필드페파드라는 마을이 표기되었다.[2)]「둠즈데이북」에 따르면 로더필드 영지는 영주에게 5파운드의 가치가 있는데, 이 땅은 20가구(자유민 12가구, 노예 8가구)를 먹여 살렸고 농토 7개 지역, 목초지 약 5헥타르, 임야 4×4 펄롱(길이의 단위 - 옮긴이)으로 이루어져 이미 오늘날처럼 혼재된 경관이었다. 당시에는 숲 주위로 밀집된 아늑한 로더필드그레이즈 마을은 없었고, 언제나 그레이즈 코트를 중심으로 흩어져 있는 농가와 일꾼의 오두막으로 구성되었다.

드 그레이 가문이 지은 중세 성곽 중에 지금까지 남아 있는 것은 성곽의 외벽과 세 개의 탑뿐이다. 그러나 훗날 지어진 튜더식 저택의 맞은편에 늘어선 그 석조물 덩어리는 비록 낡았지만 엄중했던 시대를 떠올리기 힘든 아주 인상적인 유적이다. 이 고대의 탑은 17세기 미망인의 거처로 편입되어 흠잡을 데 없는 구릉진 시골 풍경 너머로 영국 남부에서 가장 부러움을 사는 경치를 선사했을 것이다. 반대로 같은 골짜기를 가로질러 멀리서 성곽을 본 중세 시대의 나그네들은 이를 보며 굉장한 위협을 느끼지 않았을까.

적어도 1200년 이후에는 산림방목장이 그레이즈 코트를 에워쌌을 가능성이 있다. 산림방목장은 다 자란 교목들이 곳곳에 자라는 개방된 공원으로, 사슴과 가축이 함께 살았다. 농토는 작물 재배에 사용되었는데, 지금도 저택의 북쪽에서 부분적으로 경작되는 이 토지는 양질의 농지였음이 분명하다. 실제 숲이 차지하는 지역은 현재보다 다소 적었을 것이며 나는 55헥타르 정도로 추정한다. 물론 이처럼 오래전에 작성된 영지의 지도는 없으므로 토지 사용에 관해서는 언제나 불명확한 구석이 있다. 그러나 숲은 영지의 가장자리 방향으로 저택에서 가장 먼 곳에 자리했다고 가정하는 게 합리적이다.

로더필드그레이즈 교구는 색슨 시대에 지정된 교구 중에서도 가장 가늘고 긴 지조를 가지고 있다. 지조의 길이는 8킬로미터가 넘었지만 너비는 1.6킬로미터가 채 되지 않고 그보다 좁은 구역도 많았다. 로더필드그레이즈 교구는 동쪽으로 확장되어 템스 강 인접 지역까지 포함되었는데, 이후 인근 지역 바깥으로 상거래가 활발해지면서 강변 인접 지역의 중요성이 커졌지만, 처음에는 영주의 개인 어장을 제공하는 수준이었다. 교구는 임야와 초지뿐 아니라 서서히 늘어나는 인구를 충분히 먹여 살릴 만한 생산성이 있는 경작지를 소유했고, 그 범위가 하이무어의 고지대 황무지에서부터 템스 강을 따라 풍성한 초원에 이르렀다. 지대가 높은 곳에서는 물이 부족했기 때문에 연못을 건설하고, 급기야 깊은 우물을 파야 했다.

봉건제도는 소작인에게 부역의 의무를 지웠다. 그레이즈 장원은 중세 시대에 상당 기간 영주의 땅이었기 때문에, 소작농들은 자손 대대로 장원 영주에 예속되었다. 이들은 밭에서 일하고 가축을 돌보며 나무에 경의를 표했다. 이름 없는 농노들이야말로 누구보다 램브리지우드의 숲과 친밀했다. 『루트렐 시편』(1330년에 조프리 루트렐 경이 구약성서의 시편을 소재로 글과 그림을 편집한 책 - 옮긴이)에서 당시 농노들의 모습을 엿볼 수 있다. 이들은 소박하고 주름진 성긴 튜닉을 입고 정강이 싸개로 다리를 감싸고 간단한 모자나 샤프롱으로 머리를 덮었다. 고된 노동과 종교가 이들의 삶을 지배했다. 성인의 축일만이 유일하게 쉴 수 있는 날이었다. 숲에서는 왜림작업과 벌채를 했고 장작으로 쓸 땔감과 울타리용 기둥을 만들었으며 농기구의 물푸레나무 손잡이를 고쳤다. 어쩌면 집에 너도밤나무 통나무를 몰래 가져와 간단한 그릇을 만들어 썼을지도 모른다. 어떤 소작인은 벌목 후 남은 잔가지를 주워 연료로 사용할 권리가 있었고, 영주는 소작인이 집을 손보는 데 필요한 목재를 내어줄 의무가 있었다. 그러나 몸이 매인 사람들의 삶은 권리보다 직무와 의무가 나열된 목록으로 명시되었다. 오늘날 벌목된 나무들이 방치되어 썩어가는 모습을 본다면 이들이 어떤 충격을 받을지 눈에 선하다.

소작농들이 무정부 시기(1135~1154년)로 불리는 끔찍한 내전 시기에 어떻게 살았는지는 알 수 없다. 그러나 왕좌의 권리를 서로 주장하고 나선 스티븐과 마틸다의 대립 과정(헨리 1세의 뒤를 이을 왕좌를 두고 딸인 마틸다와 조카인 스티븐이 벌인 전쟁 - 옮긴이) 중에 1153년 월링퍼드에서 일어난 공격과 학살 때문에 고통스런 일상에서 벗어나지 못했을 것이다. 전쟁 결과에 대한 토머스 홉스Thomas Hobbes의 유명한 구절은 이처럼 암울한 시기를 배경으로 하지 않았을까. '인간의 삶, 고독하고 가난하고 잔인하고 추하고 짧다.' 이 시기에는 상류층조차 고통받았다.

13세기 초에 드 그레이는 명성을 떨쳤다. 월터 드 그레이Walter de Grey는 존 왕과 헨리 3세의 재위 당시 영국에서 가장 영향력 있는 성직자였다. 1214년에 존 왕은 그를 대법관, 그리고 이후에는 워세스터의 주교로 임명했다. 월터 드 그레이는 1215년 6월 15일, 존 왕이 마그나카르타(대헌장)에 서명할 때 왕의 편에 섰다. 그리고 이어서 요크의 대주교로 선출되어 부귀를 누렸다. 헨리 3세가 왕좌를 계승했을 때에도 그는 여전히 중요한 인사였다. 1242년 헨리 3세가 잃어버린 프랑스 영토를 회복하기 위해 푸아투에서 위험한 모험을 감행한 짧은 기간에는 실질적으로 왕국을 운영하기도 했다. 월터 드 그레이의 시신은 방부 처리되어 1255년에 요크민스터의 남쪽 익랑에 묻혔고 위대한 자의 죽음을 기리는 미사가 열렸다.

드 그레이의 후손은 대를 이어 그레이즈 코트를 물려받았다. 로더필드의 첫 번째 그레이 남작은 존 드 그레이John de Grey(1300~1359)였다. 그는 가터 기사단의 최초 구성원이자 에드워드 3세의 궁중 집사장이었다. 로더필드그레이즈 교회에는 갑옷을 갖춰 입은 로버트 드 그레이 경(?~1387)을 기념하는 아름다운 동판이 있는데 드 그레이 가문의 후기를 기록하고 있다.

재판소와 교회에서 대저택과 관련되어 진행하는 대규모 사업과 상관없이 숲에서는 벌목용 낫과 도끼로 왜림작업과 나무 꼬기 등 영주의 관심을 크게 끌지 않는 일상적인 작업이 꾸준히 이루어졌다. 가문의 명성이 높아지면 나무도 치솟았고, 가문의 평판이 떨어지면 잘라내졌다. 속세에서 성공과 실패의 헛된 순간은 나무를 화폐화하려는 욕심을 기록한 몇 개의 나이테로만 나타날 뿐이었다. 숲속의 나무는 오로지 계절의 진리, 비의 선물, 가뭄의 역경만을 읽었다.

그레이즈 코트가 중세의 번영을 누리고 있을 때 램브리지우드를 비롯한 칠턴힐스 남부 지역에서는 역사를 바꿀 만한 변화가 한창 준비 중이었다. 헨리온템스가 세워진 것이다. 헨리온템스는 영국의 다른 도시들처럼 자연발생적으로 생겨난 도시가 아니라 처음부터 설계된 계획도시였다. 헨리온템스는 오랜 색슨의 혈통을 이어받은 벤싱턴(오늘날의 벤슨) 지역에서 고대 장원의 일부인 왕실 토지에 지어졌다. 설계된 시기에 관한 논쟁이 있지만,[3] 헨리온템스 외에도 여러 지역에서 계획도시를 세운 것으로 알려진 헨리 2세의 재위 기간인 1170년대에 주요 작업이 착수되었을 가능성이 높다.

거의 비슷한 시기에 헨리에서 템스 강을 건너는 첫 번째 다리가 건설되었을 것으로 추측된다. 이 다리는 부분적으로 돌로 지어졌는데, 다리를 지지하는 아치는 템스 강변에 자리 잡은 '다리 위의 천사The Angel on the Bridge'라는 오래된 여인숙의 지하 저장고에서 여전히 내다볼 수 있다. 이제 이 여인숙에서는 천사라는 이름이 무색하게 맥주를 판다. 세인트 메리 교회는 오늘날의 다리에서 가까운 도시 끄트머리에 있는데, 비록 지속적으로 보수·개조되기는 했지만 원래 시공된 연도는 1204년으로 거슬러 올라간다. 다리 옆에는 헨리의 미래를 보장하는 부두가 늘어서 있었다.

헨리온템스의 나머지 도시계획은 오늘날까지 남아 있는 마켓플레이스를 중심으로 대략 사각형으로 구성되었다. 개발된 땅은 길고 좁은 버기지 필지筆地로 나누어졌다. 버기지burgage는 거리를 중심으로 마주 보고 양쪽으로 길게 늘어선 상점들 뒤에서 도시의 성장에 이바지한 온갖 업종의 작업장을 수용했다. 놀랍게도 벨스트리트의 동편은 크게 손대지 않고 설계된 그대로 유지되었기 때문에 호기심 많은 사람들은 부동산이나 카페 등이 있는 부지 사이를 돌아다니며 뒤쪽으로 배열된 버기지를 발견할 수 있다. 오늘날의 도시 개발자들은 중세 시대에 설계된 주형으로 뭘 할 수 있을지 고민한다. 이들이 고민하는 사이에 우리는 도심 밖 언

헨리의 오래된 출입구에서 보이는 긴 버기지 필지.

덕에 살아남은 원시적인 자연경관에 어울리는 짝으로 남아 있는 이 도시의 화석 경관에 감사할 따름이다.

초기 헨리온템스의 이색적인 잔해는 헨리의 가장 오래된 거리에 늘어선 상점과 술집에서 찾아볼 수 있다. 후기 튜더 양식의 들보가 여기저기 보란 듯이 드러나 있는데도 사람들은 웬만해서 알아채지 못한다. 게다가 실은 오래된 건물이라는 사실이 떳떳하지 못한 비밀인 양 감추는 건물도 많다. 원래의 골격이 워낙 튼튼해서 이후의 건축가들이 옛 참나무 버팀목이나 들보 등을 그대로 둔 채 새롭게 설계했지만 여전히 과거의 냄새를 지울 수 없다. 벨스트리트에 있는 훌륭한 중세 회관이 좋은 증거다. 연대학자는 이곳의 커다란 참나무 들보를 에드워드 2세가 다스리던 1325년의 것으로 추정했다. 그을린 들보는 오래전에 철거한 화덕에서 불을 지폈다는 사실까지 증명했다.

큰 교회 뒤편으로 비교적 나중에 지어진 화려한 중세 건물인 챈트리

하우스가 있다. 외부에 아름답게 드러난 참나무 골격을 보면 깊은 인상을 주려고 의도한 것임을 알 수 있다. 건물의 1층은 1400년대 중반에 헨리에서 가장 잘나가는 상인이었던 존 엠즈John Elmes와 존 데븐John Deven의 전시실과 창고로 사용되었다. 건물은 동쪽으로 곡물, 맥아, 양털 가게가 북적거리는 부둣가에 인접해 있었다. 헨리의 챈트리 하우스는 사업의 기회를 놓치지 않는 능력 있는 신흥 계층의 자신감을 드러내는 증거이며, 초기 봉건시대 이후로 지역사회가 어떤 변화를 겪었는지 잘 보여준다. 계획도시 헨리온템스는 크게 번성했다.

하천 무역은 런던의 요구로 시작되었다. 중세 초기에 점차 번영하고 인구가 불어나는 수도[4]를 먹이고 안락하게 해줄 필요가 커졌다. 밀과 기타 곡물은 꾸준히 수요가 있었고, 생선도 생물이나 자반을 가리지 않고 잘 팔렸다. 나무는 겨울철 난방에 사용되는 유일한 연료였다. 철을 제

챈트리 하우스는 헨리에 남아 있는 가장 훌륭한 중세 건축물이다.

련하고 화약을 만들려면 숯이 필요했다. 가죽과 양털은 시민과 평민에게 똑같이 옷을 입혔다. 화물을 실은 배가 템스 강을 따라 런던 부두에 도착했고, 이런 식의 교역이 수 세기 동안 이어졌다. 그러나 헨리는 기막힌 시점에 기막힌 장소에서 탄생하여 주요 물류 집하장의 자리를 꿰찼다. 런던으로 가는 헨리의 하류에서는 '샤우트shout'라는 커다란 평저선(바닥이 평평한 배)이 수도로 가는 얕은 물길을 쉽게 드나들었다.

헨리에서 템스 강 상류로 거슬러가는 길은 거룻배 사공에게 악몽의 구간이었다. 레딩을 지나는 커다란 곡선 항로는 항해하기 어려울 뿐 아니라 통발과 물레방아가 설치되어 있었다. 위험한 구간은 오늘날 운하에 사용되는 갑문의 전신前身인 수문을 통해서만 지나다닐 수 있었는데 매우 비효율적이었다. 나무로 만든 그 수문은 강물의 흐름을 막는 역할을 했는데 하류로 향하는 경우에는 수문이 열렸을 때 비교적 쉽게 통과할 수 있는 반면, 상류로 갈 때는 타이밍을 정확히 맞춰 배를 들어 올려야 했다. 제분소 주인들은 제분소를 움직이는 동력원이 전환되는 것에 분개했다. 그러나 해당 영지의 영주는 제분소 주인과 뱃사공 양쪽에서 돈을 거둬들이는 데만 관심이 있었다. 헨리와 런던 사이에는 수문이 네 개밖에 없었지만 상류의 옥스퍼드로 가는 길에는 무려 스무 개 이상이 있었다. 이런 상황에서 헨리의 경제성이 부각되었다. 이 신도시의 부두에서 화물을 싣고 내리는 것이 가장 경제적이었기 때문이다. 런던의 상인들은 이곳에 지점을 세웠는데, 물론 여기에는 이후 6세기 동안이나 베니어판 아래 묻히게 된 훌륭한 회관들이 포함된다. 1280~1350년의 부동산 소유 증서를 보면 소매상인 중에 곡물상과 어상魚商이 명시되어 있다. 인근 언덕에서 실어온 곡물을 런던으로 실어갈 때까지 보관하도록 상인들이 소유한 부두들에 곡물 저장고가 지어졌다.

런던과 반대되는 방향, 즉 옥스퍼드 쪽으로 가는 거래는 헨리에서 내린 화물을 짐말이나 수레에 인계하여 칠턴힐스를 넘어 육로로 월링퍼드까지 실어 날랐다. 템스 강을 따라 그 느리고 비싸고 불편한 곡선 뱃길을 피해 옥스퍼드로 갈 수 있는 길이었다. 이 경로는 원래 수 세기 전에 가축상들이 개척했다. 마차는 힘들게 고개를 오르락내리락하며 우리 숲을 지나갔을 것이다. 왜림작업 중인 일꾼과 쟁기질하던 농부는 노새를 모는 사람들이 서둘러 돌아가며 외치는 소리와 바퀴 축이 삐걱대는 소리에 잠시 일을 멈추고 그레이즈 코트를 지나는 길을 따라 품위 없이 움직이는 짐마차를 지켜보았을 것이다. 헨리는 모든 상거래가 한 번쯤 거쳐가는 중심축이 되었다.

이런 북새통이 로더필드그레이즈의 장원에 미친 효과는 충분히 짐작할 수 있다. 과거를 지배하던 자급자족의 농촌 경제는 시장경제에 훤한 후손에게 자리를 양보했다. 밀은 상품이 되었고 숲에서 생산된 것들도 마찬가지였다. 세상 물정에 밝은 드 그레이 가문 사람들은 변하는 경제 상황에 귀를 기울였다. 칠턴의 작은 땅이 처음으로 드넓은 세상의 일부가 되었다. 자유 시장이 밀을 원한다면, 나무를 뿌리째 갈아엎고 숲을 개간해 밭을 일굴 충분한 이유와 동기가 되었다. 물론 그 과정에서 나오는 너도밤나무 목재를 유용하게 써먹은 것은 말할 것도 없다. 중세에 인구가 증가하자 농경이 가져오는 보상의 유혹도 커졌다. 농업 방식이 개선되었다. 수석점토층으로 이루어진 밭을 '달달하게' 만들어 곡물 경작의 생산성을 늘리기 위한 목적으로 램브리지우드 아래쪽의 백악 채취장에서 석회를 공급했다. 남쪽의 헨리 부두 바로 옆에는 그레이 가문이 소유한 부둣가 구역도 있었는데, 이는 길쭉하게 뻗은 독특한 색슨 시대의 교구 설정에 딸려온 보너스였다. 누구도 로더필드그레이즈의 독자적인 목재와 곡물 거래를 막지 못했다. 교구를 통과하는 오래된 도로는, 지금은 헨리의 일부인 프라이데이스트리트 위쪽의 강에서 시작하여 그레이즈힐까지 이어진다. 이 도로에는 1.6킬로미터 떨어진 성 니콜라스 교회 예배에 늦지 않으려고 서두르다 시속 50킬로미터의 제한속도를 어긴 운전자를 단속하려고 경찰이 주기적으로 서 있는 지점이 있다. 500년 전에는 염려할 만한 속도제한이 없었는데도 지나치게 많은 바퀴 자국 때문에 짐수레들이 낑낑거리며 오르막길을 올랐을 것이다.

참나무

헨리의 성장에 목재는 필수였다. 유일하게 참나무만 돛대와 활대, 들보, 크럭(중세 목조 건물의 뼈대에 쓰인 한 쌍의 휜 목재 - 옮긴이) 등 뼈대가 크고 튼튼한 건물을 짓는 데 필요한 목재를 모두 제공했다. 참나무를 묘사할 때면 자연스럽게 '충직한', '믿음직한', '굳센', '견고한' 같은 듬직하고 안심시켜주는 형용사가 따라붙는다. 많은 영국인들이 참나무의 성질을 영국인의 특성으로 자부한다. 참나무속 *Quercus* 나무들은 세계 전역에 퍼져 있고, 세상에 충직하고 믿을 만한 친구는 그리 흔치 않은데도 말이다.

『실바』에서 존 에블린은 참나무의 성질에 대해 칭찬을 아끼지 않았다. '지금까지 알려진 목재 생산물 중에 가장 다방면으로 사용되고 튼튼하다. 더 단단하다고 알려진 나무도 있지만…… 실은 약하고, 큰 임무와 무게를 견디기에 적합하지 않다. 이보다 오래가는 목재는 없다.' 참나무는 믿을 만한 사업 파트너다. 허황되게 일확천금을 노리지도 않고, 주어진 일에 소홀하지도 않다.

애초에 에블린이 이 유명한 책을 쓰게 된 것도 참나무 공급 부족을 염려하면서였다. 현재 그림다이크 숲에는 다 자란 참나무가 고작 두 그루뿐이고, 얼마 전 우리 가족이 특별한 의식과 함께 세 번째 나무를 심었다. 그러나 과거에는 램브리지우드에 더 훌륭한 참나무가 곳곳에서 자랐고 지금보다 훨씬 더 많았다는 증거도 충분하다. 참나무는 맹아림을 조성할 때 함께 키울 교목으로 흔히 심는다. 과거에 참나무를 좀 더 선별적으로 수확했다면 오늘날처럼 너도밤나무가 숲을 지배하지는 않았을 것이다.

14세기 이전부터 중세의 대연회장을 짓기 위해 옥스퍼드셔의 숲에서 나무를 베어갔다. 건물을 지을 때 실제 뼈대를 올리기 전에 도목수의 지휘하에 언제나 먼저 설계부터 하는데, 그들이 작업 중에 휘갈겨 쓴 메모들이 아직까지 남아 있는 경우가 있다. 헨리에는 런던 웨스트민스터 홀[5]의 지붕 같은 걸작은 없지만 건물의 뼈대를 견고하게 세우려면 세심한 판단과 함께 건축자재에 관한 지식과 기술이 필요하다. 골격을 세우는 작업에 '생나무'(벌목한 지 얼마 되지 않아 물기가 있는 나무 - 옮긴이)가 흔히 쓰였는데, 목재가 숙성하는 과정에서 수축하여 뼈대 전체를 단단히 조여주는 역할을 했기 때문이다. 그 밖에 문과 창문, 그리고 최고급 저택에서는 바닥 마루에 참나무를 사용했다. 벽은 종종 점토와 진흙을 섞어 외를 엮은 가지에 발라 채우거나, 또는 나중에 지은 주택에서는 벽돌을 헤링본 스타일로 채우는 데 지나지 않았다. 실질적인 작업은 모두 참나무로 이루어졌다.

산업화 시대 이전에는 참나무가 없는 삶은 상상할 수도 없었다. 목수의 충직한 친구는 통장이에게도 필수적인 재료였다. 수레바퀴장이는 바큇살에 참나무가 필요했다. 배를 만들 때도 선장실을 떠받치는 힘과 화려한 장식이 동시에 가능한 나무는 참나무뿐이었다. 참나무는 쓸 만한 목재였고 대체할 수 없는 자원이며 신뢰와 인내의 미덕이 가득한 나무였다. 참나무는 그 황금기가 끝난 이후에 문학적으로 신격화했다. 1809년 4월 16일, 라일런스Rylance 목사가 발표한 「참나무의 심장Heart of Oak」의 나중 버전을 그 증거로 인용하겠다.

알프레드 전하가 데인족을 이 땅에서 몰아내고서
친히 어수御手로 참나무 한 그루를 심었다.
그리고 바다의 여왕, 잉글랜드의 홀笏로써
이 나무의 축복을 하늘에 빌었다.
참나무의 심장은 잉글랜드의 선박이요,
참나무의 심장은 잉글랜드의 백성이다…….[6)]

참나무의 강인함은 진정한 영국인의 가장 중요한 신체기관으로 체화體化되었다. 알프레드 대왕은 우리 숲에서 불과 몇 킬로미터 떨어진 월링퍼드의 보루에 자신의 참나무를 심고 싶었을 것이다. 이후 1,000년의 반이 흘러 이 나라가 세계의 해상 패권을 장악하게 되리라 미리 내다보고서 말이다. 물론 500년까지 사는 참나무가 드물지 않다는 전제하에.

오늘날 진정한 참나무 노수老樹는 대개 세월이 비껴갔거나, 영지의 경계를 표시하려는 목적으로 심어진 중세 대저택 주위의 산림 목초지에

참나무(왼쪽)와 너도밤나무(오른쪽)의 수피.

서 발견된다. 나는 제프리 초서Geoffrey Chaucer(1343~1400)의 『기사 이야기The Knight's Tale』에 나오는 오래된 나무를 떠올린다.

얽히고설킨 옹이투성이로 헐벗은 고목,
그루터기마저 모난 것이 흉측하여 차마 볼 수가 없구나.

재키와 나는 칠턴힐스를 지나 옥스퍼드로 가는 오래된 고속도로를 따라가다가 옛 상인들이 장에 가는 길에 소와 양에게 물을 먹였을 법한 고지대의 물웅덩이 주위로 속이 드러난 늙은 참나무 몇 그루를 보았다. 우리 숲처럼 바삐 돌아가는 숲에는 이런 무드셀라(성경에 나오는 가장 장수한 인물 - 옮긴이)가 없다. 오래오래 우아하게 자라도록 놔두기엔 참나무는 유용한 점이 너무 많다.

레딩의 농촌생활박물관Museum of Rural Life에 보관된 영상에서 참나무로 작업 중인 장인을 볼 수 있다. 지역의 통장이가 오랜 견습 생활과 다년간의 수련을 통해 얻은 능숙함과 꼼꼼함으로 참나무 널빤지 한 묶음과 띠쇠를 가지고 앞으로 오랜 세월 동안 술을 보관할 통을 만드는 모습이 소개된다. 통장이는 나무와의 교감을 눈과 손의 협응으로 결합하여 일상의 기적을 구현한다. 흐트러짐 없이 안정된 손길은 나처럼 DIY에 젬병인 사람에게 넘치는 존경을 불러일으킨다. 오래전 헨리에서 이 통장이는 생선을 나르는 통을 제작했고, 이후에는 맥주나 와인을 담는 술통을 제작했을 것이다. '제작한다manufacture'라는 단어에는 원래 라틴어로 '마누스manus'와 페시트fecit', 즉 '손으로 만든'이라는 뜻이 있다. 통장이들은 휘어진 너도밤나무 목재로 이 참나무통의 마개를 만들었는데, 그렇다면 우리 숲에서 가장 흔한 나무도 작지만 나름대로 역할이 있었던 셈이다.

통장이라는 뜻의 '쿠퍼Cooper'가 여전히 흔한 성姓이라는 사실은 과거에 이 업종이 매우 흔했다는 증거다. 최상품 와인과 위스키는 여전히 참나무통에서 숙성된다는 점 역시 마찬가지다. 그렇지 않았으면 통장이의 기술은 지금쯤 맥이 끊어졌을 것이다. 유령란만큼은 아니겠지만, 역시 그리 드문 성이 아닌 바퀴장이 카트라이트Cartwright나 휠라이트Wheelright의 기술은 이미 사라질 위기에 놓였다. 나무 바퀴 제작에는 우리 숲의 나무가 줄줄이 등장한다. 바퀴통은 느릅나무, 바퀴테는 물푸레나무, 바큇살은 믿음직한 참나무. 우리 숲이 한때 바퀴 만드는 장인과 모종의 계약을 맺었던 건 아닌지 궁금하다.

참나무를 심장이나 바크 범선(돛대가 세 개 이상인 범선 - 옮긴이), 혹은 용기勇氣에 비유하는 사람들조차 무두질까지 떠올리지는 못한다. 중세에는 농노, 자유민, 귀족 할 것 없이 가죽조끼를 걸치고 가죽 부츠를 신고 다녔다. 상인들은 가죽 주머니에 돈을 넣어 다니고, 일반 병사들은 대개 가죽으로 만든 갑옷을 입었다. 그러나 동물의 거죽이 가죽으로 바뀌는 과정은 복잡했다. 이 과정에서 무두질이 가장 중요한 단계였다. 무두질 공장은 악취가 진동하기 때문에 대개 마을의 가장자리에 자리 잡았다. 헨리에서는 과거에 프라이데이스트리트가 로더필드그레이즈 교구와의 경계였기 때문에 우리 교구의 가엾은 영혼들은 무두질 공장의 고약한 냄새를 참으며 살아야 했다.

무두질의 첫 번째 과정은 동물의 거죽에서 상한 살점과 털을 긁어낸 후 – 이때 이미 지독한 냄새가 났겠지만 – 닭이나 개의 똥과 오줌까지 들어 있는 끔찍한 물약에 장시간 담가두는 것이다. 그러면 거죽에서 화학변화가 일어나 다음 공정으로 넘어갈 수 있다. 즉 참나무 껍질 추출액에 거죽을 적시는 것인데, 그 안에는 질긴 거죽을 부드럽고 탄력 있는 가죽으로 완성시키는 놀라운 타닌 성분이 들어 있다.

인간이 이러한 가죽 처리 과정을 발견했다는 사실 자체가 놀랍다.

헨리가 세워지기 무려 1,000년 전에 폼페이에서는 무두질에 사용할 인간의 배설물을 저장한 쇠지랑탕이 있었다. 이것은 수익성 있는 사업이었다. 그래서 무두장이들은 문자 그대로 구린내 나는 부자가 되었다. 프라이데이스트리트에 있는 가장 고급스런 저택 중 하나가 무두장이의 소유였다. 스토너 가문의 문서[7]에 따르면 무두장이들은 벌목 전에 이미 나무껍질을 계약하여 벌목 중에 바로 벗겨냈다. 이렇게 목재와 나무껍질이 각각 다른 곳으로 팔려갔다. 한 해 평균 30그루 이상의 분량이 필요했다. 가장 질 좋은 나무껍질은 약 20년 주기로 왜림작업이 이루어지는 참나무에서 수확했다. 램브리지우드에서는 웃자란 참나무 맹아림을 찾을 수 없지만, 왜림이 아닌 교목을 벌목했더라도 틀림없이 그 나무껍질을 버리지 않고 무두장이에게 보냈을 것이다.

나는 겨울이면 참나무 나뭇가지와 잔가지를 보는 게 참 좋다. 참나무는 하늘을 향해 짙은 나뭇가지를 팔꿈치처럼 접어 올린다. 너도밤나무와 물푸레나무의 우아하게 굴곡진 선과는 어울리지 않는다. 나는 성기게 골이 파인 참나무의 두꺼운 회색 수피를 만지는 것도 좋아한다. 너도밤나무의 매끄러운 수피와는 확실히 느낌이 다르다. 우리 숲에서 자라는 참나무는 유럽참나무 *Quercus robur*인데, 참나무의 심장 그 자체다. 그림다이크 숲에 있는 두 그루의 참나무 중 상태가 좋은 것은 수령을 약 80년으로 추정한다. 숲에 있는 다 자란 너도밤나무들과 비슷한 나이이다. 참나무 줄기는 이웃하는 너도밤나무 사이에서 유독 수직으로 뻗어 있다. 봄철에 참나무 잎은 너도밤나무 잎이 거의 다 나온 후에야 나타나는데, 잎이 너무 높이 달려 있기 때문에 위에서 진행되는 상황을 가끔씩 보고받을 뿐이다. 참나무 꽃차례는 수술의 끈다발에 불과하다. 5월이 되어 땅에 떨어질 때면 올이 다 드러난 쥐꼬리처럼 처량해 보인다.

때로 바람에 굴러떨어지는 잎사귀가 있는데, 그중에는 아랫면에 스팽글 장식처럼 벌레혹을 붙이고 있는 잎이 있다. 붉게 상기된 이 벌레혹은 잎 표면에 달아놓은 작은 원판 모양의 누름단추 같다. 이것은 네우로테루스 퀘르쿠스바카룸*Neuroterus quercusbaccarum*이라는 긴 이름을 가진 작은 혹벌이 분비한 화학물질에 자극을 받아 잎이 생성한 것이다. 500종 가량의 무척추동물이 참나무 덕분에 목숨을 부지한다고 알려져 있으므로 숲속의 어떤 나무보다도 참나무에는 곤충이 득시글거릴 것이다. 저 높은 참나무 꼭대기에 손이 닿을 수만 있다면 얼마나 좋을까. 타닌산은 참나무 잎을 맛없게 만들어 나무를 보호한다고 알려졌다. 하지만 동물도 이 정도의 교란작전에 대응하는 방법쯤은 분명히 개발해왔을 것이다.

올해는 도토리가 풍년이라 나무 아래에 여기저기 흩어져 있다. 5년에 한 번씩 찾아오는 '종자다산해'다. 과거에는 도토리 풍년이면 멧돼지가 배를 불리고, 중세 시대의 돼지 치는 사람들은 그 짧은 동안의 풍요로움 덕에 돼지를 살찌웠다. 그러나 숲을 위해 양돈용 열매에 대한 권리 제도가 도입된 지 여러 해가 흘렀다.[8] 요즘은 종자다산해에 풍성하게 생산된 도토리들이 별로 활용되지 못하고 있다.

아직도 깍정이 안에 들어 있는 도토리가 많다. 깍정이는 에그 컵처럼 아늑하게 도토리를 감싼다. 나는 깍정이를 잡아 도토리 한 개를 집어 들었다. 도토리가 달린 줄기는 유럽참나무에 라틴어 학명을 준 꽃자루다. 어릴 적에 나는 종종 이 작고 기묘한 장치를 가짜 담뱃대인 척 입에 물고 놀았다. 이제는 너무 작아 입에 물기도 힘들다. 이 참나무는 내 평생 열두 번의 해거리를 했고, 앞으로도 수많은 풍년을 맞이할 것이다. 나는 그 심오한 필연성을 내 가짜 담뱃대에 넣고 태우는 시늉을 했다.

어떤 도토리는 아직 초록색이지만 대부분 갈색으로 퇴색했다. 그런데 여기에 크기는 별반 다르지 않지만 도토리가 아닌 게 있다. 완벽한 구형이고 갈색의 윤이 나는 이 구슬혹은 안드리쿠스 콜라리*Andricus kollari*

라는 또 다른 작은 말벌에 반응하여 나무가 만들어낸 충영蟲癭이다. 이 벌레혹은 수집감이다. 나는 말벌이 나무를 자극해 만들어낸 안전가옥의 출입구를 보았다. 음식으로 가득한 이 집은 입구가 아주 작았는데, 말벌을 직접 본 적은 없어도 크기가 겨우 2밀리미터에 불과하다는 걸 알기 때문에 놀라진 않았다. 참나무는 어떤 나무보다도 많은 혹벌을 먹여 살린다. 나무는 혹벌의 종마다 고유한 벌레혹을 만들어내는데, 도대체 어떻게 그렇게 '알아서' 맞춤 제작을 하는지 신기할 따름이다. 또 어떻게 바로 그 특정한 모양이 특정한 말벌 종에게 꼭 들어맞는지도 모르겠다. 드라이어드는 혹벌만큼이나 참나무와 특별한 관계를 맺은 그리스의 요정이었다. 이들이라면 나에게 그 답을 말해줄 수 있지 않을까?

참나무는 중세 시대부터 경제의 중요한 일부였다. 그레이즈 영지의 오래된 숲 관리인은 나무 하나하나를 기억했고, 각각 내버려둘 때와 베어내야 할 때를 잘 알고 있었다. 이제 영지는 영주의 손을 떠났다. 숲은 팔렸고 오래된 집과 땅은 내셔널 트러스트가 운영하면서 관광객을 위해 관리한다. 옥스퍼드셔 당일치기 여행지의 관리인은 무두질이나 양돈에서 얻는 수익이 아니라 부러진 나뭇가지가 사람들에게 가할지도 모르는 위험에 신경을 쓴다. 그러나 참나무는 여전히 그 자리에 있다. 내셔널 트러스트의 상징은 참나무 잔가지 그림이다. 나뭇잎 네 개, 도토리 하나, 도토리깍정이 몇 개, 그다음에 또 뭐더라? 아무튼 참나무는 어쩐지 '내셔널'('참나무의 심장……')하고, 또 '트러스트'는 정직, 견고함, 용감함 등과 같이 참나무에 헌정되어 벌레혹처럼 붙어 있는 또 하나의 언어다.(영어로 '트러스트trust'는 '재단' 및 '신뢰'라는 뜻이 있다 - 옮긴이)

송로버섯

나는 너도밤나무의 원뿌리가 얕은 토양으로 정박한 지점에서 조금 떨어진 나무 아래에 쭈그리고 앉아 있었다. 오른손에는 장난감 가게에서 산 작은 갈퀴를 들었다. 나무 둘레에 누군가가 낙엽 더미를 파헤친 흔적을 발견했다. 나는 이 가소로운 도구로 지표면 아래의 성긴 나뭇잎 더미를 애써 파헤쳤다. 곧 흙덩어리 같기도 하고 썩은 낙엽 같기도 한 무언가에 부딪혔다. 꽤 단단해서 길을 막고 있는 수석 덩어리를 치워야 했다. 그러다 바로 너도밤나무 뿌리로 보이는 분홍색 잔뿌리를 보았다. 살짝 부풀어 오른 뿌리는 작은 나무라도 되는 양 심하게 갈라져 있었다. 이것이 균근(균뿌리)이다.

땅속으로 고집스럽게 몸을 숨긴 너도밤나무 열매를 찾았다. 이 너도밤나무 열매는 갈색의 강낭콩 모양이고 땅속에 파묻혀 있다는 점에서 송로버섯을 닮은 것 같기도 하다. 나는 처음보다 열정이 수그러들었다. 이미 여러 차례 실패한 경험이 있기 때문이다. 그런데 갑자기 갈퀴에 뭔가 다른 게 걸려 올라왔다. 녹슨 갈색의 토끼 똥처럼 보이는 둥근 물체로, 커다란 완두콩 크기만 했다. 마침내 행운이 찾아왔다. 돋보기 아래에서 이 작은 물체의 표면이 전형적인 무사마귀로 덮여 있음을 확인했다. 그렇게 오랜 노력 끝에 나는 4분 만에 네 개의 송로버섯을 캤다.

송로버섯(트러플)을 언급하면 사람들의 입에는 침이 고이고 마음속으로 가장 좋은 옷을 꺼내 입는다. 그리고 유명한 흑색 트러플, 또는 세계에서 가장 비싼 식재료이자 금보다 가치가 높다는 미식가의 흰색 트러플을 떠올린다. 그러다 네 개의 토끼 똥을 보면 실망할 것이다. 대부분의 송로버섯은 초라한 것들이다. 송로버섯에도 수많은 종이 있지만 모두 지표면 아래에서 자라기 때문에 경험 많은 박물학자도 쉽게 발견하지 못한다. 그저 끈질기게 찾아다니는 수밖에 없다.

나는 영국의 송로버섯 전문가 중에서도 대모 격인 캐롤라인 호바트Caroline Hobart에게서 송로버섯 채취법을 배웠다. 캐롤라인은 보통 가지를 넓게 펼친 나무 아래, 깔고 앉을 담요와 낙엽을 긁어낼 작은 갈퀴, 버섯을 담을 보관 상자를 갖추고 버섯 탐색 기지를 마련한다. 버섯 채집이 아니라 고고학자의 발굴 작업 장소라고 불러야 할 것 같다.

나는 방금 발견한 송로버섯이 어떤 종인지 알고 있다. 가장 흔한 엘라포미세스 무리카투스*Elaphomyces muricatus*(별지 컬러 일러스트 24 참조)다. 이 버섯은 개성 있는 구슬 모양이며 겉 색깔은 다양하고 반으로 가르면 안쪽은 대개 단단한 치즈 농도이다.

진실을 말하자면, 송로버섯은 전혀 특별한 '것'이 아니다. 그저 특별한 '습성'일 뿐이다. 이유를 설명해보겠다. 균류 중에는 일반적인 버섯처럼 자실체가 지표면 위로 뚫고 나오지 않고 땅속에서 성숙하는 습성의 이점을 알게 된 것들이 있다. 이들의 포자는 주머니 같은 자실체 안에서 발달한다. 이런 종은 대부분 동물, 특히 멧돼지처럼 땅을 파헤치는 습성이 있는 동물의 활동으로 종자를 퍼뜨린다. 그래서 이 과정을 돕기 위해 가장 맛있는 냄새가 진화했다. 안타깝게도 이 경이로운 향은 빨리 사라진다. 오래된 송로버섯은 온갖 종류의 맛 좋은 고기의 감칠맛이 하나로 합쳐진 냄새 대신 퀴퀴한 냄새가 난다.(모든 싸구려 송로버섯 상인을 조심하라. 이들은 절반만 기억될 꿈을 팔기 때문이다) 포자는 온전히 모습을 보전한 채로 동물의 소화기관을 통과한 뒤 숲 전체로 퍼져나간다.

송로버섯은 오랫동안 두 개의 커다란 균류 집단에서 기원했다고 알려졌다. 어떤 송로버섯은 '마트'에서 파는 버섯과 같은 담자균류Basidiomycetes에서 왔다. 반면에 자낭균류Ascomycetes인 곰보버섯에 가까운 송로버섯도 있다. 그래서 이 둘은 진화적으로 완전히 별개의 기원을 가진다.[9] 맛있는 송로버섯은 모두 자낭균류에 속한다. 내가 캔 것도 자낭균류이지만 질이 좋지는 않았다. 이처럼 서로 다른 기원을 가진 분류군이 비슷한 환경에 적응하는 과정에서 유사한 형태로 진화하는 현상은 자연계에서 흔히 볼 수 있다. 나는 '수렴진화'라는 이 현상을 우리 숲에서 보여줄 수 있어서 기쁘다. 분자생물학 시대가 도래하기까지 확실히 밝혀지지 않았던 것은 송로버섯의 습성이 두 집단 내에서도 서로 별개로 진화했다는 사실이다. 송로버섯이 되고 싶은 균류가 많았던 모양이다. 과학자들은 송로버섯의 DNA에서 추출한 유전자의 염기서열을 가지고 서로 동떨어진 여러 균류 중에서 가장 가까운 친척을 찾아냈다. 이는 서로 비슷해 보이는 송로버섯이 실은 생김새가 매우 다른 버섯과 각각 같은 분류군이라는 뜻으로, 진화라는 일반적인 상식을 거스를 수 있다는 것을 다시 한 번 증명한다.

송로버섯은 모두 나무뿌리와 균근 관계로 연결된 것처럼 보인다. 버섯은 나무에게 유용한 영양분을 기부하고 그 대가로 광합성의 산물인 당을 얻는다. 성숙하는 과정이 지하에서 이루어지기 때문에 공중에서 포자를 퍼뜨릴 때 생기는 위험을 피한다. 지상에서는 언제나 자실체가 건조해질 위험이 있기 때문이다. 포자는 곧바로 효과적인 종자 확산 메커니즘, 다른 말로 소화관으로 들어간다. 이런 전략은 균류나 파트너인 식물에게 똑같이 효과적이고 진화가 선호하는 적응 방식이기 때문에 송로버섯의 습성이 계속 유지되어온 것이다.

나도 땅속에 묻힌 균근성 보물 주위를 맴도는 가시날개파리과의 작은 트러플파리*Suillia pallida*를 보고 송로버섯을 찾았다고 말할 수 있으면 좋겠다. 이들은 얕게 판 무덤 속 시체 주위를 어슬렁거리는 블러드하운드 같다. 송로버섯 수색꾼들은 이런 곤충학 정보를 이용해 송로버섯을 찾을 수 있다고 주장해왔고, 나도 하마터면 믿을 뻔했다. 여름트러플*Tuber aestivum*은 자생하는 식용 종이다. 우리 숲에서 파리의 도움 없이 이 종을 찾을 수 있다면 정말 좋겠다. 오늘의 보잘것없는 발견은 어느 곤충에 의한 것이 아니라 그저 누군가가 마구잡이로 낙엽 더미를 들추고 다닌 결과였다. 오소리가 아닐까 짐작하지만 헤쳐놓은 크기를 보면 청설모가 더 유력하다. 후각기관이 달린 짐승이라면 송로버섯의 유혹을 이길 수 없다. 나무의 안전지대에서 벗어나는 모험을 해야 할지라도.

키다리 아저씨

파리나 모기에 관한 한 나는 문외한이다. 트러플파리뿐만이 아니다. 게다가 세상에는 누구라도 문외한일 수밖에 없을 만큼 많은 종류의 파리와 모기가 있다. 도움이 필요했다. 나는 영국 국립 자연사박물관에서 수십 년 동안 딕 베인-라이트Dick Vane-Wright 옆에서 일했다. 아니, 정확히 말하면 딕의 연구실은 거대한 토끼장 같은 건물 안에서 내 연구실과 800미터 정도 떨어져 있었다. 그러나 우리 둘은 비밀 통로를 공유했다. 딕은 각다귀를 향한 무한한 열정의 소유자다. 그가 각다귀를 찾아 숲을 방문했다. 파리와 모기의 날개는 네 개가 아니라 두 개다. 이들이 속한 곤충 목은 쌍시류Diptera, 그러니까 그리스어로 '두 개의 날개'를 가진 '진정한 파리'라는 뜻이다. 다른 한 쌍의 날개는 변형되어 특유의 평형기관이 되었다.

딕은 혼자서도 여러 명의 쌍시류 전문가 몫을 할 것이다. 몇몇 쌍시류 전문가가 자신이 좋아하는 분류군을 찾아 그림다이크 숲에 와서 스카이차에 올랐다. 표본을 얻기 위한 수집가들의 기발하고 엉뚱한 행동은 동서고금을 막론하고 똑같은 것 같다.

쇼를 주도하는 것은 모기 중에서도 크기가 가장 큰 각다귀로, 누군가는 '키다리 아저씨'라고 부른다. 바늘 같은 다리와 길고 좁은 날개를 가진 각다귀들이 풀밭 주위에서 우왕좌왕하다가 사지를 떨구는 장면은 9월에 흔히 보는 광경이다. 사실 딕 자신도 뭐랄까 길쭉길쭉한 사람이다. 키가 크고 팔다리가 가늘고 길며, 턱수염이 났고, 헝클어진 흰머리가 갈수록 숱이 줄어 간달프(영화 「반지의 제왕」에 등장하는 인물 - 옮긴이)를 닮아간다.

오늘은 날이 따뜻하고 살짝 습한 것이 각다귀를 잡기 좋은 날이다. 딕은 그물을 들고 왔는데 별로 촘촘해 보이지도 않고, 솔직히 말하면 막대기 위에 빅토리아 시대의 하얀 블루머(여성용 구식 속바지 - 옮긴이)를 올려놓은 것 같았다. 각다귀를 끌어내려고 딕은 길가의 초목들 사이를 위아래로 껑충거리며 그물로 크게 휘젓고 돌아다녔다. 마침 개와 산책하는 사람이 지나갔는데, 개 주인보다 개가 더 놀란 눈치였다. 딕을 보고는 차마 짖지도 못했다.

작은 곤충을 채집할 때는 흡충관이라는 장치를 사용해 곤충을 그물 밑에서 수집병으로 빨아들이는 도중에 잠시 멈추곤 한다. 그러나 커다란 각다귀를 채집할 때는 곧바로 독병에 집어넣는다. 그런 다음 연구실로 가져가 쌍안현미경 아래에서 어떤 종인지 정확히 동정해야 한다.

무슨 현미경씩이나 동원하느냐고? 각다귀는 그냥 각다귀가 아니냐고? 절대 그렇지 않다! 지구에 살고 있는 조류鳥類의 종류보다 각다귀(꾸정모기)의 가짓수가 더 많다는 사실! 지금까지 688속의 각다귀가 밝혀졌다. 각다귀속의 개수가 그 정도이고 이름이 붙은 각다귀만 무려 1만 5,391종에 달한다. 또한 아직 이름이 없는 새로운 종이 여전히 매년 발견되고 있다. 브리튼 섬에만 300종 이상이 서식한다고 알려졌다. 자신 있게 각다귀 종을 동정할 수 있는 사람은 실제로 몇 명밖에 되지 않는다. 이는 나비목Lepidoptera을 제외한 많은 곤충 분류군의 문제다. 그 때문에 그림다이크에 서식하는 전체 종 목록이 아직도 미완성인 것이다. 각다귀는 파리와 모기를 구분하는 100개가 넘는 과 중 하나에 불과하다.

대부분의 쌍시류에 관해 나는 적당한 전문가를 찾고 있지만, 각다귀는 이례적인 이점이 있다. 바로 찰스 P. 알렉산더Charles P. Alexander(1889~1981)다. 그는 박물학자들의 박물학자인 찰스 다윈은 말할 것도 없고 조류학鳥類學의 거장인 존 제임스 오듀본John James Audubon(1785~1851)만큼의 지명도도 없는 사람이다. 그러나 각다귀 실록에서만큼은 독보적이다. 알렉산더는 최소 1만 1,278종의 각다귀 학명을 명명하고 기술했다. 각다귀 연구를 시작한 이후 거의 하루에 한 종씩 이름을 붙인 셈이다. 각다귀 종 전체의 3분의 2는 그가 이름을 지어주었다고 할 수 있다. 또한 1,054편의 과학 논문을 발표했는데, 아마 세계기록에 도전해도 좋을 것이다. 나는 그가 사회생활은 거의 하지 않았을 거라고 짐작한다.

열대우림에서 심해, 그리고 우리 숲을 포함한 세계 어디서나 발견되기를 기다리는 무척추동물이 있다. 우리가 이미 알고 있는 종의 비율이 얼마나 되는지는 과학자들 사이에서 의견이 분분하다. 그러나 가장 보수적인 분류학자조차 우리가 현재 인지하는 종은 지구 전체 생물다양성의 절반에도 미치지 않는다는 점을 인정할 것이다.[10] 이 방대한 미확인 종을 수집하고 기술하는 업무가 버겁고 불가능하다고 말하는 사람이 있다면, 나의 대답은 다음과 같다. '찰스 P. 알렉산더를 보라.'

신원을 확인하는 행위는 곤충학자의 제2의 천성이다. 어떤 종류의 곤충에 관심이 있느냐에 따라 색깔 패턴에 주목하는 전문가도 있고, 주둥이에 초점을 맞추는 전문가도 있다. 그러나 나는 거의 모든 전문가가 기본적으로 생식기에 관심이 있다고 믿는다. 돌이켜보면 내가 아는 거의 모든 사람이 생식기에 관심을 가졌다. 각다귀처럼 날아다니는 곤충의 날개는 시맥으로 지지가 되고 시실이라고 부르는 방으로 나뉜다. 시맥은 분류군 내에서 상당히 일관성 있게 나타나고 분류군 간에 차별되는 특징이기 때문에 곤충학자들이 대단히 즐겨 연구한다. 각다귀의 암수는 모습이 다르다. 예를 들어 그림다이크 숲에 있는 어느 각다귀 종의 수컷은 화려하게 솜털로 덮인 더듬이가 있지만 암컷은 털이 훨씬 적다. 어떤 각다귀 종의 날개에는 색깔 점이 나타난다. 다리에 줄무늬가 있는 종도 있다. 긴 복부 끝에 있는 생식기의 경우 배열이 복잡한 구레나룻 같아서 그걸 알고 좋아하려면 분명 곤충학자가 되어야 하겠지만, 곤충에게는 적합한 배우자와 확실히 짝을 짓는 데 절대적으로 중요한 부위이다. 그건 딕 베인-라이트에게도 똑같이 흥미로운 부분이다.

숲에서 잡은 각다귀 중에 흔한 것은 티풀라 올레라세아*Tipula oleracea*인데, 1758년에 위대한 린네가 이름을 붙였다는 점에서 우리 숲의 너도밤나무와 과학계의 역사를 공유한다. 심지어 이 종은 역사적인 서열에 따라 모든 키다리 아저씨의 아빠라고까지 주장된다.(한국에서는 소설 『키다리 아저씨』에서 daddy-longleg를 '키다리 아저씨'로 번역했다. 소설 속의 키다리 아저씨는 각다귀가 아니라 동명의 거미다 - 옮긴이) 각다귀의 유충은 '가죽 재킷'이라는 별명으로 불리는 애벌레로, 특별할 것 없는 갈색 유충이지만 정원 식물의 뿌리에 심각한 피해를 주기 때문에 원예사들이 아주 싫어한다. 물론 배고픈 새들에게는 감사한 존재겠지만.

딕은 숲에서 찾아낸 열다섯 종의 각다귀에 대해 상세하게 기록했다. 개별 종에 대한 그의 묘사를 보면 난해한 시를 읽는 것 같다. '좀 더 뒤쪽 날개막의 살짝 훈제된 부분'이라든지, '더러운 날개 패턴' 또는 '정교한 양빗살 모양의 더듬이'라는 표현에서 곤충에 대한 박물학자의 극진한 사랑이 드러난다.

나를 괴롭히는 질문이 하나 있었다. 숲이 어떻게 이처럼 다양한 각다귀 종을 모두 포용할 수 있을까? 이제는 그 답을 알고 있다. 각다귀의 유충이 선호하는 서식처는 종에 따라 매우 세분되었으며, 성숙하는 시기도 제각각이다. 트리시포나 이마쿨라타*Tricyphona immaculata*는 길가의 축축한 침엽수 장작더미를 좋아한다. 리피디아 마쿨라타*Rhiphidia maculata*는 숲의 다른 곳에서 썩어가는 너도밤나무를 선호한다. 그리고 같은 서식처에서 오르모시아 리네아타*Ormosia lineata*는 좀 더 늦게 모습을 드러낸다. 점박이 날개가 예쁜 리모니아 누베쿨로사*Limonia nubeculosa*는 흔한 각다귀로, 이것도 과학적인 기술記述인지 모르겠지만 딕이 간단하게 묘사한 바에 따르면 '기회주의적이고 아무 데서나 살 수 있는 목식성木食性 곤충'으로 일반종(다양한 조건에서 살 수 있는 종 - 옮긴이)에 가깝다. 체일로트리키아 시네라스센스*Cheilotrichia cinerascens*는 호랑가시나무 주위에서 채집되었고, 에리오프테라 루테아*Erioptera lutea*는 흙 속에 산다. 울라 믹스타*Ula mixta*의 유충은 균식생물로, 아마도 썩어가는 결상버섯류를 먹을 것이다. 이 종은 1983년에야 이름을 얻었는데, 최근까지도 희귀종으로 여겨졌지만 실은 누구도 이 각다귀를 알아채지 못했을 뿐이다. 가장 큰 각다귀는 날개가 얼룩덜룩한 유럽큰꾸정모기*Tipula maxima*인데, 그 유충은 길을 따라 늘 축축한 지역의 젖은 흙 속에 산다.

뭐니 뭐니 해도 가장 멋진 종은 늘씬한 말벌처럼 검은 바탕에 노란 가로줄 무늬가 있는 크테노포라 플라베올라타*Ctenophora flaveolata*(별지 컬러 일러스트 30 참조)다. 빗 같은 더듬이는 1950년대 팜므파탈의 인공 눈썹을 닮았다. '발견하면 대박인 곤충'이라고 딕이 말할 정도로 전혀 흔하지 않다. 1933년 옥스퍼드셔에서 마지막으로 출몰한 기록이 있는데, 〈영국 곤충 및 자연사 학회지British Journal of Entomology and Natural History〉에 실릴 정도였다. 발견 장소는 우리 숲에서 북쪽으로 4킬로미터 떨어진 워버그 보호지역이었다. 발견자는 '오래된 너도밤나무 숲의 종'이라고 말했다.

이 시시콜콜한 세부 사항들에 독자는 고개를 절레절레 흔들지도 모르겠다. 하지만 나는 이 세부 사항 속에 악마와 기쁨이 동시에 들어 있다고 말하겠다. 작은 크기의 동물들, 특히 조심스럽게 몸을 감춘 상태로 생장하는 유충의 시기를 거치는 곤충에게 우리 숲은 기회의 장이자 다양한 생태적 지위가 존재하는 동화 속 나라다. 하나의 단어로서 '생물다양성'은 재미없고 추상적이지만, 숲에서 시간을 보내다 보면 같은 단어가 전혀 다른 의미로 다가온다. 교향곡 제목에 붙은 숫자와 콘서트홀을 둘러싼 영광스러운 복잡성이 갖는 차이라고나 할까. 모든 썩어가는 통나무는 하나의 작은 세상이다. 잎의 뒷면은 진딧물 왕국이다. 이들은 직소퍼즐 안에 딱 맞는 퍼즐 조각일 뿐 아니라 매달 자신의 조각을 새로 만들어낸다. 각다귀는 모두에게 공평하게 주어진 공중에서 짝을 만나 대를 잇거나, 비밀 장소에 은둔하면서 때를 기다린다.

빈터를 가르는 늦은 햇살이 춤추는 티끌처럼 날아다니는 날벌레들을 비춘다. 작은 생명들은 똑똑한 바보들이다. 어떤 놈들은 둘이 함께 위아래로 흔들어댄다. 짝짓기 춤일 것이다. 또 어떤 놈은 냄새를 포착하고 생태계에서 자신의 지위에 걸맞은 본능을 좇아 움직이다 빛 속으로 사라진다. 나는 이들의 학명을 모두 알고 있지만, 이름이란 종이에 적힌 목록일 뿐 교향곡이 아니다. 종의 목록은 시작에 불과하다. 지구상의 모든 종은 자기만의 일대기와 살아남기 위한 생존 도구, 그리고 흥미로운 비밀을 가진다. 딕은 그림다이크 숲의 어떤 각다귀는 생활사의 초기 단계가 여전히 미궁 속에 있다고 말했다. 공중에 흩날린 색종이 조각처럼 표류하는 수백 마리의 날벌레에 대해 알아낼 게 얼마나 더 있을까?

꾀꼬리버섯 감자조림

꾀꼬리버섯은 감자조림이 되었다. 꾀꼬리버섯의 향과 맛을 온전히 느낄 수 있는 가장 간단한 방법이다. 감자는 익으면서 버섯에서 나온 즙을 모두 흡수한다. 야생에서 채취하는 먹거리가 다 그렇지만, 꾀꼬리버섯을 몇 개 찾을 수 있을 만큼 운이 좋았는지에 따라 음식의 양이 달라진다. 하지만 버섯이 적어도 감자 무게의 절반은 있어야 한다. 나는 작게 썬 양파와 샬롯(작은 양파의 일종 - 옮긴이)을 부드러워질 때까지 올리브유에 살짝 볶았다. 그런 다음에는 잘라서 살짝 익힌 분감자를 넣고 갈색이 되도록 익히다가 꾀꼬리버섯을 넣는데, 크기가 크다 싶으면 적당히 썰어서 넣는다. 그러고는 냄비 뚜껑을 덮고 약한 불에서 '달큼해지도록' 익힌다. 습한 날씨에는 즙이 더 많이 나올 것이다. 그러면 뚜껑을 열고 적당히 졸인다. 나는 퍽퍽해진 감자를 별로 좋아하지 않기 때문에 적당히 물기가 있으면서 끈적한 정도가 좋다. 이렇게 졸이는 데 8분 정도 걸린다. 맛있는 베이컨 몇 조각과 함께라면 저녁 한 끼로 충분하다.

October

10월

너도밤나무 열매와 군비경쟁

너도밤나무 열매가 쏟아진다. 연속으로 딸깍하는 소리가 마치 금속판 위로 폭우가 쏟아지는 것 같다. 열매가 온 땅을 뒤덮는 바람에 발걸음을 옮길 때마다 오도독거리는 소리가 났다. 낮은 나뭇가지에는 여전히 깍정이 속에 열매가 달려 있다.

너도밤나무 깍정이는 네 개의 방으로 나누어진 느슨한 목질 주머니인데, 안쪽은 부드러운 갈색으로 빛나고 바깥에는 성기고 빳빳한 털이 솟아 있다. 깍정이는 열매가 사라진 뒤에도 오랫동안 땅바닥에서 굴러다닌다. 너도밤나무 열매는 3면을 가진 피라미드 모양이고 익으면서 네 개의 열매가 깍정이 안에서 옹기종기 자라도록 설계되었다. 마침 올해는 너도밤나무 농사가 풍년이다. 회색청설모들이 제일 좋아하겠지. 빌어먹을 놈들. 하지만 덕분에 북숲쥐와 새들도 실컷 배를 불릴 테고, 숲비둘기는 10월 수확철에 빠뜨린 열매를 찾아 겨우내 숲을 헤치고 다닐 것이다.

광택 있는 갈색 껍질 안에 모두 알맹이가 들어 있지는 않다. 속이 비었으면서 알맹이가 있는 척하는 것도 있다. 그러나 통통하고 볼록한 열매를 손톱으로 까보면 대부분 연한 황갈색의 3면을 가진 알맹이가 쉽게 빠져나온다. 맛이 좋긴 해도 간식으로 배에 기별이 갈 만큼 모으려면 몇 시간은 족히 걸린다. 열매를 더 모아볼까 싶어 무릎을 꿇었다가 떨어진 너도밤나무 잎사귀 한 장을 보게 되었다. 잎 위에 두 개의 노르스름하게 털이 달린 작은 탑이 올라앉았다. 아주 미세한 털이 덥수룩하게 돋아난 부츠 같았다. 나는 지금까지 벌레혹을 신경 써서 봐왔는데, 이건 분명 다른 것이었다. 이 벌레혹은 하르티기올라 아눌리페스*Hartigiola annulipes*라고 부르는 작은 혹파리에 의해 생긴 것이다. 벌레혹을 만든 당사자를 찾는 것보다 혹을 수집하고 동정하는 게 훨씬 쉽다. 이 상습범들의 수법은 언제나 동일하기 때문이다.

칠턴지역협회가 램브리지우드를 관통하는 공공 통행로를 청소하고 복원하려고 숲을 방문했다. 수년간 사람들이 너도밤나무 숲을 헤매고 다니며 제멋대로 길을 내버렸는데 칠턴지역협회가 이참에 재정비하려고 나선 것이다. 이 사업의 담당자 스티븐 폭스Stephen Fox는 몸집이 건장하고 일 처리가 효율적인 사람이었는데, 필요할 때는 강하게 나설 줄도 알았다. 작업팀은 주로 나이 든 자원봉사자로 구성되었는데, 모두 재밌고 유쾌하고 의욕이 충만한 적임자였다. 곡괭이와 톱, 튼튼한 정원용 가위가 총동원되었다. 한 쾌활한 백발 여사님이 작은 낫을 들고 이렇게 말했다. "우리 모두 이 일을 하려면 정신이 좀 나가야 해요."(원문에서는 'be nuts'라는 표현을 썼는데, 'nuts'에는 열매라는 뜻 외에도 '미친', '제정신이 아닌'의 뜻이 있어 여기서는 중의적으로 쓰였다 - 옮긴이)

작업팀에는 은퇴한 의사와 BBC 방송국에서 일했던 남자도 있었다. 공정한 작업을 하기 위해 옥스퍼드셔 주의회의 공공 통행로 담당자도 함께했다. 사람들은 길을 가로막는 작은 나무를 잘라버리고 통행로를 헷갈리게 하는 나무딸기는 파냈다. 베어낸 호랑가시나무 가지를 통행로 양쪽으로 쌓아 길을 명확히 표시하고, 또 사람들이 길을 벗어나지 못하게 했다. 그동안 사람들이 임의로 다녔던 '비공식적'인 길은 큰 목재로 막아놓았다. 유럽울새 한 마리가 청소 중에 뭐 건질 게 없나 하고 일행 뒤를 따라왔다. 이들은 순식간에 그림다이크 숲 끝까지 일을 해치웠다. 깜짝 놀라자 전직 BBC 직원이 말했다. "빨리 끝내고 맥주 한잔 하러 가야죠."

나는 고루한 지역 사람들이 여전히 예전에 다니던 길을 고집하고, 별걸 다 간섭한다며 화를 내지나 않을까 걱정되었다. 숲을 통과하는 그림다이크를 따라가는 길이 바로 그런 사례다. 그 길은 공공 통행로가 아니지만, 축축한 겨울철에도 말라 있는 편이라 사람들이 수년간 이용해왔다. 이제 칠턴지역협회가 깔끔하게 이정표로 표시해놓은 공공 통행로가 그림다이크와 몇 미터 떨어진 데서 거의 나란히 이어진다. (사실 이 길은 상당히 질척거리는 편이다.)

아니나 다를까, 어느 고집스러운 산책객이 그림다이크 끝에 (겉으로만 그럴싸하게) 장애물로 막아놓은 나뭇가지를 모두 치워버렸다. 재키와 나는 나뭇가지를 도로 옮겨놓았고, 그렇게 일종의 소모전이 시작되었다. 우리는 더 확실하게 길을 막으려고 벌목한 나뭇가지를 잔뜩 갖다놓았다. 다음 주말에 가보니 이 의문의 산책객이 나무를 또 치워놓았다. 다음 달에 우리는 혼자서 들 수도 없을 만큼 무거운 나뭇가지를 비틀거리며 가져다놓았다. 이 정도면 되겠지. 그랬더니 이 미확인 침입자가 이번엔 나무가 너무 무거웠는지, 한쪽으로만 슬쩍 밀어 몸이 통과할 수 있을 만큼만 길을 열어놓았다. 나는 진심으로 군비경쟁의 심리를 이해하게 되었다. 최후의 저지 수단으로, 누구도 옮기지 못하도록 장비를 불러 나무 한 그루를 통째로 갖다놓을까 하는 생각까지 했다. 이 경쟁은 분명 나를 돌아버리게driving me nuts 만들고 있었다.

그러다 어느 순간 정신이 들었다. 공공 통행로는 영국 전원 지대의 가장 소중한 특징 중 하나다. 과거 수 세기 동안 선조가 걸었던 길을 걷고자 하는 사람들의 권리는 보호되어야 마땅하다. 나 자신도 웨일스의 어느 지역에서 그 권리를 지키려고 애쓴 적이 있다. 거기에서는 농부들이 통행로가 지나는 들판에 아무 생각 없이 황소를 풀어놓아 디딤 사다리가 무너지는 일이 있었다. 나는 몸에 그 일을 증명하는 흉터도 있다. 우리의 작은 숲은 세 개의 오솔길로 둘러싸였는데, 나는 이미 개를 끌고 산책하는 사람들 덕분에 사슴이 통제되고 있다는 사실을 발견했다. 행인의 장점이다.

한편 램브리지우드의 오래된 너도밤나무 숲은 '특별 과학 관심 지역'으로 지정되어 보호 중이다.[1] 이는 내가 이 숲에서 하는 일이 규제된다는 뜻이기도 하다. 예를 들어 나는 정부 독립기관인 '내추럴 잉글랜드'와 '산림위원회'의 승인을 받지 않고 내 맘대로 큰 나무를 벨 수 없다. 사람들이 내 숲에 들어와 블루벨을 캐가는 것은 불법이다. 나는 우리 숲의 희귀종을 보호할 의무가 있으므로 그림다이크 근처에서 자라는 구상난풀을 돌봐야 한다. 그림다이크 자체도 앞으로 1,000년을 더 살아남아야 하는 가치 있는 유산이다.

나는 이 숲 통행로로 자전거를 타고 다니는 사람들 때문에 화가 난다. 자전거 길은 도보로 다니는 통행로와 엄연히 다른데도 그저 순진무구한 얼굴로 아무 생각 없이 자전거를 타고 다니는 사람들이 있다. 심지어 한번은 길을 따라 시끄럽게 달려오는 미니어처 지프차에 치일 뻔했다. 인내심에도 한계가 있는 법이다.(운전자는 그저 우아하게 뒤로 물러섰다) 나는 사람들이 조깅하거나 자전거를 타고 그처럼 빨리, 그처럼 무심하게 지나가는 이곳이 자세히 들여다보면 얼마나 큰 즐거움을 느낄 수 있는 곳인지 진정으로 알려주고 싶다. 내가 그러듯이 이들도 잠시 길을 멈추고 자연의 일대기를 읽어보길 바란다. 누가 알겠는가, 집요하게 나무를 옮기던 그 사람이 오랜 습관을 버리도록 납득시킬 수 있을지.

그레이즈 코트 사람들

우리 숲의 역사와 그레이즈 코트의 이야기는 복잡하게 얽혀 있다. 그러나 로더필드그레이즈 같은 영지도 그 사냥터가 소작농의 공핍에서 비롯되었기 때문에 바깥세상과 담을 쌓을 수는 없었다. 초기 중세 시대에는 인구가 증가하고 무역이 성장했다. 장기간 온난했던 기후가 이를 뒷받침했다. 만약 인구가 계속 증가했다면 영지 경계의 숲까지 갈아엎어 경작용으로 개간했을 것이다. 그런데 14세기에 모든 것이 뒤집혔다. 비가 그치지 않는 여름과 참혹한 겨울이 연이어지는 바람에 1315~1317년에 대기근이 일어났다. 경작은 실패했고 사람들은 자포자기하는 심정으로 옥수수 종자까지 먹어치웠다. 기아로 인한 질병이 엄청난 타격을 주었다. 이 시기에 영국 인구의 최대 20퍼센트가 사망한 것으로 추정된다. 식인이 흔한 범죄가 되었다. 이 세계적인 기후변화는 뉴질랜드의 타라웨라 화산 분출로 대기 중에 대량의 화산재와 가스가 유입되면서 일어났다. 그림다이크 숲도 세계의 반대편에서 일어난 사건의 영향을 받았다. 이 3년 동안 숲의 나무도 심재를 거의 보태지 못해 얇고 빈약한 나이테만 그렸다. 연륜연대학자들은 이를 절망의 세월을 보낸 증거로 인식했다.

1348~1349년에 흑사병이 뒤를 이으며 림프절 페스트가 지위 고하를 가리지 않고 온 땅을 휩쓸었다. 역사학자 사이먼 타운리Simon Townley는 런던에서 가까운 헨리가 그 인구의 3분의 2 가까이를 잃으며 특히 큰 피해를 입었을 것으로 추정했다. 역병이 물러간 후, 기업가들은 시대적 비극을 기회로 삼아 빠르게 돌아왔다. 윌리엄 우드홀William Woodhall은 1350년에 처음으로 도시 기록에 등장해 2년 후 도시 관리인이 되었다.

그리고 1358년에 사망했을 때 그가 벌인 무역 사업은 영국 남동부 전역으로 뻗어갔다. 헨리는 상업 중심지로서 명성을 유지했고, 15세기 무렵에는 상업이 더욱 발달했다.

숲의 관점에서만 보자면, 수년간의 재앙으로 인구 증가의 압박이 사라져 숲이 벌목과 개간의 위협에서 벗어났다. 숲은 나름의 유용성을 잃지 않았고 과거와의 고리도 끊어지지 않았다. 그러나 옥스퍼드셔의 작은 숲은 더 넓은 세상에서 벌어지는 일에도 영향을 받았다. 세상과의 연결고리는 계속 유지된다. 모든 생물권이 공통적인 기후 요인하에 함께 묶였다. 이렇게 보면, 이 땅은 세계적이다.

드 그레이 가문의 후손은 장원을 기반으로 어려운 시절을 버텼다. 그러나 성곽으로서의 가치와 기능은 잃었다. 토지는 계절을 거듭하여 사용되었고, 엄격한 일상의 규칙에 따라 유지되었다. 기아와 질병으로 세상이 황폐해지면서 노동력이 귀해지자 오히려 노동자에게 이득이 돌아가지 않도록 하는 법령이 통과되었다. 영주와 상인의 이익이 보호된 것은 당연하다.

1399~1439년에 그레이즈 코트가 미성년 상속인에게 세습되는 동안 이 오래된 저택은 몰락해갔다. 15세기 후반에는 결혼을 통해 저택의 소유권이 수십 년간 로벨Lovell 가문과 그 인척들에게 넘어갔다. 로벨 가의 영주인 프랜시스 로벨Francis Lovell은 노르만 정복까지 거슬러 올라가는 그레이즈 코트 소유권의 긴 가계를 단절시켰다. 로벨은 1485년 보스워스 전투에서 리처드 3세를 지지했다. 이 반역적인 행동으로 그의 영지는 몰수되었다. 다음은 1514년 3월 2일, 헨리 8세 재임 5년차에 헨리온템스에서 있었던 종교재판을 요약한 내용이다.

'프랜시스 로벨은 1485년 11월 7일, 웨스트민스터에서 의회제정법에 따라 유죄 판결을 받고 재산이 박탈되었다. …… 베드포드 공작 재스

펴가 사권 박탈 시점부터 저택을 넘겨받아 사망일, 정확히 말해 1495년 12월 21일까지 소유했다.'[2)]

1503년에 헨리 7세는 로더필드그레이즈를 로버트 놀리스Robert Knollys에게 수여했다. 놀리스는 왕의 묘실을 담당한 의정관이었다. 1514년, 헨리 8세는 그 저택의 재산권을 로버트와 그의 아내 레티스에게 이전하는 대가로 고작 한여름에 핀 장미 한 송이를 요구했다. 그레이즈 코트의 튜더 왕조(1485년부터 1603년까지 영국을 지배한 왕조로, 헨리 7세가 즉위하면서 시작되었다 - 옮긴이) 전성기가 시작되었다.

로버트 놀리스의 아들 프랜시스 경은 튜더 왕가와 깊이 얽혀 있었다. 그의 신실한 기독교적 가치관은 메리 튜더Mary Tudor가 지배했던 짧은 가톨릭 시대(1553~1558년)를 제외하면 시대에 부합했다. 메리 1세 재위 당시 그는 부득이 프랑크푸르트로 도망쳐야 했다. 프랜시스 놀리스는 1545년에 캐서린 캐리Katherine Carey와 결혼했다. 캐서린 캐리는 메리 불린Mary Boleyn의 딸이었고, 미래의 엘리자베스 1세의 첫 번째 사촌이자 좋은 말동무였다. 프랜시스와 캐서린이 메리 여왕을 피해 망명 중이었을 때, 엘리자베스 공주는 다음과 같이 조언하는 편지를 썼다.

'너의 조국을 떠난다는 마음보다 너의 벗들을 증명하는 순례라고 생각하라.'

메리 불린은 헨리 8세가 그녀의 동생 앤과 결혼하기 전에 그의 정부情婦였다. 최근 연구에 따르면 캐서린이 헨리의 딸, 즉 그가 메리와 연인 관계였을 때 낳은 사생아라는 증거가 있다.[3)] 메리 불린의 이야기는 필리파 그레고리Philippa Gregory가 2001년에 쓴 소설 및 동명의 영화 「천일의 스캔들Other Boleyn Girl」의 배경이 되었다. 캐서린의 부친이 누구이건 간에 그녀 자신은 자식을 많이 낳았다. 프랜시스 놀리스는 최근에 밝혀진 라틴어 사전에서 열네 차례의 출산에 대해 상세히 기록했다. 캐서린의 자손은 로더필드그레이즈 교구 교회에 딸린 예배당에 있는 인상적인 놀리스 묘비 주위에 설화석고로 장식되어 있다.

엘리자베스가 여왕으로 등극하자 놀리스 가는 궁중에서 최고의 지위를 누렸다. 캐서린은 여왕의 침실을 담당한 최고 시녀가 되었다. 프랜시스 놀리스는 1572~1596년에 글로리아나(엘리자베스 1세의 애칭 - 옮긴이)의 가까운 조언자이자 추밀고문관, 부시종, 왕실재무관이 되었다. 그는 1568년 볼튼 캐슬에서 스코틀랜드의 여왕 메리(앞에 나온 메리 1세와는 다른 메리 여왕이다 - 옮긴이)를 감시했는데, 이는 엘리자베스가 그를 얼마나 신임했는지를 말해준다. 옥스퍼드셔에서 프랜시스의 경력은 화려했다. 1560년에는 옥스퍼드셔 공동 주지사, 1564년에는 옥스퍼드셔의 시종장이 되었다. 이들 직위 중 특권이 없는 것은 없었다. 그의 초상화는 왕을 성실히 보필한 조신朝臣의 거만하고 자신에 찬 모습을 보여준다.

프랜시스는 그레이즈 코트 저택을 개조해 엘리자베스 1세 시대를 대표하는 저택으로 만들었다. 그는 남아 있던 중세 성곽 부분을 상당히 허물고 오늘날 내셔널 트러스트 방문객을 맞이하는 훌륭한 3단 박공지붕(맞배지붕이라고도 하며, 'V'를 거꾸로 한 형태의 지붕 - 옮긴이) 저택을 새로 지었다. 영지 들판에서 캔 점토로 만든 붉은 벽돌로 저택의 서쪽을 확장했고, 백악층에서 단물이 지속적으로 공급되도록 우물을 팠다. 이제 그레이즈 코트는 왕실이 승인할 수 있는 모든 특권을 가지고 현명한 줄타기를 통해 안전한 장소가 되었다. 영지의 경계에 있는 숲은 위협받지 않았다.

자식이라는 이유로 부모가 바라는 대로 살아야 한다는 법은 없다. 프랜시스의 장남 헨리는 미운 오리 새끼 이상이었다. 1575년에 헨리는 자신의 배 엘리펀트 호를 타고 부카니에buccaneer라고 부르는 일종의 해적이 되었다. 3년 후 헨리 놀리스는 동생인 프랜시스 주니어와 함께 미국으로 식민지 원정을 떠나는 프랜시스 길버트 경Sir Francis Gilbert의 원정대에 합류하려 했지만, 그에 앞서 출항하여 유명한 해적으로부터 약탈품을 포획했다. 길버트 경의 원정대는 놀리스 형제 없이 원정길에 올랐다. 1581년 헨리 놀리스는 엘리자베스 여왕의 단호한 명령을 어기고 리스본의 왕위 계승자를 대신하여 포르투갈 배를 공격함으로써 또다시 물의를 일으켰다. 그는 네덜란드에서 원인 불명으로 사망했다.

헨리의 누나 레티스는 1543년 11월 8일 그레이즈 코트에서 태어났다. 그녀는 열일곱 살 때 제2대 헤리퍼드 자작이자 이후에 에식스 백작이 된 월터 데브뢰Walter Devereux와 결혼하여 다섯 명의 아이를 낳았다. 전해지는 바에 따르면 1576년에 레티스의 남편은 그가 마지막 3년간 많은 시간을 보냈던 더블린에서 이질에 걸려 사망했다. 아름다운 레티스는 이미 레스터 백작 로버트 더들리Robert Dudley와의 불륜설에 휘말린 상황이었다. 로버트 더들리는 엘리자베스 여왕이 평생 동안 깊이 사모하던 사람이었다. 레티스와 로버트는 1578년 9월 28일, 에식스의 원스테드에서 은밀히 결혼식을 올렸다. 여왕은 격노했고 20년이 지나서야 레티스의 존재를 받아들였다. 여왕이 레티스를 '암늑대she-wolf'라고 부른 것은 널리 알려져 있다.

그레이즈 코트의 이 고집 센 딸을 크게 염려할 일은 없을 것 같다. 레티스 놀리스는 자신의 세 남편을 먼저 보내고 아흔 살이 넘어서 세상을 떠났고, 튜더 왕조 시대에 놀라운 업적을 쌓았기 때문이다. 우리 숲과 레티스의 관계를 말하자면, 그녀는 사냥을 좋아했다고 한다. 그래서 그녀가 어린 시절을 보낸 곳에서 추격의 기술을 갈고닦았을 거라는 짐작은 그럴듯하다. 나는 사슴을 쫓아 우리 숲을 활보하는 레티스를 떠올리는 게 좋다. 그러면서 그녀가 익혔을 직관적인 회피의 기술은 나중에 잘 써먹었을 것이다. 레티스는 주로 남동생 윌리엄과 함께 사냥했는데, 그는 16세기 말에 궁에서 아버지의 지위를 유지하며 아버지를 능가하는 아들이 되었다. 윌리엄은 허영심이 많은 사람이었다. 실제로 윌리엄은 셰익스피어의 희극 「십이야」에서 말볼리오의 모델로 지목되었다. 교구 교회에 아버지를 기리는 생동감 넘치는 묘비를 세운 사람도 윌리엄이다. 윌리엄과 아내의 조각상은 프랜시스와 가족의 묘비를 덮는 지붕 위에, 책상 앞에 무릎을 꿇고 있는 모습으로 앉아 있다. 이상하게도 그 모습이 감동적이다.

헨리온템스는 당시 활황기를 맞았다. 1568~1573년에 런던으로 향하는 모든 곡물의 3분의 1이 헨리의 부두를 거쳐갔다. 대부분이 제빵용 밀이었는데 지역 사업가들은 헨리에서 직접 맥아를 제조했을 때 얻는 '부가가치'가 높다는 사실을 깨달았고, 이후 맥아 제조는 빠르게 헨리의 주력 사업이 되었다. 경작지와 임야가 공존하는 색슨 시대에 기원한 칠턴힐스의 특성은 이제 새로운 생명을 얻었다. 런던이 성장하면서 연료 수요도 비례하여 증가했다. 16세기 중반에 목재 가격은 70퍼센트 이상 상승했다. 1559년에 런던 시장과 부시장은 헨리와 웨이브리지에 저장된 최소 6천 뭇의 나무를 실어오도록 허가했다. 특히 너도밤나무 목재는 연료로 인기가 좋았기 때문에, 칠턴힐스에 있는 어떤 나무도 버려지지 않았다. 장작과 섶나뭇단으로 팔기 위한 목재 중 상당수는 표준화된 목재 규정에 따라 10~15년 주기로 맹아림에서 수확되었다. 장작의 기준은 둘레가 25센티미터, 길이가 102센티미터였고, 특별히 야외 화덕이 법이었던 이 시대의 넓은 화로에서 태우기에 적합했다. 섶나뭇단은 길이 90센티미터에 둘레가 61센티미터로 통나무 굵기였다.

1543년에 이미 목재 공급을 우려하는 목소리가 터져 나왔고, '산림법'이라는 최초의 숲 보전법이 탄생했다. 이것은 숲을 개벌한 이후에 어린나무는 재생하도록 놔두어야 한다는 법령이다. 또한 경작지를 확장하려는 목적으로 숲을 개간하면 벌금을 내야 했다. 너도밤나무는 참나무보

존 서더덴 번의 『헨리온템스의 역사』에 수록된 페어마일.(1861년)

다 빨리 자란다. 그래서 장작 공급에서 얻어지는 쏠쏠한 수익 때문에 너도밤나무를 주요 식재植栽 수종으로 바꾸면서 오늘날 너도밤나무가 칠턴의 상징이 되었는지도 모른다.

짐을 실은 수레의 들쑥날쑥한 줄이 스토너 하우스에서 아센든밸리를 따라, 또는 네틀베드 고개를 넘어 시골길 바퀴 자국 위로 힘겹게 삐걱거리며 지나갔다. 그러다 감사한 마음으로 페어마일의 평평한 직선 도로에 이르렀고, 이어 헨리 부두로 가서 그 짐을 쌓아놓았다. 선박에 쓰일 목재로 키우려고 남겨둔 큰 나무를 제외하면 튜더 시대에 왜림작업이 이루어진 나무들은 오늘날 너도밤나무보다 키가 작고 볼품이 없었을 것이다. 램브리지우드도 이런 식으로 관리되었는지 확실하지 않지만 헨리로 가는 직선 도로로의 접근성을 생각하면 그랬을 가능성이 높다. 램브리지우드 지역은 1570년에 크리스토퍼 색스턴Christopher Saxton(1540~1610)이 그린 지도에서 처음 등장했는데 토지 사용의 묘사는 기껏해야 도식 수준이라

대저택 주위를 둘러싼 지역으로 표시된 정도였고, 아마 벌목되지는 않았을 것이다. 우리 숲의 역사에 새로운 시기가 시작되었다.

런던만 헨리 인근에서 산출되는 자원을 독점했던 것은 아니다. 튜더 시대에 들어와 옥스퍼드가 중세 시대의 무기력함을 떨쳐내기 시작했기 때문이다. 1500년대에 세인트존의 가장 큰 부지를 비롯해 옥스퍼드 대학교의 6개 단과대학이 새롭게 설립되었다. 여러 단과대학이 칠턴힐스에 숲과 토지를 보유했는데, 학자다운 꼼꼼한 기록은 천연자원 이용에 관한 가장 구체적인 증거를 제시한다. 이러한 과거 소유권 중 일부는 오늘날까지 남아 있다. 헨리 인근 지역의 지도에 '대학 연습림' 또는 '여왕의 숲'으로 표기된 지역이 그 연관성을 분명히 드러낸다.

템스 강의 흐름을 바꾸어 하천 무역에 큰 걸림돌이 되었던 남쪽의 곡류천도 결의에 찬 배들이 운항을 개시했다. 토머스 웨스트Thomas West(?~1573/74)라는 상인의 검인檢印 목록을 보면 옥스퍼드로 들어가는 최종 길목은 운항이 불가능했어도, 적어도 일부 상업용 거룻배가 헨리에서 강 상류를 따라 옥스퍼드 남쪽의 컬햄까지 운항했음을 알 수 있다.[4)] 이런 용감한 시도에도 상업 중심지로서 헨리의 위상이 약해지기까지는 수십 년이 걸렸다. 한편 칠턴 전원 지대의 남쪽은 더 큰 세계에 편입되고 있었다. 마치 놀리스 가문이 엘리자베스 1세의 세계적 야망의 기반이 된 외교와 모험에 그레이즈 코트를 연루시킨 것처럼 말이다. 세계를 하나로 묶기 시작한 것은 단지 화산 폭발이었던 것만은 아니었다.

버섯 갤러리

숲 전체에 또 다른 폭발이 일어난다. 콩꼬투리버섯*Xylaria hypoxylon*이 오래된 그루터기마다 분출한다. 이 버섯은 마치 땅에서 하얀 수염이 싹트는 것처럼 보인다. 자세히 들여다보면 작은 뿔처럼 보이기도 한다. 뿔

가지 끝에 먼지처럼 포자가 온통 뒤덮여 있다.[5] 10월은 버섯을 좋아하는 사람들에게 축복의 시기다. 딱 알맞은 양의 비가 내린 뒤, 완벽한 양의 햇살이 버섯의 폭풍 같은 성장을 독려한다. 낙엽 더미를 밀어내고, 죽은 나무를 장식하고, 오래된 침엽수 목재 더미를 온통 뒤덮으며 어디서나 솟아오른다. 대체 어디서부터 시작해야 할까? 이곳은 형상의 갤러리다. 통통하고 땅딸막한 모양과 가는 막대 모양, 홀로 품위를 지키는 버섯과 빽빽하게 무리 짓는 버섯까지. 가느다란 줄기 끝에 달린 작은 삼각형의 갓은 요정의 파라솔로 특별 주문 제작한 것 같다. 햇빛에 바래지도 않는 선명한 루비색의 갓이 떨어진 보석처럼 빛난다. 너무 작아서 셀 수도 없는 작은 버섯 군단이 포자를 바람결에 날려 보낼 궁리로 바쁘다.

칠턴 너도밤나무 숲에 특별한 버섯이 있다. 노란애주름버섯*Mycena crocata*이다. 우아하고 작은 버섯 여덟 송이가 벌목된 통나무에 나란히 열을 지어 올라온다. 연한 자루 한 대를 부러뜨렸더니 오렌지 주스 같은 액체가 흘러나와 손가락을 밝은 당근색으로 물들였다. 수없이 많은 버섯이 내 시선을 끌려고 경쟁한다. 숲에는 현화식물(꽃을 피우는 식물 - 옮긴이)보다 열 배나 많은 버섯이 낙엽 더미를 장식한다. 대부분은 일반적인 우산 모양이다. 그러나 답싸리버섯*Ramaria stricta* 같은 것은 갈색 산호처럼 수직으로 길게 뻗어 그루터기 주위를 조그만 육상 산호초로 만들었다. 말불버섯*Lycoperdon perlatum*은 마치 땅이 부엽토 안에서 파티용 풍선을 불어댄 것처럼 봉긋이 올라온다. 고양이 귀처럼 부드러운 털이 솟은 섬세한 버섯이 선반처럼 층층이 너도밤나무 가지를 장식한다. 죽은 나무딸기에도 내 손가락보다 갓이 작고 하얀 마른가지낙엽버섯*Marasmiellus ramealis*이 장미 모양으로 둘러났다. 평범한 잔가지들도 마이센 도자기(독일 마이센 지역에서 생산되는 고품질 도자기 - 옮긴이) 장인이 빚어놓은 것 같은 섬세한 버섯의 아름다움으로 치장했다.

버섯이 표현하는 색조는 파란색을 제외한 팔레트의 모든 색을 망라한다. 이 숲 밖에서는 하늘색 버섯도 본 적이 있다. 어떤 버섯은 만화 속 유령처럼 창백하고, 또 어떤 버섯은 어디서 뺨을 맞고 왔는지 선명한 붉은색이다. 달걀노른자처럼 샛노란 버섯이 있는가 하면, 굳어버린 크림처럼 희끄무레한 버섯도 있다. 심지어 초록색 버섯도 있다. 광합성으로 염색한 엽록소의 녹색과 상관없는 기이한 초록색이다. 대담하게도 현화식물의 상징색을 입은 이 초록색 기와버섯*Russula virescens*의 색은 완전히 다른 색소에서 나온다.

엄버umber에서 탠tan까지 상상할 수 있는 거의 모든 갈색 계열이 이 숲에서 표현된다. 수없이 작은 버섯들이 낙엽 사이에서 크게 두드러지지 않게 일부러 눈에 띄지 않기를 바라는 양 신중하게 숨어 있다. 시장에서 소위 '작은 갈색 버섯'이라고 통칭하는 이들을 구분하려면 상당한 노력과 헌신이 필요하다. 많은 버섯 채집가가 이 갈색 버섯들을 그냥 지나치지만, 이들도 그림다이크 숲 생물다양성의 소중한 구성원이므로 나는 모두 끌어안을 것이다.

죽음의 색을 띤 버섯도 있다. '죽은 자의 손가락'이라고 불리는 다형콩꼬투리버섯*Xylaria polymorpha*이다. 이 버섯은 병에 걸리기는커녕 방금 생명을 얻었다. 어떤 버섯의 갓은 가을 햇살에 부드럽게 빛나고 윤기가 돈다. 반면 어떤 것들은 갓을 뒤덮는 두꺼운 점액질이 햇살을 받아 기묘하고 어슴푸레한 빛을 내비친다. 작은 두꺼비의자(버섯을 부르는 다른 말 - 옮긴이)가 핀들의 행렬처럼 잎에서 불쑥 튀어나온다. 10월은 버섯이 번식기의 정점에 달하는 때로, 이 시기의 숲은 다채로운 가장행렬이 펼쳐진다. 버섯을 사랑하는 이들에게는 찰나의 천국이다.

버섯이 스스로 빛깔로 진실을 드러낼 수 있다면 좋을 텐데. 식용버섯에 관심 있는 사람에게 빨간색은 무서운 경고다. 붉은 버섯은 대체로 독성이 있기 때문이다. 그 외의 갓 색깔은 독성과 무관하거나 오히려 혼란을 준다. 식용버섯인 주름버섯*Agaricus campestris*처럼 흰색 갓을 가진 버섯은 십수 종이 넘는다. 그중에는 맹독성 버섯도 있다. 가장 치명적인 것은 알광대버섯*Amanita phalloides*으로, 주변에서 흔하게 나타나지만 아직 우리 숲에서는 발견되지 않았다. 알광대버섯은 독특하게 노르스름한 초록 기가 돈다. 얼마나 무서운 버섯인지 알기 때문에 이런 빛깔은 사악해 보이기까지 한다. 그런데 한번은 또 다른 초록 기가 도는 버섯을 렐리시(달콤새콤하게 초절임한 채소를 다져서 만든 양념류 - 옮긴이)와 함께 먹은 적이 있다. 버섯을 식별하려면 정말 자세히 관찰해야 한다.

버섯 애호가들은 갓 밑을 보는 법부터 배운다. 대부분의 버섯은 갓 아랫면에 주름이 있지만, 어떤 버섯은 주름 대신 수많은 관으로 연결된 구멍이 뚫려 있는 스펀지 형태다. 우리 숲에는 이 관을 건드렸을 때 시퍼렇게 멍들어버리는 버섯도 여럿 있다. 버섯을 동정할 때는 갓보다 주름이 더 중요한 때도 있다. 버섯 주름은 흰색, 검은색, 진한 분홍색, 또는 다양한 갈색이고 때에 따라 색을 바꾸는 종도 있다. 버섯 주름은 효과적인 포자 공장이기 때문에 주름의 색은 흔히 포자의 색과도 비슷하지만, 버섯은 언제나 예외가 있다는 점을 명심해야 한다.

노련한 버섯 탐험가들은 언제나 주름이 자루에 어떻게 붙어 있는지 확인한다. 어떤 버섯은 주름이 자루 바로 앞에서 멈추고, 어떤 버섯은 자루까지 이어지고, 또 어떤 버섯에서는 갓의 안쪽을 가로질러 자루에 직접 닿아 있다. 자루를 따라 주름이 아래로 땅까지 이어지는 버섯도 있다. 이 경우 자실체 전체가 깔때기 같은 형상이다. 어떤 버섯은 면사포 같은 막으로 어린 버섯을 감싼다. 그러다 갓이 커지면서 막을 터뜨리는데, 그때 막은 자루 밑에 주머니 형태로 남거나 갓 전체로 흩어져 얼룩이 된다. 전형적인 예로 붉은 색깔의 광대버섯*Amanita muscaria*에 있는 하얀 '반점'

은 실은 반점이 아니라 손가락으로도 움직일 수 있는 외피막 조각이다. 이외에도 어린 갓의 가장자리와 자루를 연결하는 막이 있는 버섯은 많다. 갓이 확장할 때 나머지 부분은 줄기까지 늘어지거나 팔찌처럼 자루를 두르는 고리를 남긴다.

지금까지 버섯을 연구한 학자들은 하나의 감각만 사용했다. 시각이다. 그러나 버섯을 동정하는 데는 청각을 빼고 모든 감각을 사용한다. 하지만, 정말로 완전히 솔직하게 말하자면 '어떤 버섯은 정말로 나에게 말을 건다'.

촉각도 중요하지만 손으로 느낀 감각을 말로 풀어내기란 쉽지 않다. 버섯의 갓이 아이들 겨울 장갑이나 벨벳의 '느낌'이라고 말하는 정도로 충분할까? 그러나 손끝은 갓의 표면을 구성하는 세포의 세부적인 특징에 대해 현미경에 준하는 민감도를 가진다.

버섯을 식별하는 데 미각이 결정적인 역할을 하는 경우가 많다. 아주 비슷하게 생긴 버섯이 입에서는 그 생김새를 배신하는 경우가 종종 있기 때문이다. 버섯의 맛을 확인하는 특별한 방법이 있다. 작은 조각을 떼어 버섯이 특유의 화학물질을 방출할 때까지 아주 조금씩 베어 무는 것이다. 우리 숲에서 대여섯 종의 젖버섯속*Lactarius* 버섯이 발견되었다. 이 다육질의 버섯은 살이 부서지면 특유의 유액이 스며 나오는 특징이 있다. 젖버섯류를 맛보려면 대개 즙을 혀끝에 한 방울 정도 떨어뜨리는 것으로 충분하다. 어떤 종은 물처럼 밍밍하고 어떤 종은 매운맛이 나는데, 빈달루 카레를 무색하게 할 정도로 매운 버섯도 있다. 개암나무 밑에서 자라는 개암젖버섯*Lactarius pyrogalus*이 제일 후자에 속하는 버섯인데 우리 숲에도 있다. 개암젖버섯의 학명은 '불타는 우유'라는 뜻으로, 그 자체만으로도 이 버섯의 특성을 대변한다.

이쯤에서 내 안의 한 점 사악함을 고백해야겠다. 나는 우리 숲에서 일반인을 대상으로 버섯 탐사대를 인솔한 적이 있다. 그런데 그들 중 한 사람이 지나치게 자신만만하고 허세를 부려 눈에 거슬렸다. 게다가 버섯을 발견할 때마다 "먹어도 되나요?"라고 같은 질문을 반복하는 게 아닌가. 내가 버섯에 관해 들려주는 포자나 균근, 희귀성, 적응 등 온갖 다양하고 흥미로운 이야기는 귓등으로 들으면서. 특히 손에 든 버섯이 데이지 크기밖에 안 되어 입안 가득 채우려면 열 개 이상 필요할 때는 정말 짜증이 났다. 나는 사람들에게 개암젖버섯을 보여주며 말했다. "미각 시험을 수행할 분이 필요합니다." 그러자 그 진상남이 물었다. "먹어도 되나요?" 나는 대답했다. "아니요, 하지만 살짝 맛은 봐도 됩니다." 혀끝에 '불타는 우유'를 묻힌 후, 나를 고문하던 그 남자는 한 시간 동안 조용히 입을 다물었다.

가장 어려운 감각이 후각이다. 많은 버섯에서 특유의 향이 나지만, 냄새의 정체에 모두가 동의하는 경우는 별로 없다. 몇몇 종만 쉽게 합의에 이른다. 우리 숲에 있는 유황송이*Tricholoma sulphureum*의 경우 콜타르, 즉 도로 공사장에서 나는 냄새라고 모두가 확신한다. 맑은애버섯*Mycena pura*은 무 냄새가 나고, 대부분의 사람이 그 냄새를 맡지만 언제나 무슨 냄새냐고 묻는다. 이와 비슷한 냄새가 감자를 잘랐을 때 나는 냄새인데, 그것은 전형적인 애광대버섯*Amanita citrina*의 냄새다. 버섯의 냄새 목록에는 배, 연필 깎은 부스러기, 잉크 등이 있고 가장 믿기 어려운 것은 닭장깔때기버섯*Clitocybe phaeophthalma*에서 난다는 '젖은 닭 날개 비린내'다. 이 버섯의 최초 발견자는 어쩌다가 이와 같은 비유를 떠올렸을까? 얼마나 많은 사람이 살면서 젖은 닭을 접하겠는가. 정말 알 수 없는 일이다.

나는 이 작은 숲에서만 300종이 넘는 버섯을 동정했다. 이 목록은 위대한 생물 분류군이 가지는 다양성을 말해준다. 동물계도 아니고 식물계도 아닌 균계 말이다. 이 목록은 전화번호부처럼 지루하다. 그러나 목록에 적힌 모든 이름은 개별 종의 일대기로 이어진다. 그것이 훨씬 흥미롭다. 결국 모든 야생종은 자기만의 특별한 얘깃거리를 갖고 있다. 다른 장에서 설명한 말뚝버섯, 송로버섯, 꾀꼬리버섯, 덕다리버섯은 목록의 익명성에서 벗어났다. 나는 이 300종 중 많은 버섯과 시간을 보냈다. 채집하느라, 맛보고 냄새 맡느라, 또 정확하게 동정하기 위해 현미경 아래에서 포자와 주름을 들여다보느라 우리 집 실험실에서 보낸 시간을 헤아릴 수조차 없다. 내가 이들의 일대기를 모두 풀어놓는다면 이 책에 다른 이야기를 실을 자리가 없을 정도다. 다행히 버섯은 생명을 유지하는 방식에 따라 몇 개의 범주로 나뉜다. 일종의 사업 목록이라고 해도 좋다.

많은 버섯이 목질부, 줄기, 나뭇잎 등 식물이 만들어낸 것을 분해한다. 이를테면 셀룰로스를 분해하여 먹이로 바꾸는 것이다. 죽은 식물로부터 영양을 취하는 이들 부생자腐生者가 없는 숲은 나뭇가지와 잎이 한없이 쌓이는 바람에 발을 디디지도 못하게 될 것이며 영양분이 흙으로 돌아가지도 못할 것이다. 낙엽 더미에서 발견되는 가장 흔한 10월의 버섯 중 일부가 부생자인데, 종종 요정의 고리(풀밭에 버섯이 동그랗게 올라와 생긴 검푸른 부분으로, 요정들이 춤추고 간 흔적이라고 믿었다 - 옮긴이)에서 자실체가 올라온다. 밀버섯속*Gymnopus*과 깔때기버섯속*Clitocybe*은 매년 어김없이 나타나는 부생자다.[6] 답싸리버섯*Ramaria stricta*은 땅속에 파묻힌 나무에서 자란다. 거의 20종에 가까운 섬세하고 아름다운 애주름버섯속*Mycena* 버섯들은 쓰러진 나무줄기나 잔가지에서 생장한다. 크기가 작은 버섯은 잎사귀 하나에서도 자랄 수 있다.

버섯에게 크기는 정말로 중요하지 않다. 압정 크기의 작은 버섯도 수프 접시만 한 버섯만큼이나 흥미롭다. 몇몇 버섯은 적당히 균형 잡힌 갈색 '잡초'처럼 여름철 소나기가 지나가면 길가에 가장 먼저 모습을 드러냈다가 또 그만큼 빨리 사라진다. 죽은 나무의 등걸이나 가지에

그림다이크우드에서의 버섯 탐사.

서 거친 선반 모양의 버섯이 돋아난다. 이 버섯은 갓 아랫면의 포자 공장에 주름이 아닌 관공管孔을 가지고 있다. 칠면조꼬리라고 불리는 구름버섯*Trametes versicolor*에는 관공이 가장 풍부하다. 칠면조꼬리라는 이름은 이 버섯을 아주 정확히 묘사한다. 부채 모양의 선반처럼 생긴 모양새가 정말 뽐내며 걷는 칠면조의 꼬리처럼 생겼다. 다음으로 너도밤나무 깍정이를 주로 먹고 사는 작은 부생자들이 있다. 그중에는 미니 버섯인 플라물라스테르 카르포필라*Flammulaster carpophila*, 그리고 자낭균류에 속하는 하얗고 매끈한 원반 같은 파에오헬로티움 파기네움*Phaeohelotium fagineum* 무리가 있다. 풀줄기나 떨어진 나무딸기 잎에서만 사는 작은 종들도 있다. 버섯은 각자 자기에게 가장 살기 좋은 장소를 찾아가기 때문에 숲에는 아주 다양한 부패와 부식의 세계가 있다. 이들이 포자를 수백만 개씩 만들어내는 이유다. 그중 아주 일부만 운 좋게 최적의 자리에 안착해 싹을 틔우고 균사를 만들어 살아남는다. 한마디로 복불복의 세계다. 균류는 자신의 생태학적 지위를 정확히 파악하기 때문에 평범한 나무라도 수백 종의 균류를 먹여 살릴 수 있다. 탄탄한 뿌리자갈버섯*Hebeloma radicosum*만이 나무가 아닌 설치류의 두엄과 관련 있는 종이며, 먹을 수 없다.

숲속에 사는 수많은 균류가 상호 이익을 위해 뿌리에 균근을 형성하고 나무와 공생한다.(105쪽 참조) 이들은 여건이 좋지 않으면 매년 버섯(자실체)을 만들지 않아도 된다. 색이 가장 밝고 의심스러운 무당버섯속*Russula*은 우리 숲에 총 열두 종이 있다. 이 버섯은 흰색, 노란색, 초록색, 보라색, 분홍색, 빨간색, 그리고 때로는 이 색 저 색이 섞여 있는 등 다양한 색조를 띤다. 그중 절구버섯*Russula nigricans*은 몇 주에 걸쳐 흰색에서 검은색으로 변하기 때문에 갈피를 못 잡는 초보자를 더욱 헷갈리게 한다. 모든 절구버섯류의 질감은 희한하다. 절구버섯의 자루는 옛날식 흑칠판의 분필처럼 힘을 주면 갑자기 '툭' 하고 부러진다. 다른 버섯과 달리 자실체를 이루는 세포가 실 모양이 아니라 미세한 구형이기 때문이다. 젖버섯류는 색이 희끄무레하다. 숲에서 가장 흔한 젖버섯은 갓이 끈적거리고 초록빛이 감도는 너도밤나무젖버섯*Lactarius blennius*으로, 그 이름처럼 너도밤나무를 특히 좋아한다. 다른 젖버섯류는 참나무나 개암나무와 연관되어 있고 매우 까다롭다. 우리 숲은 광대버섯류에 그리 우호적인 서식처가 아니다. 광대버섯류는 전통적으로 픽시(귀가 뾰족한 사람처럼 생긴 작은 도깨비 또는 요정 - 옮긴이)들이 신나게 그 밑을 뛰어다니는 친숙한 '빨강-하양 점박이'의 광대버섯을 포함한다. 나는 우리 숲에서 광대버섯류를 발견한 적이 있다. 광대버섯 중에서 가장 흔한 애광대버섯과 붉은점박이광대버섯*Amanita rubescens*이다. 그리고 아마도 가장 희귀한 종일 텐데, 아마니타 리비도팔레스센스*A. lividopallescens*도 주기적으로 나타난다. 버섯 중에 크기가 가장 큰 분류군은 끈적버섯속*Cortinarius*으로, 동정하기 어렵기로 악명 높지만 몇 종류가 우리 숲에 나타난다. 이 버섯은 거미집 같은 면사포를 쓰고 있는데, 완전히 균근성이다.

자, 이제 내가 특히 사랑하는, 우리 숲에서 가장 귀한 균근성 버섯 한 종을 콕 집어 얘기하겠다.[7)] 어린 그물버섯*Boletus edulis*은 발견하는 기쁨이 가장 큰 버섯이다. 이 버섯이 올라오자마자 민달팽이들이 득달같이 달려들어 자실체를 약탈하기 때문이다. 그래서 온전한 자실체를 찾으면 너무나 만족스럽다. 그물버섯의 줄기는 커다란 막자사발용 막자처럼 아래쪽으로 갈수록 두툼하고 뚱뚱하다. 그리고 미세한 백색 그물망으로 장식되어 있다. 이 버섯은 손바닥 위에 편안히 올려놓을 수 있다. 갓은 거의 정확한 반구 형태이고 오븐에서 갓 구워 나온 빵의 노릇한 색을 띠며, 종종 가장자리에 가늘고 하얀 테두리가 있다. 갓 아래, 주름이 아닌 관공은 흰색이지만 나중에는 노란색으로 바뀌고 문질러도 색이 변하지 않는다. 버섯 전체는 자연의 일부라기보다 도예가의 작품처럼 보이는 존재감이 있다. 나는 부근에서 구더기의 흔적을 찾아보았다. 버섯파리들은 사람 못지않게 이런 대단한 존재를 숭배한다. 그물버섯 한 송이를 발견하고 주위를 둘러보면 여러 송이가 자란다. 이들은 더 늙고 더 갉아먹히고 덜 아름다울지 모르지만 적어도 쓰레기가 되지는 않을 것이다. 더 오래된 것들은 이미 포자를 거의 떨구어냈다. 그래서 주저하지 않고 채취할 수 있다. 예전에 나는 이탈리아 농부가 무릎 위에 산탄총을 올려놓고 그물버섯을 지키는 모습을 본 적이 있다. 이탈리아에서는 매년 버섯으로 인한 사망 사고가 일어난다. 그러나 총기 사고는 아니다. 버섯 애호가들이 산속에서 완벽한 모습의 어린 버섯을 따려고 벼랑 끝으로 한 발 더 내디뎠다가 굴러떨어져 죽는 경우다.

늙은 그물버섯은 말려서 먹기에 아주 좋은 버섯이다. 한번 말려놓으면 1년 또는 그 이상 보관할 수 있다. 먹을 때는 따뜻한 물을 붓고 기다리면 쉽게 원상태로 불어난다. 이때 우려낸 물은 어느 요리에나 사용할 수 있다. 말린 그물버섯을 담은 병에서 나는 향은 깊은 겨울을 보내며 우울해진 러시아인들(구소련의 전체 인구)의 기운을 북돋우는 것으로 잘 알려졌다. 그리고 정말 놀랍게도 건강에 좋은 요소를 모두 갖추고 있다. 성숙한 그물버섯은 먹기 전에 갓 아랫부분의 질척거리는 관을 엄지손가락으로 밀어내어 제거해야 한다. 이때 벌레가 들어 있을 법한 부분을 함께 버린다. 대개는 자루의 아랫부분에 벌레가 있는데, 얼마나 도려내고 먹을지는 개인의 비위에 따라 결정한다. 말린 그물버섯 한 꾸러미를 비싼 값에 구입한 후 살펴보면 분명히 구더기들이 만찬을 즐기느라 들락거린 작고 구불구불한 구멍이 눈에 띈다. 나는 몇몇 '초대받지 않은 손님' 정도는 개의치 않는다. 이들은 버섯을 말리는 중에 흙으로 돌아간다. 남은 부분은 몇 밀리미터 두께로 아주 얇게 썰어 신문지 위에 펼쳐놓고 말린다.(질 좋은 광고지도 괜찮다) 버섯이 클수록 조각이 많이 나온다. 우리 집에 온돌식 난방장치가 있는데, 신문지에 얇게 썬 버섯을 펼쳐서 말리는 데 이상적이다. 바람이 잘 통하는 찬장도 버섯을 말리는 장소로 손색이 없다. 물기를 머금은 축축한 버섯이 종이 위에 어두운 무늬를 만들어낸다. 축축한 날에는 더 그렇다. 며칠 안에 버섯은 수분을 잃고 감자칩 대신으로 먹을 수 있는, 고급스러운 말린 채소 과자처럼 변할 것이다. 밀폐 용기에 보관하기 전에 완전히 건조시켜야 한다는 점을 반드시 명심해야 한다. 조금이라도 습기가 남아 있으면 곰팡이가 자라 용기 안의 버섯 전체를 못 쓰게 만들 테니까. 버섯이 완전히 마른 후 꽉꽉 눌러 담으면 열두 개의 큰 버섯을 상당히 작은 병 안에 담을 수 있다. 한 달 정도 지나 한 움큼 꺼내 불린 후 사용하면 일상적인 반찬을 근사한 고급 요리로 격상시킬 수 있다.

나는 왜 많은 사람들이 균류에 대해 미심쩍어하는지 모르겠다. 단지 '난데없이 나타나서?' 아니면 그중 몇몇이 맹독성이라서? 그렇기도 하지만 아마 균류가 부패 또는 부식 과정과 연관되어 있기 때문일 것이다. 구석에 처박아둔 빵에 뒤덮인 초록색 가루, 회색 먼지 덩어리가 붙어 있는 썩은 사과처럼. 그러나 균류와 얽히지 않은 식물은 건강하게 자랄 수 없다. 사체를 청소하는 생물이 없다면 셀룰로스와 리그닌이 세상을 잠식할 것이다. 균류에서 추출한 항생제가 아니라면 오늘날에도 괴저壞疽는 과거 놀리스 가문 사람들에게 그랬듯이 끔찍한 저주가 될 것이다. 나는 숲에서 누군가가 발로 짓밟은 주황-갈색으로 반짝이는 갈색먹물버섯*Coprinellus micaceus*(별지 컬러 일러스트 39 참조)을 발견했다. 지나가던 사람이 죄인을 단죄하듯 의도적으로 뭉개놓은 것 같았다. 나는 기묘하게 아름답다는 죄 말고는 이 버섯에서 아무런 잘못도 찾지 못했다.

느릅나무 이야기

벚나무 한 그루가 아프다. 잎이 달린 부분이 다른 나무보다 빈약하고 아직 때가 되지 않았는데 잎이 떨어진다. 나는 그 주변에서 오래전에 쓰러진 통나무 하나를 발견했다. 벗겨진 수피 아래 전선 같기도 하고 구두끈 같기도 한 질기고 검은 실을 보았다. 이건 내가 아주 잘 아는 뽕나무버섯*Armillaria mellea*,[8]의 균사 다발로 나무의 운이 다했음을 보여주는 징후다. 이 검은색 다발은 이 나무에서 저 나무로 옮겨가며 이웃에 죽음을 전파한다. 이 벚나무가 다음 희생자다. 나무뿌리의 생명이 꺼진 뒤 뽕나무버섯은 죽은 나무에서 행복하게 지내다가 가을이면 싱싱하고 조밀한 노란 버섯 다발을 생산한다. 저 병든 벚나무는 곧 쓰러질 것이다. 뽕나무버섯은 동료들의 온순한 성품을 이용해 기생생물이 되었다. 죽은 세포조직을 분해하는 대신 이 버섯은 살아 있는 식물을 공격한다. 이처럼 악의적인 놈들이야말로 사람들이 균류를 두려워하게 만드는 진짜 이유일 것이다. 게다가 이런 습성은 드물지 않다. 그중 극단적인 형태는 균류가 다른 균류에 기생할 때 나타난다. 한번은 길가에서 우아한 애주름버섯류를 발견했는데, 평소와 달리 막대 끝에 털이 무성한 공처럼 변해 있었다. 원래의 작고 뾰족한 갓이 아프리카인의 헤어스타일처럼 삐죽하게 튀어나온 뻣뻣한 실 꾸러미로 뒤덮여 있는데, 일명 '핀곰팡이'라고도 부르는 적갈색애주름버섯곰팡이*Spinellus fusiger*가 기생한 것이다.

길을 더 따라가면 곰팡이로 인한 손상이 더욱 심각하다. 죽은 나무 몇 그루가 서서히 썩고 있다. 한두 그루는 간신히 서 있고, 나머지는 쓰러지면서 호랑가시나무 덤불을 덮친 상태로 어색하게 누워 있다. 이 스코틀랜드느릅나무*Ulmus glabra*는 또 다른 병원성 곰팡이인 느릅나무마름병균*Ophiostoma novo-ulmi*의 공격으로 죽었다. 영어로는 네덜란드 느릅나무병균이라고 하는데, 그 이름은 네덜란드 사람을 비방하는 게 아니라 네덜란드 과학자들이 1921년에 이 병을 일으키는 생물체를 찾아낸 것을 인정하는 차원에서 붙여진 것이다. 당시 유럽 전역에서 느릅나무들이 이 병균에 무참히 당했다. 이 곰팡이는 작은 나무좀*Scolytus*에 의해 나무에서 나무로 확산된다. 그런데 나무좀은 묘목에 관심이 없으므로 다 자란 성목이 특히 취약하다. 일단 곰팡이에 감염되면 물을 이송하는 물관 시스템이 곰팡이의 균사로 막혀버린다. 이 피할 수 없는 죽음은 보고 있기 끔찍할 정도다. 나무들은 표백된 해골처럼 오그라든다. 『뉴 실바』에 따르면 1967년 이후 브리튼에서만 이 병으로 2,500만 그루의 나무가 죽었고, 한때 존 컨스터블John Constable(1776~1837)이 그렸던 전원 풍경은 돌이킬 수 없이 망가졌다.

윈저 의자의 시트를 만드는 재료가 소실된 것은 상대적으로 그리 대단한 일이 아닐 수도 있다. 그리고 당시는 느릅나무로 물레방아와 양동이를 만들기 시작한 지 어느 정도 시간이 지난 후였다. 그러나 우리는 다시 돌아오지 않을 수많은 전경을 잃은 것에 대해 슬퍼해야 한다. 램브리지우드에 유럽느릅나무*Ulmus minor/procera*가 서식한다는 증거는 없다. 존 에블린이 『실바』에서 언급했듯이 유럽느릅나무는 울창한 숲보다 생울타리 주변이나 잡목림으로 선호하는 나무다. 우리 숲에서 스코틀랜드느릅나무가 모두 죽은 건 아니다. 비교적 큰 나무 한 그루가 살아남았고 숲의 중심인 딩글리델 주위로 작은 나무들도 제법 자란다. 이 나무는 자신의 모습을 노골적으로 드러내지 않기 때문에 눈에 잘 띄지 않는다. 나만 해도 그림다이크 숲에서 한참 만에 느릅나무를 알아봤으니까. 느릅나무 잎(별지 컬러 일러스트 50 참조)은 길쭉한 타원형에 끝이 뾰족하고 가장자리의 거치는 성긴 톱니 모양인데, 신기하게도 잎의 아래쪽이 한쪽으로 치우쳐 있어 짝귀를 보는 것 같다. 나는 느릅나무 잎이 숲의 여느 나뭇잎과 다른 점을 찾았다. 느릅나무 잎은 크기가 매우 다양하다는 것이다. 너도밤나무 잎은 나무의 덩치와 상관없이 크기가 동일하다. 반면에 하층 식생의 어린 스코틀랜드느릅나무 잎은 가장 큰 느릅나무에서 노랗게 물든 후 떨어지는 잎보다 훨씬 작다. 스코틀랜드느릅나무는 사용할 수 있는 빛의 양에 맞춰 광합성을 조절하는 것으로 보인다.

스코틀랜드느릅나무는 유럽느릅나무보다 느릅나무마름병에 저항력이 강하다. 유럽느릅나무는 거의 흡지吸枝로 번식하므로 그 '자손'이라고 해도 유전적으로 부모와 동일하다. 실제로 영국에 분포하는 유럽느릅나무 개체군은 유전 변이가 거의 없으므로, 특히 병에 걸리기 쉽다. 반면 스코틀랜드느릅나무는 종자로 번식하는데, 그 말은 교배를 통해 곰팡이에 대한 저항력을 확보하는 자연적인 유전 변이를 생성할 수 있다는 뜻이다. 느릅나무의 꽃(별지 컬러 일러스트 51 참조)은 작고, 대부분 분홍색 수술 다발이다. 잎이 나기 전인 초봄에 작은 장식용 색 테이프가 매달린 듯 가지에

짧게 모습을 드러낸다. 나중에는 잎이 달린 뒤쪽으로 진하게 주름을 잡으며 종이 질감의 작은 날개가 다발을 이루어 잔가지에 옷을 입힌다. 날개마다 하나의 씨를 감싼다. 그림다이크 숲에서도 그랬겠지만, 큰 나무가 병에 굴복하더라도 종자로부터 쉽게 재생할 수 있다. 나는 살아남은 커다란 느릅나무가 병균을 속여서 더 이상 함부로 생기를 앗아가지 못하게 하고, 어린나무들은 새롭고 더 강한 첫 세대이길 간절히 바란다.

느릅나무는 죽어서도 너그럽다. 보기 드문 분홍색 망목주름담홍버섯*Rhodotus palmatus*(별지 컬러 일러스트 40 참조)은 죽은 느릅나무 줄기에서 자라는 선물이다. 그러니까 이 버섯은 해롭지 않은 부생자인 셈이다. 세상에 공짜는 없다. 하지만 내 나무들 중에 완벽하게 안전한 것이 있을까? 물푸레나무조차 다른 곰팡이성 병균*Hymenoscyphus pseudoalbidus*이 일으키는 '가지마름병'의 위협을 받는다. 게다가 이 병은 2006년 10월에야 알려졌다.[9] 나는 우리 숲의 물푸레나무에서 새로운 병균의 흔적을 신경 써서 찾아보았지만 다행히 없었다. 그러나 두려운 무언가가 돌아다니고 있다. 이 불안감은 죄 없는 버섯을 짓밟은 거친 구둣발 뒤에 숨어 있는 걸까?

거미, 함정과 교활한 술수의 전문가

로렌스 비Lawrence Bee는 자신이 사랑하는 거미를 찾으려고 그림다이크 숲을 마지막으로 방문했다. 벌이 아니라 거미를 사랑하는 그는 자신의 성姓이 가진 곤충학적 표식을 살짝 빗나간 셈인데, 틀림없이 그런 농담에 단련되어 있을 것이다. 거미 수집은 파리 수집과 정반대되는 작업이다. 그물망을 가지고 사냥감의 뒤를 쫓는 대신, 나뭇가지를 세게 쳐서 나무와 수풀에 사는 거미가 은신처에서 떨어져 나오면 일종의 뒤집어진 그물우산처럼 생긴 장치로 거미를 수집한다. 엉뚱한 나무에서 보이지 않는 열매를 수확하는 것 같은 진기한 광경이다. 거미는 곤충이 아닌 거미류다. 따라서 빨리 달릴 수 있을지언정 날 수는 없다. 여러 종류의 거미가 목재 더미나 쓰러진 통나무 밑의 어둠 속에 도사리고 있다.(별지 컬러 일러스트 27 참조) 나무딸기 덤불에서 거미줄을 치는 놈들도 있다. 모두 포식자다. 거미는 곤충과 절지동물의 세계에서 무려 4억 년 동안이나 고양이와 쥐 놀이를 해왔다. 진화는 철저하고 정확하게 이들의 관계를 형성해왔다.

나무딸기 덩굴 사이에 줄을 매단 거미집은 전형적이다. 기하학자의 지시를 받은 듯 규칙적이고, 예술가의 지휘하에 움직이듯 개성이 있다. 거미줄 아래에 죽은 듯이 앉아 있는 저 거미는 유럽정원거미*Araneus diadematus*인데, 몸이 자랄 만큼 자랐고 알을 잔뜩 품고 있다. 이 종을 식별하는 복부의 흰 십자가는 눈으로 쉽게 찾을 수 있다. 이 거미는 밤에 줄을 친다. 낮에는 가을빛이 거미줄의 섬세한 목걸이를 드러낸다. 끈적거리는 거미줄에는 조심성 없는 날벌레가 꼼짝없이 갇힌다. 거미줄 모퉁이에 명주실로 친친 감겨 있는 것은 모두 소중한 포획물이다. 벌도 예외는 아니다. 거미는 곤충의 몸에 독을 주입해 목숨을 빼앗을 뿐 아니라 소화가 잘 되도록 요리한다.

올해 초에 나는 더 작고 날씬한 수거미가 불안하게 짝짓기 하는 장면을 지켜보았다. 욕망의 대상을 달래보려고 기타를 치듯 거미줄의 현을 조심스레 퉁겨댔다. 수컷은 특별한 부속기관인 더듬이다리로 정자를 흡수한 뒤 암컷에게 삽입해 확실히 알을 수정시켜야 한다. 처절한 노력에도 불구하고 수컷은 결국 암컷에게 잡아먹힐 것이다. 거미의 세계에서 자비란 없다. 단백질이 버려지는 일도 없다. 5월에 나는 겨울을 지내고 알집에서 깨어난 작은 새끼 거미와 시간을 보냈다. 작은 거미들은 황금색 공 안에 들어가 다 같이 매달려 있다가 내가 손을 대자마자 폭발하는 별처럼 튀어나와 눈에 잘 보이지도 않는 실을 따라 사방으로 뻗어나갔다. 그 작은 생명체 중 한둘만 살아남아 지금 내 앞에 있는 놈처럼 육질의 거미집 건축가가 되었을 것이다.

그림다이크 숲에서 30종 이상의 거미를 발견했다. 함정과 교활한 술수가 적힌 목록이다. 각양각색의 접시거미류*Linyphiidae*가 어수선한 그물 침대 같은 하얀 거미집을 짓는다. 접시거미가 나무나 초본을 장식하는 모습이 자주 포착된다. 접시거미의 그물은 원형 거미그물이 주는 기하학적 아름다움은 부족하지만[10] 작은 곤충을 잡는 데는 똑같이 효과적이다. 여기에 이슬이 맺히면 눈에 쉽게 들어오지만 희한하게도 해가 쨍쨍한 날에는 사라진다.

꼬마거미류Theridiidae의 거미가 짓는 3차원의 거미집은 엉겅퀴의 관모보다 가느다란 거미줄이 솜사탕처럼 엉키고 꼬인 듯하지만 실은 미묘하고 복잡한 올가미다. 그림다이크 숲에 사는 꼬마거미 중에 어미돌봄거미*Phylloneta sisyphia*는 구형의 알집을 지키고, 되새김질로 새끼를 먹이고, 먹이를 사냥해서 갖다 바치는 걸로도 모자라 죽어서까지 자신의 몸을 자식들의 끼니로 내어주는 이름 그대로의 생을 산다.

집가게거미속의 깔때기거미*Tegenaria silvestris*(한국깔때기거미라는 한국 고유종과는 다른 종이다 - 옮긴이)는 거주지 구멍 주위에 끈적이지 않는 실로 함정을 만들어놓고 기다리다가 지나가는 먹잇감의 다리를 낚아챈 뒤 은신처로 끌고 들어가 잡아먹는다.

염낭거미류는 낮 동안에 돌돌 만 잎사귀나 나무껍질 밑에 거미줄로 은신처를 만들어 숨어 있다가 밤에 나와 직접 먹잇감을 쫓아가 사냥한다. 세상을 살피는 여덟 개의 특별한 눈을 가진 이들은 먹이를 지키기 위한 끈적거리는 거미줄 전략이 필요 없다. 그림다이크 숲에는 이런 식으로 생활하는 염낭거미속*Clubiona* 거미가 세 종 있는데, 각자 나무나 땅에 조금씩 다른 서식처를 가지고 있다.

흔치 않은 녹색게거미*Diaea dorsata*(별지 컬러 일러스트 29 참조)는 먹이를 낚아채기 위해 호랑가시나무 잎에 몸을 숨긴다. 이 동물의 앞부분은 모두 초록색이고, 수비 자세를 취한 바닷가재처럼 앞발을 길게 내민다. 곤충들로서는 추격과 급습이 모두 가능한 네눈뜀박질거미*Ballus chalybeius*의 강력한 턱에 물려 죽는 게 더 빠른 죽음일지도 모르겠다. 이 대학살의 목록을 완성하려면 왕거미류를 사냥하는 해방거미속의 해적거미*Ero furcata*를 끌어내야 한다. 곤충 크기의 짐승이라면 누구도 그림다이크 숲에서 안전을 보장할 수 없다.

숲에서 평소처럼 느긋하게 산책하다가 낙엽 더미에 누워 있는 신기한 물체를 발견했다. 너도밤나무인 듯한 나뭇조각이 테니스공 크기로 방광처럼 부풀어 있었다. 나는 곤충의 공격이나 감염에 의한 반응으로 나뭇가지에 생긴 일종의 벌레혹이 틀림없다고 생각했다. 철기시대에 보물 금고로 쓰인 수석 돌덩어리처럼 딱딱하고 구멍이 뚫렸는데, 이번엔

왕거미속 거미가 숲속에서 교묘한 함정을 짜고 있다.

그 안에 금화가 아니라 거미가 들어 있었다. 한쪽 끝에 완벽하게 둥근 구멍 주위로 거미줄을 쳐놓았다. 바느질거미*Amaurobius fenestralis*가 밤에 사냥을 나가기 전에 적들로부터 피신하는 장소다. 나무에 숨은, 이처럼 비밀스러운 통로는 수집품에 포함되어야 한다. 나는 이런 휴대용 은신처의 다른 예는 가진 게 없다.

많은 거미들이 첫서리가 내릴 무렵 죽을 것이다. 10월 말이 가까워지면 가을의 색은 크게 달라져 있다. 페어마일에서 보면 숲은 온통 황금색과 적갈색이다. 벚나무 단풍만 진홍색이다. 단풍나무와 느릅나무 잎은 레몬의 노란색이고, 참나무 잎은 퇴색하여 칙칙한 갈색이다. 황금색과 주황색, 갈색의 너도밤나무 단풍이 태반이다. 빨간색이 없어도 칠턴의 숲은 수없이 많은 아름다운 시골 마을을 장식한다. 그 풍경이 참으로 아름답기는 해도 너무 식상해서 위대한 예술적 영감을 주지는 못할 것 같다. 존 컨스터블, 폴 내시Paul Nash(1889~1946), 데이비드 호크니David Hockney(1937~)조차 이 소재를 포기했을 정도니까.

숲은 아직 상당히 초록색이다. 나무 꼭대기에서부터 단풍이 물들어 내린다. 땅에 가까운 나뭇잎은 여전히 푸르고 나무에 꼭 붙어 있다. 숲 꼭대기의 태양은 음울한 숲을 향해 반사하는 황금색 지붕을 얹는다. 이파리 몇 개가 높은 나뭇가지 위에서 아래로 팔랑팔랑 떨어진다. 깍정이와 열매가 여전히 발밑에서 부스러져 이달 초에 받았던 폭격을 떠오르게 한다. 이제 낙엽은 더 이상 거미줄 위의 거미를 성가시게 하지 않을 것이다.

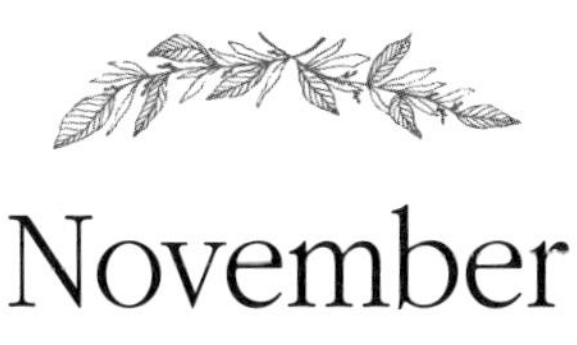

November

11월

작은 총소리와 꿩

서리와 바람이 너도밤나무 잎새를 모두 떨어냈다. 어린나무만 겨우내 잎사귀를 쥐고 있을 기세다. 숲 바닥은 온통 주황빛이 감도는 갈색이다. 나무들은 옷을 벗은 채 꼿꼿이 서서 행진한다. 지난주부터 빛이 크게 달라져 햇살이 강하고 깨끗하다. 오늘은 개방감과 공허함을 강조한다. 한동안 하늘을 보지 않고 살았다는 생각이 들었다. 세상을 꽉꽉 숨겨놓은 우거진 숲 천장 밑에서는 왠지 모를 압박감이 들었다. 이제 숲은 드넓은 전원을 다시 받아들였다. 나는 남쪽으로 완만하게 오르내리는 언덕을 감상했다. 역사를 품은 숲과 겨울 밀을 파종한 밭이 조각보처럼 배열된 패턴은 색슨 시대부터 내려온 칠턴힐스의 전경이다. 너도밤나무는 새로 광을 낸 것처럼 반짝거린다. 화이트 월섬 비행장에서 출발한 작은 쌍엽기가 북쪽 폴리 코트 방향으로 멀어진다. 나는 왜 항상 터보 프로펠러 엔진의 으르렁거리는 소리가 구슬프게 들리는지 모르겠다. 누군가의 죽음을 애도하듯 유난히 슬픈 탄성을 지른다.

한 쌍의 붉은솔개(별지 컬러 일러스트 20 참조)가 머리 위로 높이 원을 그린다. 푸른 도자기 같은 하늘과 크게 대비되는 새의 꼬리는 끝이 두 갈래로 갈라져 특색 있는 윤곽을 드러낸다. 두 마리 새는 날카로운 소리로 서로를 부른다. '위-위-우, 위-위.' 그리고 썩은 고기를 찾아 상승기류에 몸을 싣고 힘들지 않게 떠다닌다. 붉은솔개는 19세기에 절멸한 이후로 불과 25년 전에 칠턴의 고향 집으로 돌아왔다. 사람이 의도적으로 재도입한 것이다. 처음 이 새를 보았던 순간이 떠올랐다. 당시로서는 상상도 못할 정도로 크고 이국적인 맹금류였다. 저 멀리 캅카스 산맥 너머에서 날아온 듯했던 거대한 새가 이제는 도처에 있다. 붉은솔개는 숲 바깥에서 지내는 걸 좋아한다. 열린 하늘이 이 새의 영역이다. 모습이 보이지 않을 때도 울음소리가 종종 들린다.

램브리지우드에는 말똥가리 한 쌍이 살고 있다. 이 종 역시 과거에 자취를 감추었다가 붉은솔개가 도입된 후 스스로 돌아왔다. 말똥가리는 덩치가 큰 새다. 그러나 우리 숲에서 가장 울창한 구역을 통과할 때는 깜짝 놀랄 만큼 민첩하다. 부러진 나뭇가지에 앉아 꼼짝 않고 바닥을 내려다보는 위엄 있는 말똥가리 한 마리를 보았다. 눈이 반짝반짝 빛났다. 조심성 없는 북숲쥐라면 대번에 간식거리가 될 것이다.

숲속에서 말똥가리의 유일한 라이벌 사냥꾼은 올빼미인데, 음산하게 '우--우'거리는 소리는 여러 번 들었지만 실제로 본 적은 없다. 올빼미는 대개 야행성이기 때문에 말똥가리와 직접 마주칠 일이 많지 않겠지만, 이 은밀한 사냥꾼이 그림다이크 숲을 거쳐간 적이 있는 것은 확실하다. 검은 올빼미 펠릿이 그 증거다. 올빼미 펠릿은 올빼미가 토해낸 소화되지 않은 찌꺼기가 뭉친 것이다. 펠릿을 현미경 아래에서 잘라보니 쉽게 부스러졌다. 그 안에는 쥐의 것으로 보이는 엉클어진 털과 척추뼈, 그리고 이빨 몇 개가 있었다. 작은 새의 유리 같은 발톱도 들어 있었다.

잘생긴 수꿩 한 마리가 목재 더미 위에 서 있다. 숲을 빛내는 가장 현란한 새다. 흰색 성직칼라가 빨간 머리와 가슴, 그리고 푸른색 목과 대조되어 옛날 스페인 고위 성직자의 화려한 옷과 보석을 연상시킨다. 통통한 몸에는 돌연변이 너도밤나무 낙엽에나 있을 법한 따뜻한 색감의 작은 반점과 밤색의 가로줄 무늬가 있다. 이처럼 뽐내는 멋쟁이를 보니 왜 붉은솔개와 말똥가리가 과거에 그렇게 핍박받았는지 알겠다. 영지에 있는 너도밤나무 숲은 과거부터 오늘날까지 사냥터로 쓰인다. 맹금류는 사냥터 관리인이 매우 싫어하는 존재다.

21세기 램브리지우드에서는 정기적인 사냥이 행해지지 않지만 잘 들어보면 폴리웨이 너머로, 어쩌면 스토너만큼 떨어진 곳에서 날카로운 소총 소리가 들릴 때가 있다. 꿩 몇 마리가 헨리의 안목 있는 정육점 주인 가브리엘 마친의 가게 창문에 매달려 있다. 그는 몰랐겠지만, 틀림없이 우리 숲에 있던 수꿩이 탈출한 것이다.

일반적으로 나는 전혀 유감없이 꿩 사냥이 바람직하다고 생각한다. 부자들 혹은 유력 인사들을 위한 이 스포츠가 아니었다면, 더 많은 너도밤나무 숲이 개간되어 보리나 심어졌을 테니까. 나무가 목재로서의 가치를 잃었을 때도 귀족의 스포츠는 그렇지 않았다. 1854년 헨리의 조지 제롬George Jerome이 '12월 24일 사냥감을 쫓아 램브리지우드를 무단 침입한 죄목으로 기소되었다'.[1] 불쌍한 이 남자는 크리스마스 식탁에 올려놓을 요릿감을 찾고 있었던 게 아닐까. 스토너의 영주 캐모이스는 그에게 5실링(그리고 10실링의 처리 비용까지)의 벌금을 내든지, 아니면 21일 동안의 노역을 명했다. 조지 제롬은 후자를 받아들이는 것 외에 별다른 방법이 없었을 것이다.

큰 총소리와 영지 관리인

1643년 초반, 램브리지우드의 비둘기들이 갑자기 공포에 질려 날아올랐다. 헨리의 듀크스트리트에서 대포가 발사되어 왕당파 병사 넷이 죽었다.[2] '헨리 접전'은 도시가 내전의 전장으로 전락한 시기에 폭력의 절정에 올랐다. 찰스 1세와 의회 사이의 난전에서 헨리는 성공적인 상업 중심지가 되었던 것과 똑같은 이유로 매우 취약한 위치에 놓였다. 헨리는 1642년에 왕이 왕당파 수도를 세운 옥스퍼드와, 의회에 충성을 바친 런던의 중간에 있었다. 헨리는 중요한 항구였다. 따라서 강을 건너는 다리는 이 어수선한 시기에 파괴되었다가 다시 세워지길 반복했다. 1642년 10월 23일, 에지힐 전투 이후 헨리는 양 진영 사이에서 피비린내 나는 줄다리기로 타격을 입었다. 레딩은 애초에 왕의 편이었고 찰스 1세의 가장 능력 있는 지휘관인 루퍼트 왕자는 헨리를 점령했다. 반면 그의 대규모 기병대는 말로 방향으로 강 하류를 따라 1.6킬로미터 안쪽에 있는 폴리코트에서 넷으로 쪼개졌다. 그레이즈 코트와 우리 숲의 이웃인 폴리 코트는 페어마일의 북동쪽에 있다. 비록 지금은 우리 숲의 맞은편으로 언덕의 윗부분에만 숲이 우거졌지만, 11월의 맑은 날에 보면 헨리 파크의 일부가 램브리지우드와 비슷한 높이로 솟아 있다. 헨리 파크 역시 우리 역사의 일부였다.

잉글랜드 내전(1642~1651년, 청교도혁명) 당시 폴리 영지는 근사한 이름과 그에 걸맞은 유명세를 떨친 변호사 불스트로드 화이트로크 경Sir Bulstrode Whitelocke의 소유였다. 그는 왕에게 어떤 누도 끼치고 싶어 하지 않은 온건파의 분별 있는 사람이었지만, 동시에 옥스퍼드셔 주 부지사이자 의회의 의원이었다. 화이트로크 경은 헨리가 루퍼트 왕자와 그 부하들에게 넘어가자 런던으로 물러나야 했다. 왕의 기병대 1,000여 명이 그의 웅장한 저택을 쑥대밭으로 만들었다. 영지는 폐허가 되었다. '서재에 남아 있던 수많은 판결문과 서적을 일부는 갈가리 찢어버리고 나머지는 태워 담배에 불을 붙였다. …… 사냥터의 울타리를 부수고 상당수의 사슴을 죽였다. …… 나머지는 쫓아내고, 길든 어린 수사슴만 데려다 루퍼트 왕자에게 바쳤다. 이들은 집 안에 있는 모든 것을 먹고 마셨다. …… 또한 마차와 네 마리 좋은 말과 안장을 얹는 틀도 가져갔다. …… 적대감으로 가득 찬 악랄한 용병이 저지를 수 있는 모든 파괴와 약탈을 저질렀다.'[3] 이러한 난장판 속에서 들리는 울부짖음은 골짜기 반대편인 우리 숲에서도 들렸고, 탈출한 사슴은 그레이즈 코트까지 도망갔을 것이다. 고삐 풀린 약탈자들이 이웃 영지에서도 동물에게 먹이려고 식량을 빼앗았다는 건 터무니없는 추측이 아니다. 더구나 놀리스 가문 사람들은 독실한 기독교 신자로 잘 알려졌기 때문이다.(의회파라는 뜻이다 - 옮긴이) 무장한 왕당파는 말로 방향으로 폴리에서 800미터 정도 떨어진, 다음으로 큰 저택인 그린랜즈 하우스에 수비대를 주둔시켰다.

구원의 손길이 찾아왔다. 에식스 백작 휘하의 의회파 기병과 보병이 1643년 1월 23일에 헨리를 점령했다. 그리고 그날 밤 '헨리 접전'이 일어났다. 왕당파는 레딩으로 철수했고 그 과정에서 열두 명이 목숨을 잃었다. 원두당(의회파) 군대가 도시에 임시 숙소를 설치하고 에식스 백작이 도시의 북쪽 가장자리에 있는 필리스 저택을 점령했지만, 시민들은 왕의 부하가 헨리를 차지했을 때만큼이나 시달렸다. 그들은 내전을 지속하기 위한 식량 공급과 추가 세금 부담의 요구로 괴롭힘을 당했다. 400년이나 신께 예배를 바치던 세인트 메리 교회는 마구간으로 전락했다. 도시 주위로 토성이 세워졌다. 왕당파가 남기고 간 폴리 코트를 차지한 원두당 병사들도 이전의 왕당파보다 결코 나은 게 없었다. 불스트로드 화이트로크 경은 병사들이 자신의 영지에 끼친 막대한 손해에 대해 격렬히 항의했다.

헨리의 생명줄인 하천 무역은 드물게 이루어졌다. 왕의 군대가 강의 상류와 하류 양쪽의 보루를 모두 차지했기 때문이다. 이 시대에는 침략과 궁핍이 동시에 진행되었다. 질병과 영양실조가 피해를 가중시키는 바람에 옥스퍼드셔 주에서 사망률이 두 배 이상 증가했다. 마침내 몇 차례의 공격과 예상된 보복전이 오간 이후, 1644년 6월 강 하류의 그린랜즈 하우스에서 왕당파 세력이 항복했다. 무기와 말을 가지고 네틀베드로 안전하게 귀환시켜주는 조건이었다. 항복군은 페어마일을 따라 고개를 넘어 빅스로 향하는 옛 경로를 따라 퇴각하면서 틀림없이 우리 숲을 지났을 것이다. 이 혼란의 시대를 틈타 그림다이크 숲에 숨어 있던 밀렵꾼이라면 짐마차꾼이 아센든 위로 가파른 칠턴힐스를 올라가는 바퀴 자국 파인 도로를 지나며 말을 독려하는 거친 고함 소리와 말발굽 소리를 들었을 것이다. 이 도로는 너무 오래되어 땅이 깊이 파였다. 옥스퍼드로 가는 옛 도로에는 사기가 떨어진 왕당파 병사들의 우울한 행렬이 이어졌다. 그러나 내전이 끝나려면 아직 멀었다.

1646년 4월 27일, 아까의 그 밀렵꾼이 여전히 숲에 있었다면, 반대 방향으로 지나가는 놀라운 행인을 목격했을 것이다. 찰스 1세가 하인으로 가장하고 옥스퍼드에서 탈출해 한배에 탄 두 친구에게로 갔다. 세 명은 네틀베드에서 헨리와 메이든헤드로 가는 길에 칠턴힐스를 가로질렀다. 그들이 세운 계획은 막연했다. 왕은 왕당파의 상징인 러브록을 버리고 몬테로 사냥 모자[4]를 썼다. 이들은 가짜 의회파 통행권으로 방어벽을 뚫고 헨리로 향했다. 보초에게 12펜스를 건넨 것이 도움이 되었다. 그럼에도 불구하고 찰스처럼 자만심이 강한 이에게는 몹시 굴욕적인 행동이었다. 찰스 1세를 흠모한 존 클리블랜드John Cleveland(1613~1658)는 「왕의 변장」이라는 시에서 이 사건을 과장해 자신의 영웅을 '박쥐로 오그라든 독수리 왕자' 또는 '울퉁불퉁한 굴 껍데기 속에 든 진주'라고 묘사했다.

그렇더라도 이처럼 절대 용납할 수 없는 복면 속에 갇힌 경험은

몬테로 사냥 모자를 쓴 17세기의 병사.

1649년 1월 30일 사형집행인에게 처형된 왕의 축출로 일단락된 과정의 일면을 상징적으로 드러낸다. 1646년 여름, 당시 헨리의 주지사였던 불스트로드 화이트로크 경은 지역 주민과 군대를 움직여 마을에서 군사를 해산시키고 템스 강을 가로지르는 다리를 다시 열었다. 상인과 수공업자들은 불량배 같던 병사들이 물러난 것은 말할 것도 없고 분기별 과세와 끊임없이 이어진 부당한 요구가 끝나자 깊이 안도했다. 영국연방과 왕정복고 기간에 무역 활동이 정상적으로 재개되었다.

램브리지우드는 숲 아래 골짜기에서 벌어진 역사를 지켜본 침묵의 목격자를 품은 채 예전으로 돌아왔다. 연료로서 너도밤나무의 가치는 지속적으로 상승했다. 일기 작가 사무엘 페피스Samuel Pepys는 1688년 무렵 헨리의 무역에 대해 특별히 언급했다. '너도밤나무는 더 빨리 더 깨끗이 타고 불똥이 튀지 않으며 질 좋은 숯을 만든다. 그리고 참나무보다 불을 오래 유지한다. 참나무는 너도밤나무보다 오래 타지만 치수와 가격은…… 같거나 거의 비슷하다.'[5] 해군성의 총무로서 그는 모든 측면에서 목재의 중요성을 너무나도 잘 알고 있었다.

로버트 플롯 박사는 이렇게 관찰했다. '칠턴 지대에서 사람들은 일반적으로 맹아림을 8~9년마다 벌목했다. 그러나 키가 큰 나무나 땔감용 작은 맹아림에 대해서는 특별히 정해진 시기가 없었다. 또한 나무를 한꺼번에 벌목하는 대신 필요할 때마다 베었다.' 왜림작업을 한 너도밤나무는 적당한 길이로 잘라 런던 시장에 내다 팔았다. 나뭇단으로 묶어 네틀베드나 레딩의 벽돌 공장에 납품했고, 개암나무 기둥은 그 지역에서 건축이나 울타리용으로 썼다. 커다란 나무를 벨지, 시장 여건이 나아질 때까지 기다릴지를 두고 갑론을박이 벌어졌을 것이다. 1665년에 역병이 돌아 한동안 헨리의 거룻배 상인이 런던에서 상품을 수입하는 것이 금지되었을 때도 일상적인 거래는 계속되었다. 숲이 되살아나는 주기는 야생동물의 성쇠盛衰와도 보조를 맞추었다. 주기적인 벌목 덕분에 야생화가 만발하고 벌목된 지역으로 여름 나비가 날아왔다. 생물학적 풍요로움의 잔재만 번성했다.

17~18세기에는 실제로 임야에서 수익을 올렸다. 불스트로드 화이트로크 경이 1637~1638년에 자신의 영지를 통합하면서 지금의 헨리 파크를 매입했다. 헨리 파크는 우리 숲의 동쪽으로 페어마일의 맞은편에 있는데, 당시에는 영지의 숲 대부분이 교목과 맹아림으로 구성되었고 전통적인 방식으로 관리되었다. 1630년대에 불스트로드 화이트로크 경은 영지 전체에서 수확한 1만 뭇의 장작을 런던의 나무 거래상에게 팔았는데 순이익으로 3,000파운드를 벌었다. 어떻게 따져보아도 엄청난 금액이었다.

1672년 불스트로드는 헨리 파크를 자기 아들인 윌리엄에게 물려주었는데, 이후 윌리엄은 상당한 임야를 경작지로 전환했다. 그는 헨리의 교구 목사인 존 코울리John Cawley와 존 테일러John Taylor에게 숲을 개간해도 좋다는 허가와 함께 헨리 파크를 2,000파운드에 임대했다. 40헥타르의 숲에서 나무를 들어내 상당한 이익을 남기고 팔았다. 1720년대에 헨리 파크는 약 162헥타르의 사유지로 확대되었는데, 가파른 지역에 남아 있는 임야를 제외하고 대부분 벌목된 후 개방된 토지로 구성되어 전반적으로 오늘날 우리 숲 너머로 보이는 풍경과 같은 경관이 되었다.

비슷한 시기에 램브리지우드의 큰 땅덩어리가 떨어져나갔는데, 하마터면 그림다이크 숲이 포함될 뻔했다. 그림다이크 숲 북쪽 끄트머리의 헛간과 오두막 너머 언덕 옆에 헨리 방향으로 확장된 좁은 지조가 있다. 몇몇 들판을 포함하는 이 18헥타르의 땅덩어리는 한때 그림다이크 숲과 같은 산림지대였다. 1658년에 그레이즈 코트의 윌리엄 놀리스는 헨리의 귀족 토머스 구딩지Thomas Goodinge에게 99년간 22파운드에 숲을 임대했다. 1681년 윌리엄 홉킨스William Hopkins는 유언장에 교구 교회인 성 마리아 막달레나 교회의 가난한 이들을 위한 자선사업의 일환으로 '매주 토요일 저녁에 기도하러 오는 이들에게 빵을 줄 수 있도록' 300파운드로 토지를 매입하라고 유언했다.[6)] 헨리 주변의 임야는 이렇게 램브리지 자선단체의 토대가 되었다.

이렇게 매입한 18헥타르의 토지를 관리하려면 부동산 관리인이 여럿 필요했다. 이런 땅에 대해서는 처음부터 토지 관리와 관련된 문서가 꾸준히 작성되었다. 그림다이크 숲의 경우처럼 짐작과 추론이 전부인 것과는 크게 대조된다. 1797년에 작성된 (알아볼 수 있는) 고용계약서를 보면 부동산 관리인은 모두 옥스퍼드의 자유민으로 포목상 존 파슨스, 약제사 토머스 파스코, 제빵사 토머스 와이어트, 제본 기술자 윌리엄 헤이즈, 재단사 제임스 코스타, 구두장이 에드워드 러스브리지, 식료품상 토머스 루커, 싸개쟁이 윌리엄 윈터 등이었다. 이 문서는 옥스퍼드셔 도시 사업 현황에 관한 명확한 요약본인 셈이다.

이 18헥타르의 땅에서 거의 200년간 가난한 이들을 위한 소득이 창출되었다. 카울리로드의 세속화된 교회 안에 있는 옥스퍼드셔 기록보관소에는 임대 변경이나 파산을 기록한 엄청난 분량의 서류가 보관되어 있다. 그중 1707년 3월로 거슬러 올라가는 다소 부실한 문서가 있는데, '헨리의 로버트 워터스Robert Waters와 런던의 필립 실Philip Seal 및 윌리엄 브룩스William Brookes 간에 램브리지라고 불리는 사유지에서 나무뿌리와 등걸의 채취를 두고 합의'가 있었음을 말해준다.(별지 컬러 일러스트 35 참조) 실제로 이들은 뿌리와 나뭇등걸로 숯을 만들었고, 그에 대한 권리로 3파운드를 지불했다. 너도밤나무 목재 자체의 벌목과 판매는 상당 부분 워터스 가의 사업이었는데, 이들은 숲을 철저히 개간했다. 그 땅이 처음 경작에 사용되기 시작한 것이 바로 그 무렵이다. 1770년에 부동산 관리인이 헨리의 귀족 제임스 브룩스James Brooks에게 '램브리지라는 경작지 3구역'을 10년간 임대했다는 것은 개간이 더욱 진행되었음을 말해준다. 그러나 19세기까지도 이 18헥타르의 토지를 기술한 문서에는 '한때 숲이었던'이라는 구절이 여전히 덧붙었다. 램브리지우드의 우리 땅 동쪽으로 나무들 바로 아래 능선 꼭대기 부근에 농장이 지어진 뒤에도 마찬가지였다.

과거 임야에 대한 기억은 분명히 오래 지속되었다. 육지측량지도에 표기된 '램브리지힐'은 여전히 초록색 숲을 싹둑 잘라낸 땅처럼 보인다. 램브리지 자선단체는 1882년에 사업을 접었고, 윌리엄 달지엘 매켄지William Dalziel Mackenzie 대령에게 1만 4,000파운드에 농장을 넘겼다. 이로써 당시 폴리 영지의 소유주였던 매켄지는 자신의 영지를 그레이즈 코트에 훨씬 가깝게 확장했다. 현재는 중동 지역에서 왔다는 외교사절이 이 땅을 소유하고 훨씬 공들여 농가를 개조했는데, 그는 은둔 성향이 있는

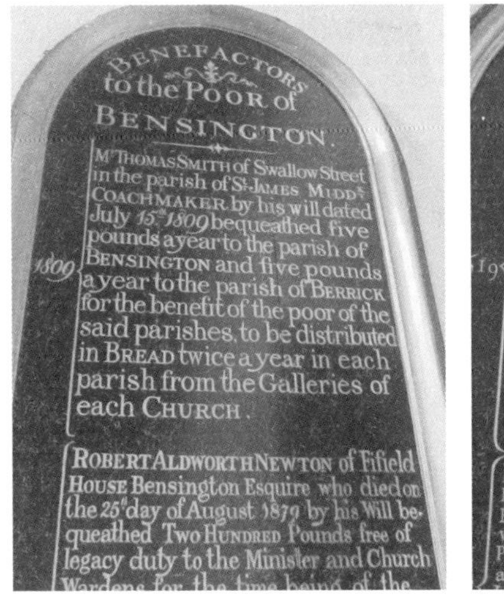

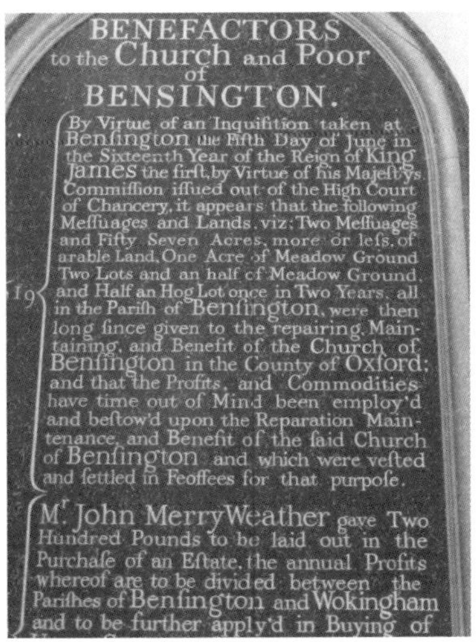

벤슨에 있는 세인트 헬렌 교회의 자선 게시판.

사람으로 과거엔 숲, 그리고 나중에는 경작지가 된 땅에 울타리를 치고 개인 사슴 사냥터로 사용한다. 그림다이크 숲은 또 한 번 가까스로 위기를 모면했다. 만일 18세기의 개간 사업이 아주 조금만 더 진행되었더라도 깊은 과거와의 소중한 연결 고리가 돌이킬 수 없이 망가졌을 것이다.

1666년 런던 대화재 이후 브리튼 섬의 가장 위대한 르네상스 건축가인 크리스토퍼 렌 경Sir Christopher Wren이 세인트 폴 대성당의 재건을 위한 설계를 시작했다. 세기의 걸작은 1675년에 착공되어 1710년 렌의 아들이 등燈 꼭대기에 마지막 돌을 얹으며 완성되었다. 대화재로 인해 벽난로에 효율적인 연통의 중요성이 인식되었다. 가정용 연료로서 목재의 수요는 계속 있었지만, 석탄이 난방에 좀 더 효과적인 연료로 인식되면서 마침내 램브리지우드의 일상적인 생산물의 수요에도 변화가 생겼다. 당시 숲의 동쪽 구역은 이후에 은행가 그로트 가의 거처가 된 배지모어 영지에 속했는데, 여기에서 대화재와의 연결 고리를 찾을 수 있다.

렌의 도목수 리처드 제닝스Richard Jennings는 대성당이 마무리되던 해에 배지모어 저택을 구입하여 개조했다. 1896년에 출간한 에밀리 클리멘슨Emily Climenson(1844~1921)의 『헨리 안내서Guide to Henley』에 따르면 제닝스는 세인트 폴 성당을 짓고 남은 벽돌과 비계들을 가져와 배지모어 하우스를 짓는 데 사용했다. 영국에서 가장 위대한 건축물의 작은 일부가 우리 지역에 머물게 된 셈이다. 제닝스 자신은 헨리의 세인트 메리 교회에 묻혔지만 그가 담당한 세인트 폴 성당의 서쪽 앞면의 놀라운 축적 모형은 쉽레이크 교회에 남아 있었다. 이제는 다시 성당으로 돌아가 전시되고 있다. 1712년 세인트 폴 성당의 주임 사제는 부실 재정 운영에 대한 책임을 물어 제닝스와 렌을 상대로 법적 소송을 제기했다. 두 사람은 대부분의 항목에서 무죄 판결을 받았다.

나 역시 크리스토퍼 렌 경과 특별한 인연이 있다. 그는 세계에서 가장 오래된 과학학회인 영국왕립학회의 창립 회원으로, 공식적으로 이 학회는 1660년에 렌의 강의와 함께 설립되었다. 새로 회원이 된 사람은 모두가 지켜보는 가운데 커다란 책에 잉크로 서명을 한다. 렌의 서명은 책의 제일 첫 페이지에 있다. 나는 1997년에 회원으로 선출되었을 때 바로 같은 책에 서명했다. 나는 너무 긴장한 나머지 우아하지 못하게 잉크 방울을 떨어뜨리고 말았다. 그런 면에서 나는 리처드 제닝스와도 인연이 있다. 그가 더 잘 알고 있을 그 서명을 통해서 말이다.

통나무 밑 암흑세계의 드라마

11월치고는 여전히 포근하다. 그러나 며칠간 내린 차가운 비로 땅은 질척거렸다. 봄철에 덕다리버섯이 돋아났던 썩은 통나무는 더욱 노쇠해 보인다. 이 통나무는 반으로 쪼개졌고 한때 나무에 붙어 있던 나무껍질은 모두 사라졌다. 안쪽의 목질부는 고르게 썩지 않고 깡마른 모가지처럼 단단한 심재로 만들어진 일련의 회색 갈빗대로 분해되었다. 어떤 부분은 이미 거의 바스러져 흙으로 돌아갔다.

나는 손가락으로 찔러본 뒤, 통나무를 한쪽으로 살짝 밀어서 굴렸다. 그 아래에는 숨겨진 세상이 있었다. 수없이 작은 생명체들이 부산스럽게 움직이며 최대한 빨리 빛을 피해 몸을 숨기려고 난리였다. 예고 없이 잠재적인 포식자에게 모습을 들켰으나 도주 본능은 순식간에 발동했다. 쥐며느리는 개중 느림보였다. 느긋하게 구멍으로 숨어 들어가는 기계적인 움직임은 태엽 장난감이 따로 없었다. 통나무 밑은 수많은 구멍과 활주로가 가득 숨어 있는 미로였다. 밝은 갈색을 띤 지네 몇 마리가 경계 안테나를 달고 종종걸음을 치더니 너도밤나무 잎 아래로 섬광처럼 숨었다. 반짝이는 검은색 딱정벌레도 똑같이 날렵하게 달아났다. 붉은지렁이속*Lumbricus*의 지렁이는 연약한 몸을 격렬하게 휘감으며 움직였다. 나는 어두운 서식처를 급습하여 숲의 세계 깊숙이 은밀하게 감춰져 있던 작은 세계를 드러냈다. 이곳은 작은 섬 안의 수많은 생태계 왕국 중 하나에 불과하다. 어두운 비밀이 숨겨진 살아 있는 지하 감옥을 좀 더 자세히 봐야겠다.

이제는 세상에 노출된 통나무 아랫부분에 내 손보다 작고, 고르지 못한 하얀 얼룩이 두 군데 있다. 썩은 나무의 표면에 대고 누른 양피지 같다. 둘 다 형태가 없는 균류의 자실체다. 이것들은 목질을 소화한다. 이 균류는 습도가 높고 축축한 통나무 아랫면에 머물면서 나무의 세포벽을 구성하는 물질을 먹고 산다. 이들은 제대로 인정받지 못한 부식계의 영웅으로, 나무의 몸통이 마침내 땅으로 꺼질 때까지 대패로 밀듯 가차 없이 목질을 깎아낸다. 돋보기로 보니 정말 미세한 크림색 벽으로 만들어진 복잡한 미로가 있었다. 좀구멍버섯*Schizopora paradoxa*은 이처럼 '거꾸로' 자라는 버섯 중에서도 가장 흔하며 질긴 리그닌을 소화하는 효소를 분비한다. 오로지 균류만이 이처럼 긴요한 재주를 가졌다.[7] 분해 작업이 끝나면 작은 나뭇가지는 거의 무게가 나가지 않는다. 그리고 과거 자신에 대한 유령, 그것도 모든 자존심 있는 망자의 혼처럼 흰색 유령이 된다.(적어도 나무는 흰색이다) 사실 흰색은 분해되지 못하고 남은 셀룰로스의 색이다.

두 번째 얼룩은 좀구멍버섯과 비슷한 작업을 하지만 훨씬 부드러운 목재고약버섯속*Hyphoderma* 버섯이다. 이 버섯을 떼어 집에 돌아와 현미경으로 보았더니, 표면적의 상당 부분에서 포자를 떨어내고 있었다. 포자는 담자기basidia라고 부르는 네 개의 기다란 세포에서 탄생한다. 외형적 차이에도 불구하고 이 균류는 일반적인 버섯과 가까운 사이이다. 어둠 속에서 죽은 듯이 누워 있는 것을 좋아해 애초에 버섯이기를 포기한 백색부후균이다. 마침 이 통나무에는 없지만, 갈색부후균은 셀룰로스를 소화하고 리그닌을 남기기 때문에 감염된 나무는 적갈색으로 변하고, 마르면서 정육면체 모양으로 갈라진다. 우리 숲의 침엽수 목재 더미에서 몇몇 예를 찾을 수 있다. 이처럼 눈에 잘 띄지 않는 균류가 자연계에 존재하는 모든 나무의 재활용을 주도한다.

이들은 또한 먹이사슬의 바닥을 차지한다. 성능 좋은 확대경이 또 다른 세상을 드러냈다. 균류가 깔린 표면에 까만 마침표들이 꿈틀대는 게 보였다. 작은 응애속*Xenillus* 절지동물로, 거미의 아주 작은 사촌이다. 이 미세한 생명체는 여러 종이 있는데, 어떤 종은 영화 「스타워즈」에서 기용된 환상적인 괴물처럼 등에 가시를 달고 다닌다. 이들은 포자를 비롯한 균류를 뜯어 먹고 산다.

응애처럼 작은 생명체가 또 있다. 색이 훨씬 연하고 길쭉하다. 전형적인 곤충처럼 여섯 개의 다리가 있으나 날 수는 없다. 건드리면 시야 밖으로 '핑' 하고 사라진다. '용수철꼬리'라는 이름에 걸맞은 도주 메커니즘을 장착했기 때문이다. 과학자들은 이 생명체를 톡토기라고 부른다. 비록 과거에는 먼 사촌에게 주어진 유용한 공중비행 장치를 얻지 못한

31 오래된 칠턴 전원 풍경. 우리 숲과 함께 헨리 파크에서 아센든밸리를 가로질러 서쪽으로 보이는 전경으로, 하늘 밑에는 '살인 오두막'이 보인다.

32 로더필드그레이즈 교구 교회에 안장된 놀리스 가의 정교한 기념비. 놀리스 가문은 튜더 시대에 영향력 있는 가문이었다.

33 옥스퍼드셔의 그레이즈 코트 저택. 놀리스 가문이 숲을 관리하던 시대와 거의 흡사하다.

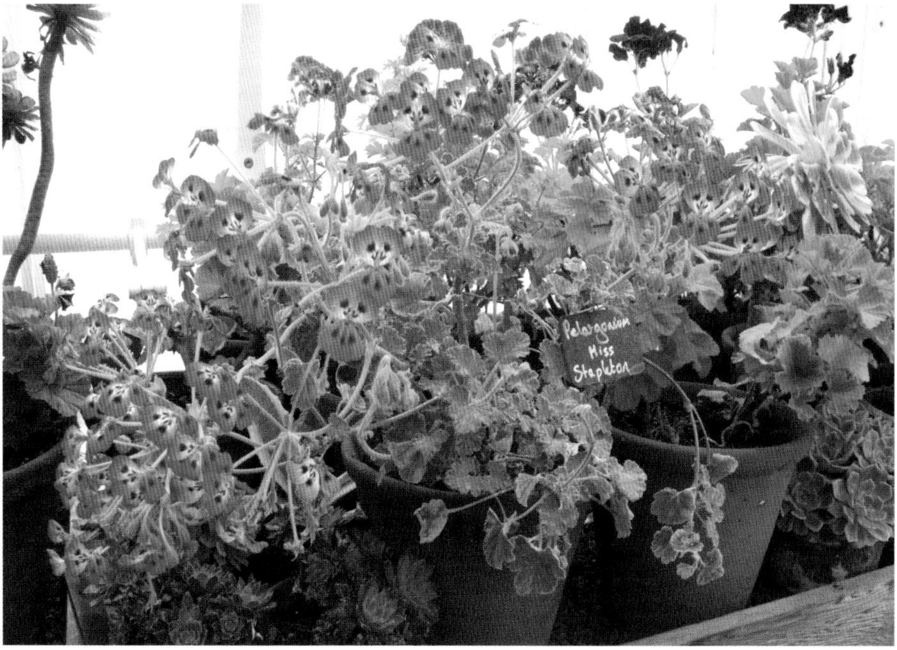

34 제라늄 품종인 '미스스테이플턴'. 이 식물에 애정을 가지고 있던 스테이플턴 자매의 이름을 따서 지어졌다. 자매가 사용한 온실은 아직까지 그레이즈 코트에 남아 있다.

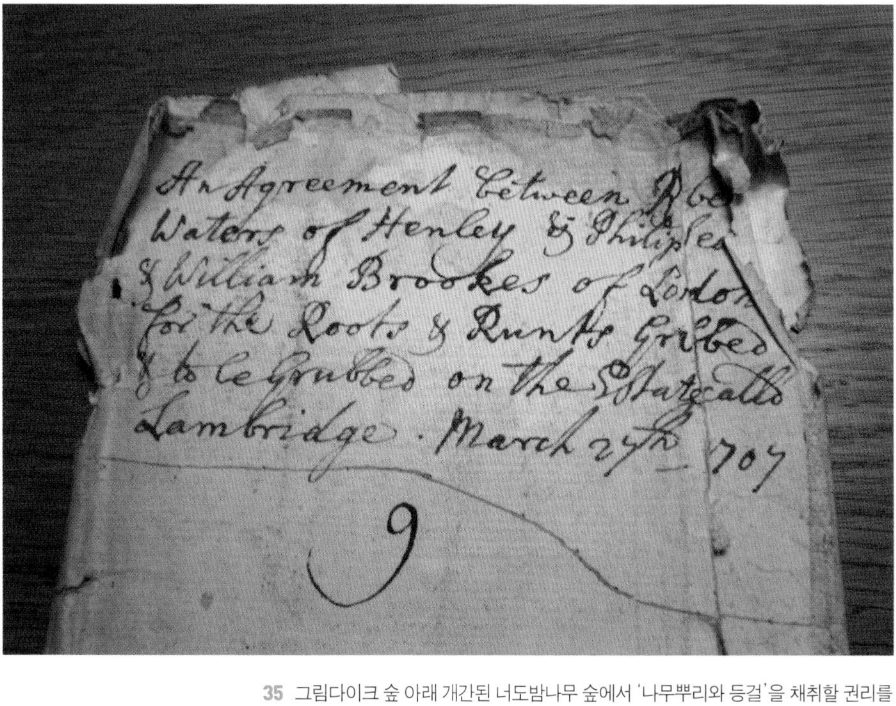

35 그림다이크 숲 아래 개간된 너도밤나무 숲에서 '나무뿌리와 등걸'을 채취할 권리를 승인한다는 문서.(옥스퍼드셔 기록보관소)

36 까치먹물버섯은 먹물버섯 중에서도 독특한 것으로, 너도밤나무 숲에서 전형적으로 나타나는 종이다.

37 말뚝버섯의 학명은 '냄새가 지독한 남근'이라는 뜻으로, 매우 걸맞은 이름이다. 파리는 악취가 나는 '수프'를 즐기며 버섯이 포자를 퍼뜨리는 것을 돕는다.

38 덕다리버섯이 죽은 벚나무에서 부드러운 접시처럼 자란다. 성숙해지면서 가죽질로 변한다.

39 썩은 너도밤나무 그루터기에서 돋아난 반짝이는 먹물버섯을 통해 우거진 숲 지붕을 올려다보는 사진이다.

40 망목주름담홍버섯은 흔히 볼 수 없는 아름다운 버섯으로, 갓의 표면이 주름졌다. 썩어서 쓰러진 스코틀랜드느릅나무 위에서 자란다.

41 숲에서 나무를 기어오르는 붉은민달팽이.

42 검은 도르딱정벌레가 알을 낳을 초식동물의 배설물을 찾고 있다.

43 흔히 볼 수 없는 이 딱정벌레의 이름은 '오에데메라 페모랄리스'다. 평범하지 않은 긴 딱지날개를 가지고 있다.

44 색이 눈에 띄게 선명한 할리퀸하늘소. 긴 더듬이가 보인다. 유충은 나무를 먹고 산다.

45 딱정벌레 세계의 장의사인 검정수염송장벌레. 이 종은 작은 진드기를 태우고 사체까지 운반해준다. 딱정벌레 자신은 등에 손님이 탔는지도 알지 못한다.

46 작업 중인 알리스테어 필립스. 우리 숲에서 벌목한 양벚나무 목재를 선반에 돌려 그릇을 만들고 있다.

47 오래된 드럼통으로 숯을 만들고 있다. 중세 시대에 숯은 숲에서 나오는 주요 생산품이었다.

48 페어마일의 백악층에서 나온, '앉아 있는 소'를 닮은 수석. 이처럼 순수한 수석은 석기 도구와 최상급 유리를 만드는 데 좋은 재료다.

49 필자가 벚나무 줄기에 앉아 일지를 쓰고 있다.

50 가을철 스코틀랜드느릅나무 잎사귀가 나무줄기에 떨어져 있다. 잎의 기부가 전형적인 비대칭 형태다.

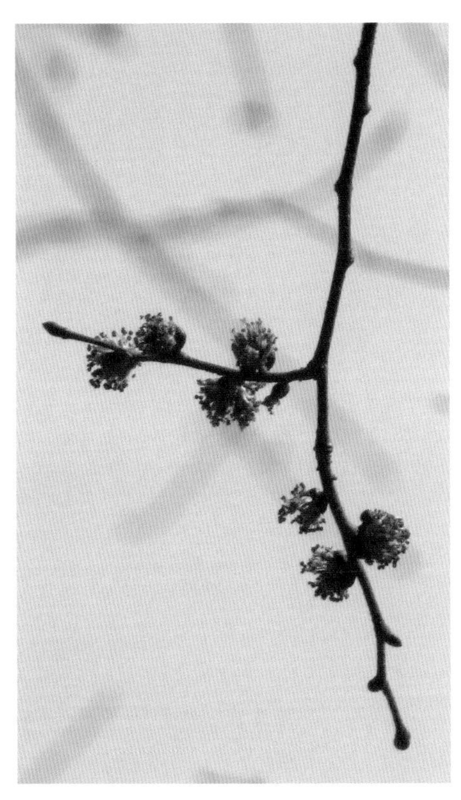

51 초봄의 스코틀랜드느릅나무 수꽃은 화려한 색깔의 수술 다발에 지나지 않는다.

52 필립 쿠멘이 만든 보관함의 서랍에 수집한 보물이 담겨 있다. 잠쥐의 둥지는 가죽 공책과 푸른 유리 앞에 놓여 있다.

53 숲 뒤에 자리 잡은, 쿠멘이 만든 수집품 보관함. 보관함을 만든 벚나무 통판이 뒤쪽에 쌓여 있다.

54 겨울철 지의류는 쓰러진 나뭇가지를 장식한다. 방패지의는 오염에도 잘 견딘다. 다른 지의류들은 서식 조건이 매우 까다롭다.

55 습하고 차가운 시기에 이 큰솔이끼와 같은 이끼류는 기분 좋은 방석을 제공한다.

원시 집단으로 분류했지만, 톡토기와 날벌레의 연관성에 대해서는 여전히 의견이 분분하다. 그러나 상관없다. 이들은 지구상에서 가장 수가 많은 동물 중 하나로, 습한 식생에서는 1제곱미터당 10만 마리가 사는 것으로 추정된다. 통나무 밑의 세계는 톡토기들이 사는 데 필요한 모든 유기쇄설물과 박테리아를 제공한다.

이 조그만 동물들은 숲에서 맨눈으로도 찾아낼 수 있을 정도의 크기이지만 더 자세히 살피려면 확대해서 보아야 한다. 응애와 톡토기는 균류를 먹고 자라는 딱정벌레의 애벌레처럼 크고 활기찬 유충의 먹잇감은 아니지만, 그 외의 다른 생명체의 먹이가 된다. 나는 돋보기 아래에서 잽싸게 달려가는 작은 동물을 보고 잠시 전율을 느꼈다. 틀림없이 붉은 전갈처럼 보였다. 크기를 가늠하는 내 감각을 발휘하자면 겨우 몇 밀리미터밖에 안 되는 놈이었다. 그러나 순간 심장이 벌렁거렸다. 앞에는 섬세한 한 쌍의 집게발이 있었지만 꼬리에는 독침이 없다는 게 생각났기 때문이다. 나는 이 동물이 응애와 톡토기를 재빨리 먹어치울 거라고 믿어 의심치 않는다. 아주 작지만 무시무시한 이 포식자는 가짜전갈*Chthonius ischnocheles* 이다. 그러고 보면 이름의 복잡성은 동물의 크기와 반비례하는 것 같기도 하다. 램브리지우드에 서식하는 가짜전갈을 주제로 한 과학 논문이 있다.[8] 램브리지우드에서 발견된 다른 가짜전갈*Neobisium muscorum*, *Roncus lubricus*에 관한 기록도 있다. 라틴어 학명의 '크토니우스*Chthonius*'는 그리스어로 '지하의'라는 뜻에서 유래했는데, 발음은 쉽지 않지만 잘 지은 이름이다. 이 생명체들은 필연적으로 하워드 P. 러브크래프트Howard P. Lovecraft(1890~1937)의 공상과학소설에 나오는 사악하고 땅속 깊이 묻혀 있는 크툴루 문명을 떠오르게 한다.

실제로 통나무 밑의 암흑세계는 이국적이다. 그곳의 사냥꾼들은 더듬이를 살짝만 움찔해도 감지할 수 있는 화학물질의 냄새를 추적하기 때문이다. 이곳은 술수와 속임수가 판치는 어둠의 세계다. 이곳에 무서운 포식자 지네가 산다. 입 주변에 특수한 사지를 가진 지네는 먹이를 갈가리 찢어버리기에 앞서 특별한 독이 든 발톱을 사용해 희생자를 무력하게 만든다. 몸을 숨길 곳을 찾아 허둥지둥 달려가는 저 도망자는 돌지네속*Lithobius*으로 분류되는데, 우리 숲에 총 세 종이 있다. 그중 가장 큰 것은 줄무늬지네*Lithobius variegatus*로, 다리에 가로줄 무늬가 있으며 옥스퍼드셔에 매우 오래된 임야가 존재함을 나타내는 좋은 지표종이다. 이 다리는 약탈하는 바이킹 배의 노처럼 삐죽 튀어나와 있다. 그러나 여느 선박과 달리 몸체가 유연하다. 이 지네는 앞뒤가 닮아 헷갈린다. 맨 뒤에 달린 한 쌍의 '꼬리다리'가 더듬이를 흉내 내기 때문이다.

더 길고, 더 노랗고, 더 날씬한 지네 스티그마토가스테르 수브테라네아*Stigmatogaster subterranea* 한 마리가 85쌍이나 되는 넉넉한 다리를 가지고도 통나무 밑에서 나의 습격에 굼뜨게 움직였다. 그러더니 스스로 몸을 꼬는 밧줄처럼 우아한 곡선을 그리며 탈출을 감행했다. 더 날씬하고 유연하며 동적인 지오필루스속*Geophilus* 지네의 다리 개수는, 갈색지네*Lithobius forficatus*가 가진 열다섯 쌍의 다리와 빗땅지네속*Stigmatogaster* 지네의 수없이 많은 다리의 중간쯤 된다. 마침내 우아한 크립톱스 호르텐시스*Cryptops hortensis* 차례다. 이 종은 남아메리카 대륙에 서식하는 독성이 매우 강한 대형 지네와 연관되어 있다. 이들 중 지네centipede라는 이름에 걸맞게 '100개의 다리'를 가진 것은 없다. 지네의 다리쌍 개수는 언제나 홀수인데, 이는 몸통을 분할하는 체절 고리 개수와 일치한다. 종마다 가장 좋아하는 먹잇감과 특색 있는 사냥 전략을 갖고 있을 테지만, 이 비밀스러운 어둠의 세계를 더 자세히 조사할 때까지 구체적인 사항은 '모름'이다.

교묘한 술책일수록 눈길이 닿지 않는 곳에서 진행된다. 균류의 균사 - 유기체의 살아 있는 실 - 는 영양분을 찾아 죽은 너도밤나무 속을 뒤진다. 그러나 죽은 나무에는 균류가 자라는 데 필요한 질소화합물이 부족하다. 한편 썩은 나무 안에는 여러 종류의 작은 선충이 산다. 나는 종종 현미경 아래에서 이들이 최후의 발악을 하며 몸부림치는 모습을 본다. 끝으로 갈수록 가늘어지는 작고 투명한 소시지 같은 선충은 정교한 현대 분자생물학 기법이 아니고는 쉽게 동정할 수 없다.[9] 그런데 이 작은 벌레의 몸에 유용한 분량의 질소가 들어 있다. 그래서 균류는 이 불운한 벌레를 잡아 질소를 얻는 기술을 진화시켰다. 균사로 올가미를 만드는 것이다. 덫에 걸린 벌레는 단단히 몸이 조여져 꼼짝달싹 못하게 된다. 그러면 균류는 균사로 죽은 몸을 빨아 먹고 그 힘으로 더 많은 나무를 분해한다. 질소 '고정'으로 강화된 활력으로 말이다. 어둠 속의 살인이다.

쥐며느리는 나무를 먹는다. 쥐며느리를 처음 본 사람들은 곤충이라고 생각하겠지만, 실은 새우나 게의 육촌쯤 되는 갑각류다. 슬레이터(슬레이트 지붕 - 옮긴이)라고도 불린다. 쥐며느리의 가까운 친척인 해양 등각류는 바다에 산다. 크기가 큰 것들은 내가 평생 가장 좋아하는 동물인, 멸종한 삼엽충처럼 생겼다. 물론 닮은 것은 겉모양뿐이다. 갑각류 중에서도 특이하게 쥐며느리는 육지에서 번식에 성공했다. 빈대와 달리 쥐며느리를 싫어하는 사람은 별로 없지만, 딱히 예쁨을 받는 동물도 아니다. 베스트셀러 동화 작가 중에 '쥐며느리 윌리'라거나 '슬레이터 수지'라는 책을 쓴 사람은 없다. 나무를 베어 먹는 건 그다지 매력적인 특성은 아니니까. 총 다섯 종의 쥐며느리가 알려져 있는데, 모두 우리 숲에 살면서 썩은 나무 밑에 숨어 열네 쌍의 다리로 이리저리 쏘다닌다. 쥐며느리는 땅에 떨어진 유기물질을 처리하는, 대단히 중요한 작업을 수행한다. 미세한 알갱이들이 덩어리진 이들의 배설물은 박테리아가 즐겨 서식하는 퇴비를 제공한다. 이들은 너무 단단해서 쉽게 분해되지 못하는 나무들을 흙으로 돌려보내는 과정의 한 부분이다. 돋보기 아래에서 작은 흰색 쥐며느리를 발견했다. 진짜 새끼 쥐며느리다. 어미는 수정된 알이 부화하여 소형 쥐며느리로 탈바꿈할 때까지 몸에 달고 다닌다. 쥐며느리야말로 자급자족을 가능케 하는 재처리 기계다.

노래기는 보통 지네보다 몸이 길고 날씬하며 채식주의자다. 긴 몸통의 체절이 각각 한 쌍이 아닌 두 쌍의 다리를 달고 있다는 것을 확인하기 전까지 지네로 오해할 수 있다. 참, 그리고 '1,000개의 다리'라는 영어 명칭과 달리, 노래기millipede의 다리 개수 역시 지네의 다리가 100개가 아닌 것처럼 1,000개가 아니다. 2012년에 캘리포니아에서 발견된 노래기가 750쌍의 다리로 세계기록을 수립한 전례가 있긴 하다. 노래기는 서두르지 않고 여유 있게 움직인다. 우리 숲에서 가장 흔한 노래기는 구식 거리측정계perambulator에 다리를 잔뜩 달아놓은 것처럼 보이는 종으로, 숲 어디에나 거주한다. 이 노래기의 이름인 뭉툭꼬리뱀*Cylindroiulus punctatus*은 종의 정체를 밝히는 데 별 도움이 되지 않는다. 이 밖에도 그림다이크 숲에는 네 종이 더 있다. 그중 하나인 흰테두리공벌레*Glomeris marginata*는 머리와 꼬리가 맞물리도록 몸을 말아 큰 완두콩 크기의 검고 빛나는 단단한 공으로 변신하여 몸을 보호한다. 이 돌돌 말린 구체를 처음 보았을 때는 신기한 씨앗이 아닐까 궁금했다. 수많은 내 삼엽충들도 이처럼 재주를 부렸을 것이다. 그리고 유령란과 구상난풀처럼 수렴진화의 훌륭한 사례를 제공했을 것이다.(102~106쪽 참조) 또 다른 노래기인 코르데우마 프록시뭄*Chordeuma proximum*은 원래 영국의 서쪽 지방에 서식하는 종으로, 동쪽에서는 드물게 나타나므로 우리 숲에서 찾은 것은 대단한 발견이다. 납작등노래기*Polydesmus*는 마치 부품을 조립해서 만든 미니 장갑열차처럼 일정한 속도로 굴러간다. 장작더미 위에 사는 검은 딱정벌레나 살찐 세발두꺼비가 입맛을 다실 만하다.

솔직히 동물과 균류의 목록을 작성하는 것은 매우 귀찮지만, 자연의 진정한 풍요로움을 제대로 파악하기 위해서는 반드시 필요한 일이다. 그림다이크의 생물 종 리스트는 단순한 목록이 아니라 흥미로운 이야기가 서로 맞물려 전개되는 일람표이다. 썩은 나무 밑의 세상은 비록 아주 작지만 놀라울 정도로 완벽했다. 그곳에서도 생명의 폭포는 궁극적으로 태양에서 온다. 나무는 광합성 작업을 통해 수년간 햇빛에서 에너지를 섭취해 축적했다. 그러다 나무가 땅에 쓰러지면 그때부터 오래된 건축물의 철거가 시작되는데, 거기에 균류가 결정적인 역할을 한다. 사촌 존이 벌목한 후 남기고 간 너도밤나무 통나무에는 이미 단단한 갈색 공 같은 너도밤나무무사마귀*Hypoxylon fragiforme*가 자라 얼룩덜룩하다. 개척 정신이 강한 이 종 뒤로 다른 종들이 곧 따라올 것이다. 내년이면 느타리버섯을 볼 수 있을지도 모른다. 축축하고 어두운 통나무 밑에서는 재활용 전문가와 분해자들이 작업한다. 노출된 나무에는 서로 다른 균류가 옅은 얼룩을 그려내고, 균사체가 본격적으로 작업에 착수해 나무에 저장된 에너지를 꺼내온다. 지렁이는 흙으로 유기물질을 끌어들이는 역할을 한다. 나무를 먹는 놈과 곰팡이를 먹는 놈 뒤에는 그들의 포식자가 먹이사슬을 형성하는데, 이는 햇빛과 빗속에서 번영하는 풀-초식동물-육식동물로 이어지는 일반적인 먹이사슬에 대한 암흑 버전이자 어둠의 역설이다. 부패와 부식은 지하 세계의 창조 작업이다. 이들의 명단이 담긴 일람표[10)]는 서서히 진행되는 부패의 아침 드라마에 등장하는 인물들이다. 이 막장 드라마에서 섹스와 살인, 탐욕과 속임수는 은밀히 몸을 숨긴 수십 종의 서식처를 배경으로 정해진 역할을 수행한다.

통나무 밑에서 무더기로 갉아먹고 남은 열매의 종자를 발견했는데, 작은 콩보다 크지 않았다. 이 종자들은 하얗게 탈색되었다. 내가 통나무를 움직이기 전까지 비밀 은신처였을 이곳에 적어도 스무 개 정도를 모아놓았다. 순간 토끼 똥으로 착각했지만, 틀림없이 근처에서 자라는 양벚나무의 씨일 것이다. 씨마다 속을 갉아먹은 깔끔한 구멍이 있었다. 나는 그중에 대여섯 개를 가져와 수집품에 추가했다. 종자에 뚫린 구멍은 지름이 몇 밀리미터도 채 되지 않았지만 규칙적인 경사를 이루고 있었다. 이것은 북숲쥐*Apodemus sylvaticus*의 작품으로, 목질의 껍데기에 싸인 영양분 많은 알맹이를 찾으려는 것이다. 이 종자의 패총貝塚은 썩어가는 통나무를 지붕 삼아 흙 속에 파놓은 굴 가까이 있었다. 여기는 옥스퍼드셔 주, 생쥐마을이다. 이 굴은 가까운 통나무 밑으로 죽 이어져 마침내 나뭇잎을 덧대어 만든 둥지까지 연결된다. 나는 낮에 북숲쥐를 몇 번 본 적이 있는데, 귀를 쫑긋 세우고 신중하면서도 열정적으로 낙엽 더미를 바삐 다니느라 마른 잎에서 바스락거리는 소리가 끊이지 않았다. 북숲쥐는 눈망울이 큰 아주 작은 회갈색 설치류다. 그러나 사실 야행성이라 주로 야밤에 살찐 지네를 찾아 흙 속을 뒤지거나 배고픈 시기를 대비해 너도밤나무 열매를 집으로 가져온다. 이 통나무는 점점 더 많은 비밀을 폭로하는 것 같다. 그러나 이제 제자리로 돌아갈 시간이다. 통나무 밑 지하 거주자들 각자에게 필요한 삶의 도구를 돌려주어야 한다.

다른 포유류들도 살펴보자. 나는 이 숲에서 가장 게걸스러운 식충동물이자 브리튼 섬에서 가장 작고 원시적인 포유류인 유라시아피그미뒤쥐*Sorex minutus*를 딱 한 번 본 적이 있다. 이놈은 여름에 '대왕목' 아래 낙엽 더미에서 등장했다. 하지만 나를 보자마자 황급히 숨는 모습이 마치 살아 움직이는 까만 에너지 공 같았다. 이 작은 뒤쥐는 매일 자기 몸무게보다 많은 양의 먹이를 먹는 것으로 유명하다. 뾰족한 코를 가진 이 설치류는 저녁으로 쥐며느리를 마다하지 않을 것이다. 내 머릿속에서 쥐며느리는 아주 맛없는 크런치 비스킷으로 상상되는데 말이다. 어느 여름철 조사에서 야생밭쥐*Microtus agrestis*(별지 컬러 일러스트 21 참조)를 잡은 적이 있다. 야생밭쥐는 호기심이 많은 동물이라 쉽게 함정으로 유인할 수 있다. 이 쥐는 북숲쥐보다 귀가 짧고 들창코다. 야생으로 돌아가기 전에 작고 구슬 같은 눈으로 무심히 우리를 쳐다보았다.

나는 땅속에 사는 또 다른 생명체가 남긴 수없이 많은 증거를 발견하고 놀랐다. 두더지 아저씨다. 나에게 유럽두더지*Talpa europaea*는 어니스트 H. 셰퍼드Ernest H. Shepard(1879~1976)가 『버드나무에 부는 바람The Wind in the Willows』에 그려 넣은 삽화를 처음 본 이후로 도저히 객관적으로 바라볼 수 없는 동물이 되었다. 나는 그림다이크 숲처럼 수석이 조밀하게 들어찬 땅에서 두더지가 파놓은 흙 두둑을 볼 거라고 기대하지 않았다. 그러나 땅을 판 노력의 대가로 벌레를 제공하는 장소가 몇 군데 있었다. 큰 공터 주변의 커다란 두더지 흙 두둑은 돌무더기나 다름없다. 나는 땅굴 속 안락의자에 앉아 신문을 보고 마멀레이드 샌드위치를 먹는 두더지 몰리를 그려보았다. 두더지의 천적인 족제비와 담비는 숲에서 본 적이 없지만, 아마 생쥐와 들쥐를 찾아 숲을 은밀히 지나간 적이 있을 것이다. 케네스 그레이엄Kenneth Grahame은 이 포식자들을 '야생의 숲 거주자'라고 불렀다. 램브리지우드는 야생에 가장 가깝다. 아니면, 적어도 영국에 남아 있는 가장 오래된 숲이다.

11월의 마지막 즈음, 내 일상적인 산책 도중에 숲을 방문한 신령한 존재를 보았다. 숲멧토끼*Lepus europaeus*다. 의심스러운 소리를 포착하려는 듯 엄청나게 길고 끝이 갈색인 귀를 쫑긋거리더니 나무 사이로 천천히 달려갔다. 공원 안에서 뛰면 안 된다는 주의를 받은 경주용 그레이하운드처럼 천천히 움직였다. 토끼는 들에 사는 짐승이라고 생각했는데, 웬일인지 이곳에서 무언가를 탐색 중이었다. 뭘 그리 찾는지 모르지만 아직까지 토끼가 우리 영역에 들어온 적은 없었으므로 다리와 귀밖에 안 보이는 이 품위 있는 동물의 방문에 나는 왠지 축복받은 기분이 들었다.

지구의 오한과 발작

1683년 가을, 숲비둘기가 다시 한 번 공포에 날아올랐다. 목격자는 다음과 같이 말했다. '갑자기 하늘이 분노에 차 포효하더니 뒤이어 땅이 평소와 달리 흔들리고 떨렸다. 이런 소리는 수년간 들어본 적이 없다. 완벽하게 고정된 줄 알았던 모든 것이 흔들렸다. 집은 거대한 요람처럼 진동했고 탁자, 의자, 옷장이 흔들리다 못해 이리저리 마구 굴러다녔다. 사람들은 너무 놀라 집에서 뛰쳐나왔다. …… 이 가을에 천지가 개벽하는 오한과 발작은 테임과 월링퍼드 전체를 두려움에 떨게 했다. …… 가난한 일꾼이자 평범한 타작꾼 하나가 월링퍼드로부터 3킬로미터 떨어진 작은 마을에서 일하는 도중 이 지구의 흔들림을 똑같이 느꼈다. 처음엔 대수롭지 않게 여겼다가 헛간에서 서까래가 갈라지는 소리를 듣고는 도리깨를 내팽개치고 달려 나와 거리에서 소란을 피웠다.'[11]

이 지진이 램브리지우드의 나무까지 흔들었는지는 증명할 수 없지만 가까운 월링퍼드에서 그렇게나 격렬했다면 사실로 받아들여야 할 것이다. 우리가 생각할 수 있는 가장 오래된 숲도 지질 연대의 규모로 보면 찰나의 존재에 불과하다. 때로 땅속 깊이 저장된 오래된 기억이 되살아난다. 나는 '천지가 개벽하는 오한과 발작'을 되살린 단층이 영국 남부의 무의식 깊숙이, 그리고 공룡과 암모나이트 시대보다 오래전에 격한 충격에 뒤틀린 바위에 자리 잡았다고 생각한다. 칠턴힐스의 등줄기를 형성하는 하얀 백악층은 단층을 품은 바위가 깊이 파묻힌 후 3억 년 동안 바다에 누워 있었다. '오한과 발작'은 경관을 구성하는 각 요소가 궁극적으로 지구 차원에서 발생한 지질구조판의 움직임에 의해 형성된다는 사실을 상기시킨다. 그것은, 이 모든 숲에서 온갖 일을 벌이며 살지만 한낱 미물에 불과한 인간들의 세상사와 전혀 상관없이 상상을 초월할 정도로 느리게, 그리고 멈추지 않고 거침없이 지탱되고 있는 자연의 움직임이다.

지진 때문에 타작꾼이 도리깨를 내팽개치고 도망치기 9년 전, 칠턴 백악이 가진 지질학적 유산은 새로운 산업에 영감을 불어넣었다. 조지 레이븐스크로프트George Ravenscroft는 헨리에 실험적인 유리 공장을 세웠다. 이 지역에서는 특히 양질의 수석이 나기 때문에 그의 마음을 끌었다. 바로 신석기 사냥꾼들이 인정한 것과 똑같은 수석이다. 나는 숲 아래의 백악 노두에서 발견한 수석 덩어리 하나(별지 컬러 일러스트 48 참조)를 수집품에 넣었다. 우연이겠지만 이 돌은 로더필드의 '로더'와 꽤 닮았다. 안쪽이 티 한 점 없는 순수한 석영이다. 로버트 플롯 박사가 옥스퍼드셔를 여행하면서 유리 제작에 수석을 사용하는 걸 본 적이 있다고 한 것으로 보아 이 지역에 수석 유리를 만드는 전통이 전해 내려왔다고 짐작할 수 있다.[12] 헨리는 조지 레이븐스크로프트에게 살기 편안한 곳이었다. 독실한 가톨릭 신자로서 그는 스토너 하우스의 반가운 손님임이 확실했기 때문이다. 스토너 하우스의 캐모이스는 자신의 신앙을 유지하는 대가로 단호히 벌금을 지불하기까지 한 사람이었다.

크리스털 유리를 제작하는 초기 공정 단계에서 레이븐스크로프트가 겪었던 어려움은 '잔금'이라고 부르는 미세한 균열이 일어나는 현상이었다. 유리 제조 공식을 수정해야 했지만 어떻게 바꿔야 할지 명확하지 않았다. 바위 결정의 형태로 본을 뜨기 위해 수석을 녹인 후 여러 화합물을 첨가해 시험했다. 마침내 석회화합물을 소량의 산화납으로 대체하자 놀라운 결과물이 만들어졌다. 이 공식을 레이븐스크로프트 자신이 발견했는지, 아니면 무라노 섬의 이탈리아 기능장이 초기에 실험한 것을 차용했는지에 대해서는 학계의 논란이 있다. 어디서 기원했든지 그가 만든 납유리, 즉 '크리스털'은 모든 최고의 만찬 테이블을 장식하게 되었다.

조지 레이븐스크로프트가 만든 초기 작품에는 갈까마귀(레이븐) 머리가 상징으로 새겨졌기 때문에[13] 쉽게 구별할 수 있다. 나는 막연히 레이븐스크로프트의 크리스털 제품을 한 점쯤 소장하는 것도 나쁘지 않겠다고 생각했다. 귀엽고 납작한 양수냄비면 딱 좋겠다고. 그건 나의 대단히 큰 착각이었다. (거의 그럴 일은 없겠지만) 혹시라도 그의 작품이 시장에 나오면 엄청난 고가에 팔렸다. 남아 있는 그의 작품은 대부분 런던의 빅토리아 앨버트 박물관Victoria and Albert Museum 같은 공공 전시관에 소장되었다. 방문객은 유리 뒤에 전시된 유리를 보면서 자기모순을 경험한다. 그림다이크 점토로 타일을 만들었던 로니 반 리스윅이 실험적으로 우리 숲에서 난 석영 자갈을 녹여 멋진 초록색 유리를 만들었다.(별지 컬러 일러스트 9 참조) 그러나 감히 크리스털과 비교할 수는 없다. 그냥 이상한 모양의 수석 덩어리로 만족해야 할 것 같다.

내 취미는 노루 똥 배양

마침내 겨울이다. 날은 맑고 숲은 평소보다 커 보인다. 텔레비전에는 연일 홍수 뉴스가 이어진다. 인간이 초래한 기후변화를 옹호·반대하는 전문가들이 열띤 토론 중이다. 그중 한 사람이 기후가 따뜻해지면 칠턴 너도밤나무가 위험에 처할 거라고 시사했다. 다행히 오늘 날씨는 따뜻하지 않지만, 이건 날씨지 기후가 아니니까. 얼음 같은 바람이 벌거벗은 나무 사이로 불어오면 재킷을 여미고 몸을 움츠려야 한다. 쌀쌀한 파란 하늘이 비행기가 날아간 흔적을 따라 갈라진다. 하늘을 가르는 하얀색 지퍼다. 여름에는 숲에 가려 보이지 않았던 하늘이다.

바람에 부러진 나뭇가지가 있다. 대체로 청설모 때문에 부러졌는데, 이젠 그러려니 한다. 오늘은 범인의 흔적도 보지 못했다. 따뜻한 곳을 찾아 몸을 피했나 보다. 두더지 아저씨와 마멀레이드 샌드위치를 나누어 먹고 있는지도 모르지. 아무튼 피해가 이만하길 다행이다. 나무가 통째로 쓰러지는 바람에 거꾸로 뒤집어진 뿌리가 몇 군데 남아 있다. 이렇게 허리케인이 숲을 쓰러뜨린 게 1987년인지, 아니면 1990년인지 알 수 없다. 너도밤나무는 뿌리를 깊게 내리지 않는다. 그래서 이 정도의 돌풍에도 나무들이 쓰러지지 않을까 염려할 수 있겠으나 이 나무들은 줄기끼리 문대며 삐걱거리고 불평하기는 해도 서로 단단히 붙잡고 있다. 저 높은 데 있는 나뭇가지가 정신없이 흔들린다. 무언가가 숲을 지나갔다. 가보니 노루가 작고 까만 도토리 같은 배설물을 잔뜩 남기고 갔다. 아직 윤기가 돈다. 플라스틱 용기에 노루 똥 몇 알을 집어넣었다. 물론 수집용은 아니다. 노루가 뭘 찾아 먹었을까? '새순 뜯어 먹었지'라는 대답이 퍼뜩 떠올라 둘러보았더니 우리가 심어놓은 개암나무 하나가 조금 뜯겼지만 다행히 심하지는 않았다. 산책하던 개가 노루를 쫓아 보냈으리라. 어차피 가장 강하고 무모한 놈만 이런 날씨에 모험을 강행했겠지만. 그림다이크 숲은 이후 공지가 있을 때까지 폐쇄되었다.

오늘 내가 집으로 가져가는 것은 '똥'이다. 썩은 통나무처럼 똥도 누군가에게 특별한 서식처다. 이 경우는 특별히 질소를 사랑하는 종을 위한 거처로 모두 우리 숲 생물다양성의 일부다. 똥은 생태계의 연쇄 과정을 축소하여 그대로 재현한다. 시장의 거리 행진에 등장하는 고위 인사들처럼 정해진 순서대로 한 종이 다른 종에 뒤이어 등장하기 때문이다. 이 행진은 매번 야외에 나가서 보는 것보다 집에 들여놓고 보는 게 더 낫다. 똥이 마르지 않도록 주의해야 하지만 흠뻑 젖어서도 안 된다. 다섯 개 정도의 신선한 똥을 올리브 병 같은 투명한 병에 넣고 젖은 이끼를 함께 넣어 상대습도를 높이는 것이 제일 좋은 방법이다. 그리고 며칠마다 뚜껑을 열고 큰 확대경으로 조사하면 된다.

1주일이 지나자 똥 알갱이마다 물방울로 흠뻑 젖은 작고 투명한 막대가 로켓발사대처럼 솟아올랐다. 발아하는 씨앗처럼 보이지만 실은 똥대포*Pilobolus crystallnus*라는 놀라운 점균류의 초기 형태다. 며칠 후에 작고 까만 포자낭이 발달하는데, 머리에 조그만 '모자'를 얹은 것 같다. 모자 아래로 물방울이 맺혀 있는데 이 물방울이 삼투압이라는 특별한 메커니즘에 시동을 걸어 포자낭을 공중으로 '쏘아 올린다'. 포자가 들어 있는 작고 검은 후춧가루가 병의 뚜껑에 다닥다닥 붙어 있다. 야생에서는 쏘아 올린 포자낭이 풀이나 나무에 붙어 있다가 지나가는 초식동물에게 먹히면 다시 똥으로 나와 발아하여 종을 영속시킨다. 이처럼 '모자를 내던지는' 균류가 포자를 방출하는 순간의 가속도는 자연계에서 따라올 것이 없다.

이것은 단지 퍼레이드의 시작일 뿐이다. 작고 털 달린 하얀 덩어리가 똥 알갱이 옆쪽에서 솟아올랐다. 그리고 하루 이틀 만에 줄기가 자라더니 작지만 일반적인 버섯으로 탈바꿈했다. 눈처럼 빛나는 하얀 세포로 뒤덮여 있는 것은 흰가루두엄먹물버섯*Coprinopsis stercorea*이다. 조그만 일본 양산처럼 보이는 것은 코프리넬루스속*Coprinellus*의 버섯인데, 이들은 너무 여려서 약한 숨결에도 쉽게 파괴된다. 그리고 하루 만에 갓이 흐늘흐늘해지며 검은 곤죽(먹물)으로 변한다. 이 작은 먹물버섯류는 까치먹물버섯*Coprinopsis picacea*(별지 컬러 일러스트 36 참조)처럼 숲에서 흔하게 나타나는 종과 연관된다. 다른 배설물에서는 스틸붐*Stilbum*이라는 이상한 버섯 친척이 작은 분홍색 곤봉처럼 싹을 틔운다. 이제 나는 반균강Discomycetes의 주발버섯 또는 술잔버섯이 모습을 드러내길 기다린다. 이 버섯은 노란색 혹은 주황색 원반처럼 생겼고 광이 난다. 라시오볼루스 마크로트리쿠스*Lasiobolus macrotrichus*는 속눈썹 같은 긴 털이 돌려나 있다. 마침내 흔히 보기 힘든 검은 폭탄 모양의 균류가 나타났다. 꼭 똥에서 돋아난 털 달린 구멍처럼 보인다. 매번 똥을 배양할 때마다 다른 생명체가 나타난다. 내 자서전의 취미 목록에 '노루 똥 배양하기'를 추가해야겠다.

December

12월

서리 내린 아침

숲은 완전히 고요하다. 살을 에는 차가운 공기가 상쾌하다. 모든 감각이 특별한 기대로 들썩인다. 숲길 웅덩이마다 칼날 같은 결정을 새긴 신선한 얼음이 뒤덮었다. 발로 밟으면 생강 과자처럼 파사삭 부서지는 살얼음 아래로 여전히 진창이 축축하다. 엷은 안개가 나무를 감싼다. 짙은 안개는 아니다. 창백한 대기는 멀어질수록 두터워지고 나무줄기는 희끄무레한 유령처럼 보인다. 머리 위 벌거벗은 겨울 가지로 엮은 흑색 그물도 깊어가는 안개 속으로 희미하게 사라진다. 하늘이 있어야 할 자리엔 공허함뿐이다. 천상의 응결 작용이 숲 전체를 누에고치처럼 감싼 채 세상에서 격리시킨다. 숲, 오직 숲이 있을 뿐이다. 소리조차 사라졌다. 비둘기의 머뭇거리는 구-구 소리도, 아스라이 들리던 붉은솔개의 울부짖음도 없다. 완벽한 고요가 내 감각의 날을 날카롭게 세운다. 작은 새소리와 낙엽 더미의 미세한 바스락 소리까지 들린다. 내가 발걸음을 옮길 때마다 웰링턴 부츠(정강이까지 오는 고무장화 - 옮긴이)가 내는 버적버적 소리를 제외하고 이 봉쇄된 세상을 성가시게 하는 건 아무것도 없다.

잔가지마다 얼음 장식이다. 너도밤나무 나뭇가지에 하얀색 아라베스크 무늬와 속세를 초월한 섬세함으로 소용돌이치는 솜사탕이 걸려 있다. 자세히 들여다보면 더 미세한 잔가지에서 다발로 돋아난 수천 개의 얼음 결정이 보인다. 봄철에 가지 끝에서 분출했던 수술 다발이 겨울철 얼음으로 재현되었다. 나무 전체가 견사로 짠 고운 직물보다 더 연약한 하얀 장신구를 걸쳤다. 살짝만 건드려도 얼어버린 막대 부케가 눈부신 먼지로 흩어진다. 아무리 커도 1센티미터를 넘지 않는 결정은 그보다 작은 크리스털이 줄지어 쌓이는 바람에 솜털처럼 보송보송하고 윤곽이 복잡하다. 이 얼음 결정은 밤에 조금씩 자란다. 숨소리도 낼 수 없는 정적이 무수한 얼음 티끌을 끌어모아 종유석을 만들었다. 호랑가시나무 잎조차 정체를 감춘 얼음 예술가의 관심에서 벗어나지 못했다. 서리의 결정이 잎마다 가는 흰색 주름을 장식한다. 결정은 서로 가까이 있으면서도 놀랍도록 정확하게 거리를 유지한다. 호랑가시나무의 가시 끝에는 작은 얼음 막대가 달렸다. 마른 풀잎은 엷은 공기가 몇 시간 전에 세공한 다이아몬드를 달고 있다. 거미줄은 숲속의 영혼을 달래는 목걸이를 제작한다.

잔가지마다 돋아난 얼음 결정.

너도밤나무의 마른 낙엽조차 가루설탕의 작은 결정을 흩뿌려놓았다.

나는 오늘이 특별한 날인 건지, 아니면 숲의 대기 조건이 정확히 맞아떨어질 때마다 몇 년에 한 번씩 이처럼 눈부신 장면을 연출하는지 궁금하다. 700년 전 오늘, 산지기와 농노들도 여기에서 잠시나마 자신의 힘겨운 삶에서 눈을 돌려 아름다운 겨울 숲을 보고 마음껏 감탄했을 것이다. 그리고 튜더 시대의 정치인이라면 이 광경에 매혹되어 궁중에서 벌어지는 중상모략까지도 잊었을지 모른다. 얼음은 안개가 응결하여 결정체 위로 또 결정체가 엉겨 붙는다. 그 조그만 얼음 조각품들은 짧은 수명만큼이나 실체가 없는 실안개가 불어넣은 숨결로 존재한다. 가벼운 바람이 자연의 섬세한 피조물을 어느 틈에 원래대로 돌려놓는다. 그걸 버틴다 해도 떠오르는 태양에 모든 장식은 한두 시간 만에 무너져 내린다. 나는 앞으로도 내 인생에서 이토록 영광스러운 특권을 누리지는 못할 것이다. 세상의 영화는 이렇게 사라진다.

호랑가시나무와 노아의 방주

'……한껏 자라면 숲속의 모든 나무들 중에서 호랑가시나무가 왕관을 쓰지요.'(영국의 크리스마스 캐럴 「호랑가시나무와 담쟁이덩굴The Holly and The Ivy」의 한 구절 - 옮긴이) 크리스마스가 다가오면, 호랑가시나무는 강인한 주목을 제외하고 그림다이크 숲에서 유일하게 잎이 푸른 나무다. 담쟁이를 나무로 볼 것인지는 개인의 취향에 달려 있다. 담쟁이는 분명히 목질부를 생산하고, 지지대가 죽거나 사라진 후에도 한동안 홀로 서 있을 수 있다. 영국의 크리스마스 캐럴을 쓴 작가는 분명히 담쟁이를 나무로 인정했다.

서양호랑가시나무*Ilex aquifolia*는 이 지역에서 하층 식생의 대부분을 차지하는 나무다. 사실 지나치게 많은 편이다. 존 힐은 램브리지우드 가장자리에서 40년간 살았다. 존은 자신의 숲에서 자라는 호랑가시나무를 모조리 베어버렸는데, 최근 몇십 년 동안 숲 전체의 관리가 소홀해진 탓에 호랑가시나무가 얼마나 흔해졌는지 얘기해주었다. 호랑가시나무는 대단한 생존자다. 여름철 태양을 독차지하는 너도밤나무 지붕 밑에서도 얼마나 잘 자라는지 모른다. 잎이 서로 맞물려 자라기 때문에 성장하면 그 덤불을 뚫기가 힘들다. 이런 점은 숲 한복판에서도 사생활을 보호받을 수 있다는 측면에서 바람직하다. 대왕목 주변의 딩글리델은 호랑가시나무가 에워싸는 덕분에 한겨울에도 방해받지 않고 그루터기에 앉아 샌드위치를 먹거나 일지를 작성할 수 있다. 흐린 날에는 오래된 호랑가시나무 잎이 유독 까맣게 보여 으스스할 때도 있다. 여느 굵은 가시보다 날카로운 잔가시가 있지만, 어떻게든 뚫고 나갈 수는 있다. 하지만 나무를 에둘러 가는 것이 대체로 현명한 선택이다. 북숲쥐는 호랑가시나무의 근접 경호 아래 올빼미로부터 안전하게 몸을 의탁한다.

호랑가시나무는 너도밤나무처럼 빨리 생장하지도 않고 대개 그리 높이 올라가지도 않는다. 그림다이크 숲에는 상대적으로 키가 큰 호랑가시나무가 있는데, 하늘로 향하는 교목들의 경주에 겁도 없이 참여해 거의 18미터까지 따라잡았다. 가장 최근에 있었던 대규모 벌목 이후 곧바로 종자에서 싹이 텄다면, 공터의 너그러운 환경에서 너도밤나무와 대등한 조건으로 경쟁했을 것이다. 또 하나의 크고 튼튼한 호랑가시나무는 너도밤나무 거목과 한 쌍이다. 처음 싹을 틔웠을 때는 서로 60센티미터 정도 떨어져 있었겠지만 함께 나란히 자라면서 혼인한 것이나 다름없게 되었다. 너도밤나무의 둘레는 약 2.5미터인 반면, 호랑가시나무의 둘레는 60센티미터를 간신히 넘는 것으로 보아 호랑가시나무가 너도밤나무보다 4분의 1 정도 느리게 자란다고 짐작할 수 있다. 호랑가시나무의 사철 푸른 습성은 잎 하나가 낮은 조도照度에서도 오랫동안 광합성을 할 수 있다는 뜻이다. 광이 나는 잎의 표면은 빛을 반사한다. 밝은 햇살 아래 은으로 된 보석처럼 잎이 반짝이는 이유다.

호랑가시나무는 꽤 고집 센 나무라 섣불리 제어할 수 없다. 우리 숲에서 자라는 대부분이 나무줄기를 두 손으로 둥글게 감쌀 수 있는 정도이며, 수령은 20~30년으로 추정한다. 종종 두세 줄기가 다발을 이루고 기부에서 새로운 싹이 나온다. 이 나무는 자유롭게 흡지를 뻗는다. 한번은 흡지를 위로 잡아당겨보았더니 몇 걸음 떨어진 모체 나무로 연결되었다. 이것이 호랑가시나무가 땅 밑에서 은밀히 영역을 확장하는 방법이다. 나는 악당 같은 흡지에 잠시도 틈을 보여서는 안 된다는 신념으로 이들이 내가 제일 좋아하는 장소를 집어삼키지 못하도록 뿌리째 뽑았다. 호랑가시나무는 가지가 땅에 닿으면 손쉽게 층을 쌓아 뿌리를 내리고 새로운 개체를 만든다. 그러다 보니 이 억센 나무는 초보 숲 관리인보다 한 수 앞서는 전략을 구사한다. 호랑가시나무의 수피는 숲속의 다른 나무와 달리 적어도 어린 개체에서는 불규칙한 세로줄 무늬가 있는 '초록색'이다. 그래서 이 생각지도 않은 장소에서도 추가로 광합성을 쥐어짜낼 수 있는 것이다.

이처럼 천천히 자라는 나무에서 예상할 수 있듯이, 호랑가시나무 목재는 대단히 단단하다. 호랑가시나무가 선반 작업, 쪽매붙임, 목판인쇄 등에 사용되는 이유다. 존 에블린이 말한 대로 '견고함을 요구하는 곳에 사용'되는 나무다. 전통 공예 장인들은 여전히 이 나무의 재질을 높이 산다. 일단 수피를 벗겨내면 목질이 놀랄 정도로 하얗다. 오랫동안 사람들은 잘라낸 호랑가시나무를 좀도둑이나 무단침입자를 막기 위한 울타리용으로 선호했다. 새들이 호랑가시나무 덤불 안팎을 자유자재로 드나드는 걸 보면 그들에게는 소용없는 울타리인 것 같다. 호랑가시나무는 병에 잘 걸리지도 않는다. 하지만 연약한 다른 나무들이 병들어 죽어나간 후 그 자리를 이 우울한 나무들이 메꾼다는 생각은 하고 싶지 않다. 호랑가시나무에는 고작 한 종의 곤충이 산다고 알려졌는데, 그 유충이 호랑가시나무의 질긴 큐티클 층을 뚫고 들어가 잎을 먹고 산다. '호랑가시나무 잎을 파먹는 광부'라는 뜻의 이름을 가진 유럽잎굴파리*Phytomyza ilicis*다. 숲속에서 노랗고 빨갛게 물든 호랑가시나무 잎을 보면 이들의 존재를 확인할 수 있다.

가시는 다 자란 잎을 험상궂게 만들지만, 갓 돋아난 잎은 부드럽고 영양 만점이다. 잎이 뻣뻣해지기 전에 손으로 구겨보았는데 전혀 아프지 않았다. 예전에는 어린 나뭇가지를 잘라 소에게 먹이로 주었다고 한다. 사슴은 새순을 보기만 하면 곧바로 먹어치운다. 에라스무스 다윈은 1800년에 출간한 책 『파이톨로지아Phytologia』에서 호랑가시나무 가시는 보호가 필요한 나무의 아래쪽에만 발달한다고 적었다. 꼭대기 부근의 잎에는 가시가 전혀 없어서 잎만 보면 다른 종이라고 착각할 정도다. 감탕나무속 식물은 이처럼 노골적인 적응의 예를 보여준다. 누군가는 호랑가시나무가 에라스무스의 손자였던 어린 찰스 다윈을 진화론으로 이끈 지적 혼합물의 재료 중 하나라고 말할지도 모른다.

작고 하얀 네 개의 꽃잎이 달린 호랑가시나무 꽃(별지 컬러 일러스트 6 참조)은 수수하지만 예쁘다. 5월에 암수가 각기 다른 나무의 줄기 끝 잎 사이에서 꽃을 피운다. 언뜻 보면 암수가 비슷하지만, 수꽃은 꽃 바로 아래에 달린 잎 위에 털어놓은 다량의 노란 꽃가루를 보면 금방 알 수 있다. 호랑가시나무의 영광이자 이 나무가 기독교 전통에 편입된 이유는 핏방울처럼 빨갛게 익는 열매 때문이다. 열매는 한 해가 저무는 순간에 색깔을 입는다. 나는 설익은 초록색 열매를 보며 빨리 변색하길 애타게 기다렸다. 이제 나는 그림다이크 숲 프로젝트의 실패담 하나를 고백해야겠다.

밀레니엄 종자은행은 서섹스의 웨이크허스트 플레이스에 세워진 밝은 현대식 건물로, 큐 왕립식물원Royal Botanical Gardens, Kew 산하에 있다. 새 건물 주위를 돌아다니다가 유리창 너머로 티끌 하나 없는 실험실에서 흰색 실험복을 입은 과학자들을 보았다. 여느 은행처럼 이 은행도 자산을 보호한다. 그러나 이 은행이 보관하는 부富는 인류 고향 행성의 미래를 책임질 통화다. 이 은행에서는 엄청난 양의 식물 종자를 수집하고 잘 건조하여 특별히 설계된 영하 22도의 '금고'에서 등급별로 보관한다. 이곳은 생물다양성의 포트녹스(미국 켄터키 주에 설치된 군 기지이자 미국 정부의 금을 보관하는 곳 – 옮긴이)로, 이 자산은 오랫동안 보관될 것이다. 이 차가운 캐비닛에 그 유전적 청사진이 안전하게 보관된 식물들 중에는 이미 야생에서 희귀해진 종이 많다. 따라서 웨이크허스트 건물은 일종의 '노아의 방주'인 셈이다.

나는 그림다이크 숲 프로젝트 외에 다른 프로젝트에 기여할 방법을 전수받고자 이곳을 찾았다. 영국 전역에서 산과 들이 보유한 유전 다양성을 파악하려는 목적으로 방방곡곡에서 박물학자들이 나무 종자를 수집해오면 종자은행의 직원들이 이를 처리한다. 장기적인 보전과는 별도로, 새로운 질병에 대항해 스스로 수비하는 나무의 능력은 활용할 수 있는 유전자풀(특정 생물 집단이 가지는 유전정보의 총량 – 옮긴이)이 얼마나 다양하냐에 달렸다. 종자은행에 보관된 종자들은 향후 수십 년 이내에 결정적인 역할을 할 것이다. 이 책에서 기술된 나무는 대부분 바람으로 수분되는 풍매화인데, 그것은 게놈이 쉽게 전파된다는 뜻이다. 이 수집품은 기후 변화의 결과를 예측하는 유전 분포의 패턴을 밝힐 것이다.

종자를 수집하는 절차는 상당히 엄격하다. 완벽하게 냉동하려면 종자가 완전히 익어야 한다. 호랑가시나무의 경우, 제대로 익은 열매는 어미 식물에서 탈리층脫離層이라는 천연 보호막을 생성한 후에야 쉽게 떨어진다. 열매 하나가 네 개의 종자를 생산하는데 표본당 수천 개의 종자를 모아야 하므로 쉬운 일이 아니었다. 그러나 숲속의 새들은 전혀 다른 계획을 세웠다. 호랑가시나무 열매가 지구의 미래와 과학을 위해 수확될 준비를 마쳤을 때, 그것은 또한 야생동물들의 먹이가 된다. 특히 올해처럼 추운 겨울에는 더욱 인기가 높다. 우리 숲의 대륙검은지빠귀는 욕심이 아주 많다. 게다가 스칸디나비아에서 붉은날개지빠귀*Turdus iliacus*가 도착하면 경기는 끝이다.* 무슨 일이 일어났는지 깨달을 즈음이면 이미 너무 늦었다. 나는 주위에 얼마나 많은 호랑가시나무 묘목이 숲을 점령해가고 있는지 깨달았다. 이는 대륙검은지빠귀, 붉은날개지빠귀, 회색머리지빠귀 등 지빠귀과 새들이 실컷 포식한 후 방출한 씨앗이 자란 결과다. 내년에는 차라리 너도밤나무 열매를 시도하는 게 더 나을 것 같다.

양담쟁이(아이비, *Hedera helix*) 이야기를 하자면, 자줏빛이 도는 검은 담쟁이 열매는 통통하고 까만 말린 후추 열매처럼 잎에서 멀리 떨어져 다발을 이룬다. 크리스마스가 다가와도 열매는 아직 완전히 익을 기미가 보이지 않지만 10월에 피는 초록색 꽃보다 훨씬 더 눈에 띈다. 물론 그 평범한 꽃도 많은 야생벌을 끌어들이지만. 숲에 서식하는 담쟁이의 꽃과 열매는 땅에서 높이 떨어진 곳에서만 생산된다. 그러나 집 주변의 낮은 담쟁이 생울타리에서는 열정적인 꽃가루 매개자들의 관심 어린 콧노래가 들려온다. 담쟁이는 타고 오르는 나무의 높이만큼 자란다. 새싹은 생장 속도가 빠르고 밑면에서 흡착성 갈색 덩굴손을 뻗어 숙주에 붙어서 기어오른다. 나는 화살 모양의 담쟁이 어린잎이 아름답다고 생각한다. 다섯 개의 꼭짓점이 있는 성숙한 초록 잎은 가느다란 줄기에서 좌우 번갈아 나오며 식물을 타고 오른다. 각각은 옅은 잎맥으로 장식된다. 호랑가시나무처럼 효율적인 광합성자인 담쟁이 잎이야말로 이 덩굴이 새로

*2015년, 마침내 우리는 새들을 물리치고 수확했다.

운 숙주를 찾아 가장 어두운 대지로 퍼져나갈 수 있는 이유다. 덩굴 꼭대기에 달린 잎은 호랑가시나무처럼 모양이 서로 다른데, 꽃이 달린 줄기 끝에 나는 잎은 꼭짓점이 하나만 있는 단순한 타원형이다.

담쟁이덩굴이 숨통을 틀어막는 곳에서는 불쌍한 나무들이 사철 푸른 짐 덩어리를 상대하느라 고생한다. 하지만 그림다이크 숲에는 이들이 두 그루의 너도밤나무에서 겨우 몸통을 가릴 정도로 자랐고, 또 우리 숲의 유일한 야생 덩굴이라 반갑기만 하다. 굴뚝새는 주로 식생이 짙게 우거진 안전한 곳에 둥지를 짓는다. 숲비둘기는 겨울이 본격적으로 시작되면 담쟁이 열매를 먹을 것이다. 나는 실험 정신을 가지고 담쟁이 열매를 살짝 물어보았다. 삼키지 않았는데도 지독한 쓴맛이 입안에 퍼졌다. 조류의 미뢰는 내 것과 확실히 다른 메커니즘으로 작동하는 게 틀림없다.

호랑가시나무와 개암나무로 최상급 지팡이를 만든다. 나는 지팡이 공예의 모든 것이 들어 있는 책을 선물로 받았는데, 손잡이에 여우 머리를 조각하고 은테를 두르는 등 내 능력을 뛰어넘는 수많은 사례가 가득했다. 그러나 내 빈약한 DIY 재능으로도 들고 다닐 만한 지팡이를 얼마든지 만들 수 있다. 숲에서 적당한 나뭇가지를 골라오기만 하면 된다. 여성용 지팡이는 남성용보다 섬세함이 요구되지만, 어쨌든 둘 다 되도록 곧은 막대기를 쓰는 게 좋다. 적당한 개암나무는 쉽게 찾을 수 있지만, 완전히 곧은 호랑가시나무 줄기를 찾기는 쉽지 않아서 대개 잔가지를 바짝 다듬어 사용한다. 한번은 숲에서 누군가가 귀신같이 호랑가시나무 나뭇가지를 꺾어간 것을 발견했다. 전정톱으로 깔끔하게 잘린 흔적이 남았다. 그에게 행운이 있기를. 가장 쉽게 작품을 만들려면 애초에 자연이 천연 손잡이를 만들어놓은 나뭇가지를 사용하면 된다. 가끔 끝이 구부러진 호랑가시나무 가지도 있는데, 그게 바로 내가 찾는 재료다. 둥치 가까이에서 잘린 개암나무도 두꺼운 아랫부분을 손잡이로 쓸 만하다.

작업을 시작하기 전에 호랑가시나무 가지 몇 개를 1년간 말렸다. 내 첫 작품은 막대가 조금 굵었는데, 재키가 보더니 몽둥이 같다고 했다. 무정한 사람 같으니라고. 다음 시도에서는 손잡이 둘레를 제외하고 칼로 초록색 수피를 벗겨냈다. 열심히 사포질만 한다고 해서 부드럽고 하얀 막대기가 되는 건 아니다. 거친 줄칼로 가지가 달려 있던 옹이를 잘라버려야 한다. 하지만 최종 결과물은 상당히 마음에 들었다. 줄칼과 사포로 손잡이 주위에 튀어나온 부분을 마무리했다.

광을 내자 지팡이 색이 너무 하얘서인지 시각장애인용 흰 지팡이 같았다. 인스턴트커피를 진하게 타서 지팡이를 물들이는 게 낫겠다. 그러면 나무가 사랑스러운 황금빛을 띠고 나뭇결이 도드라진다. (DIY 대형 할인점이 아닌) 철물점에서 사온 고무마개로 막대 끝을 씌우면 소박하면서도 실속 있는 지팡이가 완성된다. 단, 첫 산책길에서 바로 잃어버리지 않으려면 그 고무마개를 지팡이 끝에 아주 꽉 끼워야 한다.

노예제도

조정박물관에는 상당히 큰 풍경화 한 점이 걸려 있다. 네덜란드 화가 얀 시베레흐트Jan Siberechts(1627~1703)가 17세기 말에 그린 작품이다. 그림 속 헨리온템스는 오래된 수문과 함께 분주한 템스 강 옆 칠턴힐스에 (관광 안내서의 뻔한 문구지만) 고즈넉하게 자리 잡은 매혹적인 마을로 묘사되었다. 세인트 메리 교회의 탑은 당시에도 오늘날처럼 헨리의 랜드마크였다. 저지대는 개간된 들판이고 램브리지우드의 풍요로운 숲은 저 멀리 언덕까지 나무 옷을 입었다. 선착장 가까이 쌓아놓은 짐은 런던으로 이송되길 기다리는 목재다. 같은 시리즈의 다른 그림에서 시베레흐트는 헨리를 떠날 준비가 된 사각형 바지선 위에 쌓여 있는 화물을 그렸다. 강가에 자리 잡은 다양한 상업지역은 다가오는 세기에도 번영을 앞두고 있었다.

시베레흐트의 수준 높은 전경 묘사는 아직 과소평가된 번영의 기운이 물씬 풍기는 동시대 네덜란드 도시의 그림을 연상시킨다. 사이먼 타운리는 특히 도시 풍경에서 연기가 나는 굴뚝의 숫자에 주목했는데, 도시 전체에 확산된 작은 벽난로가 보여주기나 요리를 위한 용도가 아닌 부르주아의 안락함을 위해 보편화했음을 보여준다고 말했다. 유리창은 더 이상 사치품이 아니었다. 이 지역의 유언장과 공증 목록에서 이후 몇십 년간 증가한 부를 확인할 수 있다. 무역 중심지로서 헨리의 입지는 약해지지 않았고, 헨리의 산업에서 숲이 맡은 역할도 마찬가지였다. 1726년 대니얼 디포Daniel Defoe(1660~1731)는 버킹엄셔에 인접한 강 아래쪽 숲에 대해 이렇게 썼다.

'숲에는 어마어마하게 많은 너도밤나무가 자란다. …… 잉글랜드의 어느 지역보다 울창하다. 너도밤나무는 매우 유용하므로 이 나무가 없다면 런던 시는 큰 어려움을 겪을 것이다.'

디포에 따르면 너도밤나무의 주된 용도는 '대형 마차의 바퀴 테[1]와 런던 시내를 다니는 운송용 마차', 그리고 '왕궁 및 유리 공장에서 쓰이는 땔감', 특히 '의자 제조나 선반旋盤 작업' 등 다양하다. '실어오는 목재의 양도 대단하지만, 그만큼 너도밤나무가 많이 자라기 때문에 목재 산업은 합리적인 소비이며, 앞으로도 물량이 부족하지는 않을 것이다.'[2]

임야는 스스로 꾸준히 재생하는 투자자산이었다. 그림다이크 숲을 갈아엎을 위험은 없었다. 디포는 헨리에 대해 '런던으로 가는 맥아와 식량, 목재 거래품이 커다란 바지선에 실려 운반된다'고 특별히 언급했다.

도시를 새로 단장할 때가 되었다. 이는 매우 적절한 표현이다. 오래된 건물의 전면부가 새롭게 탈바꿈하고 중세의 골격이 새로운 옷을 입었다. 17세기에 시작된 과정이 18세기로 들어서면서 더욱 진척되어 저택은 이제 앞뒤로 현관이 있는 고전적인 양식을 자랑했다. 유리 제조 공정이 개선되면서 커다란 유리를 끼운 대형 창문을 달았다.[3] 기둥 옆 중앙 통로에는 천장에 채광창을 설치했다. 네틀베드 벽돌은 타운하우스의 바둑판 무늬 벽에서 진가를 발휘했다. 무두장이는 양조업자와 경쟁하여 중세의 늙은 양을 계몽 시대의 어린 양으로 옷을 갈아입혔다.(나이 든 여성이 어려 보이게 옷을 입었다는 표현이다 - 옮긴이) 이탈리아인들이 '아름다운 자태'라고 감탄한 도시 풍경이 자리를 잡았는데, 오늘날 헨리의 하트스트리트와 듀크스트리트에 그 흔적이 남아 있다. 고대의 유물인 버기지 필지와 참나무 뼈대는 여전히 새로운 얼굴 뒤에 숨었다. 이다음에 스타벅스 간판이 내려오고 여러 체인점이 문을 닫아도 이 유산은 여전히 그 자리에 있을 것이다. 깊은 역사의 생존 본능은 그만큼 강한 법이니.

그레이즈 코트와 숲의 주인이 다시 한 번 바뀌었다. 1724년, 결혼을 통해 저택의 소유권이 마지막 놀리스 가로부터 제4대 준남작 윌리엄 스테이플턴 경Sir William Stapleton에게 넘어갔다. 새로운 소유주는 (다른) 윌리엄 스테이플턴의 후손인데, 그는 자수성가한 사람으로 1671년 카리브 해 리워드 제도의 총독이 되었다. 첫 번째 윌리엄은 네 개의 서인도제도(세인트키츠, 네비스, 앤티가, 몬세라트)에 소유한 사탕수수 농장을 통해 부를 축적했다. 제1대 준남작으로서 그의 부와 지위는 노예제도를 바탕으로 얻어진 것이었다. 이는 카리브 해가 영국 식민지로 '개발'되었을 당시 흔히 있는 일이었다. 스테이플턴 경은 그 시대의 기준으로 보자면 근면하고 신뢰할 만한 관리자였다. 당시에는 부호의 자식이 식민지의 끝없는 노역과 건강하지 못한 삶과 무관하게 살면서 자신이 돌보지 않는 사람들의 노동의 열매를 즐기는 경우가 드물지 않았다. 제4대 준남작은 옥스퍼드셔의 상류층에 편입하려는 야망이 큰 부재지주不在地主(소유한 땅에 살지 않고 타인에게 임대한 후 소득을 얻는 땅의 임자 - 옮긴이)였다. 그는 자신이 네비스에 소유한 가문의 영지에서 최대의 수익을 얻어내려고 애썼다. 윌리엄의 서신 발송 대장 사본이 하버드 도서관[4]에 보관되었는데, 편지 중에는 윌리엄이 대리인인 팀 티렐Tim Tyrell에게 노예 농장의 수입을 독촉하는 부분이 있다. 윌리엄은 농장을 경영하는 비용이 불필요하게 많이 들고 관리인이 자신을 속인다고 생각하여 그를 믿지 않았다. 그렇다고 대서양을 건너가 직접 확인할 수도 없는 노릇이었다. 사실 그는 너무 적은 수의 노예로 농장을 '운영'했고 노예들의 상황을 전혀 몰랐다.[5] 1725년, 티렐은 윌리엄의 어머니에게 이렇게 보고했다. '엄청나게 많은 검둥이가 병들고 식량 부족으로 죽었습니다. …… 벌레들이 내년에 수확할 어린 사탕수수를 모두 망쳐놓았습니다.'

윌리엄 경이 네비스에 대리인을 두고 지낼 때의 매력 없는 모습은 고향에서 이룬 명성으로 윤색되었다. 그는 1727년 총선거에서 무난히 옥스퍼드 의원으로 당선되었다. 그러나 크라이스트처치 대학교의 스트라트포드Stratford 박사는 다음과 같이 한탄했다. "주의 기사 작위가 남발되고 있다. …… 크라이스트처치 출신인 서인도제도 사람 윌리엄 스테이플턴 경은 한때 난봉꾼이었고 지금도 별반 다르지 않다고 들었는데 그런 자가 당선되다니." 의원으로 선출되자 그는 모든 부서의 행정에 반대표를 던졌다. 그리고 1733년에는 연설을 통해 북아메리카 식민지에서 아일랜드로 럼주가 수입되는 것을 성공적으로 막았다. 서인도제도의 자기 농장에 미칠 손해 때문이었다.

윌리엄의 아들 토머스는 1727년 그레이즈 코트에서 태어났다. 그러나 1739년에 아버지가 세상을 떠난 이후로 한동안 그곳에 거주하지 않았다. 그동안 그레이즈 코트는 지방 교구의 주임 목사에게 위임되었다. 스물네 살 때 그레이즈 코트로 돌아온 토머스는 제 아버지를 판에 박은 듯 방탕했다. 사촌 프랜시스 대시우드Francis Dashwood는 웨스트위콤브에서 북쪽으로 몇 킬로미터 떨어지지 않은 곳에 살았다. 젊은 토머스는 위콤브의 프란치스코 형제회로 알려진 메드메넘 수도회에 열정적으로 참여했는데, 오늘날에 악명 높은 헬파이어 클럽으로 알려진 곳이다. 자유로운 사상을 가진 난봉꾼들이 온갖 혼란스러운 짓을 했다고 알려진 이 동굴은 현재 리버웨이를 지나 대시우드 저택 맞은편에 있으며 관광 명소가 되었다.[6] 형제회 '수도사'들의 모임은 헨리와 말로 사이의 템스 강변에 있는 메드메넘 수도회에서 열렸다. 구체적인 기록이 남아 있지 않아 이 모임의 사후 평판이 윤색되었는지는 확실치 않다. 정치적 목적을 가진 단체였다는 소문까지 돌았지만, 적어도 회원들이 절대적으로 종교에 반대하고 개인의 자유를 강력하게 옹호한 것만은 확실하다. 윌리엄 호가스William Hogarth(1697~1764)가 프란치스코 수도사로서의 대시우드를 그린 초상화에서 그는 성경이 있어야 할 장소에서 야한 소설을 읽고 있었다. 술이 자유롭게 수반된 것은 말할 것도 없다. 그레이즈 코트에 대한 내셔널 트러스트 안내서에는 다소 자랑스럽게 1762년 '토머스 드 그레이(스테이플턴이 사용한 별명)와 헨리의 존이 앉은자리에서 포트와인(포르투갈산 적포도주 - 옮긴이) 네 병, 클라레(프랑스산 적포도주 - 옮긴이) 두 병, 리스본 한 병을 마셨다'라고 쓰여 있다. 수도사들이 그레이즈 영지의 미망인 거처에서 회합했다는 주장은 그곳에서 라틴어로 새긴 '독신 생활보다 더 좋은 것은 없다'라는 문구가 발견된 것과 맞아떨어진다. 헬파이어 클럽은 회합 장소마다 라틴어 속담을 새겨놓았다고 알려졌기 때문이다.

자신은 노예제도를 통해 부를 얻었으면서 개인의 자유를 옹호하고 다닌 제5대 준남작의 모순적 태도는 굳이 언급할 필요도 없다. 더욱 아이러니한 것은 토머스가 '드 그레이'라는 호칭을 별명으로 사용했는데, 그것 역시 준準노예제도나 다름없는 봉건제도가 지배했던 과거 시대로의 회귀를 뜻하는 것이었다. 토머스 스테이플턴은 개과천선하여 1765년에

웜슬리의 또 다른 칠턴 영지 출신인 메리 페인Mary Fane과 결혼했다. 이처럼 대가문끼리의 연대가 옥스퍼드셔 남쪽 지역과 인근 주 전체에 형성되었다.

토머스는 아내를 맞이하기 위해 저택의 응접실 천장에 꽃 모양의 석고 장식을 새로 달고, 건물 동쪽을 전형적인 조지아 베이 형식으로 확장하여 상류사회에서 크게 벗어나지 않도록 애썼다. 또한 잔디밭에서 보이는 전망을 개선하려고 하하ha-ha 형식(담장이 풍경을 가리지 않도록 고랑을 파고 그 안에 담을 세워 시야를 확보하는 건축 기법 - 옮긴이)으로 담장을 세웠다. 토머스는 금세 재정이 부족해졌다. 집 전체를 다시 지을 여력은 없었고, 원래 계획했던 주변의 큰 공원도 조성할 수 없었다. 숲의 입장에서 보면 옛 방식이 지속되는 것이었고, 소멸의 위험에서 다시 한 번 탈출한 셈이다. 그러나 이제 숲은 자급자족하던 드 그레이 시대보다 훨씬 넓은 세계로 확장되었다. 그림다이크 숲을 포함하는 그곳의 경제는 세계 반대편의 리워드 제도까지 연장되었다.

존 P. 닐이 그린 후 판화로 찍어낸 폴리 코트.(1826년)

페어마일 맞은편의 폴리 코트 영지는 윌리엄 프리먼William Freeman이 매입하여 1684년, 불스트로드 화이트로크 경 시대에 파괴된 저택을 완전히 새로 지었다. 프리먼 역시 서인도제도 사람으로 1645년에 세인트키츠 섬에서 태어났고, 런던에서 설탕 무역으로 부를 쌓은 후 그 수익으로 헨리에 땅을 샀다. 프리먼은 네비스 섬에도 저택을 보유하여 부재지주로서 재산을 관리했는데, 노예들의 복지와 영양에 관심을 가졌을 뿐 아니라 통장이 기술 등을 가르쳐주기도 했다. 스테이플턴과 프리먼 가문 사람들이 잉글랜드와 대서양 반대편에서 동시에 이웃이었다는 사실은 매우 신기한 우연이다. 17세기 말에 우리 숲에 있는 모든 것은 부분적으로나마 노예제도에서 얻은 수익으로 뒷받침되었다고 할 수 있다.

18세기에 프리먼 가문은 사업과 정치에서 모두 크게 성공했다. 부유한 주인에게 폴리 코트와 헨리 파크의 땅은 심미적으로 다듬어져야 할 경관으로 인식되었다. 램브리지우드는 풍경의 일부로서 새로운 역할을 수행했다. 존 프리먼은 헨리 파크에 '봉분封墳'을 만들고 그 밑에 미래의 고고학자가 발견할 '타임캡슐'로서 잡동사니, 깨진 그릇과 살림살이 등을 묻었다.[7] 그는 왕립고미술학회의 초창기 회원이었다. 할아버지보다 야심이 컸던 손자 샘브룩 프리먼Sambrooke Freeman은 폴리 코트를 최신 신고전주의 양식으로 리모델링하고, 1764~1766년에는 당대 최고의 조경가인 '능력자' 랜슬럿 브라운Lancelot 'Capability' Brown(1715~1783)을 고용해 정원을 설계했다. 샘브룩은 헨리에서 가장 유명한 랜드마크이자 현재 헨리 로열 레가타의 출발점인 템스 강 한복판의 템플아일랜드에 고전적인 사당 설계를 의뢰했다. 이 장식용 건물은 낚시와 소풍 장소로 각광받았다. 교양 있는 상류층 귀족들은 그곳에서 식사를 즐기며 주변의 강, 언덕, 숲의 경치를 감상했다. 샘브룩 프리먼은 헨리를 자기 집 정원의 연장선으로 생각했던 것 같다. 그는 프로젝트의 일환으로 헨리 북쪽의 필리스 코

19세기 초, 뉴스트리트의 맨 아래에서 본 헨리 브리지의 전경.
부두에 바지선이 묶여 있다.

트를 포함한 토지와 저택을 추가로 사들였다.

1781년, 금방이라도 주저앉을 것 같았던 헨리의 템스 강 목교를 석조 다리로 교체하는 과정에서 지역 귀족들은 새로 건축할 다리의 조형에 관해 많은 논의를 거쳤다. 다리는 헨리의 전체 풍광에서 주요한 구성요소가 되기 때문이었다. 당시 영국군 총사령관인 헨리 세이무어 콘웨이Henry Seymour Conway 장군이 직접 기획회의에 참석했다. 콘웨이 장군은 템스 강 맞은편의 버크셔 주에 광범위하게 조경된 땅에 대저택 파크 플레이스를 소유하고 있었다. 나는 이 신사들이 훌륭한 취향을 가졌다는 점을 인정한다. 현재 헨리 브리지는 바로 그 자리에 아주 잘 어울리는 아름답고 우아한 건축물이다. 콘웨이 장군의 딸인 앤 데이머Anne Damer는 흐르는 강물을 내려다보는 타메시스와 이시스의 얼굴을 다리 아치에 조각했다.(타메시스와 이시스는 둘 다 템스 강을 부르는 옛 이름이다 - 옮긴이) 조지 왕조의 엘리트 계층은 여성을 예술가로 인정할 정도로 계몽되었음을 알 수 있다. 드디어 헨리 전원 지대의 사회구조가 확립되었다. 바로 상류층의 호화로움이었다. 조경은 부유한 이들의 여흥을 위한 수단이었다. 그 특권적인 이미지가 고정되었다.

한편 스토너에서는 숲의 착취가 계속되었다. 영지에서 얻는 수입이 수백 년 동안 아센든밸리의 땅을 소유했던 가문의 미래를 보장했다. 영지와 관련된 문서나 기록에서 지역 육림育林의 일면을 자세히 엿볼 수 있다. 18세기 중반, 토머스 스토너는 삼촌인 탤벗에게 부재중에 숲을 관리하는 방법에 관해 조언했다. '숲 관리인들은 일꾼에게 언제 어떤 나무를 벌목할지 지시합니다. 그들은 스튜어드steward(일종의 지방 관리 - 옮긴이)에게 자신 혹은 대리인이 그 기록을 갖고 있으며 일꾼에게 일당을 지급했다고 통보해야 합니다.' 다른 의무도 있다. '중간상인들이 한여름이 지나고 한 달 안에 돈을 가져오도록 독려하기 위해, 헨리에서 열리는 나무 축제의 비용을 댄다.' 어깨에 들쳐 메고 가야 할 정도로 큰 나무는 훔쳐가지 못하게 하고, 빗자루에 쓰이는 볼품없는 삭정이만 가져가게 하라는 지침도 있다. 또한 왜림작업을 할 지역을 정하고 사슴이 숲의 재생을 훼방하지 못하도록 울타리와 도랑을 설치해야 했다. 1749년, 윌리엄 스트롱함William Strongharm이 '울타리를 설치하고 도랑을 파는 데' 든 비용은 10.3파운드였다. 영지 고용인의 이름으로 '심각한 피해'라는 뜻의 스트롱함보다 더 잘 어울리는 게 있을까?

회계 장부를 보면 참나무가 너도밤나무보다 목재로서의 가치가 더 컸음을 알 수 있다. 사람들은 수백 단의 땔나무를 헨리에서 선적하고 부두 사용료를 지불했다. 제빵사를 위한 섶나뭇단, 벽난로에 불을 지필 땔감, 벽돌 가마에 넣을 긴 장작까지 버리는 게 하나도 없었다. 중세 시대로 거슬러 올라가는 소작농의 권리가 여전히 유지되어 이들이 각종 용도로 쓰일 나뭇가지를 채취하는 것이 허가되었다. 이 회계 장부에는 시대를 뛰어넘어 수백 년 동안 되풀이되는 요소도 있었지만, 새로운 시장이 열림을 보여주기도 한다. 대니얼 디포가 버킹엄셔에서 인지했듯이 가구 제작에 필요한 목재가 목록에 추가되었다. 너도밤나무의 새로운 용도는 갓 시작된 산업혁명을 뒷받침하는 운하에 벽을 대는 일이었다. 스토너 가문이 램브리지우드를 어떤 식으로 관리했는지는 알 길이 없지만 적어도 그림다이크 숲이 스테이플턴 가문의 수입원으로 관리된 것은 확실하다. 오래지 않아 스트롱함과 비슷한 이름과 기술을 가진 사람들이 사업차 너도밤나무 숲을 방문하며 돌아다녔다.

스토너와 칠턴힐스의 다른 영지들은 경작지와 그보다 작은 범위의 목초지에서, 그리고 반半 자연적인 원시림의 개발로 충분히 번영했고 비교적 훌륭하게 유지되었다. 18세기에는 런던에서 밀의 수요가 증가하는 바람에 다른 곡물을 포기하면서까지 밀을 재배하여 상대적인 밀 경작 비율이 증가했다.[8] 제스로 툴Jethro Tull(1674~1741)이 발명한 기계의 도움으로 파종(1701년에 제스로 툴이 발명한 파종기를 가리키는데, 네다섯 개의 씨앗을 뿌릴 수 있어서 효율적이다 - 옮긴이)과 수확이 용이해졌고, 토질 개선과 윤작법으로 더 효율적인 경작과 높은 수확량을 기대할 수 있었다. 이러한 변화에도 옥스퍼드셔 남부에서는 고대의 토지 사용 양식이 지속되었다. 다른 지역에서는 옛날 방식이 사라지고, 언덕에서는 토지의 구획화가 이미 오래전에 일어났다.

반면 칠턴 절벽 너머 평원에서는 근본적인 농촌 재조직이 진행되고 있었다. 에일즈베리베일과 옥스퍼드를 향한 저지대는 종종 가시 울타리로 둘러싸여 오늘날 우리가 전형적인 영국 저지대 전원으로 생각하는 일반적인 들과 밭의 패턴으로 닮아가기 시작했다. 개방 경지, 지조, 공유지를 통한 중세식 관리 방법이 계획된 모자이크식 농지로 가차 없이 변경되었다. 워틀링턴힐에서 내려다보거나 주위를 넓게 선회하는 비행기를 타고 아래를 보면 매우 흥미롭다.[9] 비옥한 땅을 효율적으로 사용하기 위해 의회에서 인클로저 법령(공유지의 사유화 법령 - 옮긴이)을 통과시켰다. 이는 시골의 평범한 농민들에게 상당한 타격을 주었는데, 이제는 빼앗긴 전통적인 권리에 대한 보상이 제대로 이루어지지 않았기 때문이다. 그러나 칠턴힐스의 생명은 언제나 그랬듯이 다양한 방식으로 지속되었다. 샘브룩 프리먼 경과 친구들을 즐겁게 해준 완만한 마른 골짜기 주위로 숲과 들이 혼재된 풍경은 농업기술의 발달에도 불구하고 꾸준히 유지된 해묵은 경관이었다. 그림다이크 숲을 포함한 칠턴의 숲은 생존자들이다. 폴리 코트에서 골동품 전문가 존 프리먼이 고안한 것보다 훨씬 더 진품의 가치가 뛰어난 진짜 타임캡슐이다.

노상강도와 턴파이크

우리 숲을 지나 칠턴힐스를 넘어 네틀베드와 옥스퍼드로 가는 길은 역사에서 이미 여러 차례 등장했다. 18세기, 영지들이 부유하고 정돈되었다고 한다면, 그 영지를 잇는 도로는 형편없었다. 1736년 로버트 필립스Robert Philips가 다음과 같이 썼다.

'여름철에는 도로가 먼지로 질식할 정도였다. 겨울이 되기 전에는 습도가 높지도 낮지도 않지만 바퀴 고랑은 단단하고, 깊이 파인 바퀴 자국에는 물이 고여 양방향에서 동시에 지나가는 마차가 뒤집히기도 했다. 겨울이 되면 온통 진흙 천지이고 배수로에서 흙물이 올라와 배수로나 도로가 똑같이 진흙과 먼지투성이였다.'[10]

고갯길은 훨씬 더 열악했다. 페어마일 너머 빅스 방향으로 언덕 꼭대기까지 가는 오래된 길은 당시까지만 해도 여전히 열려 있었는데 세실 로버츠의 필그림 코티지를 지나는 깊고 어두운 도로는 가파른 백악층 경사를 힘겹게 올라가는 수많은 마차로 꽉 막혀 있었다. 수백 년 전에 시장으로 소떼와 양떼를 몰고 간 이들도 아마 똑같은 경로로 이동했을 것이다. 이제 이 음울한 옛길은 폐쇄된 이후로 무관심과 방치 덕분에 나아졌다. 나무뿌리는 높은 둔덕 밖으로 뒤틀려 나왔고, 벌써 수년 전에 밑동을 쳐야 했던 개암나무는 길 양쪽에서 가운데로 기울어져 길 한가운데서 만나 터널이 되었다. 담쟁이덩굴은 제멋대로 자라 쭉 뻗은 나뭇가지에 축제 장식처럼 대롱대롱 매달려 있다. 이곳이야말로 언제라도 과거가 매복할 수 있는 오랜 기억의 장소가 되었다.

그러나 300년 전 매복 습격의 가능성은 실재했고, 나그네들에게는 진흙탕이나 부러진 마차 바퀴보다 더 큰 걱정거리가 되었다. 헨리에서 출발해 숲속을 통과하는 길은 으슥하여 각양각색의 강도가 숨어 있었다. 어느 지방의 속담처럼, 덤불을 건드리면 강도가 튀어나올 정도였다. 하드윅 하우스의 리비 포위스Lybbe Powys[11)]가 쓴 상세한 일기에는 18세기 헨리의 부유한 가문에서 일어난 거의 무자비한 수준의 사회적 혼란이 묘사되어 있다. 기나긴 파티, 놀이, 그리고 호화로운 저녁식사. 1777년에 리비 포위스는 노상강도로부터 구사일생으로 탈출했다. '우리 뒤에 오던 마차가 강도의 습격을 받았을 때 프랫 양과 내가 무사히 빠져나올 수 있었던 것은 정말 운이 좋았다.' '이처럼 생각지도 않게 다이아몬드를 잃어버리는 것은 바보 같은 일이다. 그들은 다이아몬드를 뒤쫓아온 것 같았다. 실제로 내 것보다 개수가 많았다.' 1779년 12월 19일에 '포위스 씨와 톰은 사냥을 하러 블레칭던 파크에 갔다가 헨리에서 불과 6.5킬로미터 떨어진 옥스퍼드 로드에서 강도를 만났다. 겨우 오후 3시에. 이 불쌍한 남자가 마차를 훔친 후 도망가다가 깊은 물에 빠져 익사했다는 소문을 들었다. 그는 정중했고, 자신의 말대로 매우 고통스러워 보였다'. 이 강도 사건은 네틀베드 방향으로 우리 숲 바로 맞은편에서 일어난 게 틀림없다.

이런 범죄 이야기는 드물지 않았고, 어쩔 수 없는 상황에서 어쩔 수

없이 그 길을 걷게 된 점잖은 강도도 있었다. 그러나 아이작 다킨Isaac Darkin은 오래된 할리우드 영화에서 에롤 플린Errol Flynn(1909~1959)이 연기했던 스타일의 허세 가득한 강도였다. 다킨은 여자가 약점인 매력적인 악당이었다. 『뉴게이트 캘린더Newgate Calendar』(18세기 뉴게이트 감옥에서 발간된 범죄 사례집 - 옮긴이)에서 묘사했듯이, '다킨은 기품이 남달라 어딜 가든 생각 없는 여인네들의 선망의 대상이 되었다'. 길 위의 신사로서 그의 모험은 앤티가 섬으로의 추방으로 끝나는 듯했다. 그곳에서 다킨은 적성에 맞지 않는 군 복무를 해야 했다. 그러나 그는 부정한 방법으로 앤티가 섬을 탈출해 영국으로 돌아왔고, 다시 예전처럼 열정적으로 살았다. 다킨은 '네틀베드 부근에서 개먼Gammon이라는 신사를 가로막고 시계와 돈을 훔쳤다'. 그것이 다킨의 마지막 강도 행각이었다. 이 최후의 한탕을 하러 가는 길에 그가 정말 우리 숲을 지나갔는지도 모른다. 그러나 다킨도 이번에는 범죄의 책임에서 벗어날 수 없었다. 그는 '거리의 여인'과 잠자리를 하던 중 체포되었다. 그는 사형선고를 받고도 태평했다. 『뉴게이트 캘린더』는 이렇게 말한다.

'사형이 집행되던 날, 그는 놀랄 정도로 용감했다. 다킨은 스스로 단두대에 목을 내려놓았다.'

열악한 도로와 노상강도 문제를 두고 볼 수만은 없었다. 빅스의 언덕 정상에서 800미터가 채 못 되어 고속도로에 인접해 독특하게 각이 진 흰색 단층 건물이 있다. 이 작은 건물의 전면에 나 있는 창문은 도로의 양방향 모두를 바라볼 수 있어서 오가는 사람을 감시할 수 있다. 턴파이크 요금소는 영국의 교통 체계를 변화시킨 도로 정비의 유산이다. 턴파이크 재단은 도로의 일부 구역을 개선하여 재단 관리자의 수익을 창출하고자 설립된 후 주요 도로의 곳곳에 서둘러 요금소를 지었다. 적어도 헨리 인근에 요금소 건물 세 개가 살아남았다. 마차가 요금을 내지 않고 통과하는 것을 방지하기 위해 도로 바닥에 창 자루(파이크)를 설치했고, 거기에서 턴파이크라는 이름이 유래했다. 오늘날 미국에서는 유료 고속도로를 턴파이크라고 부른다. 미국의 턴파이크는 헨리에서 네틀베드를 거쳐 월링퍼드까지 가는 도로와는 천지 차이이다. 내 인생에서 가장 끔찍했던 경험 중 하나는 출퇴근 시간에 뉴저지 턴파이크에서 운전한 것이다.

우리 숲 아래의 구 도로는 1736년에 유료화되었는데, 오늘날에도 여전히 도보로 다니는 아주 오래된 길이다. 빅스를 지나 네틀베드로 향하는 골짜기 바닥을 따라 이어지는 이 도로는 습한 날씨에는 물이 빨리 고이기 때문에 인근 농장에서 출발한 사륜구동 자동차들도 꽤 애를 먹는다. 1772년에 이 도로에 요금소가 세워졌을 때도 도로 상황은 더 나아지지 않았을 것이다. 신작로가 환영받지 못한 것은 당연하다. 세실 로버츠는 다음과 같이 썼다.

'턴파이크 재단의 강탈에 반대하여 지역 전체에서 소란스러운 반대 집회가 열렸다. 군인들이 동원될 정도였다. 워세스터에서는 두 사람이

빅스에 있는 18세기 후기의 턴파이크 요금소.

교수형에 처해졌고, 또 한 사람은 타이번에서 교수형을 당한 후 관 뚜껑이 조여질 때 그 뚜껑을 내던졌다.'[12]

오직 부유한 사람들만이 장거리 여행의 비용을 감당할 수 있었다. 18세기 말 무렵 페어마일에서 빅스로 가는 완전히 새로운 도로가 오늘날의 간선도로와 동일선상에 건설되었다. 이제 고개를 넘는 옛 도로는 꿈길이 되었다. 이후에 네틀베드로 가는 숲을 개간하여 또 다른 직선 도로가 개통되었다. 뭉개진 백악의 도로 표면은 더 단단한 자갈로 대체되었고, 그 결과 배수가 개선되고 토사 유출이 줄어들었다. 도로가 정비되고 철저한 보안이 이루어지면서 강도를 효율적으로 뒤쫓아 정의의 심판대에 세울 수 있게 되었다. 이것은 '오늘날처럼 명목상의 관직이 아닌 칠턴 헌드레드의 스튜어드들이 범법자를 추적했기'[13] 때문이다. 이 특별한 형사부의 역사는 중세 시대로 거슬러 올라가는데, 왕이 임명한 직책을 하나 이상 겸직하는 게 법적으로 불가하므로 오늘날에는 사임하는 의회 의원에게 주어져 공익에 봉사하는 방법이 된다. 영국 하원 정보실에서는 '17세기는 스튜어드의 행정에 관한 기록이 중단된 지 이미 100년이 지난 후'라고 알려주었다. 그렇다면 노상강도의 종말은 지역 보안과 도로 개선의 결과로 보인다. 19세기까지도 우리 숲에는 밀렵이 성행했지만, 칠턴힐스를 가로지르는 길에서 총을 들고 나타난 범죄자들은 영원히 사라졌다. 사륜 역마차를 끌고 가는 말발굽의 규칙적인 따각 소리가 바람에 살랑대는 나뭇가지와 지의류 틈에서 놀란 까마귀들의 까악 소리에 섞여 골짜기로 전해졌다.

나무 위의 공조

생명에게 허락된 공간 중에 낭비되는 것은 없다. 밤새 숲을 거쳐간 폭풍이 가장 높은 나뭇가지에서 잔가지들을 떨어뜨려놓고 갔다. 이 잔가지들은 모두 장식되어 있다. 바람이 대신 골라준 덕분에 나는 땅에 떨어진 가지를 줍기만 하면 된다. 어떤 가지는 밝은 초록색의 넓은 반점이, 어떤 가지는 해진 종잇장처럼 주름진 회색 껍질이 뒤덮였다. 물푸레나무 가지는 황금색 주름 장식을 달고 있다. 이 장식은 마무리가 덜 된 아플리케(천 위에 레이스, 가죽, 천 등을 붙이고 둘레를 실로 꿰매는 수예 - 옮긴이)처럼 줄지어 고정된 원반 모양이고, 불규칙한 무늬의 중심으로 갈수록 거칠고 주황빛이 돈다. 벚나무 잔가지는 썰물 뒤 갯벌에 남은 물기 빠진 해초 다발을 붙이고 있다.

자연이 쳐놓은 이 휘장들은 전부 지의류다. 지의류는 1년 중 대기가 습한 하반기에 잘 자란다. 10여 종 이상이 숲을 우아하게 장식하다가 철이 바뀌어 말라버리면 바로 수집품에 추가된다. 잎 모양의 지의류가 그림다이크에 가까운 높은 가지 위에 산다. 숲으로 들어가는 길을 따라 햇빛이 잘 드는 낮은 관목 숲, 특히 딱총나무속 엘더베리 나무 위에서 많이 발견했다. 지의류는 공기를 먹고 사는 게 틀림없다. 가지 위에는 뿌리를 내릴 흙도 없고, 자리를 빌린 것 외에는 나뭇가지에서 아무것도 훔치지 않기 때문이다. 이들은 먼지를 먹고 빗물을 마신다.

지의류는 균류, 그리고 광합성을 하는 파트너와의 긴밀한 협업으로 탄생한 공생의 또 다른 예다. 광합성을 하는 쪽은 대개 녹조류나 남조세균이다. 이와 같은 공조共助가 나무의 위와 아래에서 동시에 이루어진다는 사실이 신기하다. 땅속의 깊은 뿌리에서는 균근이, 하늘의 높은 가지에서는 지의류가 말이다. 지의류는 벌거벗은 나뭇가지에 옷을 입힌다. 여기엔 무늬 있는 옷, 저기는 주름 잡힌 옷, 종류도 색깔도 다양하다. 녹조류는 태양에서 영양분을 훔치고, 이들의 세포를 감싸는 균사는 다른 영양소를 제공한다. 지의류의 생장 속도가 느린 것은 놀랍지 않다. 이들에게는 시간이 아주 충분하다. 또한 지의류는 가뭄을 효율적으로 견딘다.

가을이 되면 물이 생명을 다시 불어넣어주고, 나뭇잎이 떨어지면 빛이 넉넉히 들어오기 때문에 이 은밀한 무임승차 승객은 다른 종이 동면에 들어갈 때 오히려 번성한다.

돋보기로 밝은 노란색 지의류를 조사하다가 반점의 중심으로 향하는 아주 작은, 컵처럼 생긴 구조의 무리를 발견했다. 강렬한 오렌지색을 띠는 이것은 황금방패지의*Xanthoria parietina*다. 균류 쪽 파트너의 미세한 포자가 이 컵에서 탄생한다.[14] 균류가 제공하는 노란 색소는 녹조류 파트너를 자외선으로부터 보호한다. 이것이야말로 협업의 진정한 보상이다. 같은 나뭇가지를 따라 아까보다 작고 형체가 불분명한 회색 지의류가 붙어 있다. 미세하게 가지가 갈라지고 고불거린다. 황금방패지의 근처에 피시아 테넬라*Physcia tenella*가 나타나는 것은 놀랍지 않다. 둘 다 높은 질소량을 감당할 수 있기 때문이다. 회색 잎이 달린 방패지의*Parmelia sulcata*(별지 컬러 일러스트 54 참조) 역시 함께 나타난다. 이 지의류들은 도심 환경에서도 자주 발견된다.

지의류는 자연계의 화학변화를 나타내는 지표종이다. 적나라하게 노출된 생명은 대기 안의 무엇과도 결합해야 한다. 오늘날에는 농업에서 비료를 지나치게 사용하고, 또 도시의 오염 물질 때문에 공기 중에 질소가 농축된다. 많은 지의류가 질소에 속수무책이다. 오늘날 까다로운 지의류들은 영국 서부 지방에 살면서 깨끗한 바다 공기를 즐긴다. 강도가 숲속에 잠복했던 과거에는 이들이 칠턴힐스에서도 평화를 누렸을 것이다. 사람의 코는 대기의 미묘한 변화를 쉽게 감지하지 못하지만 지의류는 마이크로그램 단위로 맛을 보고 분자 수준에서 냄새를 맡는다. 인류는 대기에까지 속속들이 영향을 끼쳤다.

숲에 사는 다른 지의류는 최근에 환경이 개선되었다고 알려준다. 그래서 나쁜 소식만은 아니다. 윤기 나는 회녹색 잎 모양의 푼크텔리아 수

브레둑타*Punctelia subreducta*는 이산화황 수치가 감소하면서 다시 모습을 드러냈다. 미세한 수염 다발처럼 자라는 회녹색 꼭지송의지의*Usnea subfloridana* 역시 산업 오염 물질인 이산화황에 민감하게 반응한다. 계통적으로 연관된 종은 아니지만, 꼭지송의지의를 보면 미국 플로리다 주 에버글레이즈 습지에 나무마다 주렁주렁 매달린 수염틸란드시아(스패니시모스, *Tillandsia usneoides*)가 떠오른다. 어쨌든 이 두 지의류의 출현은 지난 50년간 석탄 연료 사용의 감소, 즉 더 깨끗해진 공기를 반영하는 것임은 틀림없다.

신선한 색채의 초록방패지의*Flavoparmelia caperata*를 비롯한 소수의 지의류만 어떤 상황에서도 목숨을 부지해 전 세계에 분포한다. 양벚나무 가지에는 회녹색 참나무이끼*Evernia prunastri*가 가지가 갈라진 작은 나무처럼 다발을 이루어 돋아난다. 참나무이끼는 향수 베이스로 쓰이고 약초상들은 이것을 살균제, 진통제, 거담제, 강장제, 즉 만병통치약으로도 사용한다.

육안으로 보았을 때 매끄러운 너도밤나무 가지에도 눈에 잘 띄지 않는 회색 껍질이 붙어 있다. 돋보기로 살펴보니 주황색이라기보다 검정색에 가까운 작은 생식 컵이 있다. 아만디네아*Amandinea*, 아르소니아*Arthonia*, 레카니아*Lecania*속의 지의류다. 요약하면, 지의류는 다른 생명체가 위축되는 장소라도 어디든 살아남아 작은 생태계를 형성한다. 앤드류 패드모어가 잡은 세 종의 풋맨나방이 지의류를 유충의 먹이로 사용했다. 지의류는 넓은 세상과도 불가분하게 연결되어 있다. 대기의 미묘한 변화, 경작 방법, 심지어 사무실에 앉아 생전 숲에 발을 들일 일이 없는 사람들이 내리는 에너지 공급 정책에까지 영향을 받는다. 조지 왕조 시대에 건설된 무역로가 산주山主를 신세계로 연결했고, 새로 생긴 턴파이크는 런던과 옥스퍼드 사이의 거리를 좁혔다. 너도밤나무와 벚나무의 높은 곳에 사는 지의류는 그때 이미 거기에 있었다. 보이지 않는 변화가 다가온다고 경고하는 영원한 파수꾼처럼.

January

1월

두 번째 벌목

겨울답지 않게 포근한 어느 아침 8시. 짙은 안개가 나무 사이로 스며들고 숲 너머 들판은 자취를 감추었다. 당황한 말똥가리는 퍼덕거리며 보이지 않는 세상으로 비명과 함께 사라졌다. 마틴 드루Martin Drew가 레인지로버를 타고 도착했다. 큰 공터 가장자리에서 양벚나무 두 그루를 베어낼 준비를 했다. 한 그루는 수확 적기에 있는 좋은 재목으로 너도밤나무와 경쟁 중이며 여느 경쟁자 못지않게 컸다. 벌목하려면 민간 환경 단체인 내추럴 잉글랜드의 승인을 받아야 한다. 벌목할 다른 벚나무는 병이 들었는데, 올해 초에 수피 안쪽으로 곰팡이 감염을 확인했고 성긴 잎이 일찌감치 떨어졌다. 마틴이 심재는 아직 괜찮다고 했다.

나무 두 그루가 쓰러지는 궤적을 결정하는 것은 숙련된 나무꾼의 일이다. 마틴은 말수가 적은 사람이고 신중했다. 명이 다한 두 벚나무를 응시하며 머릿속으로 계산하더니 병든 나무를 먼저 베기로 했다. 그의 차 트렁크에는 각종 톱이 구비되어 있었다. 어디를 어떻게 자르느냐에 따라

나무가 넘어가는 방향이 결정된다. '윙' 하며 톱이 갈리는 소리와 함께 작업이 시작되었다. 따뜻한 날씨에 봄이 온 줄 착각한 새들의 지저귐이 전기톱 소리에 묻혀버렸다. '쩍' 하고 갈라지는 소리가 나더니 이내 줄기가 기울었다. 나무가 오솔길을 가로질러 쓰러질 때 재키와 나는 경호원이라도 된 양, 근처에 지나가는 사람이 없는지 살폈다. 나무가 쓰러지면서 주변의 너도밤나무 가지들이 함께 부러졌는데, 일부러 절단이라도 한 듯 깔끔하게 잘려나갔다.

이제 큰 나무 차례다. 이 나무는 높이가 2.5미터에 달하고 광이 나며 곧고 기품이 있었다. 마틴은 나무의 밑동을 비스듬히 잘라 공터 한복판으로 쓰러뜨렸다. 넘어가면서 다른 나무에 걸리기라도 하면 골치 아프기 때문이다. 전기톱 소음이 당장이라도 멈추고 싶은 치과의사의 드릴 소리처럼 계속되었다. 갑자기 큰 소리와 함께 나무가 기우뚱하더니 완벽하게 정해진 자리로 넘어갔다. 사진을 찍을 틈도 없었다. 잎이 달리지 않은 높은 나뭇가지가 부러지며 짧은 한숨과 함께 안착했다. 수십 년간의 광합성 결과물이 '쿵' 소리가 나며 단말마의 신음과 함께 최후를 맞이했다.

마틴의 과묵한 동료가 커다란 트랙터에 작업대를 달고 도착했다. 트랙터는 강력한 집게 팔을 장착했다. 두 사람은 전기톱으로 나무줄기에 달린 나뭇가지를 잘라냈다. 내 다리만큼이나 굵은 것도 많았다. 한 번 자르는 데 몇 초밖에 안 걸렸다. 도축장에서 가축을 처리하는 듯한 느낌을 지울 수가 없다. 잔가지는 회녹색이 밝게 감도는 지의류로 두껍게 덮여 있었다. 불과 몇 분 전만 해도 공중 정원에서 하늘을 향해 드러나 있던 것들이다. 다음에 두 사람은 나무 몸통을 크게 삼등분했다. 집게 팔이 토막 낸 나무줄기를 들어 올린 후 팔을 돌려 작업대 위에 올려놓았다. 동전을 집어넣고 놀던 축제의 인형 뽑기가 떠올랐다. 작은 크레인 집게 팔이 흔들리며 기계 한복판으로 이동한 뒤 장난감과 싸구려 시계 더미로 내려가

뭔가를 움켜쥐고 올라올 때면, 내 아이들은 언제나 큰 장난감이 올라오길 간절히 바랐다. 그런 적은 한 번도 없지만. 목재를 수거하는 과정은 수월했다. 나무 두 그루로는 작업대가 다 채워지지도 않았다.

나무 밑동은 남겨두었다. 잘라낸 판근板根(나무의 곁뿌리가 평평하게 지표면에 노출된 것 - 옮긴이)이 그림다이크 숲 바닥에서 오도 가도 못하는 거대한 불가사리를 닮았다. 나무의 심재는 살짝 데친 햄처럼 따뜻한 분홍색인 반면, 변재는 오렌지색으로 변하고 있었다. 아까부터 고깃덩어리가 연상되는 걸 어쩔 수가 없다. 자투리를 모으니 1년치는 족히 될 듯한 땔감이 나왔다. 둥글게 토막 낸 후 집에 가져가 쐐기와 큰 망치로 쪼개서 통나무로 만들었다. 가는 잔가지들은 숲에서 썩어 흙으로 돌아갈 것이다.

재키와 나는 품위 있는 속도로 트랙터를 따라 칠턴힐스 너머 평원에 자리 잡은 컬햄에 있는 마틴의 제재소에 갔다. 이번에는 벌목한 나무를 장작이 아닌 다른 용도로 사용할 것이다. 제재소는 유럽 학교 뒤쪽으로 한적한 곳에 있는데, 디드콧 발전소의 냉각탑 잔해와 그 너머로 너른 들판이 보였다. 성숙한 벚나무가 높이 자라는 언덕의 우거진 모습과는 완전히 다른 풍경이었다.

제재소 마당은 전형적인 모습으로 어딜 보아도 나무가 높이 쌓여 있었다. 너도밤나무와 함께 얼기설기 쌓아놓은 옹이투성이 늙은 참나무는 땔감이 될 운명이다. 호퍼(석탄, 곡물, 사료 등을 저장하는 V자형의 큰 통. 깔때기 모양의 출구가 있다 - 옮긴이)에도 땔감용 통나무가 한가득이다. 이미 작업을 마친 나무판자는 마당 주위에 켜켜이 여러 묶음으로 정돈되어 미래의 고객을 위해 마루나 가구로 변신할 준비를 마쳤다.

싣고 간 벚나무를 마틴이 치즈 와이어로 체더치즈 덩어리를 자르듯 제재기로 몇 번 왔다 갔다 하니 나무가 부드럽게 잘렸다.(기계 상표가 '톰 소여'였다) 제재기가 나무를 절단하는 소리는 귀가 먹을 정도로 컸지만, 전기톱 소리보다는 덜 거슬렸다. 귀마개가 마틴을 보호했다. 기계에서 나오는 바람을 타고 톱밥이 사구를 만들었다. 마틴은 옛날 런던의 승강장에서 이층버스에 올라타는 버스 승무원처럼 기계 위에 올라섰다. 가장 질이 좋은 목재는 30~40밀리미터밖에 안 되는 얇은 판자로 재단한다. 그러나 같은 길이의 목재에서 여러 두께의 판자가 나온다. 마틴은 절단할 때마다 측정기를 돌려 두께를 조절했다. 톱질이 끝나면 판재를 트럼프 카드처럼 켜켜이 눕혀 쌓아놓는다. 병든 벚나무도 심재는 완벽했다. 그러나 수피 바로 아래는 파인 자국이 있고 끈적거렸다. 그대로 두었다면 한 철을 넘기지 못했을 것이다. 작은 톱밥이 눈에 들어가는 바람에 뒤로 물러섰다.

나무를 판으로 켠 후에는 건조하는, 소위 숙성 과정을 거쳐야 한다. 벚나무는 매우 축축한 나무다. 가공되지 않은 판재는 유용한 목재가 되기까지 시간이 걸린다. 마틴은 판재를 마당에 두고 건조한다. 그러나 우리는 도로 숲으로 가져가 숙성하는 과정을 관찰하기로 했다. 옛날 자급자족 시대에 그레이즈 코트에서 사용한 목재들은 한참 전부터 이런 식으로 숙성되었을 것이다. 우리는 이번엔 통나무가 아닌 널빤지로 채워진 트레일러를 따라 그림다이크 숲으로 되돌아왔다.

판재를 그냥 눕혀놓는다고 숙성되는 게 아니다. 각 판재를 원래의 통나무 모양 그대로 다시 쌓는데, 판재 사이에 나무못을 괴어 간격을 주고 공기가 잘 통하게 해야 한다. 마틴은 나무가 이제 제 모양을 갖추었다고 말했다. 나무못은 주로 사시나무속의 포플러 나무로 만드는데, 이것 말고는 달리 쓸데가 없는 목재다. 제일 위에 얹은 판재는 굴곡진 수피 부분인데, 빗물이 아래쪽 판자에 떨어지지 않게 받치는 우산 역할을 한다. 이렇게 쌓아놓은 나무의 모습은 흥미롭다. 원 나무줄기의 해체이자 동시에 (나무못에 의한) 확장이기 때문이다. 우리는 딩글리델에다 나무를 쌓아두기로 했다. 이곳은 어수선한 호랑가시나무 때문에 사람들의 눈에 잘 띄지 않는다. 혹시 누군가가 판재 한두 개를 슬쩍할 경우에 대비해서 말이다. 가장 좋은 판재 몇 개를 골라 필립 쿠멘에게 가져갔다. 칠턴힐스의 가장 깊숙한 곳에 있는 쿠멘의 작업장에서 목재용 건조 가마 안에 판재를 넣어 마지막까지 남아 있는 몇 퍼센트의 습기까지 모조리 빨아낸 후 내 수집품을 담아둘 보관함을 만들 것이다.

숲을 구한 의자

19세기 전반부에 운하가 영국 전역으로 확산되면서 화물과 원자재의 대량 운송이 과거보다 훨씬 수월해졌다. 동시에 근대적인 갑문과 예선로曳船路 역시 템스 강에서의 무역을 개선했다. 그러나 이런 명백한 발전이 오히려 칠턴 임야의 종말을 고했다. 영국의 중부와 북부에서 가정용·공업용 석탄 공급이 용이해지면서 런던에서 땔감의 수요가 곤두박질쳤다. 아마 이 시기에 지의류가 처음으로 질식해 바싹 마른 갈색으로 변했을 것이다. 몇백 년간 너도밤나무 숲을 유지했던 핵심 작물의 수요가 사라졌다. 이제 너도밤나무들은 더 훌륭한 거목으로 자랄 기회를 얻었다. 존 스튜어트 밀이 1828년에 우리 숲을 산책하며 했던 말을 떠올려본다. '잡목이 아니라 진짜 나무다. 땔감용으로 쉬이 베어내지 않고 목재용으로 자라게 둔 것이다. 그렇다고 아주 오래 내버려두지는 않을 것이고.'

거의 반세기 후에 윌리엄 블랙William Black이 흥미로운 이야기집을 발간했다. 블랙은 한때 유명한 작가였지만, 세실 로버츠의 인기에 묻혀 세상에서 잊혔다. 그가 쓴 『파에톤의 이상한 모험The Strange Adventures of a Phaeton』은 소설 형식의 여행기[1)]다. 화가이기도 했던 블랙은 작품명과 동일한 이름의 마차를 타고 방문한 다양한 장소를 그림 그리듯 생생히 묘사했다. 이 책에서 블랙은 헨리에서 옥스퍼드로 가는 길을 '영국에서 제일가는' 것으로 묘사했다. 파에톤은 '램브리지우드와 노맨힐(폴리 영지의 일부) 사이를 달리는 넓고 부드러운 고속도로인 페어마일을 타고 헨리를 떠났다. 도로 양쪽으로 공동 방목지가 펼쳐져 있었다'. 작가는 분명히 한 손에 지도를, 다른 손에 수첩을 들었을 것이다. 빅스 턴파이크가 개선되었음이 틀림없다.[2] 네틀베드를 향해 사륜 쌍두마차 파에톤은 '널찍한 너도밤나무 숲으로 돌진했다'. 이것은 현재 보는 것과 동일한 길에 대한 묘사인지도 모른다.

숲은 변했다. 숲이 수익성을 창출하지 못한다면 불확실한 미래에 직면하게 될 것이다. 폴리 코트처럼 커다란 공원의 나무들은 한동안 운명이 보장되었겠지만, 그들도 산업의 일부가 아니라 설계된 경관으로서 무대 도구의 역할을 맡았다. 노르만 정복 이후 과거의 모든 위협으로부터 살아남은 숲 위로 곡괭이와 곡괭이질을 하는 자의 유령이 드리웠다.

숲의 운명을 구한 것은 목공예다. 대니얼 디포의 설명과 스토너 가문의 문서에 따르면 의자 제조업은 18세기에 이미 칠턴에서 주요 수공업 분야였으며, 특히 19세기 들어 급성장했다. 부품을 개별적으로 제작해 공장에서 완제품으로 조립하는 공정이 생산성을 엄청나게 증가시켰다. 헨리에서 북동쪽으로 14킬로미터 떨어진 버킹엄셔의 하이위콤브는 빠르게 확장하는 새로운 산업의 중심지가 되었다.[3] 너도밤나무는 의자 다리와 다리 지지대를 만드는 기본적인 재료가 되었다. 물푸레나무나 느릅나무, 참나무도 역할이 있었으나 너도밤나무야말로 의자를 만드는 보편적인 주재료였고 인근 몇 킬로미터 반경에서도 들여왔다. 평민들도 너도밤나무 의자를 살 정도의 여유는 있었다. 너도밤나무 의자는 여전히 흔한 지역 경매 물품으로 헐값에 팔린다. 1800~1860년에 하이위콤브 지역에서 의자 작업장의 수는 10여 개에서 150개로 급증했다. 1875년에는 매일 4,700개의 의자가 생산되었다. 나는 도대체 이 많은 의자에 앉을 엉덩이들이 있었는지 몹시 궁금하다. 사람들이 저녁이면 집 밖으로 나와 여분의 의자에 앉아 있었나 보다. 1873년에 미국 전도사 드와이트 L. 무디Dwight L. Moody와 아이라 D. 생키Ira D. Sankey는 신앙심이 깊거나 전도될 준비를 마친 사람들이 앉을 의자 1만 9,200개를 하이위콤브에서 주문하여 그 인기를 증명했다. 수많은 감리교 신자의 둔부를 책임진 의자가 웨스트위콤브에 있는 프랜시스 대시우드 경의 악마적인 지하 감옥에서 3킬로미터도 채 떨어지지 않은 곳에서 제작되었다는 것은 묘한 일이다. 고급 의자나 윈저 의자처럼 디자인이 복잡한 의자가 전 세계로 팔려나갔다. 특히 무디와 생키의 고국으로. 이 인기 있는 의자는 중산층의 성실한 사람들에게 편안한 휴식처가 되었다. 이것들이 튼튼하게 잘 만들어진 의자라는 것은 지금까지도 골동품 가게마다 하나씩은 있다는 사실로 증명된다.

가구의 유행과 더불어 목재가 팔리는 방식이 변했다. 나무를 벌목하기도 전에 미리 시장에 내놓았다. 이런 식의 판매 방식은 신문 광고와 판매 통지서 등에서 충분히 기록을 찾을 수 있다. 전단지에 '말라빠진 삭정이 8,000단'[4], 또는 '최상급 둥치'와 같은 문구를 사용해 상품을 선전했다. 어떻게 보면 외설적인 표현들이다.(영어로 나무둥치를 뜻하는 'butt'는 엉덩이라는 뜻도 있다 - 옮긴이) 경매는 숲에서 가까운 여관에서 열렸고, 경매 품목은 영지의 고용인들이 예상 고객들에게 현장에서 직접 보여주었다.

당시 램브리지우드의 상당 부분이 그레이즈 코트의 스테이플턴 아가씨들 소유였다. 그들은 수십 년간 대저택에서 조용히 살았다. 1842년 십일조 대상 조사에 따르면 이들은 64헥타르의 너도밤나무 숲을 소유한 것으로 기록되었다. 스테이플턴의 산림은 웨스트 가문이 여러 세대에 걸쳐 관리했는데, 이들은 저택 근처에 있는 브릭필드 농장의 소작권을 가졌고, 나중에는 우리 숲에서 가장 가까운 낡은 오두막에 살았다. 1848년

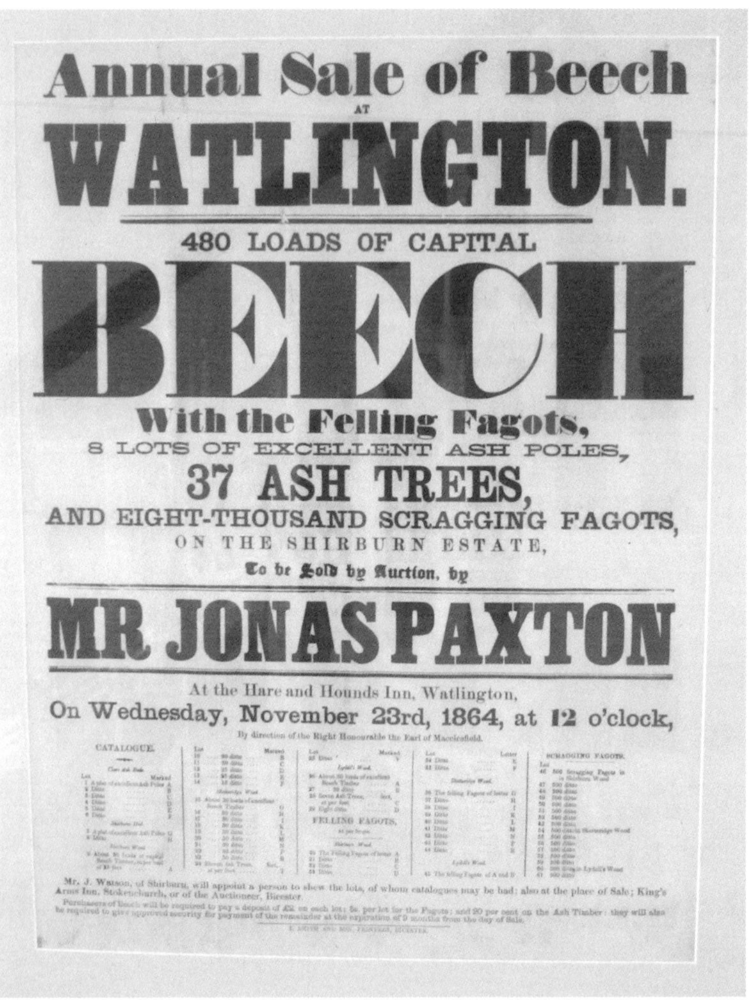

목재 판매 포스터.(1864년)

에 목재상, 바퀴장이 등을 상대로 그레이즈 코트 아가씨들과 스토너 영지의 캐모이스 경이 함께 경매를 추진했다.[5] 1848년 2월 15일 화요일에 네틀베드의 황소Bull 여관에서 '제임스 챔피언과 아들'이라는 회사의 주재로 열린 이 경매는 '정확히 2시에 1실링 6펜스에 따뜻한 저녁이 제공되고 구매자에게는 저녁값을 환불'해주었다. 이처럼 기만적인 음식 제공은 공짜 식사를 찾아다니는 한량들을 막기 위한 방도였을 것이다. 그레이즈 코트의 판매 분량은 '평균 15피트(4.5미터) 길이의 너도밤나무와 물푸레나무 원목 380그루'로 구성되었다. 구매자들을 확실히 유인하기 위해 매입 후 강의 상·하류로 실어 보내려는 사람들에게 '헨리 부두로 가는 길은 도로 사정이 좋고 턴파이크가 없다'고 강조했다.

챔피언은 그보다 9년 전에 헨리의 캐서린휠 여관에서 열린 경매에서 램브리지우드 목재 200개를 팔았다. 우리 숲에서 주기적으로 벌목이 이루어졌음을 알 수 있다. 칠턴힐스 전역과 인근 옥스퍼드셔 지역에서 10여 건의 유사한 목재 경매가 열렸다. 지속적으로 수익을 환수하려면 영지를 정기적으로 관리해야 했다. 경매인 조나스 팩스턴Jonas Paxton의 포스터에 보면, 1864년 매클레스필드Macclesfield 백작이 네틀베드에서 칠턴 절벽을 따라 몇 킬로미터 떨어진 셔번에 있는 오래된 땅에서 벌목한 480개의 '최상급 너도밤나무capital beech'(영어로 너도밤나무를 뜻하는 'beech'의 발음이 여성을 비하하는 비속어인 'bitch'와 유사한 것에 빗대어 외설적으로 표현한 것으로 보인다 - 옮긴이)를 판매했다. 색슨 시대로 거슬러 올라가는 오래된 경관의 지구력은 1,000년이 지난 후에 그 관리인에게 가치를 증명했다.

다리장이와 선반공

어느 날 나는 그림다이크 숲의 작은 빈터 가장자리에서 나무딸기 덤불로 채워진 구덩이에 빠질 뻔했다. 대체 구덩이에 뭐가 들어 있는지 보려고 튼튼한 정원용 장갑으로 무장하고 성가신 덤불을 뿌리째 뽑아냈다. 잠시 방심한 틈에 나무딸기가 줄기를 휘둘러 노출된 얼굴을 매몰차게 할퀴었다. 고고학 유물을 파헤친 대가로 이마에 피를 흘렸지만 그럴 만한 가치가 있었다. 구멍에서 나온 수석점토로 구덩이 둘레에 둔덕을 쌓은 것으로 보아 누군가가 의도적으로 파낸 구덩이임이 분명했다. 엄청나게 큰 소도 들어갈 만한 무덤 정도의 크기였다.

사실 이것은 잘 보존된 톱질 구덩이로, 과거의 나무 재단 방식을 보여주는 유산이다.[6] 숲에서 매입한 너도밤나무는 벌목 후 널빤지 형태로 재단하는데, 이처럼 큰 구덩이를 파야만 거대한 2인용 톱이 움직일 공간이 생긴다. 1745년 식물학자 피터 칼름은 이런 생나무 공정에 대해 '패덤(깊이의 단위로, 1패덤은 약 1.8미터다 - 옮긴이) 깊이의 구덩이를 만들고 양옆에는 판자를 대어 흙이 안으로 들어가지 않게 한다'라고 설명했다. 비슷한 방식이 19세기는 물론이고 20세기까지도 사용되었다. 내가 발견한 이 톱질 구덩이는 상태가 좋고 확연히 구분할 수 있는 것으로 보아 최근까지 사용된 것 같다. 램브리지우드의 다른 곳에서도 오래된 톱질 구덩이를 본 적이 있는데, 100년 동안 침식되어 일부는 흙으로 메워지거나 뭉개져 있었다.

2인용 목재 톱은 무시무시한 기구다. 레딩 대학교의 농촌생활박물관에 전시된 것을 보면 사람의 평균 키보다 길고 대형 백상아리 이빨이 부럽지 않은 톱니가 있다. '만지지 마시오'라는 표지판은 이 세상 모든 박물관에서 가장 불필요한 것 중 하나임에 틀림없다. 통나무를 판재로 재단하기 위해 원목을 구덩이에 가로로 길게 얹는다. 톱질꾼 한 명은 원목 위에 올라서고 나머지 한 명은 구덩이 안에 들어간다. 구덩이 안에 있는 사람은 비좁은 공간에서 일하는 불편함은 말할 것도 없고, 슬근슬근 톱질이 시작되면 위에서 떨어지는 톱밥을 고스란히 뒤집어써야 한다. 이처럼 아래쪽에서 일하는 톱질꾼을 아래에 있는 개라는 뜻의 '언더독underdog'이라고 부른다. 그렇다면 구덩이 바깥의 위쪽에 서 있는 사람은 당연히 '탑독top dog'이 되겠지. 이제 무슨 뜻인지 알 것이다.(영어로 언더독은 약자 또는 '을'의 위치에 있는 사람, 반대로 탑독은 승자 또는 '갑'의 위치에 있는 사람을 말한다. 저자는 두 단어의 어원을 설명한 것으로 보인다 - 옮긴이)

작업 중인 다리장이들.(1930년경) 한 명은 쐐기와 큰 망치를 들었고, 또 한 명은 나무껍질을 벗기는 박피 도구를 사용하고, 나머지 한 명은 대충 모양이 잡힌 다리를 들고 있다. 임시 오두막 안에 다리를 만드는 선반이 있다.

의자를 제작하는 첫 단계는 숲에서 시작하지만 톱질 구덩이처럼 위험한 함정을 남기지는 않았다. 의자 다리와 다리 지지대는 '다리장이bodger'라고 부르는 장인이 나무 아래에 설치한 선반旋盤(나무를 회전시켜 갈거나 파내거나 도려내는 데 쓰는 공작기계 - 옮긴이)에 목재를 끼워 회전시켜 작업했다. 여기에도 너도밤나무 생나무가 쓰였다. 일꾼들은 작업장 주변의 빈터에 임시 숙소를 만들고 이 단순한 오두막에서 쉬거나 종종 야영도 했다. 의자 전체를 제작할 수 있는 소수의 숙련된 장인도 있었지만, 대부분의 다리장이는 주문받은 대로 주야장천 다리만 돌려대는 부품 작업자였다. 그들은 선반에 끼워 돌리기 전에 너도밤나무 목재를 의자 다리에 적합한 막대기로 대충 잘라놓았다.

1930년대 초반에 세실 로버츠는 '최후의 의자장이'를 찾아간 적이 있다. 그는 반짝이는 눈과 얼굴에 장난기가 가득한 80대의 작은 노인이었다. 로버츠는 이 노인이 '선반이라고 부른 미친 구닥다리 기구'를 이렇게 설명했다. '어린 가지를 구부려 끈의 한쪽을 묶고 다른 한쪽은 의자 다리로 깎아낼 원목에 친친 감은 후 발판으로 작동할 나무 막대기에 연결한다. 발판을 아래로 밟으면 탄력 있는 어린 가지가 끈을 팽팽히 잡아당기면서 의자 다리를 회전시킨다. 발판이 아래로 내려갈 때 다리가 제작자 방향으로 회전한다. 이런 고물 선반으로도 능숙한 목공들은 한 시간에 50개나 되는 의자 다리를 생산했다.'[7] 다리장이들은 선반을 돌리는 동력원으로 어린나무를 사용했다. 그리고 심지어 대팻밥을 사용해 냄비에 불을 지폈다. 이보다 생태학적으로 실속 있는 산업이 또 있을까? 의자 다리는 단순히 아래로 갈수록 좁아지는 밋밋한 막대 형태만이 아니라 순수하게 장식용으로 위쪽에 고리를 두른 경우도 종종 있었다.

일을 마친 다리장이들은 서둘러 술집으로 가 맥주를 진탕 마셨을 것이다. 스토크로우에 있는 크루키드 빌렛은 30년 전에 내가 처음 칠턴힐스로 모험을 떠났을 때도 맥줏집이었다. 그때는 사람이 붐비는 큰길에서 벗어난 곳에 있었고 에일ale(영국식 맥주의 한 종류 - 옮긴이)만 팔았다. 술통은 홀 뒤쪽으로 사람들이 다 보이는 곳에 놓여 있었다. 술통의 마개는 너도밤나무로 만들었다. 참나무 들보, 낮은 천장, 넓은 벽난로는 한때 빌 손더스Bill Saunders라는 다리장이가 운영했던 이곳의 나이를 드러낸다. 사람들이 낮게 웅얼거리는 목소리만이 유일한 반주였다. 지금은 개스트로펍(고급 맥주와 음식을 제공하는 식당 - 옮긴이)이 되었다.

나는 다리장이bodger의 어근語根인 '바지bodge'라는 단어가 왜 건성이고 허접스러운 일솜씨를 뜻하게 되었는지 궁금했다. 『옥스퍼드 영어사전』에 보면 서투른 솜씨 때문에 일을 망친다는 뜻의 '바치botch'가 변형된 것임을 알 수 있다. 그러나 그것만으로는 왜 솜씨 있는 목공들이 그런 불명예스러운 딱지를 얻게 되었는지 설명할 수 없다. 우리 집에 있던 너도

다리장이들이 생산한 의자 다리와 다리 지지대.(1930년경)
숲에 쌓아두어 건조하는 중이다.

밤나무 의자도 산산이 부서진 적이 있지만, 그 의자는 새것이었다. 나는 아주 오래된 의자도 몇 개 가지고 있는데, 처음 만들어졌을 때만큼이나 믿고 내 몸을 맡길 수 있다. 어쩌면 1만 9,200명의 감리교 신자가 엉덩이를 대고 앉았던 의자 중 하나인지도 모른다. 이런 지방의 수공예를 근사하게 포장해서 자랑하고 싶은 유혹이 들지만, 실제로 이들 목공의 보수는 매우 박봉이었고 가난하게 살았다는 증거가 많다. 두 세계대전 사이에 의자 다리를 제작하던 시대가 막을 내렸을 때도 값은 터무니없었다. 의자 앞다리 144개와 다리 지지대 108개가 고작 6실링, 오늘날의 30펜스(원화로 약 400원 - 옮긴이)에 불과했으니 말이다.[8)] 빌 손더스 같은 선반공은 낮에는 작업장에서 배달된 나무 막대로 선반 작업을 하고 밤에는 술집을 운영하는 식으로 겹벌이를 했다. 손더스의 동료들 중 몇몇은 불법적인 일을 했고 언제나처럼 숲은 그들을 숨겨주었다. 다른 이들은 파렴치한 상점 주인들로부터 그들이 갚을 수도 없는 수준으로 이자와 함께 가불을 하는 바람에 빈곤의 늪에 빠져들었다. 중세 시대의 그레이즈 코트도 이보다 가혹하지는 않았다.

버킹엄셔에서는 집안의 여자가 레이스를 떠서 가족의 수입을 보충했다. 이 가내수공업은 시력을 상하게 할 정도로 힘든 일이었다. 1817년 메리 셸리Mary Shelley는 남편인 퍼시 비시 셸리Percy Bysshe Shelley(1792~1822, 영국 낭만주의 3대 시인 중 한 명 - 옮긴이)와 함께 칠턴힐스에서 멀지 않은 곳에 살았다. '말로에는 매우 가난한 사람들이 살았다.(이제는 달라졌기를 바란다) 여자는 집에서 레이스를 떴는데, 늘 앉아서 일을 하다 보니 건강을 잃었다. 그렇다고 돈을 제대로 버는 것도 아니었다.' 이젠 세상이 달라졌다. 한때 레이스 뜨는 여인네들이 살았던 오두막은 이제 은퇴한 육군 장교와 도시 상인들이 소유하고 있다.

나무 그릇

알리스테어 필립스Alistair Phillips는 현대식 목선반을 갖춘 목재 선반공이다. 알리스테어는 아버지 나이젤Nigel이 관리하던 워버그 보호지역에서 자랐다. 워버그 보호지역은 빅스바텀의 끝에 있었고, 그래서 칠턴의 숲은 언제나 그의 집이었다. 현재 알리스테어는 유령란과 자연 보호구역 설립에 일생을 바친 베라 폴이 살았던 집에 산다. 오늘은 지난번에 벌목한 벚나무의 자투리로 알리스테어의 작업장에서 나무 그릇을 만들 것이다. 나무는 아직 축축하므로 마르는 중에 갈라지면 문제가 될 수도 있음을 염두에 두어야 한다.

우선 심재의 중심을 도려내야 한다. 건조하는 과정에서 갈라지는 부분이기 때문이다. 통나무 안에 두 개의 그릇이 자궁 안의 쌍둥이처럼 나란히 편안하게 자리 잡은 형태로 상상하면 된다. 그릇의 바닥은 나무의 굽은 바깥쪽 표면을 향한다. 그래야 가장 큰 그릇을 만들 수 있다. 마틴 드루처럼 알리스테어도 말수가 적은 사람으로, 흔들림 없이 집중해서 작업했다. 그는 각 판재에 그릇의 지름을 표시한 후 제재기로 둥근 윤곽이 나오도록 여백을 잘라내고 그릇을 목선반에 장착할 수 있도록 중심에 홈을 팠다. 이제 나무는 본연의 특성을 모두 버리고 일개 나무토막이 되었다. 선반이 빠르게 회전하자 원심력이 나무의 물관으로부터 습기를 뽑아내어 물이 튀었다. 상당한 양이었다. 충분한 시간을 두고 천천히 건조한 뒤에 작업했다면 물이 덜 나왔을 것이다. 알리스테어가 미리 끌로 울퉁불퉁한 것들을 대강 잘라냈기 때문에 선반이 무리 없이 돌아갔다. 다음에 알리스테어는 대단히 자신감 있게 나무속을 파냈다. 캐서린휠Catherine wheel(불꽃쇼의 일종 - 옮긴이)이 뱉어내는 용암 불꽃처럼 나뭇조각이 마구 날아다녔다. 선반이 회전할 때 튀어나오는 얇은 나뭇조각에서 달콤한 과실수 냄새가 은은하게 났다. 알리스테어는 칼날이 오목한 끌을 가지고 가장자리부터 중심으로 옮겨가며 꼼짝도 하지 않고 작업했다. 칼날은 날카롭게 잘 갈려 있었다. 끌은 매번 선명한 원을 그리며 안쪽으로 움직이고 가운데에서 독특한 몸짓으로 마무리되었다. 그릇의 바닥은 아주 살짝 굽어서 울퉁불퉁한 바닥에 놓아도 흔들리지 않을 것이다. 이쯤 되니 우아한 측면 윤곽이 드러나기 시작했다.(별지 컬러 일러스트 46 참조) 다음은 나무토막을 뒤집어 그릇 안쪽에 비슷한 방식으로 생기를 불어넣었다. 알리스테어는 중간중간 캘리퍼스(작은 치수를 잴 때 쓰는 도구 - 옮긴이)로 바닥의 두께를 쟀다. 그릇의 바닥에 구멍을 뚫으면 안 되니까 말이다. 그는 되도록 가장자리를 얇게 빼고 싶어 했는데, 그래야 나중에 그릇이 갈라질 확률을 줄일 수 있기 때문이다. 나뭇결의 사랑스러운 곡선이 새 그릇의 개성을 드러냈다. 전형적인 벚나무의 따뜻한 핑크브라운색이 나타났다. 작업은 빨리 마무리되었다. 알리스테어는 그릇을 시원하고 건조한 장소에 두어 모양이 잡히도록 해야 한다고 했다.

그 나무 사발이 지금 내 앞에 있다. 알리스테어가 목공 선반을 돌린 후 1년 이상이 지났다. 사발은 마르는 과정에서 살짝 뒤틀렸지만 그리 나쁘지 않다. 오히려 테두리가 물결치는 느낌이 들어서 좋다. 그릇 일부에 변재가 깎여 들어갔는데, 그 부분은 이제 짙은 황금색이 되었다. 심재는 색이 더 짙지만 나이테가 지도의 등고선처럼 그려진 부분은 여전히 따뜻한 갈색이다. 이 선은 생명의 윤곽이며, 좋았건 나빴건 간에 지나간 계절의 기록을 보관한다. 이 벚나무 사발은 살아 있는 나무의 언어로 쓴 그림다이크 숲의 최근 역사를 담고 있다.

새로운 시대를 연 기적 소리

『파에톤의 이상한 모험』의 저자도 인정했듯이, 도로가 개선되면서 시골 여행은 인내심의 시험이 아닌 즐거움으로 바뀌었다. 더구나 아이작 다킨과 일당들에게 회중시계를 빼앗길 염려가 줄어들었으니 말이다. 18세기 말과 19세기 초에 헨리온템스는 칠턴힐스를 가로지르는 주요 노선에 포함되었고 옥스퍼드나 첼트넘, 버밍엄으로 가는 여행객들에게 이상적인 경유지로 인식되었다. 말쑥하고 품격 있는 도시가 조지 왕조 시대의 화려함을 차려입었고, 마차를 수용할 수 있는 여관도 넉넉히 갖추었다. 이 여관들은 오늘날에도 도시 중심지를 따라 넓고 낮은 아치 현관을 가진 건물로 쉽게 알아볼 수 있다. 마구간은 건물 뒤쪽에 제공되었다. 템스 강을 건너는 다리 끝에 위치한 레드라이언처럼 중세 시대부터 주점이었던 여관도 있다. 새로운 여행족의 숙박을 위해 여관으로 재건축하는 것은 확실히 수익성이 보장되는 시도였다.

캐서린휠과 황소 여관은 전성기를 누렸다. 간선도로를 따라 하루에도 몇 차례씩 헨리를 경유하는 마차가 운행되었다. 1824년 2월 14일자 〈잭슨 옥스퍼드 저널〉에 보면 옥스퍼드의 엔젤 여관을 떠나 런던으로 가는 세 차례의 아침 운행을 광고한다. 그중에는 '매일 아침 9시에 헨리를 경유해 페터레인의 화이트호스 여관과 세인트 클레멘츠의 엔젤 여관으로 가는 화이트호스 우편마차'도 포함된다. 1838년, 다양한 색상의 마차들이 헨리를 출발해 여러 곳으로 달려갔다. 디파이언스는 회색 말이 끄는 흰색 마차로, 애빙던과 옥스퍼드로 갔다. 버밍엄행 마차인 탠티비는 데크를 빨간색으로 장식했고, 첼트넘으로 가는 마그넷은 파란색 데크였다. 마켓플레이스의 자갈은 수십 마리의 말이 내딛는 발굽에 부딪혀 덜거덕거렸다. 이 빠른 교통수단이 영국의 중부 지방에서 손님을 싣고 페어마일을 향해 백악층의 언덕 아래로 숲을 지나 달그락거리며 달렸을 것이다. 사업과 관광 덕분에 사두마차의 말발굽 소리가 더욱 빨라졌다. 적어도 부유층을 위한 우편물은 놀라울 정도로 빨리 배달되었다.

부두에서의 사업은 한동안 예전처럼 지속되었지만 이제는 처음 도시를 일으킨 목재와 맥아 수출을 위해 템스 강을 따라 건설된 수월한 통행로 덕분에 한층 활발해졌다. 그러나 오래 지속되지는 않았다. 1840년에 영국 대서부철도회사Great Western Railway는 이미 레딩에 닿았고, 4년 후에는 옥스퍼드 역이 개통되었다. 마차로 하루 종일 걸리던 길을 사람과 화물을 태우고 증기기관차가 한두 시간 만에 실어다주었다. 마차 운송업은 순식간에 곤두박질쳤다. 디파이언스와 탠티비를 찾는 사람은 없었다. 마차 여관의 손님이 줄어들어 레드라이언조차 1849년에 임시로 문을 닫았다. 헨리는 더 이상 주류가 아니었다.

부두도 함께 쇠퇴했다. 1889년, 조정박물관에 걸린 재닛 쿠퍼Janet Cooper의 그림은 당시 부두에서의 거래 장면을 보여준다. 웹의 부두를 배경으로 노후한 선박에서 겨우 몇 개의 통나무를 내리는 모습이다. 1844년의 목록 「피고트앤컴퍼니의 로열 내셔널 앤 커머셜 디렉터리 앤 토포그래피Pigot and Company's Royal National and Commercial Directory and Topography」에 당시 도시의 고용 상황이 실려 있다. 여기에 실린 선창 주인은 아이작 찰스Isaac Charles와 로버트 웹Robert Webb 둘뿐이다. 모자 장수도 마찬가지였다. 이를 무두장이 여섯 명, 옥수수와 홉 거래상 및 곡물상 아홉 명, 푸줏간 주인 열 명, 제빵사 열여섯 명, 맥주 소매상 스무 명과 비교해보라. 도시가 달라진 것이 분명했다. 은행가였던 그로트는 배지모어 하우스를 떠났다. 그는 대형 사륜마차를 타고 다섯 시간씩 걸리는 여정을 버틸 수 없었다. 이런 변화에 영향을 받지 않은 것은 숲뿐이었다. 가구는 다른 상업망을 통해 거래되었으므로 헨리의 상인들과는 상관없었기 때문이다. 어디로도 갈 수 없는 길 위의 도시가 소외되는 것은 당연한 운명이다. 과거의 영광, 칠턴 너도밤나무의 자애로운 시선 아래 아름다운 다리 옆에서 꿈꾸던 시간은 간데없이 사라졌다.

어떻게든 해야 했다. 헨리 시민, 상인, 상류층 모두 헨리의 매력적인 강변이 다시 교역을 불러올 거라고 믿었다. 그러나 이전과 달랐다. 대서부철도는 레딩으로 향하는 길에 트위퍼드라는 작은 도시를 거쳤다. 트위퍼드에서 헨리로 가는 지선을 건설한다면 템스밸리를 따라 달리는 아름다운 8킬로미터 구간이 방문객을 다시 불러오리라고 판단했다. 과거에 유행하던 헨리의 기억이 이어지고 당일 여행은 새롭게 부상한 부유한 중산층 가정의 나들이 방식이 될 것이다.

1857년 헨리로 가는 철도 지선이 세인트 메리 교회에 울리는 종소리와 함께 개통했다. 이 지선은 지금도 운행된다. 지역의 가장 유서 깊은 가문을 대표하는 스토너 하우스의 영주 캐모이스가 '새로운 번영의 시대'가 도래했음을 공식적으로 선언했다. 캐모이스는 '이제 지역의 아름다운 경치를 많은 이들이 함께 즐길 수 있는 수단이 생겼다'라고 말했다. 이는 중요한 인식의 변화를 깔고 있다. (특히 스토너에서) 수백 년간 숲과 메마른 골짜기는 사람들의 생계 수단인 목재와 섶나뭇단, 밀과 양털의 공

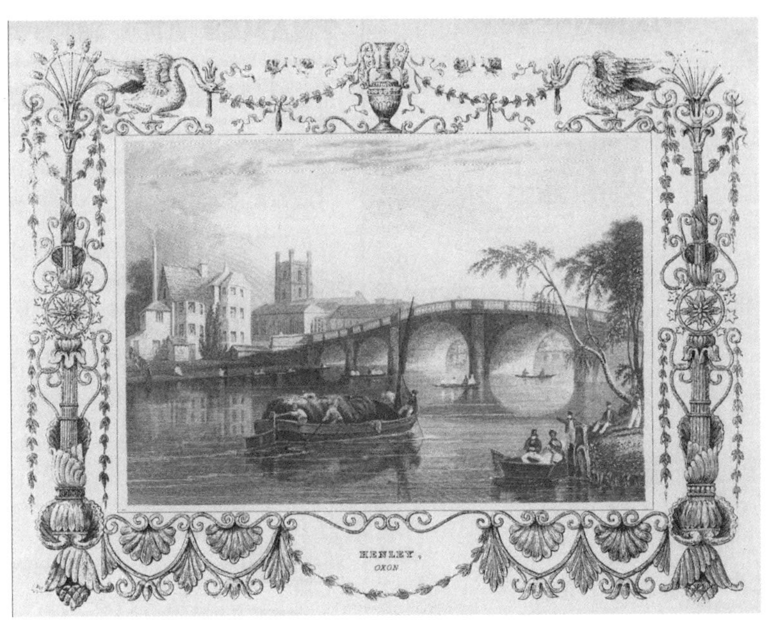

헨리 브리지의 풍경.(1834년) 엔젤 여관과 세인트 메리 교회, 짐을 실은 바지선을 그렸다.

급원으로서 일하는 경관이었다. 템스 강은 수로이자 동력원이고 밥상에 올라갈 생선을 제공하는 식량원이었다. 이제 폴리 코트 같은 영지에서 발전한 경관의 개념은 보편적으로 적용되었다. 전원 지대는 살아 있는 화석으로서 일반 대중에게도 아름다움과 즐거움을 주는 것으로 받아들여졌다.

오늘날에도 마찬가지다. 나는 30년 동안 기차를 타고 헨리에서 패딩턴 역까지 출퇴근했는데, 19세기 말보다 오늘날에 시간이 더 걸린다. 저녁에 퇴근할 때면 트위퍼드에서 지선으로 환승하여 세 칸짜리 열차에 수다스러운 승객들과 함께 탄다. 간선 열차에서는 고집스럽게 〈더 타임스〉를 고집하던 사람들이 갑자기 미소를 띠고 날씨 이야기를 하거나 심각한 표정으로 세상 돌아가는 이야기를 나눈다.

작은 기차가 덜컹거리며 템스밸리를 따라 워그레이브와 쉽레이크를 통과하면 비로소 런던을 떠나 진짜 시골로 가고 있다는 생각에 마음이 편안해진다. 강가의 들판은 여전히 무성하다. 워그레이브를 넘어 템스 강을 건널 때 강을 따라 하류로 내려가는 유람선 몇 척이 보인다. 버드나무는 물가로 기울어져 있고 우아한 왜가리가 얕은 물가에 꼿꼿이 서 있다. 멀리서 울창한 구릉이 경사도 급하게 올라가는데, 거기서부터 강은 칠턴의 모습을 드러내고 특별히 조경가를 기쁘게 해주려는 듯 몇몇 백색의 조지 왕조 시대 저택이 조망을 빛낸다. 버드나무와 오리나무 마차, 마구간, 잘생긴 말들을 보호하려고 말뚝을 친 울타리, 가짜 튜더 양식의 집들이 힘들었던 오늘 하루를 잊게 해주는 소박한 만족감을 불러온다. 마음을 불편하게 하는 것은 아무것도 없다. 헨리 변두리는 산업지구조차 신중하게 가려낸 것 같다. 나는 도시에서 탈출한 사람들이 경관을 휴양의 관점으로 보는 것에 전적으로 동의한다.

헨리를 부흥시키기 위한 처방은 적중했다. 전문적인 투자가 진행되었다. 도심에서 벗어난 외곽의 배지모어 가까이에 객실이 120개나 되는 으리으리한 신고딕 양식의 프라이어 파크가 세워졌다. 크게 성공한 변호사 프랭크 크리스프 경Sir Frank Crisp(1843~1919)은 1889년부터 그곳에 살면서 많은 부분을 매우 특색 있게 설계했다. 크리스프는 또한 현미경을 능숙하게 다루는 사람이었다.[9] 너무 작아서 그림다이크 숲 동식물 목록에도 넣을 수 없는, 당시엔 적충류infusoria(원생동물 섬모충강을 이르는 옛말 – 옮긴이)라고 불렸을 생명체를 연구했다.

프라이어 파크는 여러 방면에서 유명세를 탔다. 원예사들 사이에서는 마터호른 산을 닮은 불가사의한 바위 정원으로 유명했다. 재키는 주인이 건물을 떠난 뒤 성 요한 보스코의 살레시오 수녀들이 그곳에서 운영한 초등학교에 다녔다. 재키는 수도사의 코를 닮은 전등 스위치를 기억해냈는데, 스위치를 켜고 끌 때마다 잡아 비틀어야 했단다. 그

집에는 성직자를 모독하는 농담이 곳곳에 적혀 있었지만 수녀들은 전혀 개의치 않았다고 했다. 저택 안에는 비밀스러운 동굴과, 출입이 금지된 지하 호수도 있었다. 이 화려한 저택은 비틀스의 조지 해리슨George Harrison(1943~2001)이 살았을 때 가장 빛났다. 그는 1970년에 이 저택을 구입해 멋지게 복원했다. 오직 근대 팝 귀족만이 이처럼 환상적인 괴물을 유지할 수 있었으리라. 직접 볼 기회가 없어서 안타까울 뿐이다.(과거에는 일반인에게 공개되었지만 몇 차례의 불미스러운 사건 이후로 완전히 통제되었다 - 옮긴이)

그레이즈 코트에서 스테이플턴 가문이 오래도록 우리 숲을 책임지고 있을 때, 폴리 코트는 변화를 겪었다. 여담이긴 하지만, 휴 에드윈 스트릭랜드Hugh Edwin Strickland(1811~1853)의 이야기를 해야겠다. 휴 에드윈 스트릭랜드는 저명한 지질학자이자 박물학자로, 페어마일 북쪽으로 램브리지우드 맞은편의 헨리 파크에서 인격 형성기를 보냈다. 헨리 파크는 폴리 파크 영지의 일부로 오늘날에도 건재한데, 원래는 템스 강가에 있는 폴리 코트 저택의 미망인 거처였다.[10]

1820년대에 11~17세의 휴는 자신의 삶이 된 자연과학의 기초를 배웠다. 그는 이미 굉장한 수집가였다. 당시 샘브룩 프리먼의 조카인 스트릭랜드 프리먼Strickland Freeman이 폴리 코트를 소유했는데, 자신 역시 말 해부학자이자 식물학자로서 이 열정적인 어린 과학자를 적극 격려했음에 틀림없다. 휴가 그림다이크 숲을 헤매고 다녔는지는 알 수 없지만, 이제 막 싹트는 박물학자라면 자기 집에서 1.6킬로미터도 되지 않는 숲을 철저히 탐험하지 않았겠는가? 그는 헨리 주위에 서식하는 달팽이에 대해 기록했고, 그것은 아마도 이후에 과학 논문의 주제가 되었을 것이다.

나 역시 비슷한 나이에 어린 스트릭랜드와 같았음을 말하지 않을 수 없다. 꽃, 새, 나방, 버섯, 돌, 심지어 미생물까지 세상의 '모든 것'을 알 수 있는 나이 말이다. 어린 박물학자들은 아마도 완벽한 음감을 소유한 음악가처럼 자연에 대한 호기심을 타고났는지도 모른다. 그들은 자신의 본성에 새겨진 바를 따른다. 그들은 자연밖에 모르는 괴짜라고 불릴지도 모른다. 그러나 불가능한 것들과 씨름하는 열정에는 영웅적인 면모가 있다. 간단히 말해 이 세상에는 한 사람의 머리로는 도저히 이해할 수 없는 다양성이 존재한다.

스트릭랜드의 도전은 대단했다. 그는 새, 지질학, 그리고 자연사의 여러 분야에 관한 글을 썼다. 또한 오늘날까지 사용되는 동물의 학명을 짓는 규칙을 세우는 데 일조했다. 그냥 넘길 수 없는 또 다른 연결 고리가 있다. 그의 이름을 따 스트릭랜디아*Stricklandia*라고 지어진 멸종한 완족동물이 바로 내가 평생 전공한 삼엽충과 동시대에 살았던 생물이다. 휴 에드윈 스트릭랜드는 1853년 헐Hull 기찻길 주변의 암석을 조사하다 기차에 치여 비극적으로 생을 마감했다. 그의 시계는 4시 29분에 멈춰 있었다.

박물학자의 때 이른 죽음과 같은 해에 폴리 영지는 프리먼 가와 그 인척들로부터 – 그 과정이 복잡했지만 – 걸출한 토목기사 윌리엄 매켄지William Mackenzie의 형인 스코틀랜드 철도 사업가 에드워드 매켄지Edward Mackenzie에게로 소유권이 넘어갔다. 필연적으로 기차가 우리 이야기를 한동안 지배할 것 같다. 폴리에 자리 잡은 지 불과 몇 년 후에 이 새 소유주는 대서부철도회사가 자신의 새로운 고향을 변화시키는 과정을 목격했다. 매켄지 형제는 대체로 자수성가했다. 새 시대를 위한 새로운 자본이었다.

에드워드 매켄지의 아들 윌리엄 달지엘 매켄지 대령이 1880년에 이 토지를 상속받았다. 나는 앞서 그가 램브리지우드 주변의 토지를 매입했다고 언급했다. 매켄지 대령은 대서인代書人인 W. H. 스미스의 자본(스마트 머니의 또 다른 예다)으로 지어진 격리병원을 위해 페어마일의 땅을 기부했다. 스미스는 현재까지 햄블든 영지를 소유하고 있다. 폴리의 오래된 교구 교회 안의 포도밭에 있는 가족 묘지처럼 프리먼과 매켄지 가문의 차이점을 잘 드러내는 것은 없다. 프리먼 가의 무덤은 쥐라기 암석을 이용해 꼭대기에 둥근 지붕이 있는 고전적인 양식으로 만들어졌다. 한편 매켄지 가의 무덤은 직사각형의 화강암으로 지어진 소박하고 어두운 구조물로, 오래 지속되도록 설계되었다.

헨리 로열 레가타

증기의 시대에 헨리의 부활을 확실하게 결정지은 것은 로열 레가타라고 부른 조정 대회였다. 로열 레가타는 여전히 헨리온템스의 대표적인 행사다. 조정 경기가 가능했던 것은 템스 강의 템플아일랜드와 헨리 브리지 사이의 구간이 페어마일 도로처럼 일직선이기 때문이다. 1829년, 옥스퍼드 대학과 케임브리지 대학의 첫 조정 경기가 이 구간에서 열렸다. 아마 각 대학에서 보트가 접근하기 용이하고 유로流路가 경기에 적합했기 때문일 것이다.

이후 두 대학의 대결은 런던으로 옮겨갔지만, 레가타 전통은 헨리에 남았다. 1839년, 여러 경기와 다양한 이벤트를 야외 관람석에서 내려다볼 수 있었고, 주변의 오락거리들은 유행에 민감한 군중, 특히 〈옥스퍼드 저널〉에 충실히 기록된 대로, 귀족들을 이곳으로 끌어냈다. 오늘날에도 그렇듯이 행사를 감독할 스튜어드들이 임명되었다. 물론 캐모이스 영주도 포함되었다.

1851년에 앨버트 왕자에게 왕실 후원을 요청하여 헨리 로열 레가타가 설립되었다. 그로부터 6년 후에는 철도가 이곳으로 군중을 몰고 왔다. 1887년에는 웨일스 공과 덴마크·그리스 왕이 행사에 참석했다. 1895년에는 3일간 무려 3만 4,000명이 몰려들었다. 마차업이 흥행하던 시절에도 이처럼 많은 군중이 모인 적은 없었다. 에밀리 클리멘슨은 레가타를

헨리 로열 레가타.(1896년)

'세계의 수상 피크닉'이라고 불렸다. '각양각색의 남녀 수천 명이 경기를 보러 왔는데, 그중 많은 이들이 경기는 개의치 않고 온갖 공예품이 선보이는 다양한 색채와 형태의 만화경 같은 풍경이 주는 매력에 빠졌다.'

경주 코스를 따라 설치된 울타리 안에서 심각하게 경기를 지켜보는 즐거움은 오늘날에도 여전하다. 이 멋진 축제를 즐기는 작은 배들이 강의 저 멀리에 한가롭게 떠 있다. 샴페인을 터뜨리고, 젊은이들은 물속으로 뛰어든다. 눈부신 줄무늬 블레이저를 입은 어르신들은 또 한 계절을 살아낸 것을 서로 축하한다.

1908년과 1948년에 헨리에서 올림픽 조정 경기가 열렸다. 그 이후로 줄곧 세계적인 선수들이 자신의 기량을 시험하는 명소가 되었다. 헨리 브리지 끝에 있는 레안드로스 클럽은 선도적인 조정협회로, 영국 최고 선수들의 고향이며 세계에서 가장 많은 올림픽 메달을 딴 곳이다. 유일한 문제는 19세기의 슬럼프 이후 지역에 숙박시설이 부족한 점이었다. 헨리

주민들은 레가타 참가자들에게 숙식을 제공했다. 우리 집도 1주일 동안 케임브리지 대학교에서 온 근육질의 젊은이들로 북적거렸다. 천천히 연소하는 탄수화물을 공급하기 위해 파스타 섭취가 네 배로 늘어났다.

헨리를 둘러싼 경관의 의미가 달라졌다. 매년 열리는 레가타의 떠들썩한 파티는 생산적인 자원으로서의 숲에는 관심이 없었고, 오히려 매혹적인 배경의 요소로 숲을 바라보았다. 런던까지 가는 철도의 운행은 새로운 계급의 통근자들이 낮에는 시내에서 일하고 하루가 끝날 무렵 도시 남쪽의 아늑한 집으로 돌아올 수 있음을 의미했다. 프랭크 크리스프 경은 자신의 집에서 고객을 접대했다. 중세 시대 이전부터 중요했던 런던과의 연계성은 이제 물자 교환과는 거리가 멀어졌고, 대신 돈과 사람의 직접적인 수송이 중요해졌다.

헨리의 행정구역이 개편되었다. 새로운 주거지를 수용하고, 봉건시대에 강변 지역 확보를 위해 언덕에서부터 내려온 로더필드그레이즈의 옛 '지조'의 일부는 제외했다. 옛 시절의 흔적은 확실히 잘려나갔고 일용직의 동맥이었던 경관을 가로지르는 옛길들은 오래지 않아 그 존재를 마감했다. 언젠가는 여흥을 위해 다시 쓰일지도 모를 일이다. 우리 숲도 세계가 겪은 엄청난 사건 끝에 새로운 임무를 획득했다.

눈

밤새 숲에 20센티미터 가까이 눈이 내렸다. 천천히 꾸준히 내린 커다란 눈의 결정이 호랑가시나무 나뭇잎마다 하얀색 장식으로 짐을 지웠다. 평소에는 그리도 얌전하고 칙칙하던 작은 주목이 겨울 축제를 맞아 갑자기 요란하게 치장했다. 수평으로 팔을 뻗은 가장 작은 너도밤나무 가지도 눈 껍질을 입었다. 세상이 흑백으로 다시 태어난 것 같다. 너도밤나무 줄기 한쪽은 회반죽을 발라놓은 것처럼 보였다. 방금 만들어낸 작은 폭포 같기도 하고, 일렁이는 잔물결 같기도 하고, 짓눌린 턱수염 같기도 하다. 어떤 나무줄기는 하얀 바지를 입었고 꼭대기는 어디서 구르다 온 것처럼 살짝 벗겨졌다.

고요하다. 위에서부터 굴러 내려온 눈덩이가 눈이 소복하게 쌓인 숲 바닥까지 내려와 테이트 모던(런던의 현대 미술관 - 옮긴이)에 걸려 있을 법한 흰 바탕에 흰색 추상화를 그렸다. 내 발자국은 사람 발자국으로는 처음이지만, 다른 동물들은 벌써 다녀갔다. 토끼(지난번과 같은 놈이었을까?)는 숲 속을 겅중겅중 뛰어가며 긴 뒷다리로는 한 쌍의 평평한 스키 자국을, 앞다리로는 움푹 팬 자국을 남기고 갔다.[11] 가지런한 발자국은 숲쥐를 쫓는 여우의 것임이 틀림없다. 숲을 소유한 이후 여우 씨를 직접 본 적이 없다. 여우의 사촌은 경계심이 훨씬 덜한데 말이다. 대왕목 아래에서 누군가가 우왕좌왕하며 눈을 치우고 나뭇잎을 드러낸 흔적이 있다. 나는 가을에 근처의 호랑가시나무 밑에서 열심히 작업 중인 생쥐 소리를 들은 적이 있다. 그렇다면 여우가 먹이를 사냥한 증거일까? 문착사슴은 갈라진 발굽으로 빈터를 가로지르는 흔적을 남겼다. 푸른 움싹이라도 찾는 중이었나 보다. 이 수줍은 생명체들은 얼굴을 맞대기보다 길 위에 남긴 족적으로 더 쉽게 만날 수 있다. 눈 덮인 숲 바닥에서 포유류들은 발자국의 민주주의 아래 모두 하나로 연결된다. 발바닥, 발굽, 웰링턴 부츠까지, 모두 각자의 종을 식별할 수 있는 수단이다.

재키가 손을 들며 소리쳤다. "아, 저기 주황색 좀 봐요!"

재키는 물푸레나무 줄기를 가리키고 있었다. 몸통의 한 면 전체가 야광 주황색으로 칠한 것처럼 보였다. 오늘 내린 눈 때문인지 현란한 느낌마저 들었다. 숲의 다른 곳에도 이런 나무가 있지만 유독 그림다이크 숲에 인접한 램브리지우드에서 몇 미터에 걸쳐 천박한 화려함으로 나무를 장식했다. 재키가 중얼거렸다. "별로 맘에 안 들어. 뭔가 좀 불길해. 확

숲속의 겨울 풍경.

실히 예전보다 많아진 거 같지 않아요?" 이 얼룩은 분명 유기적인 현상이다. 처음에는 일종의 지의류가 아닐까 생각했다. 한번 오렌지 빛깔을 의식하고 나니 어딜 가든 눈에 띄었다. 산책할 때마다 아내는 과격하게 반응했다. "여기 봐요!" 아내는 내 잘못이기라도 한 듯 소리쳤다. "여기 또 있잖아!"

현미경으로 확인했더니 황조류인 트렌테폴리아 아비에티나*Trentepohlia abietina*였다. 흔히 지의류 형태로 공생하지만 혼자서도 완벽히 생존할 수 있는 종이다. 자연에서 종종 그렇듯이 노란색 색소는 카르티노이드계 조류를 태양의 방사선으로부터 보호하므로 이처럼 노출된 장소에서도 잘 살 수 있다. 수피를 물들인 이 주황색 페인트를 수집품에 포함한다. 나는 이 주황색 조류가 녹조류인 데스모코쿠스 올리바세움*Desmococcus olivaceum*보다 불길하게 느껴지는 이유를 모르겠다. 이 녹조류는 예전에 학교에서 사용했던 구식 초록색 가루 페인트를 흘린 것처럼 너도밤나무 줄기의 그늘진 수피 위에 밝은 먼지처럼 쌓여 있다.

어쨌든 트렌테폴리아속이 더 눈에 들어오는 건 사실이다. 아내가 내린 판결은 혼자만의 것이 아니다. 자연에 관심 있는 많은 사람들이 자신의 땅에서 생긴 비슷한 현상을 온라인상에서 공유했다. 우리가 본 것을 인터넷으로 이처럼 빨리 공유할 수 있다는 게 정말 놀랍다. 주황색 페인트는 제대로 확산 중이었다. 조류를 전공한 내 동료들도 이유를 모른다. 트렌테폴리아속 식물들은 일부 지의류처럼 대기 중 황에 의한 오염이 줄어들 때 더 흔해진다. 어쩌면 곰팡이에게 해롭다고 증명된 알 수 없는 질소원에 의해 촉발되는지도 모른다. 부드럽고 빛나는 너도밤나무 줄기가 노골적인 주황색 옷을 걸칠 생각을 하니 진저리가 쳐진다.

숲을 떠나려는데 작은 설치류 한 마리가 우리 앞에서 길을 따라 허둥지둥 뛰어가더니 눈 더미로 뛰어들었다. 유럽대륙밭쥐*Myodes glareolus*일 것이다. 오늘 우리가 본 유일하게 살아 움직이는 생명체였다. 아내는 이 쥐가 주황색 침입자로부터 도망가는 중이라고 확신했다.

February

2월

이끼 전문가 납시오

너도밤나무와 호랑가시나무 덤불이 갑자기 작은 새들로 북적거린다. 오목눈이*Aegithalos caudatus*가 '휘휘' 휘파람으로 서로에게 신호를 보내고, 푸른박새는 '색색' 재잘거렸다. 숲속 합창곡에는 되새류의 소리도 들렸다. 모두 곡예라도 하듯 나뭇가지 사이를 쉴 새 없이 돌아다녔다. 따뜻한 날씨에 모습을 드러낸 깔따구를 쫓는 중이리라. 함께 모여 있으면 약탈의 성공률을 높일 것이다. 주위의 빛은 최대로 밝았다. 아직까지 봉오리에 물이 오르는 징조는 보이지 않지만, 겨울이 영원히 지속되지는 않을 거라는 정체 모를 메시지가 나무 사이로 지나갔다. 낮이 길어지면 잠자는 식물에게 신호와 자극을 주어 슬슬 행동에 나서게 한다.

살찐 숲비둘기들이 팀을 이루어 나무 아래의 축축한 낙엽 더미에서 작업 중이다. 오늘따라 제 이름에 어울리게 행동한다. 우리 집 텃밭에 시시때때로 모여 있는 놈들을 보면 숲비둘기가 아니라 '정원비둘기'라고 불러야 할 것 같다. 숲비둘기의 충만한 자기만족과 우쭐대며 다니는 행

그림다이크 숲의 겨울 나뭇가지.

동을 보면 한 번쯤 콧대를 꺾어주고 싶다는 생각이 든다. 내 브로콜리에 대한 복수를 하겠다는 건 아니다. 성직자의 옷깃처럼 목덜미를 두르는 흰 깃털 고리가 허울뿐인 성스러움을 과시하는 것 같아 심기가 불편하다. 내가 다가가자 한 몸처럼 동시에 일어나 램브리지우드 어딘가의 방해받지 않을 곳을 찾아 짧은 날갯짓을 퍼덕이며 날아갔다. 그들은 겉보기만큼이나 영리하다. 나는 그들이 무엇을 찾고 있었는지 궁금하다. 가을철 광란의 폭식 때 미처 해치우지 못하고 남긴 너도밤나무 열매를 찾는 중이었으리라. 숲 너머 들판에서는 스칸디나비아에서 이곳까지 날아온 회색머리지빠귀*Turdus pilaris*가 1년 중 가장 힘든 시기에 배를 채울 작은 씨앗을 쪼아댄다. 이런 계절에는 너무 까다롭게 굴면 안 된다.

숲속 나무들은 아직 겨울잠이 한창이다. 그러나 누군가에게는 바로 지금이 1년 중 최고의 시즌이다. 바퀴 자국 옆으로 불룩하게 솟은 흙더미, 그림다이크 가장자리의 큰 수석층, 맨땅, 나무줄기와 상층부 할 것 없이 10여 가지의 미묘한 색조를 가진 초록색 장식 일색이다. 깃털 같은 황록색 수염이 어린 물푸레나무 줄기를 따라 기어오른다. 바삭바삭한 작은 새싹이 오래된 소나무 목재 더미 위에 넘치게 자란다. 새싹의 끝은 겨울 햇빛에도 은빛으로 빛난다. 짙은 초록색의 둥근 쿠션을 보니 앉고 싶은 충동이 생기지만, 경험상 진짜 앉았다간 엉덩이가 젖을 것이다.

이끼는 너도밤나무가 동면하는 사이에 자유롭게 주어진 풍성한 겨울 햇빛을 즐기면서 어디서든 잘 자란다. 더운 여름철 이끼는 바싹 마른 휴지조각 같아서 쉽게 지나치지만, 이젠 무시할 수 없다. 수많은 이끼 종이 있다는 사실도 마찬가지다. 그림다이크 프로젝트를 위한 내 순수한 열정에서 나는 혼자서도 이끼 동정을 해낼 수 있다는 야심을 가지고 2월의 내 생일 선물로 이끼 도감을 부탁했다. 영국 선태류 학회British Bryological Society에서 출판한 도감으로, 영국에 서식하는 모든 이끼가 나와 있었다. 하지만 곧 혼자서는 할 수 없는 일임을 깨달았다. 종류도 어지간히 많았고, 종 간 차이점도 아주 미묘했다. 도움이 절실했다.

피터 크리드Peter Creed는 이끼(선태류)의 선류와 태류에 대해 속속들이 알고 있다. 피터는 전문성에 어울리는 온화한 성품의 소유자로, 내가 수많은 박물학자에게서 보아온 특유의 집요함과 집중력을 가지고 숲속을 돌아다녔다. 오스트레일리아 아웃백에서 원주민 수색꾼이 이런 모습으로 이틀 전에 지나간 왕도마뱀의 흔적을 추적했으리라. 태류(우산이끼)의 넓적한 잎은 기어오르고 가지가 갈라지고 광합성을 한다. 많은 식물학자들은 우산이끼처럼 생긴 원시 식물이 4억 년 전에 처음으로 물에서 벗어나 뭍에 군집을 형성했다고 믿는다. 숲을 돌아다니면 언제나 축축한 둔덕을 따라 상대적으로 화려하고 주름진 종들이 눈에 띄었지만, 피터는 바로 내 땅에서 내가 전혀 눈치채지 못했던 이끼를 가리켰다. 돋보기로 보니 썩어가는 소나무 더미의 촉촉한 표면 위를 스멀스멀 기어가는 이끼가 있었다. 초록색 막이 양쪽으로 '잎'을 가진 몇 밀리미터의 편평한 새싹으로 나뉘었다. 두끝벼슬이끼*Lophocolea heterophylla*란다.

이렇게 작고 아름다운 종을 발견하지 못한 것까지는 용서할 수 있다. 하지만 너도밤나무 줄기에서 자라는 우산이끼류를 보지 못한 점은 스스로 용납하기 힘들었다. 피터는 빈터 가장자리에서 나무둥치에 바싹 붙어 있는, 연한 초록색으로 얼룩진 나무를 발견했다. 확대해보니 대부분이 평평하고 해초처럼 길쭉한 산리본이끼*Metzgeria furcata*의 황록색 엽상체였다. 더 넓적해 보이는 들부채이끼*Radula complanata*도 같은 나무에서 자라고 있었는데, 마치 물고기 비늘처럼 반쯤 겹쳐서 배열된 타일 같았다. 나무의 더 높은 곳에서 언뜻 거미줄인 줄 알았던 작은 이끼는 내가 여태껏 본 것들 중에 가장 작은 식물로, 싹의 길이가 몇 밀리미터에 불과하고 중륵中肋 양쪽으로 기껏해야 지름이 4분의 1밀리미터쯤 되는 둥근 '잎'이 달렸다. 지극히 미세한 감람석 현絃처럼 말이다. 피터가 알려주지 않았다면 평생 모르고 지나쳤을 것이다. 피터는 말했다. "요정의구슬*Microlejeunea ulicina*이에요. 전형적으로 습한 서부 지역에서 서식하는 종입니다." 그러니까 한 나무에 세 종의 우산이끼류가 살고 있는데, 나는 셋 다 놓친 것이다. 심지어 이들이 나무줄기의 개척자인 선류가 없는 곳에서도 잘 자라는 것이 놀라웠다. 이끼는 내가 아는 이상으로 적응력이 뛰어난 생명체다.

우리는 계속해서 오래된 나무 그루터기를 살폈다. 나무둥치가 천을 두른 의자로 변신할 만큼 이끼가 많이 자랐다. 장백양털이끼*Brachythecium rutabulum*는 가장 흔한 장식가로, 털이 너덜거리는 카펫처럼 표면을 두툼하게 덮고 있다. 생장하는 잎은 훨씬 연한 색이며 끝이 뾰족하고 은빛이다. 장백양털이끼는 숲에서 가장 흔한 다른 이끼와 섞여서 자랐는데, 친절한 이끼 전문가의 안내 덕분에 이제 어디서도 이 종을 관찰할 수 있다.

심지어 땅에서 가까운 잔가지를 따라 기어오르는 놈도 있었다. 이 흔한 깃털이끼*Kindbergia praelonga*는 섬세한 고사리 엽상체의 축소판이다. 피터는 나에게 돋보기로 줄기와 가지에 달린 작은 잎의 상이한 형태를 확인해보라고 했다. 이 이끼의 일부는 꼬투리처럼 생긴 포자낭을 가지고 있다. 꼬투리는 잎 옆쪽에서 올라온 가느다란 빨간색 꼬투리자루에 달려 있다. 부리까지 완벽한 백조의 머리와 매우 비슷하다. 세 번째로 흔한 숲털깃털이끼*Hypnum cupressiforme*는 라틴어 학명에서 짐작할 수 있듯 측백나무의 작고 윤기 없는 잎을 닮았다.

피터가 숲을 걸으며 그럴싸한 나무를 쳐다보거나 수석을 들여다보는 동안, 나는 다양한 이끼의 차이점에 눈을 두기 시작했다. "이 이끼들은 모두 산성 또는 중성 토양에서 자라는 종이에요." 피터의 말은 내 지질학적 견해와도 맞아떨어진다. 언덕 비탈에 엉덩이를 유혹하는 초록색 쿠션이 단정한 매트처럼 깔렸는데, 가지가 갈라지지 않은 곧추선 줄기에는 상대적으로 길고 가느다란 창 같은 잎이 로제트rosette 모양(방사형)으로 배열되어 있다. 큰솔이끼*Polytrichastrum formosum*(별지 컬러 일러스트 55 참조)다. 큰솔이끼는 사람들이 이끼 낀 둔덕을 지나갈 때 한 번쯤 쓰다듬게 되는 종이다. 다소 비슷하지만 같은 장소에 훨씬 더 흐릿한 이끼가 자라는데, 잎이 더 넓고 가장자리가 아름답게 주름졌다. 이 이끼는 주름솔이끼*Atrichum undulatum*다. 주름솔이끼의 꼬투리에는 골프채 모양의 긴 주둥이가 있고 바닥에 깔린 초록색 카펫에서 아주 조그맣게, 마술에 홀린 코브라처럼 올라온다. 꼬리이끼류*Dicranum*가 이들과 함께 자라는데, 모두 한 방향으로 말아 올린 머리카락처럼 가느다란 잎을 품고 있다. 갖가지 이끼들이 서로 별개의 장소에서도 잘 자란다. 어떤 것은 배수가 잘되는 땅을 좋아하고, 어떤 것은 나무나 돌 위에서도 행복하게 군집을 형성한다.

나는 톱질 구덩이를 우리 숲에서 가장 습한 장소로 기억한다. 피터가 구덩이 아래로 들어가, 당연하게도, 긴부리대이끼*Plagiothecium succulentum*와 무딘잎덩굴초롱이끼*Plagiomnium rostratum*를 포함해 우리가 이전에 발견하지 못한 새로운 이끼 세 종을 발견했다. 무딘잎덩굴초롱이끼의 잎은 둥글고 이끼치고는 컸으며 너무 얇아서 투명해 보였다. 그림다이크 근처의 이끼 낀 바위(속담에 나오는, 굴러본 적 없는 바위)에는 비단이끼*Pseudotaxiphyllum elegans*가 대롱대롱 매달려, 확장된 깃털 같은 잎을 매단 신기한 가지를 자랑스럽게 내보였다.

이끼는 수집품으로 저장하기 쉽다. 한두 시간 말린 후 작은 봉투에 쏙 집어넣으면 된다. 우리가 발견한 이끼는 열다섯 종으로 늘어났지만, 피터가 쓴 이 지역 이끼 도감[1)]에 없는 귀한 종은 없었다. 그러다 벚나무와 너도밤나무의 부러진 가지 위에서 작고 단정한 구형의 쿠션을 발견했다. 일전에 너도밤나무 줄기에서 똑같은 이끼가 더 짙은 초록색을 띠면서 제멋대로 자라는 것을 보았는데, 그때 피터는 선주름이끼류의 나무솔이끼*Orthotrichum affine*라고 동정했다. 그런데 이것은 조금 달랐다. 아주 작은 구스베리 열매처럼 끝이 빨갛고 작은 꼬투리가 뾰족하게 돌출된, 분명히 다른 종이었다. 고성능 돋보기로 꼬투리를 보니 기부에서부터 작은 실 가닥이 올라와 꼬투리를 감싸고 있었다. 피터는 자신 있게 외쳤다. "오르소트리쿰 스트라미네움*Orthotrichum stramineum*, 짚솔이끼네요. 내 도감에는 없는 거예요. 대단한 걸 찾았네요." 이 작은 이끼는 과거에 이 지역에서는 한두 번밖에 발견되지 않았던 종이지만 웨일스에서는 흔한 이끼다. 피터는 비록 램브리지우드가 런던 중심가에서 48킬로미터밖에 안 되는 곳이지만, 최근에 대기 상태가 이끼에 유리한 쪽으로 바뀌었다고 판단했다. 지난 세기에 도시에서 석탄 화력 사용이 폐지되면서 마침내 이끼 전문가만이 즉각적으로 알아채는 방식으로 배당금을 주기 시작한 것이다. 그림다이크 숲은 공기의 변화를 냄새 맡을 수 있다.

너도밤나무의 암흑기 - 최후의 1인

숲은 천년의 역사를 수용해오며 변화에 길들었다. 19세기 말에도 숲은 여전히 사람들의 생계를 위해 일했다. 가장 충격적인 변화는 빅스로 가는 길에서 들려온 소리로 시작되었다. 1888년에 턴파이크가 폐지된 이후로 증기 트랙터가 통나무를 끌고, 농장에서 힘든 작업의 상당 부분을 넘겨받았다. 삐끔거리는 증기기관의 쌕쌕대고 '컥' 하는 소리, 새롭게 포장된 길 위를 달리는 거대한 금속 바퀴 때문에 마을은 농번기의 농촌이 아닌 산업화의 분위기가 물씬 풍겼다.[2)] 1909년에는 도로가 마모되는 것을 방지하기 위해 화강암으로 길을 포장했다. 언덕에는 늘 물이 부족했는데, 언제라도 증기기관에 즉시 공급할 수 있는 물을 비축해야 했다. 빅스의 고개 정상에는 오래된 턴파이크 요금소 가까이에 직사각형의 큰 물탱크가 들어 있는 구덩이가 아직 남아 있는데, 과거에 증기 트랙터가 해갈한 장소를 정확히 보여준다. 20세기의 약 10년간, 현대의 가솔린 구동 트랙터가 보편화되기 전에 말과 증기 트랙터, 그리고 초기의 내연기관이 칠턴힐스에 모두 공존한 시기가 있었다.

오늘날, 증기기관을 좋아하는 사람들은 매년 여름이면 복원된 증기 트랙터들을 충전하여 마하라자의 우물이 있는 스토크로우에 집결한다. 증기기관을 장착한 트랙터는 코끼리처럼 둔중했다. 놋쇠로 만들어진 각종 부품이 완벽한 금빛으로 번쩍거렸는데, 그건 페인트칠한 부분도 마찬가지였다. 한 증기기관으로 오르간에 동력을 주어 연주하자 모두가 즐거워했다. 여기서 증기기관은 전시적인 목적으로만 작동했다. 적절히 힘센 놈을 구할 수만 있다면 말을 사용하는 것이 아직도 숲에서 가장 손상을 덜 입히고 벌목한 커다란 통나무를 끌어내는 좋은 방법이라고 나는 생각한다.

에드워드 7세 시대의 헨리는 도락과 사치의 도시였다. 헨리가 세계

절반에 자본주의의 손을 뻗친 제국주의를 등에 업고 세워진 도시라고 해도 헨리 레가타의 일반 관중들은 이에 전혀 신경 쓰지 않았을 것이다. 우리 집은 빅토리아 여왕과 에드워드 7세의 치세가 교차하는 시점에 중산층을 위해 지어진 안락한 빌라다. 방 대부분에 하녀를 부르는 초인종이 있지만 이제는 작동하지 않는다. 도시 속의 그 '무엇'으로 존재했던 신사는 가족이 건강한 시골 생활을 즐기도록 자신은 도시로 출퇴근하고 주말에는 함께 템스 강에서 뱃놀이나 피크닉을 했을 것이다. 우리 집은 창문이 석회암으로 둘러져 있고, 이 지역에서 캔 수석으로 장식되어 지질학자의 집으로 안성맞춤이다.

헨리의 원거주자들이 특권을 누린 것은 고작 십수 년이었다. 제1차 세계대전이 영국을 제국의 안일함에서 깨웠다. 너도밤나무의 일상적인 용도가 바뀌었다. 전쟁 물자를 생산할 엄청난 목재가 필요했다. 너도밤나무 목재는 라이플총의 개머리판을 만드는 원재료가 되었다. 또한 진지를 세우려면 막사를 쳐야 하는데, 막사를 고정할 수백만 개의 나무못이

1900년대 초 헨리의 중심가. 하트스트리트 쪽으로 새로 지은 시청 건물이 보인다.

필요했다. 꼭 필요하지만 가치를 인정받지 못하는 생존 필수품을 믿을 만한 너도밤나무 말고 누가 또 댈 수 있겠는가?

나무못은 여러 크기로 공급되었다. 질 좋은 나무못을 만들려면 24단계의 공정을 거쳐야 하는데, 이는 원시적인 모탕(나무를 팰 때 받치는 나무토막 - 옮긴이)에서 진행되었다. 나무못 제작은 선반에서 의자 다리를 돌리는 것만큼 복잡했다. 훨씬 더 긴급한 필요에 따라 제작되긴 했지만 말이다. 여느 숙련된 장인처럼 '나무못장이'도 특별한 도구를 구비했는데, 그 이름이 매우 시적이다. 숲에서 갓 베어낸 너도밤나무 원목은 적당한 길이로 쪼개졌는데, 이때 나무못장이들은 커다랗고 이상하게 생긴 '몰리molly'라는 나무망치와 금속 분할기인 '플래머flammer'를 함께 사용했다.[3] 일꾼들은 긴 장대 네 개로 기둥을 세우고 찬바람을 막기 위해 넓은 천을 느슨하게 걸친 파형 강판 밑에서 휴식을 취했다. 아내와 아이들도 함께 도와 완성품을 적재했다.

한가한 때에는 하인들도 참호로 불려가 전시 물자를 만들었는데, 여기엔 여성도 포함되었다.(아마 이때 우리 집 초인종이 고장 났을 것이다) 나무못장이는 전쟁 중에도 그들이 가진 산업적 위치의 강점을 발휘하지 못했다. 1916년 4월 22일자 〈레딩 머큐리〉는 다음과 같이 보도했다. '더글러스 베이더스티젠Douglas Vaderstegen 씨가 고용한 나무못 기술자 약 20명이 월요일 아침 스토크로우에서 파업에 들어갔다. 최근에 대형 나무못의 가격 인상을 허가받은 기술자들이 소형 나무못에 대해서도 100개당 3펜스의 인상을 요구한 것으로 보인다.' 파업의 성공 여부와 상관없이 이들의 임금은 여전히 형편없었다. 나무못은 제2차 세계대전 중에도 수요가 있었다. 1942년 스토크로우의 스톨우드 가는 나무못 200만 개 이상을 주문받았다. 어린 시절 캠핑을 갔을 때 나무망치로 세게 박아 텐트를 고정하던 못을 떠올렸다. 그러나 산업적인 차원에서 나무못의 생산은 몇십 년 전에 중단되었다. 나무못은 '뽑혀' 없어졌다.

숲에서 가장 가까운 제재소는 스토너 방향으로 골짜기를 따라가다 보면 나오는 미들아센든에 있다. 에드워드 7세 시대에 나그네들이 프라우드 제재소에 가려면 페어마일 끝의 작은 샛길에서 오른쪽으로 꺾어져야 하는데, 길이 갈라지는 지점에 술집을 겸한 트래블러스 레스트 여관이 있었다. 이곳은 1930년대 중반 네틀베드와 옥스퍼드로 가는 간선도로에 언덕 방향으로 도로가 추가 건설되어 영국에서 최초로 중앙 분리 고속도로가 개통된 시기에 철거되었다. 아센든의 프라우드 제재소는 1866년부터 한 세기 동안 운영되었다. 이곳은 친환경적인 곳이었다. 목재 폐기물은 태워져 커다란 증기기관의 동력원이 되었다. 뒷마당에는 12미터짜리 굴뚝이 있었다. 톱질된 후 천천히 건조 중인 목재가 마당 주위에 쌓여 있었고, 아직 손대지 않은 나무들도 모퉁이에서 무더기로 쌓여 차례를 기다렸다. 마틴 드루라면 그곳에서 푸근함을 느꼈을 것이다.

프라우드 제재소는 결코 작은 업체가 아니었다. 두 세계대전 사이의 전성기에는 일꾼을 100여 명이나 고용했는데, 이들은 오래된 공용 도로를 따라 인근 마을에서부터 걸어서 일터로 갔다. 이것이 오늘날의 공공 통행로다. 프라우드 제재소는 솔의 손잡이로 유명했다. 또한 양조업자들 사이에서 구부러진 통마개와 쐐기못으로 전국적인 명성을 얻었다. 맥주통의 마개는 개암나무로 만들었는데, 그 덕분에 숲의 일부가 오래된 맹아림과 교목이 혼재한 상태로 유지될 수 있었다. 쐐기못은 통의 바람구멍을 막는 마개인데, 대개 너도밤나무로 만들었다.

프라우드 제재소는 세실 로버츠가 로우어아센든의 필그림 코티지로 이사했을 당시 매우 바쁘게 돌아갔다. 세실 로버츠는 창작을 가미한 자신의 소설에서 농부 로우풋의 젊은 아들이 이륜 전차를 타고 시골집을 나서며 등장하는 장소로 이곳을 묘사했다. 아폴로라는 별명을 가진 이 젊은이는 '갈색 머리와 목을 뒤덮는 아름다운 머리카락을 휘날리며 이른 아침의 햇살 속에서 새벽을 끌어올리는 젊은 신처럼 지나갔다. 뒤이어 목재 저장소에서 일꾼들에게 작업을 시작하라는 외침이 들려왔다'. 해가 뜬 후에는 쐐기못과 통마개 제작이 왠지 평범해지는 것 같다.

그림다이크 숲에서 자란 너도밤나무는 프라우드 제재소보다 멀리 떨어진 들판으로 갈 운명이었다. 1922년 7월, 스테이플턴 가의 마지막 소유주가 램브리지우드를 쇼랜드 씨에게 팔면서 마침내 그레이즈 코트는 900년 가까운 세월 끝에 숲과 분리되었다. 뒤이어 빠른 수익의 시대가 찾아왔다. 1938년 조지 쇼랜드는 자신의 지분을 스타브러시 사에 팔았다. 스타브러시는 스토크로우의 주요 고용주였다. 엄청난 양의 너도밤나무가 인근 숲에서 공장으로 실려와 솔의 손잡이가 되었다. 나는 이 회사의 1925년도 카탈로그를 가지고 있다. '특허 받은 솔, 기계로 제조해 손잡이가 탄탄합니다.' 이 카탈로그는 청소용, 목욕용, 손톱 손질용, 구두용, 오븐 청소용, 말 손질용 등 다양한 솔을 광고한다. 스타브러시 사는 파리(1878년), 시드니(1879년), 멜버른(1880년)에서 열린 국제무역박람회에서 그 '품질과 참신함'으로 연이어 세 차례나 상을 받았다. 더 놀라운 것은 이 카탈로그에 끼워진 쪽지였다. 고객에게 쓴 듯한 이 쪽지에는 연필로 '우리는 빗자루는 만들지 않습니다'라고 쓰여 있었다. 이 회사의 제품이 당신의 집 찬장 뒤에 하나쯤 있을지도 모른다. 제대로 된 찬장이라면, 절대로 망가지지 않는 짧고 튼튼한 솔 세트와 긴 청소용 솔 세트를 갖추어야 했다. 카탈로그에 따르면 청소용 솔은 질긴 용설난을 재료로 한 '멕시코 섬유'로 만들었고, 그림붓에 쓰인 최고의 솔은 중국 충칭에서 기른 돼지의 털을 사용했다.

램브리지우드에서 나온 질 좋은 너도밤나무 목재가 나무 숟가락보다도 관심 받지 못하는 수많은 일개 청소용 솔의 손잡이가 되었다. 어떤 대회에 가더라도 당연히 순위의 바닥을 까는 제품 말이다. 어떻게 이런 일이! 솔 제조에 사용된 나무는 대개 70년 이상 된 성목이었다. 전성기에는 매주 2,800세제곱미터의 너도밤나무가 사용되었다. 당시 사진에는 무자비하게 목재를 먹어치우는 거대한 기계가 담겨 있다. 그러나 스타브러시 사는 이 믿을 만한 제품마다 자랑스럽게 여섯 개짜리 갈색 별 마크를 박아 넣었다. 오직 베풀기만 하는 너도밤나무만 혹독한 제재 과정을 견뎌냈으리라. 스타브러시 사의 공장은 런던 북쪽의 홀로웨이에 있었는데, 완성된 부품들이 그곳에서 조립되었다. 회사는 수익도 괜찮았다. 1938~1939년 세계대전 사이의 우울한 시기 동안에는 순수익이 1,860파운드 정도에 불과했지만, 제2차 세계대전 기간에는 국외에서 수입되는 물량의 부족으로 국내 생산품 판매가 크게 늘어났다. 그래서 1944~1945년에는 수익이 2만 5,842파운드로 증가했다.[4] 1955년에 스타브러시 사는 노픽 주의 오래된 솔 제조사인 해밀턴에이콘과 합병했다. 영국 경제가 전쟁에서 회복하려고 애쓰는 과정에서 기계화의 증가와 '규모의 경제'(대량 생산으로 단위당 비용을 감소시킴으로써 이익이 증대하는 현상 - 옮긴이) 법칙에 따라 이와 같은 합병이 이루어졌다.

칠턴힐스에서 솔 손잡이 제조는 스토크로우에 있는 공장이 1982년에 마침내 문을 닫을 때까지 지속되었다. 값싼 수입품과 더 저렴한 플라스틱 제품의 개발로 너도밤나무가 설 자리가 없어졌기 때문이다. 그 무렵 우리 숲은 이미 찰스 다윈의 후손인 토머스 발로 경이 13년간 소유했고, 주기적인 벌목이 행해지지 않았다. 많은 나무가 마음껏 자라 오늘날 개를 데리고 산책하는 사람들과 조깅하는 사람들이 즐기는 숲이 되었다. 어쩌다 썩은 나무 밑을 뒤지는 박물학자를 위한 쉼터가 되는 것은 물론이고.

옛날 칠턴 너도밤나무 숲에서 일했던 사람들 중에 당시 벌목꾼의 삶을 증언할 어르신은 몇 없다. 데이비드 로즈David Rose는 그중 한 분이다. 현재 80대 노인인 데이비드는 피스힐에 있는 스토너 영지 가장자리의 오래된 시골집에서 아내 메리와 함께 산다. 메리는 캐모이스 집안 안주인의 개인 비서로 일했고 데이비드는 숲에서 일했다. 그래서 두 사람은 칠턴과, 칠턴에 얽힌 인간사와 떼려야 뗄 수 없는 관계다. 두 분 모두 아직 정정하시고 지난 시절을 회상할 기회를 반겼다.

데이비드의 할아버지는 집시였는데, 샐리스버리 평원에서 결혼한 후 아셴든밸리 언덕 위의 작은 마을인 메이든스그로브의 반 코티지에 살림을 차렸다. 데이비드의 아버지는 형제가 열한 명이었다. 언제나 긴 검정 치마를 입고 지냈던 데이비드의 고모들은 결혼하지 않았는데, 어린 조카들을 버릇없게 만들었다. 데이비드가 아버지에 대해 '엄한 분이었소'라고 말할 때, 붉은 얼굴이 살짝 주름지고 몸에 밴 쾌활함이 순식간에 사라졌다. 데이비드와 함께 학교에 다닌 모리스 맥로리Maurice MacRory는 나중에 네틀베드 인근에서 제재소를 열었고, 그의 후손이 이어받아 2015년에도 여전히 운영 중이다.

데이비드는 열다섯 살에 일을 시작했고, 몇 년 후인 1955년에는 아버지와 함께 도끼와 가로톱으로 40헥타르의 나무를 잘랐다. 벌목된 나무는 프라우드 제재소에서 가공되었다. 그들은 헨리의 마켓플레이스에 살면서 자신들의 기술을 필요로 하는 곳이라면 '윈저 대공원까지도 원정을 나갔다'. 데이비드는 일생을 삯일꾼으로 살았다. "실업수당 같은 건 꿈도 못 꿨지. 어떨 땐 1주일에 겨우 10파운드를 번 적도 있다네. 가끔 큰돈을 쥐는 일거리도 들어왔어. 1968년에는 앤도버 목재 회사에 고용되어 2,800세제곱미터의 나무를 잘랐지. 목재 운송용 트랙터를 쓰기 시작할 때까지 말 옆에서 일했다네."

잘려나간 성목을 대체하기 위해 작은 나무를 벌목 대상에서 제외했기 때문에 목재 수확은 지속될 수 있었다. 하지만 늘 그랬던 건 아니다. 1934년 세실 로버츠는 대규모 벌목의 잔해를 보고 한탄하며 말했다. '끔찍하고 비정한 유린이다. 한때 물푸레나무와 너도밤나무로 영광스러웠던 산비탈이 갈라진 채 하늘을 향해 벌거벗었다.' 데이비드 로즈는 토머스 발로 경이 무니 씨의 조언에 따라 램브리지우드의 일부 구역(우리 숲은 아니다)을 벌목할 때 이를 감독했다. 그 지역은 특별 과학 관심 지역으로 지정되었지만 허가를 받으면 나무를 잘라낼 수 있었다. 1968년, 데이비드 로즈는 램브리지우드에서 거대한 물푸레나무 '미인'을 벌목하던 순간을 떠올렸다. 그는 늘 조심해야 했다. "잘못 쪼개지면 벌목꾼을 죽일 수도 있거든." "숲에서 도와주던 몇몇 동료는 일을 제대로 하지 않았네. 여름이면 돼지우리에서 살았지. 우리는 그자들을 떠돌이 날품팔이꾼이라고 불렀네."

데이비드는 고된 삶을 살았다. 그는 지난 세계대전 중에 숲 위로 날아가는 아브로 랭커스터 폭격기의 소리를 떠올렸다. 때로는 폭격기에서 연기가 났다고 했다. 1942년 5월 29일, 스핏파이어 전투기가 페어마일 부근에 추락해 폴란드 항공병 한 명이 사망했다. 충돌하는 소리가 그림다이크 숲에서도 들렸을 것이다. 칠턴힐스조차 유럽을 뒤덮은 혼돈에서 벗어날 수 없었다. 사절단이 킹우드커먼에 있는 A자형의 지역 비행장에서 이륙했다. 우리 숲에서 서쪽으로 6.5킬로미터도 채 떨어지지 않은 곳이다. '콘크리트 활주로는 그대로이지만 이제 온통 무성해진 나무로 뒤덮였다.' 나는 이 과거의 공군기지를 탐험했다. 20세기보다 더 오래된 유적지에 온 기분이 들었다.

영국 육군은 폴리 코트를 징발하여 특수부대를 훈련시켰다. 많은 특공대원이 폴리 코트의 평화로운 강변 초원에서 훈련을 받고 프랑스의 치열한 전쟁터로 투입되었다. 전쟁이 끝난 후 화이트로크, 프리먼, 매켄지가 살았던 자리는 마리아 수도회Congregation of Marian Fathers가 매입하여 학교를 세우고 고국에서 일어난 끔찍한 사건들로 난민이 된 폴란드 소년들을 교육했다. 데이비드 로즈가 말했다. "잘 듣게. 나는 전쟁을 겪을 때도 1973년과 1974년의 대가뭄 때처럼 위험을 느낀 적이 없었다네. 수많은 '수사슴 머리'(죽은 나뭇가지를 뜻한다)가 숲속에 깔렸네. 그리고 '과부제조기'들이 늘 떨어졌지." 그러면서 데이비드는 부드럽게 미소 지었다. 너도밤나무를 벗 삼아 오랜 세월을 보낸 후 편안하게 과거를 떠올리는 노인. 그는 최후의 1인이었다.

마지막 주문

어느 날 나는 그림다이크 숲에서 일했던 벌목꾼의 증거를 발견했다. 너도밤나무 낙엽 더미에 반쯤 묻힌 유리병이었다. 처음엔 사람들이 그냥 버리고 간 줄 알았다. 나는 혼자 중얼거렸다. "이런 막돼먹은 사람들 같으니라고!"

하나는 갈색 병이었는데 돋을새김한 글씨가 도드라졌고 묵직한 돌림마개는 꼭 닫혀 있었다. 다른 하나는 초록색이었는데 가장자리가 까끌까끌하고 까만 돌림마개 안쪽에는 고무로 밀봉한 흔적이 남아 있었다. 내 첫인상은 틀렸다. 이건 아주 오래전에 만들어진 병이었다. 아마도 다시 사용하려고 놓아두고 갔을 것이다. 병의 유리는 두껍고 요즘 만들어진 병보다 훨씬 더 무거웠다. 마개의 나사산을 병목 안쪽에 맞추려면 꽤 애써야 했다. 갈색 병에 새겨진 디자인은 정교했다. 타원형의 카르투슈(고대 이집트에서 사용하던 기호로, 파라오의 이름을 둘러싼 곡선 - 옮긴이) 안에 '브랙스피어와 그 아들, 헨리온템스Brakspear & Sons Ltd. Henley-on-Thames'라고 새겨졌고 가운데에는 '양조장The Brewery'이라는 글씨 밑에 멋진 꿀벌 한 마리가 있었다. 초록색 병의 돌림마개에도 돋을새김으로 브랙스피어 제품이라고 표시되었다. 그러니까 벌을 상징으로 사용하는 헨리의 양조장에서 만들어진 맥주병이 틀림없다. 이 병을 수집품에 포함하려면 옆으로 뉘어놓아야 할 것 같다. 그런데 언제 이 병을 두고 갔을까? 이런 병마개 디자인은 단종된 지 오래다. 일부 독일산 고급 맥주 브랜드에 더 정교한 장치를 사용하긴 하지만, 오늘날의 맥주병은 대체로 왕관 모양의 금속 병뚜껑을 사용한다. 아주 옛날에 요란한 색깔의 탄산수 병이 이런 마개였던 게 기억난다. 그나마도 내가 맥주를 마셔도 되는 나이가 되었을 무렵에는 분명히 사라졌다.

나는 자세히 알아보려고 헨리의 골동품 가게로 갔다. 튜더하우스는 온갖 잡동사니와 도자기로 가득했다. 호기심을 불러일으키는 갖가지 물건이 바닥부터 천장까지 빼곡했다. 뭐라도 건드려서 자멸을 초래하지 않으려면 팔짱을 끼고 조심스럽게 움직여야 한다. '깨뜨린 물품은 보상해야 함.'

모퉁이 한구석에 오래된 병들이 진열되어 있었는데, 그중 한두 개는 내가 숲에서 발견한 것과 비슷했다. 튜더하우스의 주인 데이비드 포터David Potter가 내 짐작을 확인해주었다. 데이비드에 따르면 이 병들은 1950년대 중반까지 브랙스피어 양조장에서 사용되었다. 다 쓴 병을 되가져오도록 1~2페니의 보증금이 있었다고 기억했다. 이제 이 병의 가치는 20파운드가 되었다.

그렇다면 숲에서 발견한 병은 적어도 60년 전에 버려진 것이다. 당시 램브리지우드는 스타브러시가 소유했기 때문에 지금처럼 자유롭게 드나들 수 없었다. 그렇다면 그림다이크 숲 한가운데에 있었던 목마른 이들은 회사가 고용한 벌목꾼이었을 것이다. 예전에 너도밤나무의 나이테를 셌을 때 많은 나무가 80년 정도 된 것으로 파악되었다. 이 나무들이 60년 전에는 어린나무였을 것이다. 방금 벌목된 나무를 대신할 딱 그 나이의 나무 말이다. 데이비드 로즈가 이 나무의 생존을 승인했을 것이다. 그들의 작업은 아마도 그림다이크 숲에서 행해진 마지막 벌목이었을 것이다.

나는 고된 작업 후 상기된 얼굴로 쉬고 있는 근육질의 두 사내를 그려보았다. 아마 이들이 톱질 구덩이도 팠을 것이다. 나이 든 남자는 갈색 병에 든 비싼 브라운에일을 마시고, 어린 동료는 평범한 맥주를 들이켠다. 젊은 남자는 언더독으로 일을 마쳤겠지만 불평하지 않았다. 두 사람 모두 다시는 이 나무와 일할 날이 돌아오지 않으리라는 걸 직감했다. 조심스럽게 병마개를 닫고 이날을 기념하기 위해 병을 고이 남겨두었다.

나는 우리 숲과 브랙스피어 양조장의 직접적인 연결 고리를 발견해서 기쁘다. 이 양조장은 200년도 넘게 세인트 메리 교회만큼이나 헨리의 일부였고, 도시의 심장부 바로 옆에 있었다. 마땅히 양조장이 있어야 할 곳이다. '술 빚는 날'에 퍼지는 향은 유명한 헨리 브리지처럼 도시 고유의 특징과 분위기를 연출했다. 셰익스피어와 운율을 이루는 브랙스피어 맥줏집들은 20년 전보다 훨씬 적은 수이긴 하지만 지금도 여전히 헨리 주변의 시골 마을 곳곳에 흩어져 있다.

조지 왕조 시대에 그 양조장을 처음 연 사람은 로버트 브랙스피어 Robert Brakspear다. 1750년에 태어난 그는 전형적인 조지 왕조 시대 사람으로 품질 개발을 위한 합리적인 실험 정신이 투철했다.[5] 그는 에일 제조법을 표준화하기 위해 온도계와 비중계를 구비했고, 자신이 사용한 '양조법'의 세세한 사항까지 노트에 꼼꼼히 적었다. 헨리의 양조장은 런던에 비해 규모가 작아서 19세기 초에는 1년에 약 950킬로리터의 맥주를 생산했다. 헨리는 오랫동안 맥아 생산지로 유명했다. 보리가 싹트면 곧바로 말려서 자연스럽게 당분이 배어나오게 했다. 오래된 맥아 제조법이 오늘날까지 여러 형태로 살아남았다. 헨리에는 좋은 물이 풍부했고 맥주

수요도 끊이지 않았다. 헨리의 양조업은 번성했다.

내가 처음 헨리로 이사 왔을 때만 해도 오래된 양조장이 아직 운영 중이었다. 나는 양조장을 찾아가 여전히 작동하는 유명한 구리 탱크를 보고 발효 과정을 이해하려고 했다. 부동산 가격이 오르면서 이처럼 낡고 사랑스러운 빨간 벽돌 건물은 공장으로서보다 '땅'으로서의 가치가 더 커졌다. 2002년에 양조장 부지가 팔렸고, 구리 탱크는 위트니로 옮겨져 마스턴 양조회사라는 더 큰 양조장에서 브랙스피어 에일을 제조했다. 나는 살아 있는 도시의 심장이 도려내진 기분이 들어, 이후로 양조장 사무실의 낡은 황동 간판 앞을 지나칠 때마다 마음이 아렸다. 공장 건물은 외관상 아직 그대로다. 그중 일부는 호텔과 식당으로 개조되었지만 본연의 목적은 상실한 지 오래다. 언덕 위의 주점들도 상황은 마찬가지여서 개인 주택으로 변경된 곳이 많고, 유서 깊은 여관들도 하나씩 간판을 내렸다. 몇몇 노인이 귀퉁이에 앉아 껄껄거리며 담소를 나누고 차가운 날에는 벽난로에서 진짜 나무가 활활 타던 그곳. 죽은 술집보다 더 황량한

이 풍경은 200년 동안 거의 변하지 않았지만,
브랙스피어의 맥주는 더 이상 헨리의 심장부에서 생산되지 않는다.

것은 없다. '마지막 주문 받아요'라는 외침이 그대로 실현되었을 때만큼 정말 마지막인 것은 없다.('마지막 주문last order'는 원래 영업시간 마감 전에 마지막으로 받는 주문을 말한다 - 옮긴이)

바람아 불어라, 네 뺨이 찢어질 만큼*

자연에 의해 최악의 파괴가 일어나는 경우[1)]가 있다. 1990년 2월의 첫날, 당황한 산림 관리원들은 훗날 '번스데이 폭풍'으로 회자될 1월 25일과 26일에 덮친 폭풍의 사상자를 합계하고 있었다.(번스데이는 스코틀랜드 시인 로버트 번스의 생일을 기념하는 날이다 - 옮긴이) 칠턴힐스에 불어닥친 허리케인은 1987년 10월의 폭풍보다 더 파괴적이었다. 1987년의 폭풍은 큐 왕립식물원의 수많은 표본목을 쓰러뜨리고 윌드 지방의 거대한 산림지대를 강타했다. 반면 1990년의 폭풍은 낮에 몰아닥치는 바람에 더 큰 인명 피해를 냈다. 특히 너도밤나무는 시속 160킬로미터가 넘는 돌풍에 취약하다. 칠턴 고지대의 숲은 밖으로 노출되었을 뿐 아니라 얕은 백악 토양이 거대한 수목을 튼튼히 고정하지 못한다. 너도밤나무 뿌리는 땅속으로 깊이 파고드는 대신 나무의 기부 주위로 넓게 퍼지기 때문이다.

폭풍이 너무 강력하여 다른 나무들도 해를 피할 수 없었다. 〈더 타임스〉는 충격에 휩싸인 캐모이스 경을 맞이한 스토너 하우스의 참경을 다음과 같이 묘사했다. '캐모이스 경의 눈앞에 열다섯 그루의 물푸레나무가 접시 위의 아스파라거스처럼 나란히 누워 있었다. 저택 한쪽 끝에서는 측백나무 한 그루가 넘어지면서 14세기에 지어진 예배당을 덮칠 뻔했다. 다른 쪽 끝에는 너무나도 크고 굵어서 살아 있는 것이라고 믿기 어려웠던 개잎갈나무가 마치 악의적인 손가락에 의한 것처럼 홱 뒤집혀 관목림의 벽에 내동댕이쳐져 있다. 공장 굴뚝 크기의 너도밤나무 수십 그루

*셰익스피어의 비극 「리어왕」에 나오는 리어왕의 대사 - 옮긴이

가 어디에나 엎드려 있다.' 아셴든밸리 측면은 특히 심한 타격을 받아 너도밤나무 전체가 낮게 쓰러졌다. 큰 나무가 한 그루 쓰러지면 도미노 효과를 일으키며 이웃한 나무가 차례로 쓰러지기 때문에 숲속 깊숙이 참사가 확산된다. 인간의 손으로는 행해진 적이 없는 대규모 벌목 현장이었다. 그 후유증으로, 기울어진 나무줄기와 엉클어지고 부러진 나뭇가지로 이루어진 무인지대無人地帶가 형성되었다.

1990년에 파괴된 지역은 사반세기 후에도 여전히 언덕의 비탈면에 잡목이 우거진 숲으로 남아 있다. 나무를 새로 심었지만 '번스데이 폭풍'의 기억을 지우려면 또 다른 50년이 걸릴 것이다. 쓰러진 너도밤나무의 뒤집어진 뿌리는 쉽게 눈에 들어온다. 뿌리와 함께 땅 밖으로 쓸려 나온 하얀 백악 덩어리가 죽은 나무의 밑동을 표시한다. 뿌리가 들어차 있던 구멍은 아직 채워지지 않았다.

다른 의미에서 폭풍은 숲을 되살렸다. 오랫동안 묻혀 있던 종자들이 발아했다. 스토너 인근의 복원 중인 숲에는 엉겅퀴와 나무딸기, 서양고추나물 천지다. 지치류와 쟁기장이의스파이크나드처럼 백악층에 사는 고유종도 있다. 홍방울새*Carduelis carduelis*와 흰목휘파람새*Sylvia communis*에게 이곳은 너도밤나무가 우뚝 선 숲보다 더 마음에 맞는 집이다. 나비와 나방은 먹이식물을 더 쉽게 찾을 것이다. 곤충이 많아질수록 더 많은 식충동물을 먹여 살린다. 단기적인 황폐화는 장기적인 보전 전략이라고 주장할 수도 있다. 자연계의 질서에는 예기치 않은 폭풍도 등장하고, 그 여파로 그러지 않았으면 사라졌을 생태계의 일부가 생기를 되찾는다. 옛 속담에 모두에게 해롭기만 한 바람은 없다고 했으니.

우리 숲에서 남쪽으로 3킬로미터 떨어진 헌츠우드는 1990년의 폭풍으로 심하게 상처 입은 작은 숲이다. 이젠 몇몇 거대한 너도밤나무만 살아남아 외로이 서 있다. 우뚝 서 있는 나무의 몸통은 옛 동료들이 부재한 상황에서 어색하게 벌거벗고 솟아 있다. 루시우스 캐리Lucius Cary는 숲을 새롭게 일구면서 너도밤나무뿐 아니라 양벚나무, 아리아마가목, 참나무 등을 섞어서 심었다. 숲의 풍요로움은 언젠가 돌아오겠지만 루시우스의 손주들에게 돌아갈 몫이다. 시간이 스토너 하우스를 치유했다. 몇몇 너도밤나무는 여전히 공공 통행로를 따라 서 있으면서 작은 숲을 이룬다. 이 지역에서 가장 늙은 나무들이다. 이들은 장식용 조경수로 키워졌기 때문에 나뭇가지는 아래로 늘어졌고, 곧고 높게 뻗은 다른 나무보다 줄기가 굵다. 엄숙하고 진지한 이 나무들은 허리케인과 맞섰다. 1803년 유명한 조경가 험프리 렙턴은 칠턴의 너도밤나무가 '심미적 관점에서 다루기보다 수익을 창출하는 도구로 여겨진다'고 언급했다. 렙턴은 너도밤나무들이 나인핀(일종의 볼링핀 - 옮긴이)처럼 거꾸러진 것을 미학적 정의의 실현으로 보았다.

무니 씨가 토머스 발로 경에게 보고한 대로 램브리지우드, 그리고 그림다이크 숲은 그 태풍에서 가볍게 벗어났다. 그 이유는 설명하기 어렵다. 다른 지역에서는 바람이 아센든밸리의 좁은 계곡을 통과하며 치명적인 돌풍으로 변해 나무로 뒤덮인 백악층 비탈면에 영향을 주었을 것으로 추정한다. 이에 비하면 램브리지우드는 거의 평지에 있고 수석점토층 토양은 백악층보다 좀 더 안정적이다. 우리 숲에서는 너도밤나무 두 그루가 바람에 넘어갔는데, 그 뿌리가 여전히 수직으로 서 있으면서 숲 바닥을 따라 수평으로 확장하는 방식을 제대로 보여준다. 뿌리가 여태 이렇게 남아 있는 이유는 몸통을 잘라낸 후 뿌리까지 제거하기가 너무 번거로웠기 때문일 것이다. 이 두 나무가 1987년과 1990년 중 언제 쓰러졌는지는 알 수 없다. 아무튼 그중 하나가 넘어가면서 그곳에 작은 빈터를 만들었고, 이제는 작은 너도밤나무와 스코틀랜드느릅나무가 열린 환경에서 빛을 두고 경쟁한다. 한 나무의 종말은 다음 세대를 위한 기회를 제공한다. 아무도 쓰러진 적 없는 숲은 자신의 미래를 질식시킨다.

잠시 숲에서 천천히 거닐며 이런저런 생각을 하다 보니 일종의 작업 치료가 되었다. 날씨는 여전히 춥고 조지프 말로드 윌리엄 터너Joseph Mallord William Turner(1775~1851, 인상파 화가들에게 큰 영향을 끼친 영국의 화가 - 옮긴이)가 좋아했을 법한 창백한 안개가 멀리서 해를 걸러냈다. 새해의 블루벨은 이미 앙증맞은 초록 잎을 로제트 모양으로 펼치고 쌀쌀한 겨울빛은 다른 식물을 깨웠다. 가장 깊숙한 낙엽 더미에서 천남성과科 아룸 마쿨라툼*Arum maculatum*의 혀가 삼각형으로 잎을 펼치며 나왔다. 어떤 잎에는 검은색 얼룩이 있었다. 이들은 할 수 있을 때 서둘러 에너지를 모은 뒤 녹말을 생산하여 땅속 깊이 하얀색 알뿌리에 저장할 것이다. 한여름에는 지금 눈앞에 보이는 부드러운 잎이 흔적조차 사라지고 오로지 땅에서 곧장 올라온 초록색 막대만 남아, 가을이면 붉게 익을 독이 든 열매를 키운다.

너도밤나무 낙엽을 뒤적거리고 있으니 호랑가시나무에서 유럽울새 한 마리가 튀어나와 내가 헤쳐놓은 곳을 덮쳤다. 호기심 많은 이 새는 지나가는 동물이 파헤친 땅을 조사하여 먹을 것을 찾는 데 익숙하다. 나를 어설픈 멧돼지라고 생각했을 것이다. 칠턴지역협회가 숲속 오솔길을 정비할 때 따라왔던 그 울새일까? 아무런 협박도 하지 않았는데 호랑가시나무 덤불 속으로 쏜살같이 돌아가 내 움직임을 주시한다.

새들의 이름은 늘 헷갈린다. 미국 동부 지방에서 울새(미국울새, *Turdus migratorius*)를 본 적이 있는데 유럽의 울새(유럽울새, *Erithacus rubecula*)와는 완전히 달랐다. 유럽에 온 미국인은 그 반대의 경험을 할 것이다. 두 울새는 과거에 지빠귀와 하나로 취급되었지만 지금은 서로 다른 조류 분류군에 속한다. 라틴어 학명을 사용하는 게 정확하겠지만, 에리타쿠스 루베쿨라*Erithacus rubecula*라는 이름은 울새다운 느낌을 제대로 전달하지 못한다. 그냥 남들처럼 부르는 게 낫겠다.

숯

1922년 4월, 〈헨리 스탠더드〉의 나이 든 기자는 19세기 후반 램브리지우드에서 일하던 숯쟁이를 떠올리는 글을 썼다. 숯 제작은 분명 시도해봄직한 일이다. 같은 무게로 따졌을 때, 숯은 장작보다 훨씬 더 효율적인 에너지원으로 웃돈이 붙는다. 몇백 년간 헨리의 부두에서 런던으로 숯을 실어 날랐다. 포레스트오브딘과 윌드 지방의 산림지대에서 숯은 석탄이 그 자리를 대체할 때까지 오랫동안 철의 제련에 필요한 강한 화력을 제공했다.

숯 제작 원리는 간단하다. 목질이 단단한 나무에서 수액과 휘발성 물질을 제거하고 순수하게 까만 탄소 덩어리만 남기는 것이다. 불로 열기를 만들어 연소시킬 나무 밑에 넣은 뒤 밀봉하면 수액과 불순물이 배출된다. 대량으로 숯을 제조하려면 나무를 적절히 쌓고 연소할 때 밀폐할 흙과 떼의 덮개를 짓기 위한 숙련된 손이 필요하다. 또한 나무가 완전히 타버리는 것을 막기 위해 며칠 동안 불 앞을 지켜야 하는 매우 고된 작업이다. 다행히 소량의 숯은 오래된 드럼통으로도 만들 수 있다. 앤드류 호킨스Andrew Hawkins가 가내수공업 수준의 숯 제조법을 가르쳐주었다.

우선 드럼통의 한쪽 끝을 잘라 뚜껑을 만들고 다른 쪽에는 연기를 배출하는 굴뚝용으로 작게 구멍을 뚫었다. 숲 바닥에 널려 있는 오래된 마른 잔가지와 작은 나뭇가지로 불을 활활 지피고 그 위에 드럼통을 세워서 올렸다. 힘든 일은 이제부터 시작이다. 가는 너도밤나무 나뭇가지(일부는 청설모가 쏠아놓은)를 한데 모은 후 모탕 위에서 적당한 크기로 잘라 굴뚝용 구멍을 통해 불 위에 얹은 드럼통 안에 던져 넣었다. 손목 굵기의 나뭇가지가 이상적이다. 톱질은 힘든 일이다. 금세 땀이 한 바가지 쏟아졌다. 한 짐 가득 쌓아올려야 한다면 얼마나 중노동일지 상상이 간다.

아래쪽으로 공기가 충분히 들어가도록 드럼통을 살짝 기울였다. 나무로 반쯤 채운 '요리 중인 냄비'에선 하얀 연기가 한창 피어올랐다.(별지 컬러 일러스트 47 참조) 연기에 질식하지 않으려면 바람의 방향을 확인하고 모탕을 설치하는 게 좋다. 흰색 연기는 나무가 제대로 변신하고 있다는 증거다. 다만 새 교황을 선출하는 과정과 달리 이 하얀 연기는 끝이 아니라 시작에 불과하다.(교황을 선출할 때 비밀투표 후 새로운 교황이 결정되면 하얀 연기, 결정되지 않으면 검은 연기가 나도록 투표용지를 태워 세상에 결과를 알린다 - 옮긴이)

이제 이 단계에서 열기를 통 속에 밀폐하기 위해 굴뚝의 구멍 위에 아까 만든 뚜껑을 올려놓는다. 이제 푸르스름한 연기가 날 때까지 한두 시간 기다리면 된다. 푸른 연기는 나무가 잘 '익고' 있다는 뜻이다. 이제 모든 공기를 차단한다. 드럼통 바닥 주위에 흙을 둘러 봉하고 굴뚝 위의 뚜껑에 무거운 돌을 얹는다. 뚜껑의 모서리는 주변에 있는 웅덩이에서 젖은 흙을 퍼와 단단히 밀봉한다.(흙은 마르면서 저절로 떨어진다) 이제 우리는 밀폐된 뜨거운 드럼통이 알아서 일하도록 맡겨두고 집에 가도 좋다.

우리는 다음 날 돌아와 전리품을 꺼냈다. 훌륭한 목탄 덩어리의 귀환이 제대로 이루어졌다. 집어넣은 나무의 부피보다 3분의 1 이상 줄어들었다. 성긴 체로 심하게 탄 나뭇조각에서 나온 재를 걸렀다. 앤드류는 이 같은 제조법을 제대로 익히기 전, 한번은 모든 노력이 잿더미가 되어버린 적도 있다고 말했다. 이제 우리는 바비큐에 쓸 훌륭한 천연 숯을 두 자루나 확보했다. 시판하는 숯은 종종 맹그로브 나무로 만드는데, 그건 쓰나미는 말할 것도 없고 해안침식을 막는 귀중한 방어막과 열대 서식처에 해를 끼치는 것이나 다름없으므로 우리는 바람직하고 친환경적인 일을 했다는 뿌듯한 기분으로 집에 돌아왔다.

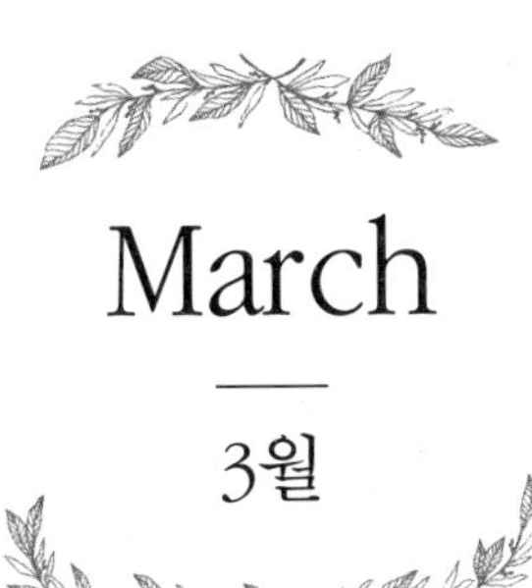

March

3월

이른 봄날의 횡재

춘분이 다가온다. 나무 사이로 찾아오는 맑은 새벽이 공기에 스미는 기대감을 불러온다. 램브리지우드는 겨울잠에서 깨어났지만 너도밤나무는 잎을 펼치라는 신비로운 신호를 기다리며 여지껏 봉오리 안에 머물러 있다. 태양은 아직 나무 밑바닥 어디든 도달할 수 있다.(별지 컬러 일러스트 1 참조) 빛은 움직이는 곤충의 날개 위를 슬쩍 지나가고 춤추는 각다귀 위에서 반짝거린다. 떨어진 낙엽 더미 아래에서 들리는 종이 구기는 소리는 작은 포유류들이 숨어서 바지런히 움직인다는 뜻이다. 커다란 회색 점박이 표범민달팽이가 숨바꼭질에서 모습을 드러냈다.

새들에게는 짝짓기가 절실한 시기가 찾아왔다. 붉은 점박이 오색딱따구리*Dendrocopos major*가 속이 빈 나무를 두드리는 소리가 숲 전체에 쩌렁쩌렁 울린다. 속사포처럼 두드려대며 존재를 과시한다. 팀파니보다는 작은북 소리에 가깝지만 그보다 경쾌하고 멀리서도 들린다. 두세 마리가 숲의 여기저기서 쪼아대는 것 같다. 딱따구리가 반복적으로 나무를 두드릴 수 있는 것은 근육에 달린 충격 흡수 장치와, 두개골과 부리 사이의 경첩 때문이다. 인간 헤드뱅어가 똑같이 따라했다간 크게 상처만 입고 상대에게 별다른 매력을 발산하지도 못할 것이다.

'그리하여, 오늘 숲속의 오케스트라가 연주를 시작한다.' 새소리 군악대는 푸른머리되새*Fringilla coelebs*의 가라앉는 리듬, 대륙검은지빠귀의 풍부한 플루트, 박새의 차임벨, 여기에 딱따구리가 알레그로 콘브리오(생동감 있고 빠르게 – 옮긴이)의 타악기 부문을 덧붙인다. 그때 갑자기 불협화음이 출현했다. 청딱따구리*Campethera maculosa*가 킬킬거리며 미친 듯이 웃어젖히는 소리는 바로 내 아버지가 야플yaffle(딱따구리의 사투리 – 옮긴이)이라고 부른 외침이다. 몇 초 동안 거슬리는 음이 반복적으로 귀청이 떨어질 듯 숲을 뒤흔들었다. 콘서트를 훼방 놓는 뿡뿡 쿠션 같았다. 나는 나무 틈에서 둔중한 움직임으로 도망치는 범인을 찾았다. 커다란 초록색 새 한 마리가 숲 너머로 열린 들판을 향해 돌고래 같은 몸짓으로 사라졌다. 심포니는 곧바로 활력을 잃지 않고 재개되었다.

공터 주위에 벌목한 벚나무에서 잘라낸 나뭇가지가 굴러다닌다. 집에 가져가 쪼개야겠다. 나는 산림위원회에서 일하는 친구 로라 헨더슨Laura Henderson에게 숲을 소개했다. 나무딸기는 지나치게 건강하게 잘 자라고 있다. 아주 튼튼하고 옹이가 박힌 기부에서 줄기가 뻗어 나온다. 나는 지금까지 브라이어 파이프는 우리 숲에서 만들었다고 생각했는데, 알고 보니 원재료가 지중해에서 자라는 진달랫과의 에리카 아보레아*Erica arborea*라는 식물이었다. '브라이어'라는 말은 이 식물이 서식하는 브뤼에르bruyere 지방의 이름을 딴 것이다.[1](영국에서 '브라이어briar'가 나무딸기류를 포함하는 장미류를 지칭한 데서 온 오해다 – 옮긴이) 그러니까 결국 이 담뱃대는 영국에서 만들 수 없다는 뜻이다. 이것은 파이프가 아니다. *'Ceci n'est pas une pipe.'*(초현실주의 화가 르네 마그리트Rene magritte의 작품 「이미지의 배반」에서 파이프

그림 밑에 써놓은 문구 – 옮긴이) 나무딸기는 오래된 기부에서 길고 굽은 가지가 벌어져 나오고 제 차례가 되면 뿌리를 내려 곧 가시로 뒤덮인 덩굴을 얽고 뚫을 수 없는 철조망을 만든다. 통나무를 운반하는 사람들을 넘어뜨리기에 이상적인 설계다. 바로 지금도 새로운 가지에서 새싹이 로켓처럼 웅크리고 있다가 출발을 알리는 피스톨을 쏘는 순간 튀어나올 준비를 한다.

로라가 저 멀리 베어낸 벚나무가 남긴 잔가지 더미 근처에서 흥분해서 소리쳤다. 새집을 발견한 모양이다. 테니스공 크기의 완벽한 구형에 한쪽에는 둥근 입구가 있는 새집이었다. 우드멜릭처럼 보이는 긴 풀을 엮어서 지었는데, 속이 빈 털실 뭉치처럼 여러 겹으로 완벽하게 둘러싸여 있었다. 몇몇 어두운 줄은 아마 벚나무 껍질일 것이다. 몸을 푹 파묻고 싶을 만큼 편안해 보이는 집이었다. 아! 그렇다. 이건 새가 아니라 겨울잠쥐의 보금자리다! 우리 숲에 영국에서 가장 유쾌한 포유류 중 하나가 산다는 첫 번째 증거다. 겨울잠쥐는 쑥스러움에 얼굴 붉히지 않고도 '귀엽다'라고 말할 수 있는 동물이다. 또한 생물다양성 실천 계획에 의해 보호되는 종이므로 오늘의 발견은 희귀한 종의 보전을 위해서도 중요하다. 그림다이크 숲에 겨울잠쥐가 있다는 사실이 뛸 듯이 기뻤다. 둥지는 부서지기 쉽고, 사방엔 나무딸기 철조망이 도사리고 있다. 이 소중한 증거를 떨어뜨릴 수도 있다. 우리는 조심조심 마치 철기시대의 금화가 들어 있는 수석 덩어리를 대하듯 이 귀중한 물건을 차에 가져다놓았다. 이 둥지가 정확히 어디서 왔는지는 알 수 없다. 나무딸기 사이에 박혀 있었거나 벌목한 벚나무의 높은 데서 왔을 수도 있다. 아무튼 수집품으로는 매우 특별한 품목이다.

귀엽고 흔하지 않은 것의 장점은 사람들이 특별한 관심으로 대한다는 것이다. 아무리 귀한 쥐며느리라도 받을 수 없는 관심 말이다. 재키는 눈이 크고 주황-갈색의 털이 풍성한 꼬리가 달린 겨울잠쥐를 '위플리-피플리'하다고 표현했는데, 익숙한 단어는 아니지만, 겨울잠쥐의 매력을 정확히 압축해서 표현했다. 발견한 둥지 사진을 이메일로 보냈더니 친절한 과학자가 겨울잠쥐의 동면용 구조물이라고 바로 확인해주었다. 나무딸기 덤불에서 종종 발견된다고 한다. 이 발견은 국가 데이터베이스에 기록될 것이다. 겨울잠쥐는 우리 숲에서 북쪽으로 몇 킬로미터 떨어진 워버그 보호지역[2]에서 서식한다고 알려졌다. 그곳에서 보호받으며 번식하는 겨울잠쥐가 램브리지우드에서 발견되는 것은 놀랄 일이 아니다.

유럽겨울잠쥐*Muscardinus avellanarius*(별지 컬러 일러스트 22 참조)는 무엇보다 잠을 많이 자는 것으로 유명하다. '1년 중 절반까지도 잠자는 데 시간을 보내고 깨어 있는 동안에도 상당히 무기력한 상태다.'[3] 루이스 캐럴의 『이상한 나라의 앨리스』에서 미치광이 모자 장수가 마련한 다과회에서 겨울잠쥐가 보인 행동도 이 종에 관한 과학적 사실보다 환상적이지 않다. 느린 신진대사는 생존 전략이다. 겨울잠쥐가 깨어 있을 때 꽃, 열매, 견과류는 중요한 식량이다. 이 작은 포유류는 영양분을 미리 잘 챙겨놓아 식량이 귀한 동면 기간을 버틸 수 있어야 한다. 최근 연구에 따르면 겨울잠쥐는 숲 상층부나 숲 바닥에서도 산다. 그림다이크 숲은 나무딸기 꽃, 개암나무와 너도밤나무 열매를 제공한다. 그러나 이 숲에는 당분을 제공하는 인동덩굴류가 없다.(램브리지우드의 다른 지역에서는 보았다) 겨울잠쥐는 요정처럼 수명이 짧은 진미를 드신다. 나는 요놈들이 봄철에 그림다이크 숲에서 무엇을 찾아다닐지 궁금하다. 여긴 겨울잠쥐들이 가져갈 만한 산사나무류도 없는데 말이다. 직접 확인한 건 아니지만, 아마 4월의 숲에서 풍성한 벚꽃을 즐길 수 있을 때에 맞춰 깨어날 것이다. 그러나 상관없다. 비록 이슬과 꿈을 먹고 가까스로 영양분을 채우곤 있지만, 이 매력적인 동물이 우리 숲으로 들어온 것을 열렬히 환영한다.

사람의 땅

그림다이크 숲의 이야기는 주변 영지, 특히 이 숲을 수백 년 동안 소유했던 그레이즈 코트의 역사와 분리될 수 없음이 증명되었다. 20세기 들어 전원 지대의 땅에 대한 인식이 전례 없이 바뀌었지만 흥미롭게도 대영지는 도리어 원점으로 돌아왔다.

가장 큰 변화는 제일 누추하다고 여겨졌던 집들에서 일어났다. 한때 대장장이나 통장이, 의자장이들이 살았던 작은 시골집이 사업가, 전문직 종사자, 또는 은퇴한 사람들의 뿌듯한 재산이 되었다. 변호사는 한때 목수의 톱밥이 자욱했던 방에서 이메일을 처리한다. 우리 숲에 인접한 '살인 오두막'(별지 컬러 일러스트 31 참조)과 그 옆의 램브리지우드 헛간은 언제나 램브리지와 같은 영지에 속했고 1992년에도 함께 팔렸다. 그들은 우리 이야기의 일부다. '살인 오두막'은 이제 매력적인 시골집이 되어 유행을 따라 멋지게 증축되었고, 넉넉하고 아름답게 손질된 정원으로 둘러싸였다. 옆집은 과거의 헛간이 거대한 전망창을 가진 편안한 가정집으로 개조되었다.[4] 오래된 과수원 자리의 낡은 건물 뒤편에는 새 건물이 들어섰다.

세실 로버츠가 1930년대에 로우어아센든 언덕 아래 살았을 때, 그들은 언덕 정상이 벽지나 다름없다고 생각했다. 그리고 케이트 던지의 살인 사건이 일어난 뒤 1896년에 〈헨리 스탠더드〉는 거기가 얼마나 외진 곳인지를 강조했다. 그러나 근대의 내연기관이 모든 것을 바꾸어놓았다. 칠턴힐스를 가로지르는 유서 깊은 오두막들은 가치 있는 재산이 되었다. 나는 네틀베드로 가는 구 도로에서 크로커엔드 위쪽으로 원래 벽돌장이가 소유했던 '오두막'에 가본 적이 있다. 벽돌과 수석으로 확장된 새 건물 주위로 조경에 신경 쓴 정원이 있었고, 진입로에는 경주용 자동차 두 대가 자연스럽게 서 있었다. 만약 이 집들이 조화를 이루지 않았다면 전통적인 주거지가 고상하게 바뀌는 분위기에 대한 뭔지 모를 불쾌함을 느꼈을 것이다.

언덕에는 예쁜 마을이 흩어져 있는데, 주민들 중 토박이는 얼마 남지 않았다. 숲에서 북쪽으로 8킬로미터 떨어진 마을 터빌은 대단히 인기 있는 텔레비전 시트콤 「디블리의 목사The Vicar of Dibley」 오프닝 화면의 하늘에서 내려다보는 풍경으로 수백만 명에게 알려졌다. 이 시트콤의 배경은 시골 벽촌이지만, 실제 터빌은 마을 대부분을 언론인들이 소유하고 있다. 이렇게나 그럴싸해 보이는 집들이 한때는 앞뜰에 채소밭을 일구고 헛간에 목재 선반까지 있었다니.

세실 로버츠는 이 과도기에 로우어아센든에 살았다. 세실은 훌륭한 기술을 가졌지만 이제는 나이가 든 마을의 노동자들을 존경했고 골든볼에서 그들의 이야기를 쓸어 모았다. 심지어 곤경에 처한 사람들을 경제적으로 도와주기도 했다. 그는 1934년에 발표한 필그림 코티지 시리즈의 첫 번째 책 제목(『시골에 살다Gone Rustic』)처럼 전원생활을 했다. 그의 책 제목 선정은 의미심장하다. 마을에 사는 세실의 지인 중에는 위시트 양처럼 특유의 프랑스어를 구사하며 고상한 체하는 사람들도 있었지만 시골 마을이라는 무대장치는 대체로 그대로였다. 세실은 낯선 땅에서 일종의 실험에 전념하며 가정부, 정원사와 함께 시골 생활의 모험을 즐겼다.

세실의 책에서 풍기는 분위기는 프랑스의 시골을 배경으로 하는 피터 메이르Peter Mayle의 인기작 『프로방스에서의 1년A Year in Provence』(1989년)을 연상케 한다. 여기서 '진짜' 농부들의 우스꽝스러운 에피소드가 보다 진정한 농촌 생활의 일면과 아주 잘 맞물려 사람들을 자극했다. 많은 영국인이 이 책을 읽고 프랑스 남부로 향했다. 세실 로버츠가 어떤 식으로든 칠턴힐스의 인구구조를 바꾸는 데 일조했다고 말하지는 않겠다. 그러나 그는 날로 더욱 널리 퍼져가는 세계관의 변화를 반영했다. 헤럴드 J. 매싱엄이 1940년에 『칠턴의 전원』을 출간했을 당시에는 젠트리피케이션(낙후된 지역에 중산층 이상의 사람들이 몰려들면서 원주민이 내몰리는 현상 - 옮긴이)이 한참 진행되어 마을은 변했고 농촌 생활의 의미 역시 함께 퇴색했다. 이 독선적인 작가는 공포에 사로잡혔다. 숲은 침묵의 목격자였다.

20세기에 들어서면서 많은 저택이 위협을 받았다. 1914년 애스퀴스 정부가 거대 자산에 대한 재산세를 도입, 증세하는 바람에 저택이 한 세대에서 다음 세대로 상속될 때 장중한 건물들이 큰 타격을 입었다. 이 위대한 무역 국가가 제국에서 벌어들이는 수입은 두 차례의 세계대전에 휩쓸리면서 줄어들었다. 폴리 코트 같은 웅장한 저택들도 군사적인 목적으로 징발되어 일부는 다시 회복되지 못했다. '새로운 자본'이 저택을 인수했다. 램브리지우드는 1922년에 팔렸고, 1930년대에는 마일스 스테이플턴Miles Stapleton이 그레이즈 코트와 농지를 처분해 스테이플턴 가문과 로더필드그레이즈 교구의 오랜 관계를 청산했다. 당시 그레이즈 코트의 건물은 안쓰러울 지경이었다. 세실 로버츠가 토지 매매에 관심 있는 친구들을 위해 자진해서 중개에 나섰다.

1935년에는 그레이즈 코트의 남은 부분이 에블린 플레밍Evelyn Fleming에게 팔렸는데, 플레밍은 지혜보다는 열정으로 저택을 복원했다. 에블린은 상속을 통해 얻은 부로 이미 네틀베드의 대저택 조이스 그로브를 소유한 상태였다. 그녀의 아들은 여행작가 피터 플레밍Peter Fleming과 제임스 본드의 창시자인 이안 플레밍으로, 덕분에 저택이 잠시 화려한 연을 맺었지만 2년 후 에블린은 브루너Brunner 가문에 그레이즈 코트를 팔았다.

저택 구입비는 존 브루너 경Sir John Brunner에게서 나왔다. 존은 뛰어난 산업화학자로, 1926년에 거대 기업인 임페리얼 케미컬 인더스트리스를 공동 창업했다. 아들 펠릭스 경Sir Felix Brunner(1897~1982)이 그레이즈 코트를 오늘날의 모습으로 복원했다. 고대의 요새 부분을 보기 좋은 담벼락이 있는 정원으로 뒤덮었는데, 거기에는 내가 본 것 중에서 가장 크고 멋진 등나무 터널이 있다. 펠릭스 경은 의회의 자유당 의원으로 통상 근로자를 위해 병가 수당을 도입할 정도로 깨어 있는 사람이었다. 그리고 불스트로드 화이트로크 시대 이후 처음으로 헨리의 지역사회에 관여했다. 아내 엘리자베스 역시 공익을 중시하는 마음이 강한 사람으로 여성 단체 중앙회 회장을 역임했고 여성을 위한 성인교육을 적극적으로 추진했다. 레이디 브루너는 2003년에 100살이 조금 못 되는 나이로 사망할 때까지 그레이즈 코트에 살았다. 아들인 휴고 브루너가 옥스퍼드셔의 주지사가 되어 공공에 봉사하는 부모의 뜻을 이어갔다. 이들은 『1066 그리고 모든 것 1066 and All That』(1930년에 쓰인 역사 교과서 양식의 풍자물. 103개의 좋은 것, 다섯 명의 나쁜 왕, 두 개의 실제 날짜로 구성되었다 - 옮긴이)에서처럼 분류하자면 '좋은 것 good thing'이었다.

펠릭스는 또한 내셔널 트러스트를 창립한 옥타비아 힐Octavia Hill의 든든한 후원자로서 1969년에 그레이즈 코트의 미래를 위해 이 저택을 내셔널 트러스트에 양도했다. 그레이즈 코트는 내셔널 트러스트의 관리하에 현재 브루너 가문의 저택이었을 때와 똑같은 상태로 '시간이 정지된' 상태다. 비록 브루너 가문이 그레이즈 코트를 소유한 기간은 램브리지우드를 포함한 이 땅의 아주아주 오래된 역사에서 은혜로운 음표 하나에 불과하지만, 나는 이들이 주역을 맡을 자격이 있다고 주저 없이 말할 수 있다. 은둔하던 스테이플턴 자매가 그 모든 내셔널 트러스트 방문객들이 그들의 온실을 얼이 빠져 바라보는 것을 뭐라고 생각했을지 궁금하다.

다른 저택들은 완전히 다른 길을 갔다. 그곳은 '아무도' 볼 수 없게 되었다. 램브리지우드의 일부를 포함하는 배지모어 하우스는 19세기 후반에 또 다른 지역의 유력 가문인 오베이Ovey 가문에 넘어갔다. 리처드 오베이Richard Ovey는 헨리에서 그레이즈로 가는 길의 옆 헤르네 사유지에서 여전히 농사를 짓고 산다. 리처드는 크리스토퍼 렌의 도목수 리처드 제닝스가 설계한 박공벽 입구에서 잘 차려입고 자세를 취한 가족들의 사진과 우아하고 균형 잡힌 배지모어 저택의 사진을 함께 보여주었다. 1930년대에 오베이 가문은 덩치가 큰 집을 관리하는 데 어려움을 겪었고, 특히 제1차 세계대전 이후로 재정 상태가 좋지 않았다. 오베이는 결국 블라스토Vlasto라는 사람에게 배지모어 저택을 팔았고, 그는 곧바로 북쪽에 새롭고 더 편리한 집을 지었다. 마구간 구역은 맥알파인McAlpine 양을 위한 승용마용 마구간으로 분리되었다. 배지모어의 두 저택 모두 제2차 세계대전 때 징발되었고, 리처드 오베이에 따르면 1946년 화재 이후로 배지모어의 구 저택은 철거되어 우리의 이야기에서 사라졌다. 새 저택과 마구간은 현재 배지모어 골프 클럽의 중심 건물로 자리 잡았다.

헨리 주변의 많은 저택이 히틀러의 공격에서 살아남았고, 배지모어 하우스처럼 지옥으로 떨어질 뻔했으나 교육기관으로 채택되면서 철거될 운명에서 벗어났다. 프라이어 파크, 폴리 코트, 파크 플레이스 모두 제2차 세계대전 이후 각각 젊은이들, 폴란드 난민, 도움이 필요한 아이들을 위한 학교가 되었다.

이때 대저택의 역사는 이상스러운 방향으로 바뀌었다. 영지는 다시 개인의 손에 넘어갔다. 프라이어 파크는 조지 해리슨에게 팔려 다시금 특별한 왕족의 영역에 편입되었다. 다른 저택들도 아주 부유한 사람들의 소유가 되었다. 폴리 코트는 폴란드 학교가 문을 닫고 마리안 수사들이 떠난 뒤, 은둔 성향이 있는 아무개의 소유가 되어 새로 단장 중인데, 경비를 아낌없이 투자한다는 소문이 있다. 파크 플레이스는 영국 역사상 가장 비싸게 팔린 개인 저택으로 등극했다. 2011년에 안드레이 보로딘Andrey Borodin이라는 러시아 올리가르히(러시아의 신흥 재벌 - 옮긴이)에게 1억 4,000만 파운드(한화로 약 2,000억 원 - 옮긴이)에 팔렸다. 나는 그에 대해 아는 게 별로 없을 뿐더러 너무 자세히 물어보는 것도 현명하지 않을 것 같다는 생각이 든다. 다만 내가 말할 수 있는 것은, 그가 지난 20년 동안 매년 자신의 땅에 있는 특정 장소에서 수행해온 박쥐 연구를 더 이상 허락하지 않았다는 것뿐이다. 우리는 별로 공통점이 없을 것 같다.(안드레이 보로딘은 전 모스크바 은행장으로 영국에 망명했다 – 옮긴이)

헨리 주위로 남아 있던 거의 모든 땅은 우리 숲에서 페어마일 반대편의 대정원까지 포함해 스위스의 투자가 어스 슈바르첸바흐Urs Schwarzenbach가 매입했다. 그는 한때 유명 문구점 W. H. 스미스의 재산이었던 북쪽의 햄블든 영지의 상당 부분도 취득했고 개인 저택으로 컬햄코트를 추가했다. 또한 헨리에서 5킬로미터 떨어진 폴리 교구의 환상적인 작은 저택인 헨리 파크까지 매입해 '쿨덴 포'라는 별로 매력적이지 못한 이름으로 한데 묶어놓았다. 슈바르첸바흐는 토지의 상당 부분을 자신이 소유한 폴로 팀 블랙베어의 연습장으로 전환했다. 폴로는 무한정 돈을 잡아먹는 스포츠로, 최상위 부유층이나 탐닉할 만한 놀이다. 이제 헨리를 둘러싼 들판이 대부분 이중 울타리가 쳐져 있고, 크로케 잔디 구장처럼 정돈되었으며, 그만큼 생물다양성이 부족하다.

내가 아는 한 이 엄청난 부자 중 누구도 자기 집 보안 현관을 열고 나와 헨리 시내로 간 적이 없다. 나는 보로딘 씨의 아내가 헬기를 타고 이웃을 방문했다는 소문은 들었으나 어디까지나 소문일 뿐이다. 아마 개인 소유의 섬에 가는 길이 아니었을까. 신新귀족주의는 지역사회에 뿌리를 두지 않는다. 적어도 자신이 사는 마을의 숲을 벽에 걸어놓은 비싼 그림 정도로 인식하지 않을까 (굳이) 짐작해보지만 말이다. 한편 나는 이런 현상을 역사가 비뚤어진 방식으로 되풀이되는 것이라고 해석한다. 매켄지 대령, 스트릭랜드 프리먼, 불스트로드 화이트로크 모두 토지라는 자산을 늘렸고 놀리스와 스테이플턴 가문은 결혼으로 영지를 얻었다. 오늘날의 신귀족주의는 카스트제도의 국제적인 버전일 뿐이고, 그들이 인수한 영국의 이 모퉁이 땅은 엘리자베스 여왕 시대에 모험을 즐긴 젊은 놀리스와 함께 시작된 세계화의 마지막 단계라고 할 수 있다. 다만 이제 달라진 것은 토지 소유주의 배타성이다. 그들은 정말로 배타적이다.[5] 헬리콥터를 타고 방문하지 않는 한, 누구에게도 문을 열어주지 않는다.

딱정벌레

딱정벌레는 지구상에서 가장 다양한 동물 분류군이다. 딱정벌레의 앞날개는 몸을 덮는 딱딱한 딱지날개(시초)로 진화하여 그 안에 한 쌍의 비행 날개를 숨기고 있다가 필요할 때 펼친다. 딱정벌레류는 틈새나 땅속을 비롯하여 거의 어디서나 살고, 유충 역시 무엇이든 먹는다. 생태계 내에서 놀라울 정도로 다양한 지위를 차지하는 곤충이다.

땅에 사는 딱정벌레는 죽은 나무, 꽃, 똥에 사는 놈들과는 다르고 많은 종이 야행성이다. 그림다이크 프로젝트를 수행하면서 나는 다양한 서식처에서 딱정벌레를 채집했다. 그 과정이 거의 1년이나 걸렸기 때문에, 앞에서 6월에 스카이차의 도움으로 숲의 상층부에서 발견한 두 종의 딱정벌레에 관해 언급한 후 여기 마지막 장에 와서야 딱정벌레 이야기를 하게 되었다.

날아다니는 딱정벌레를 포획하기 위해 높은 나뭇가지에 특별한 장치를 매달아놓았다. 미끼를 놓고 딱정벌레가 포충병에 잘 굴러들어갈 수 있도록 일련의 깔때기를 겹쳐놓았다. 땅에 사는 종을 잡기 위한 함정은 생김도 다르고 쉽게 만들 수 있다. 나는 데톨 용액을 사용했는데, 데톨은 프랑스 포도주인 페르노처럼 물이 섞이면 탁해진다. 빈 잼 병에 희석한 데톨 용액을 반쯤 붓고 주방 세제를 몇 방울 떨어뜨리면 그것이 표면장력을 깨뜨려 병으로 떨어진 벌레가 몇 시간씩 물 위에서 버둥대지 않고 곧바로 물속에 잠긴다. 나는 땅을 파고 병의 입구가 지표면과 수평을 이루거나 조금 낮게 묻었다. 며칠 뒤에 내용물을 알코올로 채운 병 속에 기울여 넣고 나중에 조사했다.

나는 어두워진 숲속에서 얼마나 많은 딱정벌레가 돌아다니는지 보고 깜짝 놀랐다. 특히 여름철에는 딱정벌레류로 병이 가득 찼다. 이러한 채집법의 단점이라면, 민달팽이도 종종 덫에 걸려든다는 것인데 이들이 고약한 점액질 덩어리로 혼합액을 더럽히기 때문이다. 나는 더 더러워지기 전에 숟갈로 민달팽이들을 꺼냈다.

병 속에서 흔히 발견되는 것은 커다랗고 어두운 딱정벌레로, 육상에서 활동하는 사냥꾼이며 대개는 날지 못한다. 또한 포식성 반날갯과 딱정벌레들도 잡혔는데, 대부분 길고 구불구불하여 곤충 초보자들에게는 집게벌레처럼 보인다. 사실 반날개류는 딱지날개가 아주 작으므로 복부의 끝이 훨씬 쉽게 노출된다. 가장 큰 종은 유럽대왕반날개*Ocypus olens*로, 악마의 마차를 끄는 말이라고 알려져 있다.

땅속에 채집병을 조금 오래 두었더니 그 안에서 무언가가 썩기 시작했는데, 그 냄새가 독특한 주황-검정의 검정수염송장벌레*Nicrophorus vespilloides*(별지 컬러 일러스트 45 참조)를 유인했다. 이 딱정벌레는 절지동물계의 장의사다. 송장벌레는 작은 동물의 사체를 묻고 거기에 알을 낳는다. 알은 부화한 후 육식성 유충이 되어 사체를 먹고 큰다. 검정수염송장벌레는 유충을 적당한 수가 남을 때까지 도태시키는데, 실로 놀라운 양육법이 아닐 수 없다. 나는 몸이 땅딸막하고 빛나며 뾰족한 다리를 가진 분식성 곤충인 도르딱정벌레*Anoplotrupes stercorosus*(별지 컬러 일러스트 42 참조)를 확실히 동정할 수 있다. 숲에는 이 쇠똥구리의 유충을 먹일 수 있는 사슴 똥이 많다.

이것이 내가 알 수 있는 전부다. 병에는 동정해달라고 기다리는 딱정벌레가 훨씬 많다. 그중 일부는 길이가 몇 밀리미터밖에 되지 않을 정도로 아주 작다. 나는 딱정벌레 전문가의 도움이 필요했다. 영국에는 반날개류만 1,000종이 넘고 바구미류가 400종 이상 서식하고 있다. 그 외에도 나무에 구멍을 파는 놈, 균류를 먹는 놈, 꽃가루를 좋아하는 놈 등 얼마나 많은지 셀 수조차 없다. 채집한 딱정벌레의 이름을 모두 알기는 불가능해 보였다. 런던 자연사박물관 동료들이 나를 구하러 왔다. 맥스 바클레이Max Barclay는 채집병에 든 것과 일전에 곤충학자들이 포충망을 휘둘러 잡았던 것까지 합쳐서 총 50종 정도를 동정했다. 특히 갈색너도밤나무나무껍질딱정벌레*Ernoporicus fagi*라는 작은 갈색 딱정벌레가 그를 흥분시켰다. 과거의 기록도 많지 않은 '전국적으로 희귀한' 종이었다.

박물관의 딱정벌레 큐레이터 마이클 가이저Michael Geiser가 조던 레이니Jordan Rainey라는 꼬마 곤충학자와 함께 6월에 숲에 와서 여기저기에서 코를 킁킁대며 딱정벌레를 찾아다녔다. 근시인 마이클은 작은 딱정벌레를 잡으면 안경을 올리고 눈을 찡그리며 살펴본 뒤, 머릿속에 든 방대한 라틴어 학명 사전을 재빨리 뒤져 학명을 말했다. 마이클도 모든 딱정벌레를 보자마자 동정할 수 있는 건 아니다. 어떤 벌레는 실험실로 가져가 현미경 아래에서 자세히 조사해야 했다. 그러나 하루 일과를 마칠 무렵이 숲에 100종이 넘는 딱정벌레가 살고 있다는 사실이 명확해졌다. 마이클은 실제로는 그보다 두 배는 더 있을 거라고 말했다.[6)]

어떤 딱정벌레의 존재는 놀랍지 않았다. 나는 서 있는 죽은 나무 중에 나무좀류가 파놓은 완벽하게 동그란 출구를 발견했다. 주변에는 구멍을 팔 때 나온 나무 먼지가 흩어져 있었다. 우리는 이런 생활 습관을 지닌 딱정벌레를 세 종이나 찾았다. 나무를 파먹고 사는 다른 딱정벌레들도 몇 종 있다. 나머지 딱정벌레 목록은 우리가 이미 이 책에서 보았던 많은 종으로 구성되는데, 딱정벌레의 유충이나 성충이 그것들을 먹고 산다. 균류를 먹고 사는 딱정벌레도 예닐곱 종을 찾았는데, 그중에는 네 개의 붉은 반점이 있는 미세토파구스 쿠아드리푸스툴라투스*Mycetophagus* *quadripustulatus*처럼 상당히 눈에 띄는 종도 있었다.

그러나 대부분은 작고 색이 짙으며 이름을 알 수 없었다. 에니크무스 테스타세우스*Enicmus testaceus*는 주로 점균류를 먹는 종이다. 심지어 흑달팽이딱정벌레*Silpha atrata*라는 종은 달팽이를 먹는다. 검은 등에 세로줄이 여러 개 솟아 있는 이 종은 연체동물의 살을 소화하기 쉽게 만들기 위해 희생자에게 액을 주입한다. 꽃밥을 먹고 사는 작고 빛나는 딱정벌레도 여럿 있었다. 나는 너도밤나무 잎이나 나무껍질을 전문적으로 먹는 종이 있지 않을까 예상했는데, 역시 내 기대를 저버리지 않았다.

또 다른 전문가들은 풀이나 쐐기풀을 먹으며, 이들의 유충 중 상당수가 뿌리에 탐닉한다. 다양한 바구미들은 아무 씨앗이나 식물을 먹을 수 있다. 총 다섯 종의 방아벌레가 시끄러운 폭발음과 함께 튀어 올라 포식자에게서 도망치는 능력을 공유한다. 맥스와 마이클은 똥을 먹는 딱정벌레류와 사체를 먹는 벌레를 추가했다. 상상할 수 있는 어떤 생태학적 거래에도 그것을 수행하기에 적합한 딱정벌레가 대여섯 종은 있는 것 같다. 여기엔 포식자인 날씬한 병대벌레와 선명한 주홍색의 추기경딱정벌레*Pyrochroa serraticornis*가 포함된다. 반면 통나무 밑을 들추면 황급히 도망치는 딱정벌레가 이미 10종이나 있다. 그리고 반날개류는 열두 종 이상이다. 딱정벌레의 전체 목록은 아직 완성하지 못했다.

그나마 7월에 나무딸기에 있던 큰 딱정벌레의 정체를 확인할 수 있어서 다행이다. 그 유충은 천천히 자라면서 활엽수의 목질부를 깊숙이 파먹는다. 길고 마디가 있는 안테나를 보고 하늘소류임을 알았고, 선명한 노랑-검정의 상징색을 통해 할리퀸하늘소*Rutpela maculata*(별지 컬러 일러스트 44 참조)로 좁힐 수 있었다. 딱정벌레 이름을 지을 때마다 10년이나 걸리는 건 아니다.

숲의 미래

그림다이크 숲은 생존자다. 그러나 이 숲의 생존은 그 효용 가치에 따라 결정되었다. 숲이 농촌 경제 안에서 지속적인 역할을 수행하지 못했다면 태곳적부터 내려온 '반半 자연적인' 숲이라도 버텨내지 못했을 것이다. 시대가 변해도 사냥감, 연료, 숯, 의자 다리, 솔 손잡이, 장작, 쐐기못 등 새로운 세대를 자극하고 개간을 막는 무언가가 항상 있었다. 그레이즈 코트의 보호막 아래 숲은 일종의 역사적 관성을 가졌고, 그 안에서 전통은 편의에 앞섰다. 숲이 명맥을 유지하는 방식은 일종의 스노우클론snowclone(흔한 속담이나 관용어구의 기본 틀은 유지한 채 다양하게 변형되어 사용되는 것 - 옮긴이)으로 볼 수 있다. '왕이 죽었다! 왕이여 만수무강하소서!'(숲을 벌목했다! 숲이여 영원하소서!) 숲은 지속될 것이다. 이는 감상에 젖어 내뱉는 말이 아니라 숲이 안전하게 유지될 것이라는, 이미 유지되고 있다면 다음 세대에도 그럴 것이라는 육감에 가깝다.

그러나 시장이 더 이상 나무를 원치 않는다면 그땐 어떻게 해야 할까? 이젠 아무도 너도밤나무 접시에 음식을 담지 않는다. 오래된 너도밤나무 의자에 계속 앉겠다는 감상주의자가 있을지는 몰라도 부엌 조리대를 너도밤나무로 만들려는 고객은 없다. 누구도 섶나뭇단이나 장작, 너도밤나무 손잡이가 달린 솔을 쓸 필요가 없다. 현재까지 너도밤나무 숲의 운명을 좌우한 것은 유용성이었고, 숲에서 몇 그루의 나무가 어느 수령까지 살아남을지 결정하는 것은 시장이었다. 1966년까지만 해도 너도밤나무는 가구재로서 수요가 있었다.[7] 산림 역사의 대부 격인 올리버 랙햄은 현재 역사상 그 어느 때보다 산림자원의 관리가 소홀하다고 말했다. 너도밤나무의 주요 경제적 효용은 화덕에 넣을 두툼한 통나무를 공급하는 것이다. 땔감이 아니라면 너도밤나무는 전원 지대의 장식품에 불과한가? 숲은 사람들이 산악자전거를 타고 지나가는 경치의 일부이자 사람들이 즐기는 나들이 장소의 배경을 제공했다. 램브리지우드의 옛 오솔길을 걷거나 자전거를 타고 지나갈 때면 행복한 전율이 느껴진다. 이것은 너도밤나무를 끊임없이 수확할 수 있느냐의 문제가 아니라 무미건조한 세상에서 탈출할 수 있느냐의 문제다. 나는 숲이 일반인에게 개방된 장미 정원이나 도심의 자동차 공원 같은 편의시설이 될 수는 없는지 궁금하다.

템스 강에 일어난 변화를 생각해보자. 이 강은 수백 년 동안 헨리의 동맥이자 교역소 역할을 도맡았지만, 이제는 보트를 타고 여가를 즐기는 사람들의 놀이터가 되었다. 인간의 쾌락원칙은 영국 역사상 가장 재밌는 책으로 알려진 제롬 K. 제롬Jerome K. Jerome의 『보트 위의 세 남자Three Men in a Boat』(1889년)에서 이미 적용되었다. 세 영웅과 개 몽모렌시를 태우고 모험을 떠나는 작은 보트는 헨리를 지나갈 때 이 지역의 산업에 대한 언급은 전혀 하지 않는다. 케네스 그레이엄이 쓴 『버드나무에 부는 바람』에서 두더지 몰과 물쥐 래티는 물에서 지내는 즐거움에 흠뻑 젖는다. 래티의 말처럼 '내 어린 친구야, 나를 믿어. 보트 안에서 빈둥대며 지내는 것보다 가치 있는 일은 하나도, 정말 하나도 없단다'.[8] 1940년에 출간된 로버트 기빙스의 『고이 흐르라, 템스 강이여Sweet Thames Run Softly』에서 저자는 이와 비슷한 한가로움을 좇아 매력적이고 분방한 여행을 떠난다. 기빙스는 길을 가다 만나는 동식물에 대해 어떤 연구가 이루어졌는지 모르는 게 없었고, 각각의 자연사를 정확하고 막힘없이 묘사한다. 기빙스의 다방면에 걸친 그 정신이 이 책에 물들어 있다면 나는 만족한다.

이 모든 책에서 템스 강은 흐르는 영혼으로 묘사된다. 물속에서의 삶은 즐겁고 재미있으면서도, 이를테면 사무실에서의 생활보다 더욱 진실한 면모가 있다는 매력적인 생각을 키워낸다. 독자는 여전히 이처럼 배를 타며 느끼는 행복감을 떠올리고 싶어 한다. 그리고 깊은 곳에서 연관성을 찾아낸다. 헨리 레가타에서 빈티지 보트가 창고로부터 모습을 드러낼 때, 윤기가 반지르르한 나무의 우아함과 여유 있는 움직임은 곧바로 『버드나무에 부는 바람』의 래티와 두꺼비 아저씨 시대에 대한 향수를 불러일으킨다. 물론 이 보트의 소유주는 배를 손질하여 물에 띄우기까지 얼마나 힘들었는지를 강조하고 싶겠지만. 내 장인어른이 '진 팰리스'(화려하게 꾸민 19세기의 싸구려 술집 - 옮긴이)라고 부르는 유람선들은 또 다른 느낌이다. 이 배들은 너무 빠르고 하얗고 크고 호화스러워 템스 강의 규모와 어울리지 않는다. 이 배들은 '메이블린'이나 '조지걸' 같은 이름으로 불린다. 심지어 '과시적 소비'라는 이름을 가진 배를 본 적도 있는데, 나는 그 대담함을 너그럽게 받아들이기로 했다. 어차피 상관없다. 이 배들도 사람들의 즐거움을 위해 템스 강을 따라 흐르며, 그런 측면에서 배의 주인들은 제롬 K. 제롬이나 그의 친구들과 별반 다르지 않기 때문이다.

시장에서 영국산 목재의 수요가 감소했다. 국내산 목재를 쓰는 것보다 미국에서 벚나무를 수입하면 비용이 덜 들기 때문이다. 우리가 벌목해서 제작한 벚나무 판재도 아직 구매자를 찾지 못했다. 열대우림을 훼손하여 제작한 저렴한 '티크' 가구가 시장에 넘쳐난다. 전통적인 영국의 유럽참나무는 여전히 고급 가구와 바닥재로 가치를 인정받고 있지만, 일반 시장에서는 미국산 참나무가 더 경쟁력이 있다. 영국은 오랫동안 지구의 구석구석에 손을 뻗친 결과, 그 재력으로 그레이즈 영지를 인수하고 식민지 야망을 확장했다. 그러나 그렇게 확산된 세계화가 결과적으로 이 숲의 수익성을 상실시켰다는 것은 참으로 아이러니하다. 스타브러시사의 행운이 증명했듯이, 전쟁조차 너도밤나무를 필요로 했는데 말이다. 너도밤나무의 가치를 위태롭게 만든 것은 제약 없는 자유 시장이었다.

우리 나무들은 이대로 평화롭게 늙어갈 수도 있다. 그러나 전체로 보았을 때는 최선이 아닐 수도 있다. 지난 수 세기 동안 행해졌던 윤작법과 나무의 선택적 벌목은 생물학적 풍요를 위해서 더 나은 선택이었다. 숲은 관리되어야 한다. 어린나무는 늙은 나무를 대체할 필요가 있다. 새로운 빛이 쏟아져 들어와야 한다. 다행히 칠턴힐스에서 살아남은 임야의 상당 부분이 사냥을 중요시하는 영지 내에 있다. 새로운 영지의 주인들은 목재의 생산성과 상관없이 오로지 사냥감을 위해 넓은 숲을 보존할 정도로 부유하다.

다른 숲들도 존 베처먼이 말한 메트로랜드에 해당하는 북쪽의 아머샴 주위로 지금까지 버텨내고 있다. 지역공동체는 이곳의 숲을 주민들의 편의시설로 사들일 정도의 경제적 여유가 있다. 다음으로 산림 재단이 있다. 이 재단은 보호가 필요한 종들에 관심을 기울이는 동시에 방문객의 즐거움을 위해 영국 전역에서 숲을 매입하고 관리하는 보전 단체다. 헨리의 바로 남쪽에 있는 하프스덴우드의 오래된 너도밤나무 숲도 이 재단이 운영하는 1,000개 이상의 숲 가운데 하나다. 이런 고무적인 징후에도, 이와 같은 사업만으로 이 오래된 숲이 다음 한 세기를 버틸 수 있을지는 알 수 없다.

어쩌면 해답은 천연 원목 제품에 대한 관심을 다시 끌어내는 데 있을지도 모른다. 우리 같은 사람들을 위해 〈스몰우즈Smallwoods〉라는 잡지가 있는데, 표지에는 나보다 강인해 보이는 멋진 남자들이 행복한 모습으로 전기톱질을 하거나 기둥을 세우고 있다. 허들, 지팡이, 텃밭의 덩굴 지지대, 나무 울타리, 우드 칩, 숯, 바구니, 목공 선반旋盤, 목각 등이 모두 작은 숲 주인들의 영역이다. 내 첫 지팡이는 시작일 뿐이다!

아이들의 관심을 불러일으키는 것도 좋은 방법이다. 나는 실바 재단이 후원하는 '참나무 한 그루 프로젝트'를 좋아한다.[9] 이 프로젝트는 그림다이크 숲 프로젝트와 유사하지만, 나무 하나의 규모로 축소되었다.

2010년 1월 20일, 222년 된 참나무 한 그루를 베어낸 후 그 목재를 조각에서 톱밥까지 남김없이 사용했다. 이때 수백 명의 아이들이 나무에 무슨 일이 일어나는지를 지켜보았다.

참나무 톱밥은 우리 숲에서 가장 가까운 미쉐린 별 세 개짜리 식당, '르 마누아 오 콰세종Le Manoir aux Quat'Saisons'으로 옮겨져 맛 좋은 훈제 요리에 사용되었다. 나는 얼마든지 셰프 레이먼드 블랑Raymond Blanc의 요리와 내가 가진 톱밥을 맞바꿀 용의가 있다고 제안하고 싶다.

나무는 우리 조상이 나무의 요정 드라이어드를 믿기 시작한 때부터 우리의 사고체계에 내장되었다. 나무는 가계를 시각화하는 가장 좋은 방법이다. 글을 읽을 수 있는 사회에서 나무의 이미지는 가계의 타당성을 주장하면서 과거와 현 세대를 연결할 수 있는 가장 보편적인 이미지다.[10] 가문의 문장紋章 간의 관계를 보여주는 중세 시대의 나무는 열매가 가득 달린 오렌지 덤불처럼 장식되었다. 원줄기에서 뻗어 나오는 나뭇가지는 공통 조상에 대한 편리한 은유를 제공할 뿐 아니라, 나무의 오랜 나이는 역사를 떠올리고 유산이 따라오는 상속의 자격을 드러내는 데도 적당하다. 귀족 가문의 영향력과 인내심은 참나무에 빗대어 묘사된다. 나는 앞에서 물푸레나무와 참나무, 주목이 유럽 문화에서 맡은 특별한 역할에 대해 언급했다.

초기 과학자들이 동식물을 집단으로 분류하고, 나중에 린네가 세상에 그들의 이름 짓는 시스템을 마련해주었다. 1830년대 들어 생물학에서 후손에 의한 유기적 진화와 변화에 대한 발상이 대두되었을 때, 나무의 이미지가 아니고서 어떤 방식으로 그 관계를 묘사할 수 있었겠는가? 1874년 에른스트 헤켈Ernst Haeckel의 「생명의 나무」, 즉 하등동물에서 인류까지 이어지는 나무 그림은 인간의 모든 동물 친척들로 장식된 고대의 참나무가 분명하다. 비록 재임 중인 장원의 영주가 중세 가계도의 정상에 있는 것처럼, 이 나무의 꼭대기를 차지한 것은 인간이지만 말이다. 심지어 (분기학 또는 분지학으로 알려진) 현대 과학이 가계에 대한 이처럼 지나치게 직접적인 묘사를 비판했을 때도 관계를 나타내는 나무의 개념은 버리지 않았다. 실제로 수많은 여러 형태의 나무가 분자생물학의 시대까지 지속되고 있다.

나무와 우리의 감정적인 연관성은 단순한 가계의 문제가 아니라 훨씬 더 근본적인 것이다. 예술가가 나무를 보며 아름답다고 생각하듯, 우리는 나무를 보고 안심한다. 나는 이 책을 쓰는 동안 조이스 킬머Joyce Kilmer가 쓴 지극히 낯간지러운 시를 인용하지 않으려고 무던 애를 썼다.

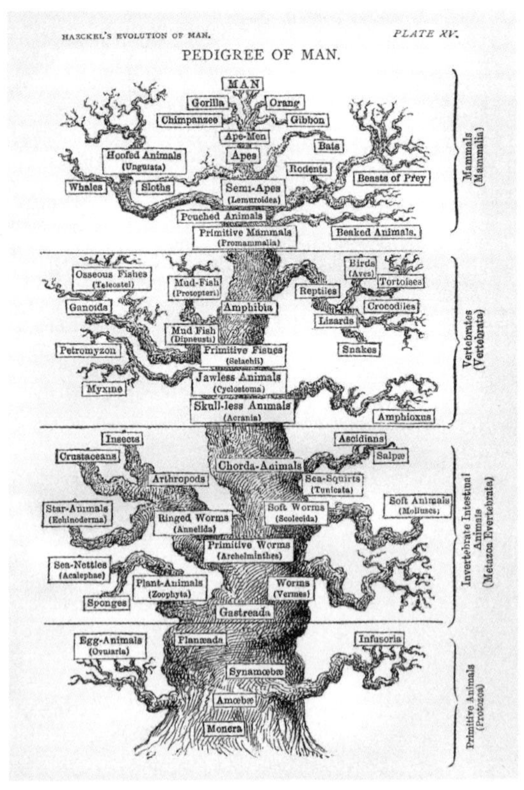

에른스트 헤켈의 「생명의 나무」.(1874년)

'나무처럼 사랑스러운 시는 본 적이 없다.' 아, 부끄럽기 짝이 없다. 그러나 우리는 시인이 무엇을 말하려는지 알고 있다. 킬머만큼 유명하지만 보다 나은 윌리엄 헨리 데이비스William Henry Davies의 시 「여유」는 좀 더 정확히 핵심을 찌른다.

인생이란 무엇일까, 근심에 찌들어,
가던 길 멈춰 서서 바라볼 시간도 없다면.

양이나 젖소들처럼 오래오래
나무 아래 서서 응시할 틈이 없다면.

어느 날 분홍색 운동복을 입고 조깅하며 숲속을 쌩하니 달려가던 사람이 떠오른다. 그녀는 이어폰을 끼고 있었다. 무슨 음악인지는 모르겠지만 이어폰 바깥으로 희미하게 '티시, 티시' 하는 소리가 들렸다. 새소리는 감히 기회도 얻지 못할 것이다. 그녀는 짙은 안경을 끼고 있었다. 할 수만 있다면 기꺼이 눈을 감고 달렸을 것이다. 나는 조용히 그녀를 멈춰 세우고 '잠깐만 주위를 한번 둘러봐요'라고 말하고 싶은 충동과 싸웠다. 하지만, 행동으로 옮기기엔 난 너무 교양 있는 사람이니.

모든 작은 생명체에게 보내는 사과의 말씀

귀에 방음 처리를 하고 조깅하는 사람들은 분명히 작은 파리나 기생말벌을 알아채지 못할 것이다. 여기서 나는 바로 이 작은 생명체들에게 사죄의 말씀을 올린다. '정의를 실현하지 못한 것에 대해 숲속의 모든 가장 작은 동물들에게 유감을 표합니다.' 이들 모두가 자신만의 일대기가 있고, 누구라도 블루벨이나 붉은솔개보다 흥미로운 얘깃거리를 가지지 않을 논리적인 이유는 없으나, 단지 너무 많은 곤충이 있고 그중 일부는 채 동정도 되지 않았다. 나는 어쩔 수 없이 이 끝없는 목록 중에 숲의 생태계를 전반적으로 이해하는 데 도움을 줄 수 있는 몇몇 특별히 주목해야 할 종을 골라 소개할 수밖에 없다.

우선 무늬자루맵시벌*Ophion obscuratus*로부터 시작하겠다. 자연사박물관의 개빈 브로드Gavin Broad가 나를 대신해 동정해준 특별한 말벌이다. 이 종이 속한 벌목Hymenoptera은 엄청나게 큰 집단으로 개미, 벌, 잎벌, 그리고 우리에게 익숙한 말벌을 비롯해 방대한 수의 작은 곤충을 포함한다. 벌목에 속한 종들은 가슴과 배가 이어지는 부분이 가늘어지는 '개미허리'와 그 외에 몇 가지 날개의 특징을 가지고 있다.

맵시벌과에 속하는 무늬자루맵시벌은 3월부터 숲에 나타나는데, 길이가 몇 센티미터에 달하기 때문에 다른 종보다 눈에 잘 띄는 편이다. 이 벌의 투명한 날개에는 시맥이 뚜렷하고 가장자리의 시실 중 하나가 검은색이다. 알을 낳는 긴 산란관이 뒤꽁무니에 없는 것은 몇몇 근연종의 전형적인 특징이다.

무늬자루맵시벌은 포식기생성parasitoid 곤충이다. 이들의 생활 습성은 무시무시하다. 이 벌은 밤에 밤나방과 나방의 애벌레를 찾아 알을 낳는데, 애벌레 한 마리당 하나씩 낳는다. 알이 부화하면 그 유충은 안에서부터 애벌레를 먹어치우는데, 마지막 일격의 순간까지 살아 있도록 뜸을 들이며 먹는다. 다음에 이 살인마 유충은 나방의 단백질을 성공적으로 말벌로 변환시킨 후 번데기가 된다. 이처럼 숙주를 잡아먹는 포식성 기생 방식은 매우 특별한 것처럼 들리지만 브리튼 섬에만 이런 자연사를 가진 것이 수천 종이 있다. 사실 이들은 생물학적으로 가장 다양한 벌목의 형태다.

다른 기생성 말벌은 맵시벌보다 크기가 훨씬 작아 겨우 몇 밀리미터에 불과하다. 우리 숲에서도 앤드류 폴라스젝Andrew Polaszek이 가는 채집망을 휘저어 여러 종을 채집한 후 옥스퍼드 대학교 곤충학과에서 홉Hope 교수직을 맡고 있는 찰스 고프리Charles Godfray에게 보냈다. 친절한 고프리 교수는 자신의 전문 분야인 이들 중 열두 종을 동정해주었다. 나는 디노트레마속*Dinotrema*과 아스필로타속*Aspilota*은 손을 댈 수 없다는 고프리의 말이 흥미로웠다. 왜냐하면 그 분류군에 더 연구할 만한 종들이 얼마든지 있다는 과학자의 암호로 들렸기 때문이다. 우리 숲에서 추진할 수 있는 새로운 과학 분야가 있을지도 모른다. 진정한 전문가라면 결코 거짓 확신을 주지 않는 법이니.

비록 동정하기는 힘들지만, 포식기생자들은 진딧물처럼 작은 해충을 통제하는 데 매우 중요하다. 이들은 대개 한 종만 먹잇감으로 삼고 그 종에 생리적으로 특화되었다. 따라서 인간에게 골칫거리인 곤충을 생물학적으로 제어하는 데 더할 나위 없이 중요하다. 마로니에 잎을 공격해 나무가 정상적으로 낙엽을 떨구기 전에 흉한 갈색으로 만드는 나방이 있다. 현재 이 나방을 통제하는 '적절한' 포식기생자를 찾는 연구가 진행 중이다. 최근 분자 연구에 따르면 기생말벌들은 아주 오래전에 바이러스의 도움으로 숙주 애벌레의 면역계를 속여 유충이 공격받지 않고 지내는 방법을 찾아냈다. 기이하고 치명적인 전쟁이 잎과 풀 사이에서 벌어지고 있다.

'벌레'란 통상적으로 관절이 있는 다리를 가진, 절지동물문의 모든 생물을 일컫는 말이다. 이미 멸종한 삼엽충은 나에게 개인적으로 특별한 동물인데, (나는 인정하지 않지만) 흔히 공룡dino과 벌레bug를 합친 '다이노버그(공룡벌레)'라고 부른다. 진정한 벌레는 노린재목Hemiptera 하나뿐으로, 나의 사과를 받아 마땅한 또 다른 분류군이다. 이 분류군과, 특히 눈에 잘 띄지 않고 수액을 빨아 먹는 '진딧물'은 마땅히 관심을 가져야 하지만 이 책에서는 제외할 것이다. 대신 가라지거품벌레*Philaenus spumarius*만큼은 언급해야겠다. 이 벌레는 어린 생장 단계인 약충nymph(불완전변태를 하는 동물의 애벌레 - 옮긴이)이 목재 더미 근처에서 쐐기풀 줄기에 하얀 거품으로 궁전을 만들어 몸을 숨기기 때문에 눈에 잘 띈다. '뻐꾸기 가래침'이라고도 부르는데, 아마도 동명의 철새가 영국에 도착하는 시기에 맞춰 등장하기 때문일 것이다. 안타깝게도 뻐꾸기 역시 자취를 감추는 또 다른 기생종이다. 보호 거품이 사라질 무렵, 무력한 약충이 안쪽에서 모습을 드러내고 희미하게 발버둥친다.

진짜 파리(파리목)에 관해 말하자면, 이 분류군은 꽃등에, 벼룩파리, 쉬파리, 검정파리, 꼭지파리, 장다리파리, 모기, 들파리를 포함하는데 모두 우리 숲에서 채집되었다. 파리목의 유충은 풀, 너도밤나무, 썩은 낙엽, 썩은 고기, 꽃, 버섯, 뿌리 등 먹지 못하는 것이 없다. 파리는 육식동물, 시체 청소부, 초식동물, 분식糞食동물, 기생동물, 흡혈동물 등 엄청난 범위에 걸쳐 있다. 이들을 제대로 다룬다면 또 한 권의 책을 써야 할 것이다. 딕 베인-라이트의 각다귀가 이 모두를 대표해 이 책에 실렸다. 나는 작은 존재들 사이에서 수십 종류의 거래가 이루어지는 이 숲의 서식처를 그려본다. 이는 인간의 도시와 비슷하지만, 어떤 거래는 인간세계에 알려지지 않았다. 예를 들어 포식기생을 하는 인간은 없다. 아니, 적어도 없길 바란다.

좀 더 정확히 말해야겠다. 곤충에게 숲은 서식처의 연속이다. 숲 구석구석, 심지어 두 장의 쭈글쭈글한 이파리 사이의 공간까지도 이들에게는 보금자리가 될 수 있다. 찰스 허세이Charles Hussey는 내가 평소에 무심히 지나치던 장소를 가리켰다. 너도밤나무 가지가 썩었거나 가지가 부러진 곳, 또는 나무둥치의 구멍 속에 고여 있는 작은 물웅덩이다. 그곳은 마치 마녀의 가마솥에나 들어갈 법한 재료를 찾을 수 있을 만치 어둡고 해로워 보인다. 하지만 이 작은 고인 물조차 수많은 생명들에게 특별한 서식처를 제공한다.

찰스는 현미경 전문가다. 그는 작은 유리병에 다소 탁해 보이는 물을 수집해 현미경 아래에서 자세히 조사했다. 그는 이 초소형 석호에 도저히 상상할 수 없는 생명체가 있다고 말했다. 여섯 개의 다리를 가진 흥미롭고 창백하고 길쭉한 이 생명체는 이런 환경에서만 자라는 흔치 않은 딱정벌레의 애벌레로, 이름은 프리오노시폰 세리코르니스*Prionocyphon serricornis*다. 모기 애벌레들이 있는 것은 놀랍지 않다. 우리 집에서도 축축하고 물이 고여 있는 귀퉁이에서 꾸물대는 것을 익히 봐왔기 때문이다. 나는 여기에서 갑각류를 볼 거라곤 정말 예상치 못했는데, 수많은 미세 요각류*Bryocamptus*가 살고 있었다. 대개 이러한 플랑크톤성 갑각류는 해양성이라고 생각했고, 실제로 바다에서 가장 풍부한 생명체다. 그러나 민물 종도 얼마든지 있을 뿐더러 이처럼 나무 구멍에서의 삶에 최적화된 작은 동물들이 체절화된 털 달린 사지로 헤엄치며 지내고 있었다.

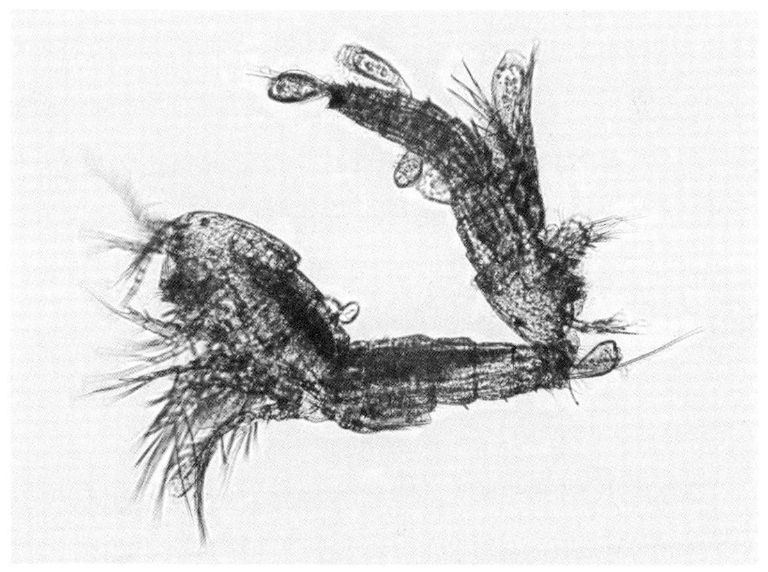

찰스 허세이가 찍은 요각류 브리오캄프투스.

찰스는 자신이 가장 좋아하는 미세 생물 집단인 담륜충도 찾아냈다. 이제 우리는 시계視界의 한계에 이르렀다. 여기까지가 내가 그림다이크 숲 프로젝트의 한계점으로 설정한 지점이다. 물론 이 살아 있는 수프에는 담륜충보다도 작은 생명체가 수없이 많다. 튤립을 닮은 현미경 수준의 생물은 하나의 세포로 된 원생생물, 그중에서도 아마 종벌레*Vorticella*일 것이다. 다른 원생생물들은 자동 프로펠러 기계처럼 현미경 아래에서 쌩하고 지나간다. 너무 빨라서 도저히 동정할 수 없다. 이 생명체들은 또 더 작은, 너무 미세해서 찰스의 현미경으로는 관찰할 수 없는 것들을 먹고 산다. 대부분 박테리아 – 전혀 다른 차원의 다양성을 가진 세계 – 이고 그보다 작은 것은 바이러스다.

나는 우리 숲의 나무 웅덩이에서 생활하고 번식하는 이 작은 것들은 과학이 미처 이름 붙이지 못한 종이라고 추호의 의심도 없이 믿는다. 그것들은 더 작은 형태의 생명체로의 무한한 회귀를 보여준다. 비가 내리면 수백만의 작은 생명체가 너도밤나무 줄기를 따라 흐르는 풍성한 물길에서 잠시나마 훙청거리며 논다. 토양은 언제나 이 작은 것들로 들썩이며 이들 없이는 존재할 수 없다. 보이지 않는 이 하찮은 것들은 더 복잡한 것들과 상호 작용하고 생물학적 사이클을 바꾸는 복잡성의 언어, 생명의 격언을 쓰며 현실 세계의 기저를 이룬다. 생명의 기본이 되는 이 입자들을 부차적인 것으로 강등시키는 행위에 대해서는 어떠한 사과도 충분치 않다.

다시 시작

숲이 깨어난다. 블루벨의 로제트가 완전히 일어섰다. 어떤 곳에서는 너무 빽빽하게 들어찬 나머지 땅이 온통 짙은 초록색으로 보인다. 숲 한가운데의 딩글리델에도 풀밭이 펼쳐졌다. 너도밤나무 숲을 사랑하는 우드멜릭이 무성하다. 이 밝은 연둣빛 풀밭이 늦여름이 되면 사라진다는 걸 믿기 힘들다. 아룸 이파리는 가장 그늘진 곳에서도 잘 자란다. 올된 유포르비아 아미그달로이데스와 셀런다인이 벌써 꽃을 피웠다. 스코틀랜드느릅나무 암꽃이 길 위로 종잇장 같은 폭포를 쏟아내며 늘어졌다. 숲비둘기는 높은 곳에 앉아 똑같은 말만 되풀이한다. "데이비드, 알약 두 알만 가져와! 데이비드, 알약 두 알만 가져와!" 너도밤나무 가지는 아직 완전히 벌거벗었지만, 쏟아지는 진주 같은 햇빛이 가지 사이를 통과할 때 하늘에 대고 정신없이 낙서를 해댄다. 이제 곧 숲 천장의 잎사귀들이 제 차례가 되어 잎을 펼칠 것이다.

계절의 바퀴는 돌고 또 돈다. 시간을 초월한 가운데에서도 숲에서 역사가 건드리지 않은 것은 아무것도 없다는 사실을 깨닫는다. 이 고대의 대지는 인간에 대한 쓸모와 불가분하게 뒤얽혀 있고, 조림造林이나 청설모 못지않게 경제적인 필요가 숲의 모양을 일구어왔다. 심지어 대기까지 멀리서부터 미묘한 영향력을 싣고 온다. 기후변화가 가속화된다면 결국 너도밤나무의 오랜 지배도 끝날 것이다. 내 개인적인 호불호와 상관없이 이 작은 숲은 하나로 묶인 세계의 아주 작은 일부이고, 드 그레이 시대 이후로 점점 더 그렇게 되고 있다. 나는『뉴 실바』에서 예언한 대로 우리의 완벽한 칠턴힐스 너도밤나무가 습기 찬 보루로 퇴각할 것이라는 생각을 하면 두려워진다. 그러나 영원한 것은 없다는 사실을 받아들여야 한다. 역사가 깊은 이 숲까지도.

영국의 전원에 관해 글을 쓰다 보면 종종 또 다른 상실감이 번져온다.『사우스 컨트리』에서 전원에 대한 에드워드 토머스의 황홀한 묘사는 슬픔에 젖어 있다. 오래된 영국의 전원이 참을 수 없는 도시병의 치유 장소가 되고 있는 빗나간 세상에 대한 슬픔이다.『칠턴의 전원』에서 헤럴드 J. 매싱엄은 소박한 시골 오두막에 사는 현명한 장인들, 즉 '진정한' 시골 사람들의 성실함과 재주를 희생하고 부르주아적 가치가 전원을 잠식하는 세태에 대해 거침없이 불만을 토로한다. 매싱엄은 '인간이 하는 일이 자연과 조화를 이루고, 인간과 자연이 하나의 완전체를 이루던 때의 덥수룩한 수염 같은 언덕'이 사라진 것을 한탄한다. 작금의 세상은 과거에 비하면 정상이 아니다. 그렇지만 과거의 어느 때와 비교하겠다는 말인가? 중세 시대? 아니면 18세기? 그건 알 수 없다. 수천 개의 의자 다리를 만들고도 박봉에 쪼들리는 장인과, 밥상에 올릴 식재료를 구하려고 눈이 망가지도록 레이스를 뜨는 아내 역시 그들이 사는 세상이 정상이 아니라고 생각하지 않았을까? 매싱엄은 칠턴에 오랫동안 살아온 토박이들이야말로 색슨 시대 이전에 살았던 원주민들의 직계 후손일지도 모른다고 훌륭하게, 그리고 열성을 다해 주장한다. 그는 현대 게놈학의 발전이 곧 이 연면히 흐르는 가계가 사실임을 확인할 것이라고 믿고 있다. 매싱엄은 연속성이라는 관념을 무척 좋아했다. 이 농촌주의 작가가 쓴 글의 바탕에 깔린 감정은 앨프레드 E. 하우스먼Alfred E. Housman의 『슈롭셔의 젊은이A Shropshire Lad』에 나오는 유명한 어구와도 연결된다. '저 알맹이를 잃어버린 땅, 내게는 빛나는 평원처럼 보이누나.' 평원은 빛날지 모르지만 땅은 기억되어 위대한 통탄의 시로 거듭난 과거의 환상일 뿐이다. 나는 가끔 에드워드 토머스가 자신의 산책길을 그대로 서술한 것이었는지, 아니면 재구성한 것이었는지 궁금하다.

매싱엄이 바라보는 경관은 전체론적인 판타지에 사로잡힌 상류층 소년의 눈에 그려진 것이다. 자연에 대한 요즘의 글 가운데에는 하나의 전체로서 보는 자연, 그리고 사물들이 서로 연결되어 있는 것에 대한 저자의 막연한 공감은 풍성하게 묘사하면서, 정작 살아 있는 동식물의 핵심적인 세부 사항들은 관심사가 되지 못하는 경우가 있다. 나는 세세한 것이 주는 수많은 이야기를 더 좋아한다. 모든 유기체는 인간만큼이나 흥미로운 존재이고, 관찰자보다 결코 덜 중요하다고 할 수 없다.

나를 포함한 소수의 사람들이 큰 공터 가운데에 원을 그리고 섰다. 우리는 이미 나무딸기 덤불을 뿌리째 뽑아 나무를 심을 땅을 확보했다. 도토리가 적당한 크기로 자라려면 너무 많은 시간이 걸릴 것이므로 나는 아주 잘생기고 균형 잡힌 어린 유럽참나무를 샀다. 우리는 암으로 세상을 떠난 벗을 기리며 새 참나무를 심었다. 그녀의 가족도 자리에 함께했다. 젊은 친구들이 곡괭이와 삽으로 땅을 팠다. 수석점토층은 평소처럼 버텼다. 커다랗고 울퉁불퉁한 돌이 끈적거리는 오렌지색 점토를 끌어안고 있다가 마지못해 끌려나왔다. 삽이 부딪치자 쪼개진 짙은 수석에서 불똥이 일었다. 바로 이곳에서 수천 년 전에 신석기 사냥꾼이 도끼머리를 갈다가 같은 불똥을 보았을 것이다. 다갈색 자갈을 보면서 숲이 생겨나기도 전, 매서운 기후가 유럽 전체를 움켜쥐고 있던 때의 세상을 떠올린다. 구덩이에 묘목을 넣고 밑동을 친 개암나무에서 거둔 네 개의 튼튼한 말뚝을 주위에 단단히 박았다. 구멍에 흙을 메우고 꼼꼼히 다진 뒤 물을 주고 말뚝에 철조망을 엮어 울타리를 쳤다. 사슴이 새로 심은 나무를 망가뜨리면 안 되니까.

나무는 숲에서 제일 좋은 장소에 자리 잡았다. 머리 위로 푸른 하늘이 충만하여 어린나무가 위로 뻗는 데 방해가 되는 그늘은 없다. 한 세기가 지나면 이 나무는 훌륭한 재목이 될 것이며, 500년 후에도 여전히 황금기를 누리고 있을 것이다. 그러나 아직 단단한 참나무 잎눈이 벌어지려면 한 달이 남았다. 이 행사의 공식 연설이 짧게 이어졌고 사람들은 1~2분 정도 침묵했다. 고요 속에 새소리와 흔들리는 나뭇가지 소리가 유일했다. 이것은 인간의 역사와 그림다이크 숲이 만난 수많은 교차로 중에서 가장 최근의 것이며, 명판으로 표시된 최초의 것이기도 하다.

완성된 호기심 상자

마침내 필립 쿠멘이 휠러스 반에서 수집품 보관함을 배달해왔다. 우리가 가져간 벚나무 목재로 서랍 네 개짜리의 틀을 짜고 모든 열장이음을 손으로 직접 잘라 서로 맞물리게 짜 맞추는 데 한 달이 걸렸다. 보관함과, 보관함을 올려놓는 받침대의 테두리는 매끈하다. 우리는 서랍 손잡이에 관해 상당히 오랫동안 의논한 끝에 결국 손잡이를 달지 않고 서랍 자체가 물결 모양으로 튀어나오도록 만들었다.(별지 컬러 일러스트 53 참조) 각 서랍은 다양한 수집품을 넣기 위해 서로 다른 크기로 제작되었다. 그림다이크 수집품은 내가 런던 자연사박물관에서 평생 함께했던 수집품과는 다르다. 나는 속이나 종별로 수집품 목록을 만들거나 과학적인 방식으로 배열하지 않았다. 아이가 해변에서 첫 번째 호기심으로 주워 모은 작은 경이驚異를 담은 상자라고 생각하면 된다. 이 수집품들 중 돈의 가치가 있는 것은 없다. 각 수집품은 12개월간 진행된 그림다이크 숲 프로젝트의 기념품이다. 무엇에 눈길이 가든 간에 그것을 발견한 순간이 떠오를 것이다. 사물이 아닌 기억의 수집이다.

각 서랍에는 기억을 분리하기 위해 내부 칸막이를 설치했다.(별지 컬러 일러스트 52 참조) 가장 큰 수집품은 로더필드그레이즈의 '로더', 즉 황소를 닮은 수석으로, 수백 년 동안이나 숲을 붙들고 있었던 암석이다. 가장 작은 수집품은 북숲쥐가 갉아먹은 체리 씨로, 썩은 통나무 밑에 얌전히 보관되어 있었다. 다음엔 빈 지빠귀 알껍데기다. 내 생애 최고였던 어느 날의 하늘처럼 푸르다. 그다음은 완벽하게 둥근 '백악란'이다. 그래봐야 새와 관련된 건 하나도 없지만, 어쨌든 로버트 플롯 박사가 300년 전에 인지했던 하얀 반죽이 들어 있다. 이제 우리 숲 수석점토층에서 나온 점토로 로니가 구운 타일도 넣자. 너도밤나무 뿌리에서 찾은 말린 송로버섯, 거미집, 참나무 벌레혹, 동심원 안에 나이의 비밀을 드러낸 호랑가시나무의 윤기

나는 단면, 숲이 탄생하기 전 아득한 시대에 만들어진 붉은 사암, 망치로 깬 수석, 봉지에 담긴 이끼. 이 모든 것은 자기 자리가 있다. 마지막 수집품은 특히 주의해서 다루어야 한다. 1주일 전에 찾은 겨울잠쥐의 둥지다. 즐거운 날들, 발견한 순간, 새소리, 벌목, 그림다이크 숲 이야기가 잉글랜드 남부의 칠턴힐스, 그 안에서도 작고 오래된 구석의 숲, 그리고 이 숲에서 자란 벚나무로 만든 호기심 상자 안으로 들어간다. 서랍은 굳이 힘들이지 않아도 자연스럽게 미끄러지며 닫힌다. 이 상자는 우리 숲에서 생활한 1년간의 추억과 느낌과 발견을 보관할 것이다. 이제 호기심은 채워졌다. 당분간은.

| 감사의 말 |

아내 재키는 그림다이크 숲 프로젝트에서 없어서는 안 되는 존재였다. 애초에 그림다이크 숲 매매 광고를 본 것도 재키였고, 그 이후로도 누구보다 이 모험을 즐겼다. 실질적으로 숲의 역사에 관한 모든 자료를 수집한 것도 재키다. 재키는 숲속의 1년을 담기 위해 많은 사진을 찍었다. 재키가 없었다면 이 책을 출간하지 못했을 거라고 해도 과언이 아니다. 컴퓨터에 관련된 조언을 하고 이 지역의 지도 작성에 도움을 준 레오 포티Leo Fortey에게도 고맙다는 말을 전한다.

내 전문 분야가 아닌 분류군을 동정하는 데 많은 사람이 나서주었다. 우선 앤드류 패드모어를 제일 먼저 언급하고 싶다. 앤드류는 누구보다 현장에 자주 나와 나방의 목록을 작성하는 일에 지칠 줄 모르는 노력을 함께했다. 앤드류의 아내 클레어도 우리와 함께 늦은 밤까지 유쾌한 시간을 보냈다. 앤드류의 사진들은 이 책을 멋지게 장식했다. 더 많은 사진을 싣지 못해 아쉬울 따름이다. 피터 크리드는 나 혼자서는 찾지 못했을 선태류의 세계로 나를 안내했다. 팻 월슬리Pat Wolseley는 내가 채집한 지의류를 동정해주었다. 런던 자연사박물관에 있는 팻의 동료들은 다양한 딱정벌레들을 동정했다. 나는 특히 맥스 바클레이와 마이클 가이저의 독보적인 지식에 감사한다. 이들을 따라다니며 능숙하게 보조한 어린 곤충학자 조던 레이니에게도 감사한다. 샐리-앤 스펜스Sally-Anne Spence는 조던을 포함한 미니비스트 메이헴 팀과 함께 숲에 왔다. 샐리-앤의 뜨거운 열정과 때마침 등장해준 작은 포유류들 덕분에 모두 좋은 시간을 보냈다. 단, 겨울잠쥐의 흔적을 발견한 것은 로라 헨더슨이다. 존 트웨들John Tweddle은 그림다이크의 생물 종 목록에 쥐며느리, 지네, 노래기 종을 추가했다. 내 오랜 지기知己인 딕 베인-라이트가 몇 차례 숲을 방문해 각다귀들을 채집해준 덕분에 쌍시류가 적잖이 목록에 기여했다. 숲을 두 차례 방문한 앤드류 폴라스젝은 특별한 포충망을 휘둘러 작은 곤충, 특히 기생말벌을 채집했고, 그중 일부는 찰스 고프리에게 넘겨 동정을 맡겼다. 누구도 곤충들에 대해 이보다 권위 있는 작업을 할 수 없었을 것이다. 피터 챈들러Peter Chandler, 로저 부스Roger Booth, 던컨 시벨Duncan Sivell, 가빈 브로드Gavin Broad가 곤충 목록을 추가했고 로니 하이스Rony Huys는 갑각류를 동정했다. 토비 애브리하트Toby Abrehart는 연체동물을 추가했다. 로렌스 비가 숲을 세 차례 방문하여 많은 거미를 동정했고 몇몇 종은 폴 셀던Paul Selden이 추가했다. 나는 이들이 나누어 준 경험과 지식에 빚을 졌다.

스카이차로 숲의 상층부를 살피는 일정은 닐 멜레니Neil Melleney가 조율했다. 그 자신도 그냥 평범한 자연주의자는 아니다. 같은 날 방문한 런던 자연사박물관 과학자들의 일정은 대니얼 휘트모어Daniel Whitmore가 조율했다. 모두가 한 번씩은 나무 꼭대기에 올라가보았다. 클레어 앤드루스가 박쥐 소리를 녹음하러 숲에 왔고, 이후에 나와 함께 녹음된 소리를 들어보며 놀라울 정도로 다양한 박쥐들을 밝혀냈다. 버섯을 포함한 균류는 대부분 내가 동정했지만, 나를 쩔쩔매게 만든 한두 종은 앨릭 헨리치Alick Henrici가 도와주었다. 한스-조세프 슈레어즈Hans-Josef Schroers가 알기 어려운 미세 균류를 확인해주었다. 마지막으로, 나와 오랫동안 함께 출퇴근을 해온 찰스 허세이는 너도밤나무 발치의 축축한 구멍에서 작은 생물들을 채집하여 내가 알지 못했던 또 다른 생태계를 발견했다.

과거 칠턴 숲의 기억을 나누어 준 데이비드 로즈와 존 힐에게 특히 감사의 말을 전한다. 그레이즈 코트의 내셔널 트러스트 담당 직원은 너그럽게도 우리가 오래된 영지 지도를 조사하도록 허가했다. 헤르네의 리처드 오베이는 가족이 몇 대에 걸쳐 이 지역에서 살았는데, 친절하게도 우리에게 램브리지우드와 인근 지역의 대형 상세 지도를 보여주었다. 리처드의 아내 길리안Gillian은 그레이즈 코트를 수 세기 동안 소유했던 스테이플턴 가문의 살아 있는 마지막 일원인 수전 풀포드-돕슨Susan Fulford-Dobson을 우리에게 소개했다. 수전은 친절하게도 그녀의 아버지가 집대성한 가문의 역사에 대한 초고를 사용하도록 허락해주었다. 로웨나 에밋은 세실 로버츠에 대한 유용한 정보를 제공했다. 우리 숲의 이야기는 헨리온템스의 이야기와 얽혀 있다. 이와 관련하여 조정박물관에 비치된 유용한 자료들을 참고했다. 도시와 건축물의 역사는 헨리의 오래된 참나무 들보를 일일이 기억하는 루스 깁슨Ruth Gibson이 전문적인 세부 사항까지 설명해주었다. 헨리온템스 고고학 및 역사 모임에 감사한다. 폴 클라이덴Paul Clayden은 친절하게도 그의 도서관에 있는 여러 책을 장기간 빌려주었다. 옥스퍼드의 옥스퍼드셔 기록보관소 담당 직원은 역사적 관련 사항에 대한 상세한 정보를 효율적으로 제공했다. 레딩 대학교의 농촌생활박물관은 이 지역 농업 역사에 관한 희귀 문서를 볼 수 있게 허가했다. 헨리 도서관의 지역 연구집이 추가 정보를 제공했다. 하이위콤브 박물관의 「다리장이의 시대」에 관한 전시에 감사한다. 조애너 캐리, 헤이든 존스, 제임스 발로 경과 모니카 발로는 램브리지우드 숲과 주변에 관련된 자신의 이야기로 책에 이바지했다. 칠턴지역협회의 열정적인 자원봉사자들은 우리 숲의 오솔길을 복원하고 새로운 이정표를 세워주었다.

더 오래된 과거의 역사를 해독하는 과정에 질 아이어스가 더할 나위 없는 도움을 주었다. 자원봉사자들과 함께 그림다이크를 파내고 조사함으로써 우리 이야기의 특별히 중요한 에피소드에 기여했다. 폴 헨더슨Paul Henderson은 숲의 여러 곳을 파내어 지질을 연구했다. 얀 잘라시에비치Jan Zalasiewicz는 흥미로운 자갈의 단면을 절단하고 이를 해석하여 우리 숲의 빙하기 역사를 밝히는 데 일조했다. 나는 특히 필 기바드 교수에게 큰 빚을 졌다. 네덜란드 에인트호번의 아틀리에 NL의 로니 반 리스윅과 나딘 스테르크Nadine Sterk는 숲에서 채취한 점토를 구워 타일을 생산하는 실험에 성공하여 수석점토층의 또 다른 사용 가능성을 보여주었다. 같은 스튜디오에서 수석을 녹여 유리도 만들었다.

나무를 장작과 목재로 만든 것은 그림다이크 숲 프로젝트의 일부였다. 존 무어비John Moorby가 땔감으로 사용할 너도밤나무를 베었다. 마틴 드루는 양벚나무를 벌목하고 재단한 후 숙성시키기 위해 다시 숲으로 가져다주었다. 이 벚나무 판재 중 일부는 필립 쿠멘에게 가져가 이 책에서 설명한 체리목 보관함을 만들었다. 앤드류 호킨스는 가지치기한 너도밤나무 나뭇가지를 이용해 소규모로 숯을 제조하는 방법을 재연했다. 정말 좋은 숯이었다. 알리스테어 필립스는 목선반으로 나무 그릇을 만드는 섬세한 과정을 보여주었다. 우리는 여전히 그 그릇을 사용하고 보물처럼 아낀다. 루시우스 캐리는 우리에게 또 다른 그릇을 만들어주었다. 칠턴 산림 프로젝트의 책임자인 존 모리스John Morris는 산림 관리의 기본에 대해 조언했고 우리는 그 일부를 실행하려고 한다. 버지르 봄Birgir Bohm DFF이 숲의 특정 장소에서 계절의 변화를 포착하기 위해 사진을 찍었다. 나는 그의 인내심에 감사한다. 로버트 프랜시스Robert Francis 역시 훌륭한 사진들을 제공했다. 덕분에 책의 컬러사진이 더 훌륭해졌다. 우리의 '숲 친구들'은 그림다이크 숲을 제외한 과거에 램브리지우드였던 숲을 소유한 사람들인데 모두 좋은 이웃이다. 특히 니나 크라우제비츠Nina Krauzewicz는 우리 숲 식물의 아름다운 세밀화 몇 점을 그려주었다. 헤더 고드윈Heather Godwin은 예전에도 여러 차례 그랬듯이 이 책의 초고를 읽고 조언했다. 원고의 명료성과 호소력에 관한 그녀의 제안은 언제나 현명하다. 나는 대개 헤더의 조언을 받아들인다. 로버트 레이시Robert Lacey는 원고를 꼼꼼하게 읽고 고쳐주었다. 마지막으로 아라벨라 파이크Arabella Pike는 수년간 나의 충직한 편집자였다. 나는 아라벨라의 인내심과 이 책이 예전 책보다 더 가치 있을 거라는 그녀의 희망에 감사한다.

| 옮긴이의 말 |

대학교 1학년, 첫 채집 여행을 갔을 때였다. 우리 과에서는 과 전체가 해마다 두 번씩 채집 여행을 갔는데, 수십 명의 학생이 산 정상까지 줄지어 올랐고 그중 식물분류학 수업을 듣는 학생들은 내내 표본을 제작할 식물을 채집하느라 정신이 없었다. 아무 생각 없이 5월의 숲길을 걷고 있는 나에게 한 선배가 꽃이 핀 관목 하나를 가리키며 이름을 물었다. 답을 알 리가 없지. 회초리처럼 가늘고 긴 줄기에 작고 하얀 꽃이 다닥다닥 매달린 그 나무는 국수나무라고 했다. 줄기 안에 들어 있는 나무 심이 꼭 국수 가닥처럼 뽑혀 나온다나. 줄기를 꺾으면 샛노란 진액이 나오는 풀을 보고는 애기똥풀이라고도 했다. 이파리를 손으로 비비면 은은하게 생강 냄새가 나는 나무는 생강이 열리지 않는 생강나무였다. 선배가 갑자기 허리를 숙여 땅에서부터 바로 올라오는 하트 모양의 둥글넓적한 이파리를 들추더니 반가운 얼굴로 그 밑에 숨어 있는 작은 자주색 꽃을 보여주며 족도리풀이라고 했다. 그 외에도 쇠물푸레, 제비꽃, 쪽동백, 양지꽃, 천남성, 조팝나무 등 기억할 수 없는 수많은 이름을 줄줄 대며 나에게 야생화 강의를 늘어놓았고, 나는 그중 반은 흘려들으며 내 첫 번째 채집 여행이 끝났다.

이듬해에 채집 여행은 다른 장소로 떠났다. 산이 다 거기서 거기지 하며 숲의 초입에 들어섰는데, 길가에 핀 노란 꽃이 눈에 확 들어왔다. "어? 나 재 아는데…… 맞다, 애기똥풀!" 아마 그게 시작이었을 거다. '어린아이가 자고로 꽃은 이렇게 생긴 것이라며 맨 처음 그릴 법한' 노란 잎이 네 장 달린 평범한 꽃이, 애기똥풀이라는 이름을 가진 특별한 식물이 되어 천지에 비슷비슷한 꽃 가운데 유독 내 눈에 도드라져 보이던 그 순간 말이다.

숲이 분명 달라졌다. 기억을 더듬어가며 작년에 이름을 주워들었던 식물을 찾아 눈이 바쁘게 움직였다. 흘려듣고 말았다고 생각했던 꽃과 나무가 눈에 띌 때마다 신기하게도 동공이 먼저 반응하고 발걸음이 마음을 앞섰다. 그렇게 반가울 수가 없었다. 라식 수술을 하고 평생 쓰던 안경을 벗으면 이런 느낌일까. 지금까지 풀은 풀, 나무는 나무, 숲은 그냥 초록색 배경일 뿐이었는데 어쩜 이렇게 달라 보일까.

몇 안 되는 기억 속의 목록을 다 훑고 나자 몰랐던 식물이 눈에 들어오기 시작했다. 이름이 궁금해서 선배들을 귀찮게 굴었다. 이름을 아는 식물이 늘어날수록 마치 색칠공부 종이의 빈칸이 채워지듯 숲이 색을 입었다. 익명의 숲이 정체성을 찾았다. 재밌고 즐거웠다. 그렇게 나는 식물분류학을 전공하게 되었다.

이 책은 런던 자연사박물관에서 평생 화석과 씨름한 저자 리처드 포티가 런던 교외에 5,000평짜리 숲을 사면서 시작된다. '구매자의 감성을 자극하는 장사치의 속셈이 다분한' 그림다이크라는 이름의 이 숲은 7~8세기에 색슨족이 칠턴힐스에 정착할 무렵 램브리지우드의 일부로 처음 생겨난 후, 개간될 몇 번의 위기를 넘기고 용케 지금까지 명맥을 유지해왔다.

그러나 1,000년이 넘는 역사를 지닌 이 숲이 자연 그대로의 울창한 원시림일 거라고 기대하면 곤란하다. 그림다이크 숲은 오랫동안 이 땅을 소유한 그레이즈 코트와 운명을 함께하며 필요에 따라 끊임없이 모습과 용도를 변경해왔기 때문이다. 숲은 땔감과 건축자재는 물론이고 수레바퀴, 맥주통의 마개와 쐐기못, 의자다리, 심지어 전쟁 중에는 라이플총의 개머리판을 만드는 원재료와 막사를 고정할 나무못을 제공했다. 그러나 저자는 이를 숲에 대한 착취로 보지 않는다. 되레 현대에 들어와 값싼 수입 목재로 인해 숲이 쓸모를 잃은 것을 안타까워한다. 숲의 유용성이야말로 숲이 인간 가까이에 머물면서도 농토나 잔디밭으로 전락하지 않고 제 모습을 지켜온 유일한 수단이기 때문일 것이다.

그래서 포티는 명색이 그림다이크 숲의 '바이오'그래피를 써 내려가면서도, 숲 안의 자연적인 요소와 더불어 숲 밖을 둘러싼 인간의 역사에 같은 무게를 둔다. 이 책의 원제인 'The Wood for the Trees'는 원래 나무만 보고 숲을 보지 못한다는 뜻의 'can't see the wood for the trees'에서 왔다. 작은 부분에 집착해 전체를 보지 못함을 경계하는 격언이다. 그러나 포티는 이 문장에서 과감하게 '보지 못한다'는 말을 빼버렸다. 나무만 보느라 숲을 보지 못하는 것이 아니라, 오히려 나무를 통해 숲을 보겠다는 역발상이다. 포티의 도전으로 독자는 그림다이크 숲의 12개월을 통해 칠턴힐스로 대표되는 영국의 역사를 보게 될 것이다. 그리고 이 작은 숲의 보잘것없는 이끼나 딱정벌레 하나까지 들여다봄으로써 자연계 전체의 오묘한 조화를 깨우치게 될 것이다.

4월부터 시작해 이듬해 3월에서 끝나는 총 12개 챕터의 주인공은 한마디로 그림다이크 숲에 있는 모든 것이다. 겨울잠쥐나 사슴 같은 포유류는 물론 버섯, 박쥐, 나비, 이끼, 나무, 고사리, 풀, 나방, 지의류, 거미, 곤충까지 생명이 붙어 있는 모든 것이 이 책에 등장한다. 평생을 박물관에서 보낸 전문가답게 그림다이크 숲의 전체 생물 목록을 완성하겠노라고 나선 포티의 도전이 원생동물쯤에서 멈춘 것에 감사할 따름이다. 물론 그의 관심은 생물에 그치지 않는다는 사실을 아직 책을 읽지 않은 독자에게 슬쩍 알려주겠다.

자칭 그림다이크 숲 프로젝트는 야심 차게 진행된다. 포티는 스스로 화석동물인 삼엽충 전공자로서의 한계를 인정하고 인맥을 총동원해 주저 없이 전문가들에게 도움을 청한다. 스카이차를 동원해 숲의 꼭대기층에 서식하는 곤충을 채집하고 밤새 나방을 포획하는가 하면, 박쥐의 초음파를 녹음하고 각다귀를 잡는다. 이렇게 포티와 동료들이 찾아낸 그림다이크 숲의 생물은 적절한 묘사와 함께 책에 상세히 소개되는데, 포티가 나열한 생물의 목록을 읽는 독자는 어쩌면 선배가 읊어대던 야생화 이름을 지루하게 듣던 신입생 시절의 나와 비슷할지도 모르겠다. 독자의 심정을 십분 이해하기에, 각 생물의 이름 옆에 표기한 학명을 적극 활용하라는 팁을 알려주고 싶다.

생물 종은 지역에 따라 여러 이름으로 불린다. 포티가 예를 든 울새(영어로 '로빈Robin')처럼 서로 다른 종이 하나의 이름으로 불리는 경우도 심심치 않게 있다. 더구나 우리나라에 없는 종이라면 그 이름은 누구든 부르기 나름이다. 이렇듯 이름에서 오는 혼돈을 막기 위해 분류학자들은 학명을 사용한다. 학명은 전 세계적으로 통용되는 생물 종의 공식 명칭이다. 나는 독자가 조금 귀찮더라도 책에 나온 생물의 라틴 학명을 구글 이미지로 검색해보길 권한다. 사진을 보는 순간 포티의 묘사에 더욱 몰입되면서 그림다이크 숲이 다르게 보일 것이라고 장담한다. 검색 결과가 100퍼센트 정확하다고는 확신할 수 없어도, 비전문가인 독자가 그림다이크의 생명을 시각적으로 이해하기엔 충분히 신뢰할 만하다. 물론 독자가 글자를 통한 상상의 즐거움을 뺏기고 싶지 않다면 그 역시 존중한다.

참고로, 'http://www.british-birdsongs.uk' 웹사이트에 들어가 책에 나온 새의 학명을 검색하면 그 새가 지저귀는 소리를 들을 수 있다. 참 좋은 세상이다.

이 책은 또한 계절에 따른 숲의 아름다운 묘사가 인상적이다. 책의 곳곳에 유명 작가의 시와 소설이 인용될 뿐 아니라, 숲이 겪는 계절을 그려내는 포티 자신의 문장이 어찌나 섬세하고 아름다운지 속으로 '문학 좀 하는 과학자시네'라고 감탄한 적이 한두 번이 아니다. 마치 우리말의 잘 쓰이지 않는 한자어처럼 어렵고 모르는 단어가 많아 겨우 한 문장을 번역하면서도 영어사전을 몇 번이나 찾아야 했는지 모른다. 처음에는 이 책이, 박식하고 감성까지 풍부한 점잖은 노과학자가 진지하게 써 내려간 아주 잘 쓴 작품이지만 솔직히 재미는 없을지도 모르겠다고 생각했다.

그런데 이 어르신의 소일거리가 왠지 낯이 익다. 숲에서 꺾어온 산미나리로 수프를 끓이고 꾀꼬리버섯으로 감자조림을 한다. 야생 체리로 잼을 만들고 쐐기풀을 발효해 비료를 만든다. 더구나 그 비법까지 친절하게 알려주는 모습에서 은퇴 후 시골로 내려가신 우리 부모님이 떠올랐다. 가마솥에 불을 지피고, 잣과 밤을 주우며 행복해하고, 텃밭을 가꾸며 소소한 즐거움을 느끼는 삶과 참 비슷하지 않은가. 어딘가 모를 친근감이 느껴졌다.

평생 처음으로 소유하게 된 작은 숲에 대한 포티의 사랑과 자랑스러움은 귀여운 집착과 허세로 이어진다. 포티는 전생에 '순례자의 오두막' 시리즈를 쓴 작가 세실 로버츠였는지도 모르겠다. 세실 로버츠는 램브리지우드 근처 아센든 마을의 필그림 코티지에 살면서 바쁜 사교 생활 중에도 많은 글을 썼고, 마을과 마을 사람들에 대한 애정이 넘치는 사람이었다. 그는 유명인과의 친분을 (아마도 밉지 않게) 과시하는 습성이 있었는데, 포티 역시 그림다이크 숲을 너무 사랑한 나머지 기회가 있을 때마다 숲과 영국 역사 속의 인물을 어떻게든 이어보려 애썼고, 혹시 그 사람이 그림다이크 숲을 지나갔을지도 모른다는 상상만으로도 신나고 기뻐하는 모습이 일흔 넘은 어르신답지 않게 순수해 보였다.

책의 분위기는 갈수록 반전에 반전을 거듭한다. 포티는 나무껍질을 벗겨 수액을 빨아 먹는 청설모를 '빌어먹을 놈들'이라 부르고, 남의 숲에서 길이 아닌 곳으로 제멋대로 다니는 산책가와 (쓸데없는) 소모전을 벌이기도 한다. 자기가 알려준 방법대로 빚은 너도밤나무 술을 마시고 불평하는 사람은 어차피 매사에 부정적인 인간이라고 깎아내리질 않나, 마음에 들지 않는 사람에겐 '불타는 우유' 맛이 나는 버섯으로 골탕을 먹이기까지 한다. 자신의 치부를 드러내는 포티의 수줍은 고백은 이 책의 재미를 담당한다.

나는 솔직히 맨 마지막 장에서 포티가 분홍색 운동복을 입고 선글라스와 이어폰을 끼고 조깅하는 사람을 붙잡고 정말로 '잠깐만 주위를 한번 둘러봐요'라고 말할까봐 마음이 조마조마했다. 그러나 (자칭) 교양이 충만한 리처드 포티는 그 마음을 억눌렀다. 그리고 아마 대신 이 책을 썼을 것이다. 그래서 감히 나는 이 책을 포티가 분홍 운동복의 그녀에게 바치는 책이라고 말한다. 물론 그녀는 현대인의 상징에 불과하다. 포티는 눈을 감고 귀를 막고 숲을 바쁘게 지나치는 우리 모두를 잠시 멈춰 세운다. 그리고 말한다, 눈을 뜨고 귀를 열고 숲을 느껴보라고. 나는 한 친근한 할아버지가 들려주는 이 영국의 어느 낯선 숲 이야기가 독자에게 한 포기 애기똥풀이 되어, 평생 죽은 것만 상대하던 그가 처음으로 산 것을 대하며 느꼈을 전율과, 익명의 숲이 새롭게 거듭나던 순간에 내가 느꼈던 신선한 충격을 꼭 경험하길 그와 한마음으로 바란다.

조은영

| 주 |

4월

1 Clare Leighton. *Four Hedges: A Gardener's Chronicle*. Victor Gollancz. 1935.

2 Edward Thomas. *The South Country*. 1909.

3 백악Chalk이라는 단어는 기원전 1억~6,500만 년 전 백악기에 형성된 특별한 암석층을 언급할 때 대문자로 시작한다. 그 외에 매우 하얗고 부드러운 석회암을 의미할 때는 소문자로 쓴다.

4 칠턴 힐스에서 고도가 제일 높은 곳은 버킹엄셔에서 40킬로미터 떨어진 웬도버의 해딩턴 힐로, 고도가 267미터이다. 숲의 대부분은 약 110미터이다.

5 A. G. Street. *Hedge Trimmings*. Faber & Faber. 1933.

6 Henry David Thoreau. *Walking*. 1862.

7 Robert Gibbings. *Sweet Thames Run Softly*. Dent. 1940.

8 *The Victoria History of the Counties of England: A History of the County of Oxford*. Vol. XVI. 2011.

9 ORO Map 2101M, apportionment 2101A, 1842.

10 Barlow archive, courtesy Monica Barlow.

11 John Morris. *The Cultural Heritage of the Chiltern Woods*. Chilterns Woodland Project. 2009.

5월

1 사람들은 '숲속의 닭고기'라고도 불리는 어린 덕다리버섯을 즐겨 먹는다. 하지만 간혹 심하게 반응하는 사람이 있으므로 여기서는 덕다리버섯을 이용한 음식 조리법은 신지 않기로 한다.

2 우리는 숲에서 분홍콩먼지의 근연종*Lycogala terrestre*도 발견했다.

3 윌리엄 워즈워스의 시에서 셀런다인의 습성은, 설사 식물학적으로 틀리지 않았더라도, 다소 진부하게 묘사되었다.

> 여기 피어 있는 한 송이 꽃, 레서셀런다인,
> 다른 꽃과 다름없이 추위와 빗물에 몸을 움츠리다가
> 햇살이 반짝 비추는 순간
> 태양처럼 밝게 다시 활짝 펼쳐내네.

4 Robert Calder. *Beware the British Serpent: The Role of Writers in British Propaganda in the United States 1939~1945*. McGill-Queen's University Press. 2005.
5 H. J. Massingham. *Chiltern Country*. The Face of Britain. Batsford. 1940.
6 J. S. Mill. 'Walking Tour of Berkshire, Buckinghamshire, Oxfordshire and Surrey, 3~15 July'. *Collected Works of John Stuart Mill*(ed. J. M. Robson). Routledge & Kegan Paul. London. 1988.
7 George Grote. *A History of Greece: From the Earliest Period to the Close of the Generation Contemporary with Alexander the Great*. 1846~56.
8 Harriet Grote. *The Personal Life of George Grote, Compiled from Family Documents, Private Memoranda, and Original Letters to and from Various Friends*. John Murray. 1873.
9 Richard Mabey. *Home Country*. Random Century. 1990.
10 Geological Survey of England and Wales. 1:50,000 Geological Map series. Map 254. Henley-on-Thames.
11 내 발견은 별로 새로울 것이 없다. 에밀리 클리멘슨의 『헨리 안내서』(1896년)에 첨부된 지질학적 보충 설명에서 레웰린 트리처 씨Mr Llewellyn Treacher가 이 돌을 언급한다. 트리처 씨는 '램브리지우드에 이 돌의 성질을 잘 보여주는 여러 구역이 있다'고 말한다. 이제는 그곳에 없다.
12 이 돌의 현재 이름은 키더민스터Kidderminster 암석이다.
13 P. L. Gibbard. The history of the great north-west European rivers during the past three million years. *Philosophical Transactions of the Royal Society of London* B318. 559~602. 1988.
14 Oliver Rackham. *Trees and Woodland in the British Landscape*. Revised edition. Dent. 1990.
15 Alexander Allardyce(ed.). *Letters from and to Charles Kirkpatrick Sharpe, Esq*. William Blackwood & Sons. 1888.
16 같은 신문은 수상자 중에서 헨리의 농촌 지역 '상류층'에 잘 알려져 있는 오베이, 프리먼, 캐모이스 가문을 특집으로 다루었다.
17 다음 문헌에서 공식적으로 명명되었다. *Geraniaceae* Vol. 3. Robert Sweet. 1826.

6월

1 Kalm's account of his visit to England on his way to America in 1748. Trans. J. Lucas. Macmillan & Co. New York. 1893.
2 Gabriel Hemery and Sarah Simblet. *The New Sylva: A Discourse of Forest and Orchard Trees for the Twenty-First Century*. Bloomsbury. 2014.
3 전혀 다르게 생긴 이국적인 난과 식물도 동일한 일반명으로 불리고 있다.
4 M. Forty and T. C. G. Rich(eds). *The Botanist: The Botanical Diary of Eleanor Vachell(1879~1948)*. National Museum of Wales. Cardiff. 2006.

5 V. S. Summerhayes. *Wild Orchids of Britain*. New Naturalist. Collins. 1951.
6 M. Jannink and T. Rich. Ghost Orchid rediscovered in Britain after 23 years. *Journal of the Hardy Orchid Society*. Vol. 7. 14~15. 2010.
7 C. M. Cheffings and L. Farrell(eds). *The Vascular Plant Red Data List for Great Britain*. Joint Nature Conservation Committee. 2005.
8 M. I. Bidartondo and T. D. Bruns. Extreme specificity in epiparasitic Monotropoidiae(Ericaceae): widespread phylogenetic and geographical structure. *Molecular Ecology*. 2001.
9 이 난해한 식물학적 계책에 대한 기술적인 용어는 '마이코헤테로트로피mycoheterotrophy'다. 주로 난과 식물에서 나타나는 이 생존 방식은 매우 특이하고 이례적으로 보이지만 실제로는 여러 식물 분류군에서 진화되었다.
10 몇몇은 시간이 한참 지난 뒤에야 돌아왔다. 이 책이 출간될 때까지 여전히 동정 결과를 기다리고 있었으니 말이다.

7월

1 L. W. Hepple and A. M. Doggett in *The Chilterns*(1994) refer to an Anglo-Saxon boundary charter where a section of the ditch is called 'Ealden Wege'(Old Way).
2 R. Bradley. The south Oxfordshire Grim's Ditch and its significance. *Oxoniensis*. Vol. 33. 1~12. 1968.
3 Angela Perkins. *The Phyllis Court Story: From Fourteenth-Century Manor to Twentieth-Century Club*. Phyllis Court Members Club. 1983.
4 이 결과는 그다지 놀랍지 않다. 내 아버지는 웨일스 국경의 우스터셔 출신으로, 포티 가문에서 유일하게 마을을 떠난 사람이라고 늘 강조했다. 그중 일부가 배수로를 판 노동자였을 것이다.
5 그보다 훨씬 오래전에 만들어진 구석기시대의 수석 도구는 헨리 바로 바깥의 하이랜즈 농장에서 발견된 적이 있다.
6 J. G. Evans. *Land Snails in Archaeology*. Academic Press. 1972; *The Environment of Early Man in the British Isles*. Paul Elek. 1973.
7 Fred Hageneder. *Yew*. Reaktion Books. 2013.
8 Ian D. Rotherham. The ecology and economics of Medieval deer parks. *Landscape Archaeology and Ecology*. Vol. 6. 86~102. 2007.
9 Elizabeth Craig. *Court Favourites: Recipes from Royal Kitchens*. André Deutsch. 1953.

8월

1 Roger Kendal. A Romano-British building at Bix, Oxon. Notes on an excavation carried out 1955~1956. *Henley-on-Thames Historical and Archaeological Society*. Vol. 21. 2006.

2 J. E. Eyers(ed.). *Romans in the Hambleden Valley: Yewden Roman Villa*. Chiltern Archaeology Monograph 1. 2011.
3 S. S. Frere. 'The End of Towns in Roman Britain'. In J. S. Wacher(ed.). *The Civitas Capitals of Roman Britain*. Leicester University Press. 1966.
4 H. Cam. *Liberties and Communities in Medieval England*. Cambridge University Press. 1944.
5 헤플L. W. Hepple과 도제트A. M. Doggett는 『칠턴The Chilterns』(1994년)에서 헌드레드가 교구보다 먼저 만들어졌다고 주장한다.
6 스윈콤의 성 보돌프 교회에 따르면 멧돼지의 뼈가 저택에서 회수되었다.
7 일부 학자들은 『시詩 에다Edda』에 명확히 기술되어 있는데도 위그드라실이 물푸레나무라는 사실을 반박한다.
8 또 다른 기분 좋은 우연은 옥스퍼드셔의 점토 산업에 관한 이야기다. James Bond et al. *Oxfordshire Brickmakers*. Oxfordshire Museums Service Publication No. 14. 1980.

9월

1 Richard Mabey. *Flora Britannica*. Sinclair Stevenson. 1996.
2 Michael Macleod. *Land of the Rother Beast: An Oxfordshire Chronicle*. Skye Publications. 2000.
3 이 주제에 관한 논쟁은 사이먼 타운리가 이끌었다. *Henley-on-Thames: Town, Trade and River*. Phillimore & Co. 2009.
4 1300년에 런던의 최대 인구는 10만 명으로 추정된다. 유럽에서는 파리만 런던보다 인구가 더 많았다.
5 이 웅장한 건축물은 W. B. 로건의 『Oak: The Frame of Civilization』(Norton, 2005년)에 잘 묘사되어 있다.
6 원작은 1759년에 유명한 배우 데이비드 개릭David Garrick이 저술했다.
7 John Steane. Stonor. A lost park and a garden found. *Oxoniensis*. Vol. 59. 1994.
8 헨리온템스가 번성할 무렵 「산림 헌장」(1217년)에 따르면 왕실림에서 자유민들이 양돈용 열매를 줍거나 나무를 베어다 쓰는 권리가 보장되었다.
9 이 문제는 현미경으로 간단히 확인되었다. 자낭균류는 포자를 주머니 같은 자낭에 넣고 운반하지만, 담자균류는 포자를 막대 모양의 담자기 끝에 가지고 다닌다.
10 일반적으로 더 잘 알려진 현화식물은 포함되지 않는다. 그러나 균류는 심지어 곤충보다도 전반적으로 덜 알려졌다.

10월

1 1981년에 야생 및 전원 지대 법에 고지되었다. 1952년에 처음 고지되었으므로 숲은 60년 이상 개발에서 보호되었다.
2 Miles Stapleton. *History of Greys Court*. Unpublished MS in the ownership of Susan Fulford-Dobson.

3 Sally Varlow. Sir Francis Knollys's Latin Dictionary: new evidence for Katherine Carey. *Institute of Historical Research*. 1~9. Blackwells. Oxford. 2006.
4 Simon Townley. *Henley-on-Thames: Town, Trade and River*. Chapter 5. Phillimore & Co. 2009.
5 콩꼬투리버섯은 복잡한 생활사를 지닌 자낭균이다. 처음엔 흰색 포자를 생산하는 무성 단계이다가 유성 단계가 되면 모두 검은색으로 변하면서 눈에 덜 띈다.
6 균류에 대한 이들 일반명은 모두 최근에 지어졌다. 여기서 사용된 이름은 다음을 참고했다. L. Holden. *Recommended English Names for Fungi in the UK*. English Nature. 2006.
7 The cep, porcini, Steinpilz, Karl-johan sopp, penny bun, *Boletus edulis* in French, Italian, German, Norwegian, English, and the Latin name Boletus.
8 최근 연구에 따르면 뽕나무버섯은 여러 종이 합쳐진 것이다. 우리 숲에서 자라는 게 진짜 뽕나무버섯으로 보인다.
9 이 병은 대개 곰팡이성 병균*Hymenoscyphus pseudoalbidus*의 무성 상태인 '칼라라 프락시네아*Chalara fraxinea*'에 의해 야기된다고 보고되었다. 이름이 다르다고 치명도가 달라지는 것은 아니다.
10 원형 거미그물을 치는 거미가 적어도 네 종이 있다. 여기에는 '아레니우스*Araneus*'속의 거미보다 더 몸이 가는 '메텔리나*Metellina*'가 포함된다.

11월

1 *Oxford Gazette*. 7 January 1854.
2 Parish register. 23 January 1643. 'This day were buried six soldiers whereof four were slaine with the discharge of a cannon as they marched up Duck [Duke] Street to assault ye town.'
3 Ruth Spalding(ed.). *Diary of Bulstrode Whitelocke 1605~1675*. Oxford University Press. 1990.
4 이 근사한 왕당파 물건은 역사적인 전투를 재연하려는 시대 의상 전문가로부터 구입할 수 있다.
5 Pepys papers. 'Notes about firewood taken at Henley'. Bodleian Library. Ms Rawlinson A 171 f222v.
6 유산 중 다른 일부는 옥스퍼드 북쪽의 블레이던 교구에 돌아갔다.
7 라카아제라는 효소가 리그닌의 복잡한 3차원 구조를 잘라내면 또 다른 효소와 산화작용에 의해 나머지 과정이 진행된다.
8 P. D. Gabbut. Quantitative sampling of the pseudoscorpion *Chthonius ischnocheles* from beech litter. *Journal of Zoology*. Vol. 151. 469~78. 1967. Like mites, pseudoscorpions are arachnids.
9 그럼에도 불구하고 최소 40종의 선충이 썩은 나무에 산다고 알려져 있다.
10 같은 통나무 밑에 살고 있는 다른 민달팽이나 딱정벌레 등의 종을 기재하지 않았음을 알고 있다. 부족한 부분은 온라인상에서 수정될 것이다.

11 Bodleian Library, Oxford. AASHM 1677(14). A more measured report in the *Philosophical Transactions* for 1683 says that it lasted for six seconds.
12 P. D. Elliman. *Glassmaking in Henley-on-Thames in the Seventeenth Century*. Henley Historical and Archaeological Society. 2~15. 1979.
13 레이븐헤드 유리는 훨씬 더 나중에 세워진 제조사다.

12월

1 1667년 헨리의 상인 조지 크랜필드가 800개의 조마용 줄을 런던으로 보낼 준비를 마쳤을 때는 이미 큰 사업이었다. Pat Preece. Wheelwrights. *S. Oxfordshire Archaeology Bulletin*. Vol. 59. 2004.
2 Daniel Defoe. *A Tour Thro' the Whole Island of Great Britain*. Letter 4. Part 3. Berkshire & Buckinghamshire. 1726.
3 더 정확히 말하자면, 헨리는 균형을 유지하기 위해 가짜 (혹은 막힌) 창문에 대한 공정한 몫을 가지고 있었지만 18세기에 창문에 부과된 세금을 회피했다.
4 Richard B. Sheridan. *Sugar and Slaves: An Economic History of the British West Indies 1623~1775*. Canoe Press. 1974.
5 Keith Mason. The world an absentee planter and his slaves made. Sir William Stapleton and his Nevis Sugar Estate, 1722~40. *Bull. J. Rylands Library Liverpool*. Vol. 75. 1993.
6 더 오래전에 세워진 헬파이어 클럽이 있었지만 대시우드 헬파이어 클럽의 명성이 다른 것들을 모두 눌렀다.
7 그렇다, 고고학자들이 20세기 초에 묻은 타임캡슐을 열고 내용물을 확인했다. 현재 조정 박물관에 전시되어 있다.
8 J. Thirsk. *The Agrarian History of England and Wales*. Vol. 5. Oxford University Press. 1984.
9 L. W. 헤플과 A. M. 도제트는 『칠턴』에서 인클로저 운동이 3세기에 걸쳐 일어났으며, 19세기까지 지속되었다고 강조했다. 이 경우 농업혁명은 강요된 진화로 보인다.
10 Robert Phillips. *Dissertation concerning the Present State of the High Roads of England, especially of those near London*. 1736.
11 위트처치에 템스 강에 인접한 또 다른 대규모 사유지가 있다. 포위스 부인은 필립 포위스 씨의 아내다.
12 Cecil Roberts. *Gone Afield*. Hodder & Stoughton. 1936.
13 Lord Wyfold. *The Upper Thames Valley: Some Antiquarian Notes*. George Allen & Unwin. 1923.
14 이 포자는 주머니 같은 자낭에 들어 있는 것으로, 이 균류의 파트너가 자낭균류이며 곰보버섯의 먼 친척임을 알 수 있다.

1월

1 William Black. *The Strange Adventures of a Phaeton*. Street & Smith. 1872.

2 도로 건설 기술은 마카담 가문에 의해 진보했다. John L. Macadam and his son James, 'the colossus of roads'.

3 L. J. Mayes. *The History of Chairmaking in High Wycombe*. Routledge & Kegan Paul. 1960.

4 나무가 곧게 자라도록 곁가지를 쳐낸 것이다. 장작은 벌목 후 나무의 상층부에서 베어낸 것들이다.

5 *Jackson's Oxford Journal*. No. 4946. 12 February 1848.

6 J. Morris. *The Cultural Heritage of Chiltern Woods*. Chiltern Woodlands Project. 2009.

7 Cecil Roberts. *Gone Rustic*. Hodder & Stoughton. 1934.

8 가족을 먹여 살리기에 충분치 않다. Angela Spencer-Harper. *Dipping into the Wells*. Robert Boyd Publications. 1999.

9 왕립현미경학회의 임원이었던 그는 학회에 많은 돈을 기부했다. 이 학회는 오늘날까지도 건재하다.

10 Sally Strutt. *History of the Culden Faw Estate*. Privately published. 2013.

11 나는 내 아버지의 친구인 에릭 에니언이 쓴 오래된 책을 한 권 가지고 있는데, 덕분에 자국을 확인할 수 있었다. N. Tinbergen and E. A. R. Ennion. *Tracks*. Oxford University Press. 1967.

2월

1 Peter Creed and Tom Haynes. *A Guide to Finding Mosses in Berkshire, Buckinghamshire and Oxfordshire*. Pisces Publications. 2013.

2 증기기관은 무겁다. 헨리 브리지는 한 번에 한 대의 차량만 지나가도록 허가했다.

3 이 정보는 안젤라 스펜서-하퍼Angela Spencer-Harper의 책 『Dipping into the Wells』에서 얻었다.

4 The official history of the company is called, inevitably, *A Brush with Heritage*. Christine Clark. Centre of East Anglian Studies, University of East Anglia. 1997.

5 Francis Sheppard. *Brakspear's Brewery Henley-on-Thames 1779~1979*. Published by the brewers. 1979.

3월

1 J. H. Van Stone. *The Raw Materials of Commerce*. Vol. 1. Pitman & Sons. 1929.

2 Berkshire, Buckinghamshire and Oxfordshire Wildlife Trust(BBOWT); and a delightful place to see many species typical of chalk countryside.

3 Paul Bright and Pat Morris. *Dormice*. The Mammal Society. 1992.

4 현재 칠턴 힐스에서는 농가를 찾아보기가 어렵다. 햄블든밸리에 하나, 하프스덴에 하나,

그리고 스토너에 하나가 있다. 나는 그 집들이 개조되기를 기다린다.

5 1999년, 침입자가 조지 해리슨을 공격한 이후로 올리비아 해리슨은 당연히 불안했다. 이 일이 아니었다면 프라이어 파크에 철조망이 쳐지는 일은 없었을 것이다.

6 이 책이 출간될 무렵인 2016년에 총 150종이 넘었다.

7 C. E. Hart. *Timber Prices and Costing 1966~67*. Published by the author.

8 헨리의 조정박물관에 전시된 것들을 보면 폴리 코트가 토드 홀Toad Hall에 영감을 준 것 같다.

9 『뉴 실바』의 저자인 가브리엘 헤머리Gabriel Hemery는 예지력이 있다. 2008년에 자연림에 대한 관심을 되살리고, 목재 산업의 옛날과 오늘을 돌아보고, 새로운 목재 산업을 일으키며, 아이들에게 영감을 불어넣고 예술가와 과학자들을 끌어들이기 위한 재단이 설립되었다.

10 Manuel Limo. *The Book of Trees: Visualizing Branches of Knowledge*. Princeton Architectural Press. 2013.

| 일러스트 목록 |

〈별지 컬러 일러스트〉

1 3월의 숲속 © Birgir Bohm
2 4월의 숲속 © Birgir Bohm
3 희귀한 흰 블루벨 © Jackie Fortey
4 레서셀런다인 © Jackie Fortey
5 숲의 바닥에 움튼 너도밤나무 모종 © Jackie Fortey
6 봄에 핀 호랑가시나무 꽃 © Rob Francis
7 봄의 영광을 맞이한 양벚나무 © Jackie Fortey
8 양벚나무 꽃 © Jackie Fortey
9 로니 반 리스윅이 숲에서 구한 천연 재료로 실험한 결과물 Lonny van Ryswyck and Nadine Sterk, Atelier NL, Eindhoven, the Netherlands. Photo by Walter Kooken
10 구상난풀 *Monotropa* © Sally-Ann Spence
11 어리사과독나방 © Andrew Padmore
12 저자가 앤드류 패드모어의 도움을 받아 나방 포획틀 불빛에 의지해 나방 도감을 보며 씨름 중이다. © Jackie Fortey
13 붉은정맥나방 © Andrew Padmore
14 보라끝가지나방 © Andrew Padmore
15 솔검은가지나방 © Andrew Padmore
16 얼룩나무나비 © Andrew Padmore
17 공작나비 © Andrew Padmore
18 은줄표범나비 © Andrew Padmore
19 산네발나비 © Andrew Padmore
20 붉은솔개 © Rob Francis
21 야생밭쥐 © Sally-Ann Spence
22 유럽겨울잠쥐 © Danny Green
23 토끼박쥐 © Claire Andrews
24 작은 송로버섯 *Elaphomyces* © Jackie Fortey
25 숲에서 발견한 달팽이 집 © Jackie Fortey
26 스카이차를 타고 너도밤나무 숲 상층부로 올라가는 저자 © Jackie Fortey
27 커다란 검은색 육상 거미 코에로테스 테레스트리스 *Coelotes terrestris* © P. R. Harvey

28 분홍콩먼지*Lycogala epidendrum* © Jackie Fortey
29 녹색게거미*Diaea dorsata* © P. R. Harvey
30 희귀한 각다귀인 크테노포라*Ctenophora* © Andrew Padmore
31 헨리 파크에서 아센든밸리를 가로질러 서쪽으로 바라본 전경. 하늘과 맞닿은 곳이 그림다이크 숲이다. © Rob Francis
32 로더필드그레이즈 교구 교회에 안장된 놀리스 가의 기념비 © Jackie Fortey
33 그레이즈 코트 저택 © Jackie Fortey
34 제라늄 품종인 '미스스테이플턴' © Jackie Fortey
35 그림다이크 숲 아래 개간된 너도밤나무 숲에서 '나무뿌리와 등걸'을 채취할 권리를 승인한다는 문서(1708년도) Courtesy of the Oxford History Centre(catalogue ref. PAR209/13/9D/4), from the collection of the parish of Oxford St Mary the Virgin
36 까치먹물버섯 © Jackie Fortey
37 말뚝버섯*Phallus impudicus* © Jackie Fortey
38 덕다리버섯 © Jackie Fortey
39 썩은 너도밤나무 그루터기에서 자라는 먹물버섯 © Jackie Fortey
40 망목주름담홍버섯*Rhodotus palmatus* © Jackie Fortey
41 붉은민달팽이*Arion rufus* © Jackie Fortey
42 검은 도르딱정벌레*Anoplotrupes* © Jackie Fortey
43 흔히 볼 수 없는 딱정벌레 오에데메라 페모랄리스*Oedemera femoralis* © Andrew Padmore
44 할리퀸하늘소*Rutpela maculata* © Andrew Padmore
45 검정수염송장벌레*Nicrophorus humator* © Andrew Padmore
46 작업 중인 알리스테어 필립스 © Jackie Fortey
47 소규모 숯 제조 © Rebecca Fortey
48 페어마일의 백악층에서 나온 수석 © Jackie Fortey
49 벚나무 줄기에 앉은 저자 © Jackie Fortey
50 가을철 스코틀랜드느릅나무 잎사귀 © Rob Francis
51 초봄의 스코틀랜드느릅나무 수꽃 © Jackie Fortey
52 필립 쿠멘이 만든 보관함 서랍 속 Photo © Rob Francis
53 숲 뒤에 자리 잡은, 쿠멘이 만든 수집품 보관함 Photo © Rob Francis
54 방패지의*Parmelia* © Jackie Fortey
55 큰솔이끼*Polytrichastrum* © Jackie Fortey

〈본문 일러스트〉

일러스트 목록

| 찾아보기 |

| ㅂ |

| ㅅ |

| ㅊ |

| ㅋ |

| ㅌ |

나무에서 숲을 보다

초판 1쇄 인쇄 | 2018년 4월 20일
초판 2쇄 발행 | 2018년 5월 25일

지은이 | 리처드 포티
옮긴이 | 조은영
펴낸이 | 박남숙

펴낸곳 | 소소의책
출판등록 | 2017년 5월 10일 제2017-000117호
주소 | 03961 서울특별시 마포구 방울내로9길 24 301호(망원동)
전화 | 02-324-7488
팩스 | 02-324-7489
이메일 | sosopub@sosokorea.com

ISBN 979-11-88941-02-5 (03400)
책값은 뒤표지에 있습니다.

• 이 책 내용의 일부 또는 전부를 재사용하려면 반드시 (주)소소의 동의를 얻어야 합니다.
• 잘못 만들어진 책은 구입하신 서점에서 교환해드립니다.

이 도서의 국립중앙도서관 출판예정도서목록(CIP)은 서지정보유통지원시스템 홈페이지(http://seoji.nl.go.kr)와
국가자료공동목록시스템(http://www.nl.go.kr/kolisnet)에서 이용하실 수 있습니다. (CIP제어번호 : CIP2018008677)